职业教育“十四五”新形态系列教材

信息技术
（基础模块）

裴国丽　张寅鑫◎主编

中国铁道出版社有限公司
CHINA RAILWAY PUBLISHING HOUSE CO., LTD.

内 容 简 介

信息技术是中等职业教育一门重要的公共基础课，在专业培养目标中具有重要的作用与地位。本教材依据2020年颁发的《中等职业学校信息技术课程标准》进行编写。全套教材分为基础模块和拓展模块两册，本书为基础模块，内容包括信息技术应用基础、网络应用、图文编辑、数据处理、程序设计入门、数字媒体技术应用、信息安全基础、人工智能初步。全书以够用、实用、会用为原则进行编写，比较系统地向学生传授信息技术方面的基础知识，做到通俗、简单、精练、理论联系实际，使信息技术课程的有关内容呈现出科学性、基础性的有机统一。

本书适于中等职业学校各专业学生使用，也可供相关专业人员参考使用。

图书在版编目（CIP）数据

信息技术：基础模块/裴国丽，张寅鑫主编. —北京：中国铁道出版社有限公司，2021.8（2023.7重印）
职业教育“十四五”新形态系列教材
ISBN 978-7-113-28105-2

Ⅰ.①信… Ⅱ.①裴… ②张… Ⅲ.①电子计算机-中等专业学校-教材 Ⅳ.①TP3

中国版本图书馆CIP数据核字（2021）第122989号

书　　名： 信息技术（基础模块）
作　　者： 裴国丽　张寅鑫

策　　划： 钱　鹏　　　**编辑部电话：**（010）63560043
责任编辑： 钱　鹏　徐盼欣
封面设计： 刘　颖
责任校对： 孙　玫
责任印制： 樊启鹏

出版发行： 中国铁道出版社有限公司（100054，北京市西城区右安门西街8号）
网　　址： http://www.tdpress.com/51eds/
印　　刷： 三河市宏盛印务有限公司
版　　次： 2021年8月第1版　2023年7月第2次印刷
开　　本： 850 mm×1 168 mm　1/16　**印张：** 22.25　**字数：** 488千
书　　号： ISBN 978-7-113-28105-2
定　　价： 56.00元

前　言

党的二十大报告在加快构建新发展格局，着力推动高质量发展方面指出："推动战略性新兴产业融合集群发展，构建新一代信息技术、人工智能、生物技术、新能源、新材料、高端装备、绿色环保等一批新的增长引擎"。随着信息技术飞速发展和广泛应用，其已成为支持经济社会转型发展的主要驱动力，是建设创新型国家、制造强国、网络强国、数字中国、智慧社会的基础支撑。提高国民信息素养，增强个体在信息社会的适应力与创造力，提升全社会的信息化发展水平，对个人、社会和国家发展具有重大的意义。

信息技术课程是中等职业学校各专业学生必修的公共基础课程。学生通过对信息技术基础知识与技能的学习，有助于增强信息意识、发展计算思维、提高数字化学习与创新能力、树立正确的信息社会价值观和责任感，培养符合时代要求的信息素养与适应职业发展需要的信息能力。

课程目标

课程通过多样化的教学形式，帮助学生认识信息技术对当今人类生产、生活的重要作用，理解信息技术、信息社会等概念和信息社会特征与规范，掌握信息技术设备与系统操作、网络应用、图文编辑、数据处理、程序设计、数字媒体技术应用、信息安全和人工智能等相关知识与技能，综合应用信息技术解决生产、生活和学习情境中的各种问题；在数字化学习与创新过程中培养独立思考和主动探究能力，不断强化认知、合作、创新能力，为职业能力的提升奠定基础。

课程结构

根据2020年颁发的《中等职业学校信息技术课程标准》、信息技术学科核心素养与课程目标，结合中等职业学校学生学习水平和能力特点，以及职业生涯发展和终身学习的需要，确定课程结构与学时安排。

（一）课程结构

信息技术课程由基础模块和拓展模块两部分构成。

本书为基础模块，包含信息技术应用基础、网络应用、图文编辑、数据处理、程序设计入门、数字媒体技术应用、信息安全基础、人工智能初步8个项目。

（二）学时安排

信息技术课程基础模块是必修内容，共108学时，6学分。

模　块	内　容	学　时	学时小计
基础模块	信息技术应用基础	16	108
	网络应用	16	
	图文编辑	20	
	数据处理	18	
	程序设计入门	12	
	数字媒体技术应用	16	
	信息安全基础	6	
	人工智能初步	4	

本书特色

项目教学：使用以任务为驱动的项目教学方式，将每个项目分解为多个任务，每个任务均包含“理论知识”和“实践练习”，附有实践练习评价环节，每个项目的最后都有项目小结和练习与思考题。

案例众多：在每个任务中都包含若干针对性、实用性很强的案例，将知识点融入案例中，从而让学生在完成任务的过程中轻松掌握相关知识。每个项目后的练习与思考题中也包含多个综合性很强的实训案例，从而让学生能学以致用。

其他特色：语言简练，讲解简洁，图示丰富；融入大量实用技巧；教学资源丰富，包含教学 PPT、教学配套素材、教学小视频、教学相关软件等内容。

本书适用范围

本书适于中等职业学校各专业学生使用，也可供相关专业人员参考使用。

教材资源下载

本书配套素材、教学课件和教学相关软件，用户可登录中国铁道出版社有限公司官方网站（网址：http://www.tdpress.com/51eds/）下载。

本书创作队伍

本书由裴国丽、张寅鑫任主编，赵彬、张冬冬任副主编，郭欣、王志超参与编写，由王英杰任主审。具体编写分工如下：裴国丽负责制订编写框架、统稿等工作，并编写了项目三的理论知识；张寅鑫编写了项目一、项目六；赵彬编写了项目二、项目三的实践练习；张冬冬编写了项目四；郭欣编写了项目五；王志超编写了项目七和项目八。

感谢阅读本书的读者！感谢将本书作为教材的老师！尽管我们在编写此书时已竭尽全力，但书中难免会存在疏漏及不妥之处，敬请广大读者批评指正。

编　者

2023 年 7 月

目　录

项目一　信息技术应用基础

项目综述

随着社会的不断进步和科学技术的快速发展，我们已经迎来了信息化时代。这个时代的最大特征就是信息的快速传递，其已经影响到我们日常生活、学习和工作方式。网上订票、网上挂号、网络教学、同步视频会议、远程医疗、智能家居、机器人等信息技术应用已经随处可见。

本项目主要围绕信息的发展和深远影响展开讲述。主要内容包括信息的含义、信息社会的特征，以及我们使用各类信息系统和软件享受快捷服务、利用信息化设备处理日常事务和开发新的发展领域技能等。

任务一　认知信息技术发展和应用

学习目标

- 了解信息技术的发展历程、发展趋势及典型应用。
- 了解信息的概念。
- 了解信息社会的概念、基本特征和发展。

理论知识

一、信息技术的发展

信息技术是指在计算机和通信技术支持下用以获取、加工、存储、变换、显示和传输文字、数值、图像以及声音信息，包括提供设备和提供信息服务两大方面的方法与设备的总称。信息技术的发展从很大程度上反映了当前社会的社会发展程度，体现于人类在生产生活中对信息技术的依赖程度。信息资源将成为未来不可或缺的一种社会资源，为人类发展和进步提供动力。

1. 信息技术的发展历程

从人类的诞生到如今的信息化社会，信息技术的发展经历了 5 个阶段。

（1）语言的使用，使语言成为人类进行思想交流和信息传播不可缺少的工具。

（2）文字的出现和使用，使人类对信息的保存和传播取得了重大突破，较大地突破了时间和地域的局限。

（3）造纸术、印刷术的发明和使用，使书籍、报刊成为重要的信息存储和传播的媒体。

（4）电话、广播、电视的发明和使用，使人类进入利用电磁波传播信息的时代。

（5）计算机技术与互联网的使用，即网际网络的出现。我们现阶段正处于这个发展阶段，人类可以随时随地访问和搜索到有价值的信息和数据，还可以享受全球信息共享服务。

2. 信息技术的未来发展趋势

信息技术的未来发展趋势受多方面因素的影响，如计算机技术、通信技术、无线传感技术等。

信息技术的未来发展趋势主要表现在以下方面：

（1）“以人为本”的高端用户服务。信息技术的发展说到底是为了整个人类社会的进步而服务，所以人类是信息技术的“第一体验用户”。未来社会人们会体验到更为快捷、迅速、安全、人性化的服务。

（2）多种实用技术和产业的融合。例如，信息技术与日常办公的结合可以实现信息化、媒体化办公；信息技术与教育的结合可以实现网上授课、网上辅导和信息化教学等便捷的网络教育服务。

（3）未来信息技术一定向着高级智能化、高度集成化、功能多样化、信息访问更加快捷、高效化的方向发展。随着科学技术的发展，信息技术将逐步成为国民经济的主导产业，同时其技术应用的领域也越来越广泛。信息技术可以帮助人类预测各种信息，为人们的生活和工作提供方便。

二、信息技术的典型应用范例

当前社会，信息技术已经和人类的衣食住行息息相关，同时与军事领域、商业领域、科学领域、文化领域、农业发展领域等多个领域相互影响、渗透、交互、共同发展，如图1–1所示。

（1）信息技术改变人们的出行方式。随着我国交通运输工具的不断更新和研发，人们可以在网上预订各种车票，如图1–2所示；随着我国北斗导航系统的开通，人们可以利用电子地图和全球导航地位了解出行线路和路况信息。

（2）信息技术改变人们的消费方式。在我国，信息技术在商业领域的发展尤为突出，人们享受着移动支付的方便和快捷。例如，去超市购买商品时，收银员通过条码扫描仪扫描商品条码，商品信息就会被识别，顾客可以通过“微信支付”等在线支付方式进行付款。在日常生活中，可以通过手机移动支付享受信息服务，如生活缴费、网上购物、信用卡服务、充值服务等，如图1–3所示。

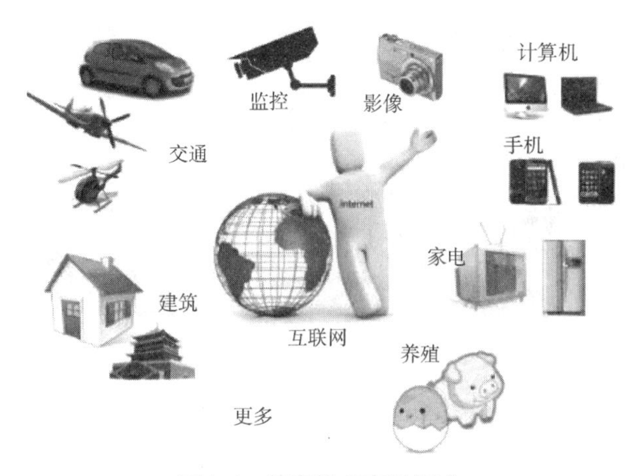

图 1-1　信息技术应用领域

图 1-2　网上订票

图 1-3　网上授课和网上购物

（3）信息技术与教育领域相结合，增强了教育信息的传播速度，增加了教育传播途径，促进了教育多媒体化、教育信息化。例如网上授课，学生可以通过移动端或者PC端以长距离、多用户、实时授课的方式进行学习。同时，各类信息化教育资源也在助力教育的快速发展，如信息化的课件、动画演示、微课视频、仿真演示等。

（4）信息技术加快工农业发展进程。在现代化的工厂中，智能化的生产设备已经成为主流；多条智能化生产线可以长时间不间断地生产商品。随着我国工业机器人的出现和不断完善，在工业生产、机械制造、智能管家、地理探险、农业生产销售等多方面体现出优势，这也是信息技术主要的发展方向之一，如图1–4所示。

（5）信息技术加快科学进步速度。信息技术的发展和应用改善了科研人员的科研环境，节省了劳动力，提升了工作效率，加快了自主创新能力的实现，为我国科技强国贡献了力量。例如，我国自主研发的载人航天技术，超快速的高铁、动车组、磁悬浮列车等，如图1–5所示。

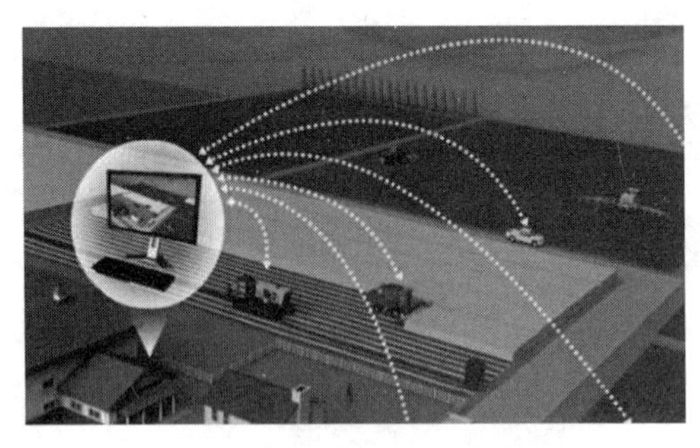

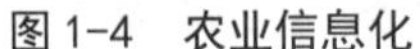

图 1-4　农业信息化

图 1-5　“和谐号”动车组

（6）信息技术增强我国军事竞争力。信息技术在军事方面的应用十分广泛和深入，如加快军事装备制造研发、发展高精准度的制导技术、实现超远距离目标打击、信息化的预警系统和防御系统等。这样才能更好地保障国家和人民的安全，提升和牢固我国的国际地位。

三、信息和信息社会

1. 信息

广义来讲，信息就是人类社会的一切内容的表达，我们可以通过不同的信息来表示不同的事物，进而认识世界和改造世界。狭义来讲，信息由文字、语言、图形图像、声音信息、通信系统、网络数据等组成。例如，上课铃声就是一种信息，代表着该上课了；各类广告也是信息，代表着某种商品的信息。

2. 信息社会

信息社会也称信息化社会，是脱离工业化社会以后，信息将起主要作用的社会。所谓信息社会，是以电子信息技术为基础，以信息资源为基本发展资源，以信息服务性产业为基本社会产业，以数字化和网络化为基本社会交往方式的新型社会。

3. 信息社会的特征

（1）信息经济或者为用户提供信息服务的专职人员越来越多，从事信息产业的人数和岗位不断增加。

（2）在信息社会中，能源消耗变小，环境污染变小，知识和文化成为社会发展的巨大推动力。

（3）社会生活多样化、数字化、网络化。信息流通速度加快，信息覆盖全球化。

（4）信息社会中的人们具有更加积极地创造未来的意识形态。

四、信息社会的发展

信息社会发展大体上可分成5个阶段，即起步期、转型期、初级阶段、中级阶段、高级阶段。在不同的发展阶段，信息社会发展表现出不同的特点，面临不同的任务和问题。中国信息社会指数在2008年超过0.3，由起步期转入转型期。2008—2010年年均增长率为8.68%，加速转型趋势明显。2015年中国信息社会指数为0.4351，位列全球第88位，与全球平均水平仍有一定差距。可以看出，我国信息化正在迅速发展，全国信息化程度越来越高，信息化产业对人们的生产生活带来新的体验。

当今，我国移动电话、互联网、计算机、数字电视等主要信息产品的普及率保持大幅度提高。

知识加油站

信息社会指数（Information Society Index，ISI）是国际数据公司和《世界时代》全球研究部在“97全球知识发展大会”上共同提出的概念，目的是衡量国家（或地区）或国家内各地区的信息化发展水平。同学们可以自行查阅了解信息社会指数包含哪些要素，以及信息社会指数是如何计算的。

实践练习

使用计算机网络对信息进行查询和检索

内容描述

假如你是一名计算机专业学生，即将毕业进入社会，走向与计算机相关的某个工作岗位。但是，你对计算机的社会需要和具体岗位能力要求还不是特别了解，这时，就可以通过使用计算机信息查询和检索工具查找有价值的信息。这里我们将学习使用“百度”搜索工具和一些主流的招聘网站进行信息检索。

操作过程

这里将学习两个内容：一是使用“百度”查询计算机专业当前就业形势和热门岗位薪资待遇情况等相关信息；二是使用“前程无忧”大型招聘网站查询计算机专业岗位能力要求等信息。

（1）在计算机桌面上找到浏览器图标，双击打开浏览器。（推荐360浏览器）

（2）在浏览器的地址栏输入“百度”网址https://www.baidu.com，进入百度主页，在搜索栏中输入查询关键字“计算机专业”，单击“百度一下”按钮，如图1-6所示。

图1-6　信息查询

（3）浏览网页信息，可以通过单击目录超链接快速访问，如图1–7所示。

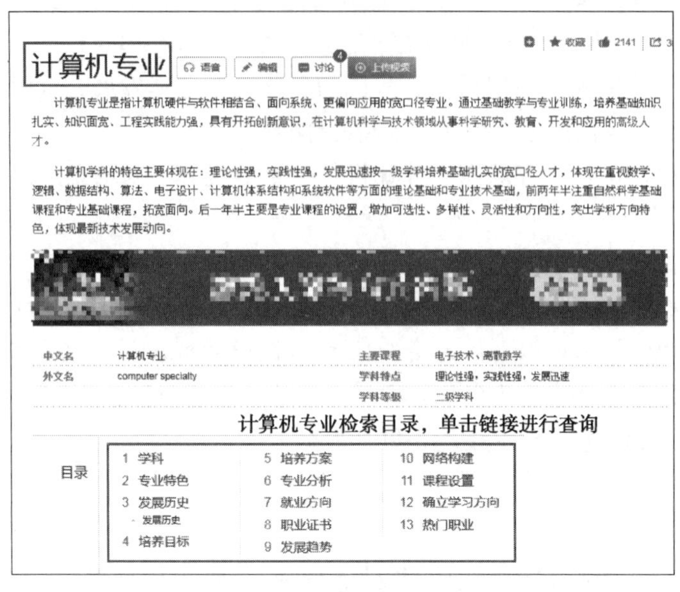

图 1–7　浏览网页信息

（4）自行在百度搜索栏中重新输入与计算机专业相关的关键字。例如，计算机专业就业形势、计算机专业热门岗位、计算机专业薪资待遇、计算机专业核心竞争力等。

（5）记录有价值的信息，并试着回答下面的问题。

你所学专业的发展趋势如何？

你所学专业的核心课程有哪些？

你所学专业对应的岗位有哪些？

你感兴趣的岗位对新入职员工有哪些要求？

你的职业规划是什么？

（6）重新打开百度主页，在搜索栏中输入查询关键字“前程无忧校园招聘”，单击“百度一下”按钮，再单击进入“【校园招聘】–前程无忧”大型招聘网站，如图1–8所示。

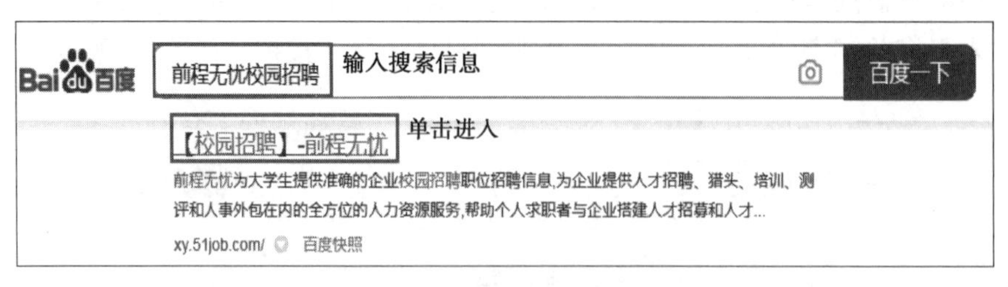

图 1–8　查询校园招聘信息

（7）输入求职意向信息，例如，求职岗位、工作地点、专业方向等，单击“搜索”按钮，如图1–9所示。

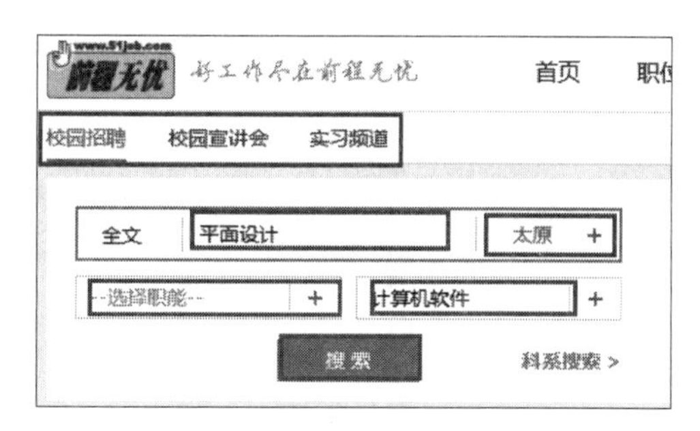

图 1-9　输入求职意向信息

（8）继续选择具体的工作城市意向和薪资意向，网站会自动筛选出满足条件的招聘企业。选择中意的招聘企业，单击进入查看公司岗位的具体岗位能力要求，如图1-10所示。

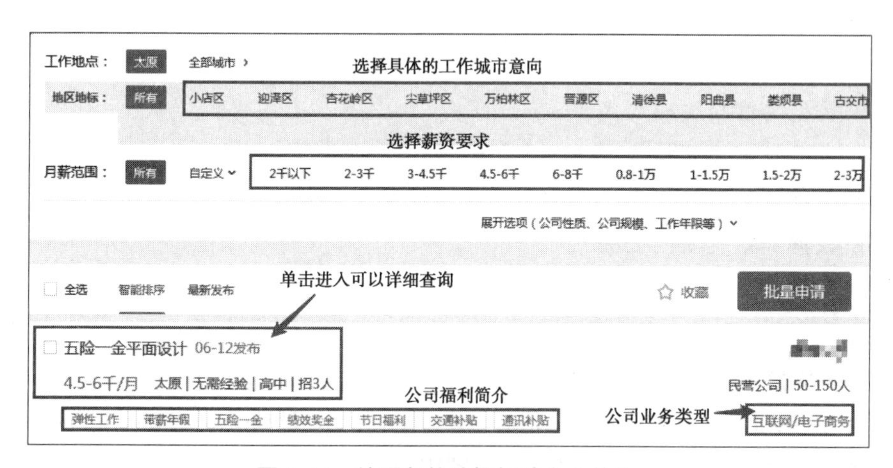

图 1-10　按照条件选择招聘企业单位

（9）浏览招聘企业发布的具体岗位能力要求和岗位职责等信息，如图1-11所示。

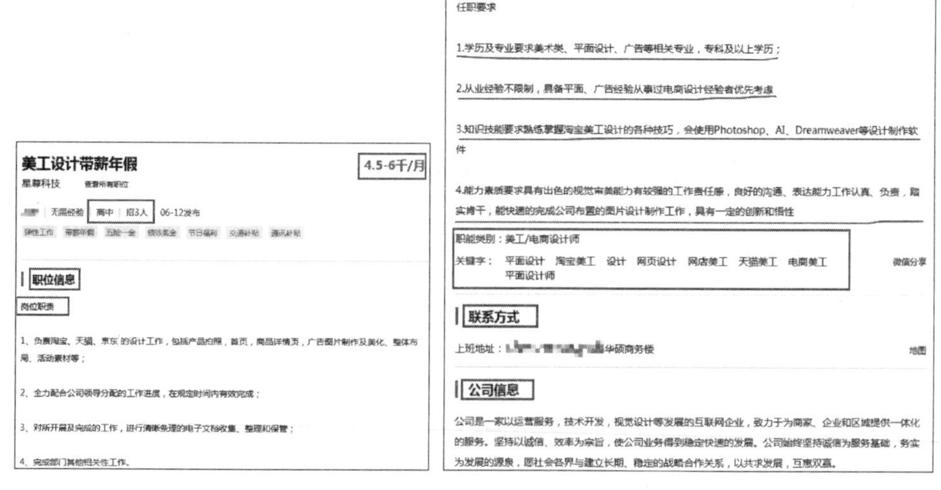

图 1-11　查看招聘企业具体岗位要求

实践练习评价

评价项目	自我评价		教师评价	
	小结	评分（5分）	点评	评分（5分）
了解岗位职责				
制定职业规划				

任务二　认知信息系统

学习目标

- 了解信息系统的组成元素。
- 了解常见的信息编码形式。
- 掌握常用数制及其转换方法。
- 了解数据在计算机当中的存储单位及其换算。
- 理解数据和信息之间的关系

理论知识

一、信息系统的组成

信息系统（Information System，IS）是由硬件系统、软件系统、网络系统和网络通信设备、信息资源数据、信息用户和规章制度组成，以处理信息流为目的的人机一体化系统。信息系统主要有5个基本功能，即对信息的输入、存储、处理、输出和控制。

（1）硬件系统：包括计算机、输入设备、输出设备、存储设备、传输设备等，为信息系统的正常运行提供物理支撑。

（2）软件系统：在计算机硬件的基础上，开发出各种管理硬件资源和能够完成某种特定任务的计算机程序。这些程序和数据组成了计算机软件系统。软件系统正常平稳运行，才能保障信息资源的处理和传输效力。

（3）网络系统和网络通信设备：计算机网络可以通过网络传输设备将位于不同地理位置的多台计算机连接起来，实现信息资源的共享和传输。常见的网络设备有交换机、路由器、无线路由器等。

（4）信息资源数据：数据就是对信息的具体描述，数据形式多样，如文本、图像、声音等。

（5）信息用户：主要分为两类，一类是管理员级别，主要负责信息系统的日常维护、程序开发、产品运维等工作；一类是普通用户，享受信息系统当中的服务。

（6）规章制度：主要包括信息系统的使用规范和注意事项，以及国家制定的相关法律法规。

二、常用数制及数制之间转换方法

在现实世界里，我们接触的数一般为十进制数。例如，张同学身高为175 cm，今日最高气温为28 ℃等，这里出现的数值都是十进制的。但是，在计算机内部表示一个数据，无论是数值型还是字符型都是二进制的形式。例如，十进制数$(8)_{10}$在计算机当中的二进制表示为$(1000)_2$，英文大写字母A在计算机内部表示为$(1000001)_2$。在计算机内部，声音、图片、视频、文字、符号、数字等都要转换成计算机可以识别的二进制数。

（一）数据在计算机中的存储形式

计算机中数据以二进制形式存在。计算机中最基本的存储单位为“字节”，用大写字母B来表示；最小的存储单元为“位”，用bit来表示，每个数位可以用0或1来表示。

在计算机中数据普遍较大，一般采用千字节（KB）、兆字节（MB）、吉字节（GB）、太字节（TB）等表示存储设备的容量和文件的大小。各单位之间的换算关系如下：

1 B=8 bit

1 KB=1 024 B

1 MB=1 024 KB=1 024 × 1 024 B

1 GB =1 024 MB=1 024 × 1 024 KB=1 024 × 1 024 × 1 024 B

1 TB=1 024 GB=1 024 × 1 024 MB=1 024 × 1 024 × 1 024 KB=1 024 × 1 024 × 1 024 × 1 024 B

例如，内存容量为4 GB，那意味着它最大可以存储（4 × 1 024 × 1 024 × 1 024）字节。

（二）计算机中的数制

数制也称计数制，是用一组固定的符号和统一的规则来表示数值大小的方法。除了我们现实中用到的十进制外，在计算机科学中还会用到二进制、八进制、十六进制来表示一个数据。

进制中有一个规则，就是*N*进制一定采用“逢*N*进一”的进位规则。例如，十进制“逢十进一”，二进制“逢二进一”。除此之外，24小时为1天是二十四进制，60秒为1分钟是六十进制。

进位计数制中每个数码的数值不仅取决于数码本身，其数值的大小还取决于该数码在数中所处的位置。例如，十进制数741.21，整数部分的第一个数码7代表的是700，第二个数码4代表的是40，第三个数码1代表的是个位数1，小数部分第一位数码2是十分位0.2，第二位1是百分位0.01。也就是说，相同的数码在不同的位置代表的数值不一样，数码在一个数中的位置称为数制的数位。数制中数码的个数称为数制的基数，十进制有0 ~ 9十个数码，二进制有0、1两个数码。

无论是何种进位计数制，数值都可写成权值展开式的形式。例如，十进制数741.21可写成

$$741.21=7\times10^{2}+4\times10^{1}+1\times10^{0}+2\times10^{-1}+1\times10^{-2}$$

上式是十进制数的权值展开式，是一个多项式加法的形式，二进制数也可以按照这

种方法展开。例如，二进制数

$$(110.1)_2=1\times2^2+1\times2^1+0\times2^0+1\times2^{-1}$$

从表1-1中可以看出，对于一个数据793DF而言，我们大致可以判断出这是一个十六进制数，但是对于数据7，我们并不能一眼判断出它是何种进制数。所以，我们在表达不同进制的数时要把进制的基数加上。常见的进制表示方法有两种：一种是用大写的英文字母表示，如101010B；另一种是用阿拉伯数字表示，如$(100)_{10}$为十进制数，$(100)_2$为二进制数。

表 1-1　常见进制的表示方法

进位制	基　数	元素符号	权　位	形式表示
二进制	2	0，1	2^n	B
八进制	8	0 ~ 7	8^n	O
十进制	10	0 ~ 9	10^n	D
十六进制	16	0 ~ 9，A ~ F	16^n	H

（三）进制之间的转换

1．二进制数转换为十进制数

二进制数转换为十进制数时，只需用该数制的各位数乘以各自对应的位权数，然后再相加求和。用权值展开式的方法即可得到对应的结果。

例如，将二进制数$(101011)_2$按照权值展开式展开如下：

$(101011)_2=(1\times2^5+0\times2^4+1\times2^3+0\times2^2+1\times2^1+1\times2^0)_{10}$

$=(32+0+8+0+2+1)_{10}$

$=(43)_{10}$

2．十进制数转换为二进制数

将十进制数转换为二进制数，采用"除2取余倒读"法，即把需要转换的十进制数不停除以2取其余数。例如，十进制数$(25)_{10}$转换为二进制数为$(11001)_2$，具体演算步骤如图1-12所示。

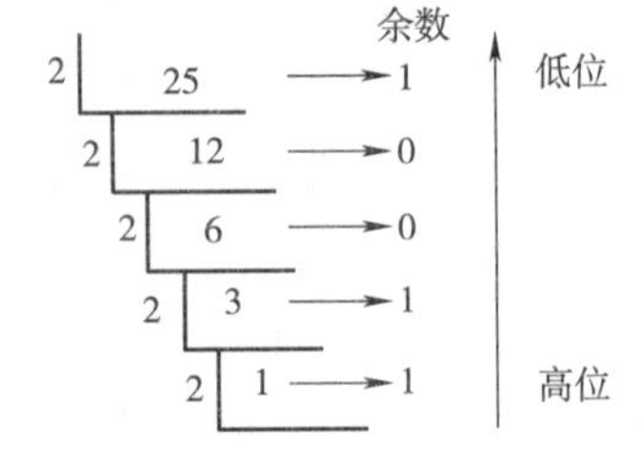

图 1-12　十进制数转换为二进制数

知识加油站

二进制和十进制一样，可以进行四则运算，包括加、减、乘、除，运算规则一样，运算结果不变。感兴趣的同学可以查阅相关资料，这里不做详细说明。

三、常见的信息编码形式

在计算机中，各种信息都是以二进制编码的形式存在的。也就是说，不管是文字、图形、声音、动画，还是电影等各种信息，在计算机中都是以0和1组成的二进制代码表示的。计算机之所以能区别这些信息的不同，是因为它们采用的编码规则不同。例如，同样是文字，英文字母与汉字的编码规则不同，英文字母用的是单字节的ASCII 码，汉字采用的是双字节的汉字内码；但随着需求的变化，这两种编码有被统一的Unicode 码（由

Unicode 协会开发的能表示几乎世界上所有书写语言的字符编码标准）所取代的趋势。当然，图形、声音等的编码就更复杂多样了。这就告诉我们，信息在计算机中的二进制编码是一个不断发展的、跨学科的知识领域。

（一）字符（英文，包括字母、数字、标点、运算符等）编码

字符编码采用国际通用的ASCII 码（美国信息交换标准代码），每个ASCII 码以1字节存储，从0到数字127代表不同的常用符号，例如，大写A 的ASCII 码是65，小写a的ASCII 码是97。

ASCII码中包括许多外文和表格等特殊符号，是目前常用的编码。基本的ASCII 字符集共有128个字符，其中有96个可打印字符，包括常用的字母、数字、标点符号等，另外还有32个控制字符。标准ASCII 码使用7个二进位对字符进行编码，对应的ISO 标准为ISO 646。

标准ASCII 码是7位编码，但由于计算机基本处理单位为字节，所以一般仍以一个字节来存放一个ASCII 字符。每一个字节中多余出来的一位（最高位）在计算机内部通常保持为0（在数据传输时可用作奇偶校验位）。由于标准ASCII 字符集字符数目有限，在实际应用中往往无法满足要求。为此，国际标准化组织又制定了ISO 2022标准，它规定了在保持与ISO 646兼容的前提下将ASCII 字符集扩充为8位代码的统一方法。ISO 陆续制定了一批适用于不同地区的扩充ASCII 字符集，每种扩充ASCII 字符集分别可以扩充128个字符，这些扩充字符的编码均为高位为1的8位代码（即十进制数128~255），称为扩展ASCII 码。

（二）汉字的编码

1. 汉字内码

汉字信息在计算机内部也是以二进制方式存放的。由于汉字数量多，用一个字节的128种状态不能全部表示出来，因此在1980年我国颁布的《信息交换用汉字编码字符集基本集》，即国家标准GB 2312—1980方案中规定用2字节的16位二进制表示一个汉字，每个字节都只使用低7位（与ASCII 码相同），即有128×128=16 384种状态。由于ASCII 码的34个控制代码在汉字系统中也要使用，为不发生冲突，不能作为汉字编码，128减去34只剩94种，所以汉字编码表的大小是94×94=8 836。

每个汉字或图形符号分别用两位的十进制区码（行码）和两位的十进制位码（列码）表示，不足的地方补0，组合起来就是区位码。把区位码按一定的规则转换成二进制代码称为信息交换码（简称国标码）。国标码共有汉字6 763个（一级汉字，是最常用的汉字，按汉语拼音字母顺序排列，共3 755个；二级汉字，属于次常用汉字，按偏旁部首的笔画顺序排列，共3 008个），数字、字母、符号等682个，共7 445个。

由于国标码不能直接存储在计算机内，为方便计算机内部处理和存储汉字，又区别于ASCII 码，将国标码中的每个字节在最高位改设为1，这样就形成了在计算机内部用来进行汉字的存储、运算的编码，称为机内码（或汉字内码、内码）。内码既与国标码有简单的对应关系，易于转换，又与ASCII 码有明显的区别，且有统一的标准（内码是唯一的）。

2. 汉字外码

无论是区位码还是国标码，都不利于输入汉字。为方便汉字的输入而制定的汉字编码称为汉字输入码。汉字输入码属于外码。不同的输入方法，形成了不同的汉字外码。常见的输入法有以下几类：

（1）按汉字的排列顺序形成的编码（流水码），如区位码。

（2）按汉字的读音形成的编码（音码），如全拼、简拼、双拼等。

（3）按汉字的字形形成的编码（形码），如五笔字型、郑码等。

（4）按汉字的音、形结合形成的编码（音形码），如自然码、智能ABC 。

输入码在计算机中必须转换成机内码，才能进行存储和处理。

3. 汉字字形码

为了将汉字在显示器或打印机上输出，把汉字按图形符号设计成点阵图，就得到了相应的点阵代码（字形码）。

全部汉字字码的集合称为汉字字库。汉字库可分为软字库和硬字库。软字库以文件的形式存放在硬盘上，现多用这种方式；硬字库则将字库固化在一个单独的存储芯片中，再和其他必要的器件组成接口卡，插接在计算机上，通常称为汉卡。

用于显示的字库称为显示字库。显示一个汉字一般采用16×16点阵或24×24点阵或48×48点阵。已知汉字点阵的大小，可以计算出存储一个汉字所需占用的字节空间。例如，用16×16点阵表示一个汉字，就是将每个汉字用16行、每行16个点表示，一个点需要1位二进制代码，16个点需用16位二进制代码（即2字节），共16行，所以需要16行×2 字节/行=32字节，即16×16点阵表示一个汉字，字形码需用32字节。亦即：字节数=点阵行数×点阵列数/8。

用于打印的字库称为打印字库，其中的汉字比显示字库多，而且工作时也不像显示字库需调入内存。

可以这样理解，为在计算机内表示汉字而统一的编码方式形成的汉字编码为内码（如国标码），内码是唯一的。为方便汉字输入而形成的汉字编码为输入码，属于汉字的外码，输入码因编码方式不同而不同，是多种多样的。为显示和打印输出汉字而形成的汉字编码为字形码，计算机通过汉字内码在字模库中找出汉字的字形码，实现转换。

实践练习

使用计算器进行数制转换

内容描述

科学计算器是Windows系统自带的程序，不仅可以进行简单的算术计算，还可以进行不同数制之间的转换，现在我们来体验一下吧。

操作过程

Windows系统自带的计算器程序包括“标准型”“科学型”“程序员”等多种类型计算

模式，其中“程序员”模式可以实现不同数制之间的快速转换。

具体步骤如下：

（1）单击计算机桌面左下角的“开始”按钮，在打开的“开始”菜单，选择“所有程序”命令，如图1–13所示。

（2）在“所有程序”子菜单中选择“附件”→“计算器”命令，如图1–14所示。

图 1–13　“开始”菜单

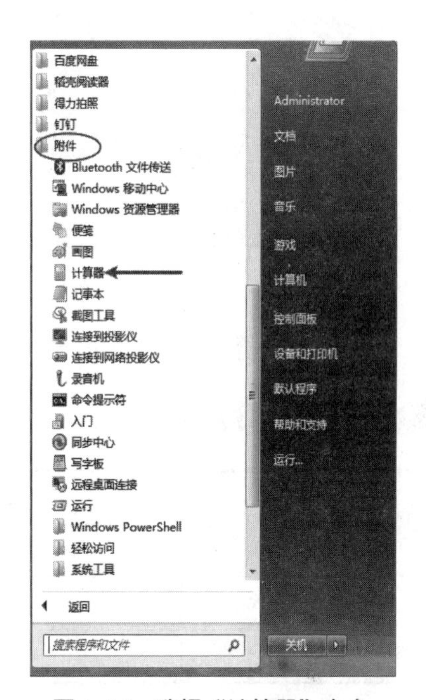

图 1–14　选择“计算器”命令

（3）打开“计算器”窗口，选择“查看”→“程序员”命令，如图1–15所示。

图 1–15　选择“程序员”命令

（4）在左边选项中选择“十进制”单选按钮，输入数值256，通过切换不同的进制，观察数值变化，如图1–16所示。

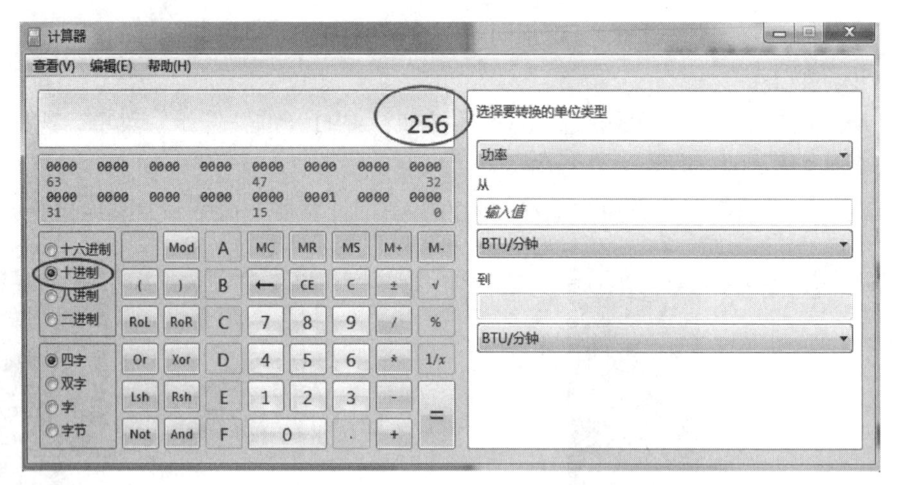

图 1-16　进制转换

（5）通过计算可得知$(256)_{10}=(100)_{16}=(400)_8=(100000000)_2$。

实践练习评价

评价项目	自我评价		教师评价	
	小结	评分（5分）	点评	评分（5分）
计算器打开方式				
运算结果				

任务三　认知信息技术设备

学习目标

- 了解常见的信息设备的类型、特点、性能指标。
- 掌握常见信息设备的连接方法。
- 能够进行常用硬件设备的配置。

理论知识

一、计算机

电子计算机（Electronic Computer）简称计算机（Computer），通称电脑，是现代的一种利用电子技术和相关原理根据一系列指令来对数据进行处理的机器。

一台完整的计算机系统应该由计算机硬件（Hardware）系统和计算机软件（Software）系统两大部分组成。计算机硬件是指“看得见、摸得着”的计算机物理部件实体，包括主机和外围设备。软件是指为计算机运行工作服务的各种程序、数据及相关资料，包括计算机本身运行所需的系统软件和用户完成特定任务所需的应用软件。

计算机硬件和软件相辅相成、缺一不可。计算机硬件是计算机软件的生存空间和物质基础；计算机软件使计算机系统发挥强大的功能，是计算机的灵魂。

在计算机的发展史上做出杰出贡献的著名应用数学家冯·诺依曼为了改进ENIAC，提出了一个新的计算机存储方案。它规定了一个完整的计算机硬件系统应该包括运算器、控制器、存储器、输入设备和输出设备五大部分，这是典型的冯·诺依曼结构，我们现在仍然普遍采用这种结构，如图1-17所示。

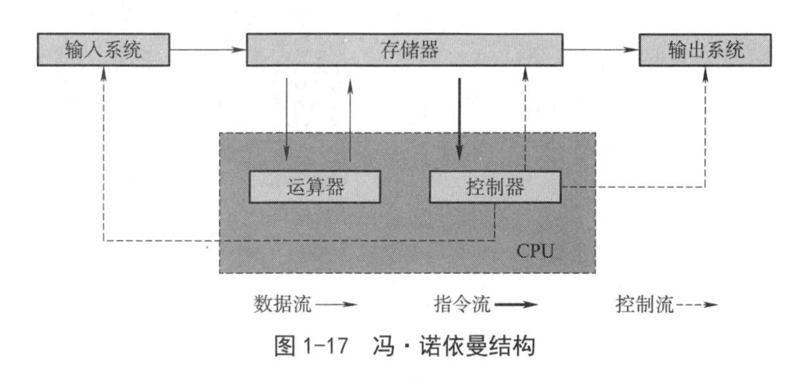

图 1-17 冯·诺依曼结构

冯·诺依曼结构概括起来有三条主要设计思想：

① 计算机由运算器、控制器、存储器、输入设备和输出设备五大部分组成，且每一部分有自己独立的功能。

② 采用二进制。在计算机内部，所有的程序和数据都采用二进制代码的形式表示。

③ 存储程序自动控制。控制器根据存放在存储器中的指令序列自动执行程序，无须人工干预。

计算机作为信息时代的代表，其信息处理能力非常强大，随着后来计算机网络的出现，以计算机为中心的信息资源成为主要传播途径之一。计算机具有以下几个特点：

图 1-18 神威·太湖之光

（1）运算速度快、运算精度高。计算机的运算速度是指计算机每秒能执行的指令的条数，通常用MIPS表示。例如，中国超级计算机“神威·太湖之光”（见图1-18）的最高浮点运行速度达每秒9.3亿亿次。

（2）准确的逻辑判断能力。由于计算机有逻辑运算的能力，继而可以让计算机拥有逻辑判断的能力，可以分析命题的真假，并可根据命题的成立与否做出相应的对策，比如计算机与人对弈，体现出计算机非凡的逻辑判断和运算能力。

（3）拥有强大的存储能力。计算机当中的存储设备可以大容量、长时间存储各种数据，包括数字、文字、声音、图像、视频等。

（4）自动执行功能。计算机的运行通过人们事先编制的程序自动执行，整个工作的过程不需要人工干预，而且可以反复进行，广泛应用于工业化生产。

（5）网络通信功能。计算机网络是现代计算机技术与通信技术高度发展和结合的产物，它利用各通信设备和传输介质把处于不同地理位置的具有独立功能的计算机互联在一起，实现计算机的网络化，加快了信息传导和资源共享，例如，全球化最大的网络Internet（因特网）实现了“地球村”的信息传输，用户可以在任何地理位置通过计算机网络访问其他计算机或者服务器，访问用户可以获取自己所需的各种信息，如下载服务、查询服务、网络教育、电子商务、邮件服务等，如图1–19所示。

图 1–19　网络模式

二、移动终端

移动终端又称移动通信终端，是指可以在移动中使用的计算机设备，广义上包括智能手机、笔记本计算机、平板电脑、POS机等，甚至包括车载电脑。但是大部分情况下是指具有多种应用功能的智能手机（见图1–20）以及平板电脑。随着网络和技术朝着越来越宽带化的方向发展，移动通信产业将走向真正的移动信息时代。我们可以通过移动设备实现移动办公、消费结算、信息浏览、网络社交、休闲娱乐等多种功能。

移动终端，特别是智能化的移动终端，具有以下几个特点：

（1）在硬件体系上，移动终端具备中央处理器、存储器、输入部件和输出部件，也就是说，移动终端往往是具备通信功能的微型计算机设备。另外，移动终端可以具有多种输入方式，如键盘、鼠标、触摸屏、送话器和摄像头等，并可以根据需要进行调整输入。同时，移动终端往往具有多种输出方式，如送话器、显示屏等，也可以根据需要进行调整。

图 1–20　智能手机

（2）在软件体系上，移动终端必须具备操作系统，如Windows Mobile、Palm、Android、iOS等。同时，这些操作系统越来越开放，基于这些开放的操作系统平台开发的个性化应用软件层出不穷，如通信簿、日程表、记事本、计算器以及各类游戏等，极大程度地满足了个性化用户的需求。

（3）在通信能力上，移动终端具有灵活的接入方式和高带宽通信性能，并且能根据所选择的业务和所处的环境，自动调整所选的通信方式，从而方便用户使用。移动终端可以支持GSM、WCDMA、CDMA 2000、TDSCDMA、Wi–Fi以及WiMAX等，从而适应多种制式网络，不仅支持语音业务，而且支持多种无线数据业务。

（4）在功能使用上，移动终端更加注重人性化、个性化和多功能化。随着计算机技术的发展，移动终端从“以设备为中心”的模式进入“以人为中心”的模式，集成了嵌入式计算、控制技术、人工智能技术以及生物认证技术等，充分体现了以人为本的宗旨。由于软件技术的发展，移动终端可以根据个人需求调整设置，更加个性化。同时，移动终端本身集成了众多软件和硬件，功能也越来越强大。

三、外围硬件设备

外围设备（简称外设）主要是指除计算机系统和移动智能终端以外的其他信息技术设备，主要包括输入设备、输出设备、存储设备、辅助设备等。

常见的外围设备有打印机、扫描仪、投影仪、绘图仪、数码产品等，如图1-21和图1-22所示。

图 1-21　打印机和绘图仪

图 1-22　扫描仪和投影仪

外围设备是计算机、智能终端与外界进行通信的工具。可以打破传统的信息传播和流通方式，比如我们可以使用录音设备将声音信息录入到计算机中，经过计算机编码和处理，通过计算机其他设备或者计算机网络传输到其他用户端。

四、常见的信息技术设备主要性能指标

1. 计算机

计算机的硬件可以观察到的一般是显示器、键盘、鼠标、主机箱、摄像头、打印机、音箱、耳机等，如图1-23所示。但计算机的核心却是安装在计算机主机箱内部的，包括中央处理器（CPU）、主板（Mainboard）、存储器（Memory）、硬盘（SSD盘、HDD盘）、显卡（Graphics Card）、声卡（Sound Card）、光驱（DVD-ROM）、电源（Power ）等。

图 1-23　计算机硬件系统组成

（1）主板。主板是计算机中最重要的部件之一，为计算机其他组件提供各种接口和插槽，在各个组件之间起协调作用。计算机主板的主要性能指标如表1-2所示。

表1-2 计算机主板的主要性能指标

主要部件	主要作用
CPU插座	安装CPU的插座
总线扩展槽	用来扩展计算机功能的插槽，一般用来插显卡、声卡、网卡等
内存插槽	用来安装内存的插槽
芯片组	协助CPU完成各种功能的重要芯片
BIOS芯片	计算机的基本输入/输出系统，记录计算机的最基本信息
硬盘接口	主要有IDE接口和FDD接口，光驱接口与硬盘接口相同
外设接口	主要包括输入/输出口、USB口、并口、串口、PS/2口
电源接口	主要用于给主板供电
控制指示接口	用来连接机箱前面板的各个指示灯、开关等

（2）中央处理器。中央处理器（CPU）主要由运算器（ALU）、控制器（CU）和高速缓存（Cache）三部分组成，如图1-24所示。它是计算机的核心，负责整个系统的运算和控制功能，起到整体协调、调度的作用。运算器主要进行算术运算和逻辑运算；控制器是计算机的指挥中心，向计算机的各个部件发号指令。CPU的主要性能指标如表1-3所示。

图1-24 CPU

表1-3 CPU的主要性能指标

主要部件	主要作用
主频	计算机核心工作时的时钟频率，单位为吉赫（GHz）
字长	计算机一次性处理二进制数的长度
高速缓存	存放由主存调入的指令和数据块
多核心技术	提高CPU的工作效率

2. 智能手机

智能手机，是指像个人计算机一样，具有独立的操作系统，独立的运行空间，可以由用户自行安装软件、游戏、导航等第三方服务商提供的程序，并可以通过移动通信网络来实现无线网络接入的手机类型的总称。目前智能手机的发展趋势是充分加入了人工智能、5G等多项专利技术，使智能手机成为了用途最为广泛的专利产品。

智能手机的主要技术指标如表1-4所示。

表 1-4 智能手机的主要技术指标

参数类型	技术指标
手机类型	4G、5G 等
屏幕尺寸	6.7 英寸、5.5 英寸等
主频分辨率	3 216 × 1 440 像素
CPU 频率	2.84 GHz X1 × 1+2.4 GHz A78 × 3+1.8 GHz A55 × 4
RAM 容量	8 GB/12 GB 等
电池充电	快速充电、无线充电、无线反向充电
系统内核	Android 11 等

3. 打印机

打印机是常见的输出设备，它可以把计算机内的图形和文字输出到计算机外部，便于信息的流通。常见的打印机分为三类：激光打印机、喷墨打印机、针式打印机。

打印机技术指标主要包括打印速度、打印分辨率、持续打印时间等。常见的品牌有惠普、佳能、爱普生等。

4. 投影仪

投影仪，又称投影机，是一种可以将图像或视频投射到幕布上的设备，可以通过不同的接口同计算机、VCD、DVD、BD、游戏机、DV等相连接并播放相应的视频信号。

投影仪广泛应用于家庭、办公室、学校和娱乐场所，根据工作方式不同，有CRT、LCD、DLP等不同类型。

投影仪的主要技术指标主要包括光输出、水平扫描频率、垂直扫描频率、视频带宽、分辨率等。

实践练习

全面了解计算机硬件知识

内容描述

为了巩固学到的知识，我们将通过下面三种形式对计算机硬件有一个全面的认识，大家可以查阅互联网或者相关资料完成本任务。

操作过程

1. 观察计算机主机箱前、后面板接口

主机是计算机硬件系统的核心，在主机箱前、后面板上通常会配置一些按钮和接口，以及一些指示灯。要求学生先观察，后记录。按照表1-5所示填写相关内容。

表 1-5　主机箱前、后面板接口

插槽、接口、按钮、指示灯名称	作　用
电源接口	用于连接居民用电和计算机电源
显示器接口	
鼠标接口	

2. 观看“组装计算机”视频

通过观看计算机组装的视频教学课件，学生完成计算机组装的安装流程，如表1–6所示。有条件的情况下，让学生自己动手组装一台计算机。

表 1-6　组装流程

主机安装流程	
连接主机、外围设备流程	

3. 自己动手 DIY——计算机硬件配置单

通过网络资源自己动手配置计算机硬件（参考中关村在线网），如表1–7所示。

表 1-7　计算机硬件配置单

5 000 元计算机简易配置单			
部件名称	价　格	技术参数	推荐理由
CPU			
主板			
内存			
硬盘			
显卡			
机箱			
电源			
显示器			
键盘、鼠标套装			

实践练习评价

评价项目	自我评价		教师评价	
	小结	评分（5分）	点评	评分（5分）
硬件配置				
信息技术设备				

任务四　认知 Windows 10 操作系统

学习目标

- 了解Windows操作系统的发展史。
- 了解Windows 10的安装硬件要求和特色功能。
- 掌握Windows 10操作系统的基本操作。
- 了解文件、文件夹的命名规则。
- 掌握Windows 10中文件、文件夹的基本操作。
- 掌握创建和管理用户账户的方法。
- 了解维护和优化系统的方法。

理论知识

一、操作系统的功能、类型和特点

（一）操作系统的功能

为了使计算机系统能协调、高效和可靠地进行工作，同时也为了给用户提供一种方便友好地使用计算机的环境，在计算机操作系统中，通常都设有处理器管理、存储器管理、设备管理、文件管理、作业管理等功能模块，它们相互配合，共同完成操作系统既定的全部职能。

1. 处理器管理

处理器管理也称进程管理，最基本的功能是处理中断事件。处理器只能发现中断事件并产生中断而不能进行处理。配置操作系统后，就可对各种事件进行处理。处理器管理的另一功能是处理器调度。处理器可能是一个，也可能是多个，不同类型的操作系统将针对不同情况采取不同的调度策略。

2. 存储器管理

存储器管理主要是指针对内存储器的管理。主要任务是：分配内存空间，保证各作业占用的存储空间不发生矛盾，并使各作业在自己所属存储区中不互相干扰。

3. 设备管理

设备管理是指负责管理各类外围设备，包括分配、启动和故障处理等。主要任务是：当用户使用外围设备时，必须提出要求，待操作系统进行统一分配后方可使用。当用户的程序运行到要使用某外围设备时，由操作系统负责驱动外围设备。操作系统还具有处理外围设备中断请求的能力。

4. 文件管理

文件管理是指操作系统对信息资源的管理。在操作系统中，将负责存取的管理信息的部分称为文件系统。文件是在逻辑上具有完整意义的一组相关信息的有序集合，每个文件都有一个文件名。文件管理支持文件的存储、检索和修改等操作以及文件的保护功能。操作系统一般都提供功能较强的文件系统，有的还提供数据库系统来实现信息的管理工作。

5. 作业管理

每个用户请求计算机系统完成的一个独立的操作称为作业。作业管理包括作业的输入和输出，以及作业的调度与控制（根据用户的需要控制作业运行的步骤）。

（二）主流操作系统的类型和特点

下面介绍Windows操作系统的发展历程。

操作系统（Operating System，OS）是一种系统软件，用于管理和控制计算机硬件与软件资源，控制计算机程序的运行，改善人机交互界面，为其他应用软件提供支持等，从而使计算机系统所有的资源得到最大限度的发挥应用，并为用户提供方便的、有效的、直观的服务界面，是靠近计算机硬件的第一层软件。

目前，个人计算机中常用到的操作系统分为三个系列：微软公司的Windows系列（如Windows 7、Windows 8、Windows 10等）、基于Linux的操作系统、苹果公司的Mac OS系列。一般来讲，使用Windows系列的操作系统用户居多，如本书讲到的Windows 10。

微软公司自1985年推出Windows操作系统以来，其版本也从最初的DOS下的Windows 1.0发展到Windows 10，如表1-8所示。

表 1-8　Windows 系统发展历史

发布时间	发布版本	发布时间	发布版本
1985 年	Windows 1.0	2000 年	Windows 2000
1987 年	Windows 2.0	2001 年	Windows XP
1990 年	Windows 3.0	2006 年	Windows Vista
1992 年	Windows 3.1（NT）	2009 年	Windows 7
1995 年	Windows 95	2012 年	Windows 8
1998 年	Windows 98	2015 年	Windows 10

除此之外，还有关于智能终端的操作系统。

手机操作系统主要应用在智能手机上。主流的手机操作系统有Google的Android和苹果的iOS等。

二、Windows 10 操作系统介绍

1. 认识 Windows 10 系统桌面

登录到Windows 10系统后，展现在我们面前的就是系统桌面，主要包括桌面图标、任务栏、桌面区三部分。桌面图标有系统图标[见图1–25（a）]、应用程序图标和快捷方式[见图1–25（b）]三种组成。一般是程序或文件的快捷方式，程序和文件的快捷方式在左下角有一个小箭头。安装新软件后，一般会在桌面上自动添加新的快捷图标，用户也可以自己添加快捷图标。在安装完Windows 10操作系统后，在桌面上只有“回收站”图标，其他的图标“计算机”“网络”“个人文件夹”需要用户手动添加。系统桌面图标如图1–26所示。

（a）

（b）

图 1–25　“回收站”系统图标和快捷方式

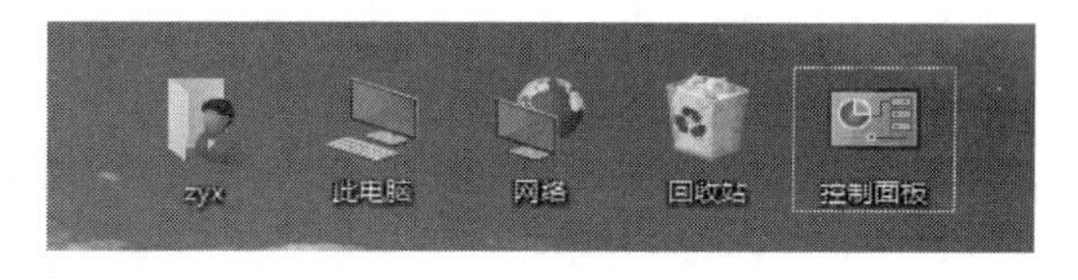

图 1–26　系统桌面图标

①“用户文档”图标：双击此图标，可以打开“用户文档”文件夹，该文件夹中包含图片、视频、音乐、收藏夹、文档等多个文件夹，用于分类存放对应的文件。“用户文档”文件夹是默认的文档保存位置。

②“此电脑”图标：双击鼠标，可以打开“此电脑”窗口，在该窗口中可以实现对计算机中所有文件和文件夹的管理，在其中用户还可以访问连接到计算机的手机、U盘、摄像头、数码相机和其他硬件的有关信息。

③“网络”图标：双击此图标，可以打开“网络”窗口，在该窗口中可以查看和访问局域网中的计算机。

④“回收站”图标：双击此图标，可以打开“回收站”窗口，在该窗口中可以查看、还原或彻底删除用户已删除的文件和文件夹。

⑤“控制面板”图标：双击此图标，可以打开“控制面板”窗口，在该窗口中可以查看并操作基本的系统设置，如添加/删除软件、设置用户账户。

2. 认识任务栏

任务栏左侧是“开始”按钮，从左往右依次是搜索栏、“语音助手Cortana”按钮、“任务视窗”按钮、“Edge浏览器”图标、正在运行的程序和通知区域，如图1–27所示。每当打开一个应用程序时，在任务栏上就会显示该程序的任务栏图标，程序关闭，图标消失。

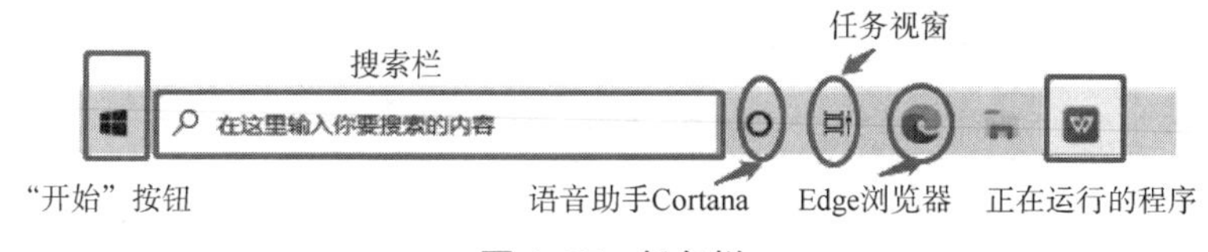

图 1–27　任务栏

①“开始”按钮：单击此按钮可以打开“开始”菜单，我们可以从“开始”菜单打开计算机当中的应用程序，运行Windows命令，关闭、重启、睡眠计算机。

② 搜索栏：在搜索栏中输入需要搜索的信息的关键字，就可以对计算机硬盘文件进行扫描，找到和关键字关联的文件或者文件夹。

③ 语音助手Cortana：单击此按钮，在打开的界面中可以进行语言搜索。

④ Edge浏览器：Windows 10自带的浏览器，单击打开，就可以浏览网页了。

⑤ 已启动的程序任务栏：Windows 10系统默认会分组显示程序的任务栏图标，将鼠标指针移动到“图标”上时，会显示分组内不同窗口的预览图，单击预览图可以快速切换至该程序窗口。右击“图标”，会弹出快捷菜单，其中列出了当前可以对该程序窗口进行的操作、最近使用的文档或常用的对象，用户可以选择所需项进行快速操作。

⑥ 通知区域：包括系统时间和日期、扬声器、网络连接、输入法等一些程序的通知图标，如图1-28所示。单击或者右击通知区域的图标可以执行不同的操作。

图 1-28　通知区域

3. 认识窗口

在Windows 10中启动某个程序或者打开某个文件时，就会在屏幕上显示一个划定的矩形区域，这便是窗口。一个窗口代表这一个程序的某项功能正在被编辑，大多数的窗口在外观上都一样。双击打开“此电脑”图标，出现“此电脑”窗口，如图1-29所示。下面以该窗口为例，介绍窗口中的各个组成元素。

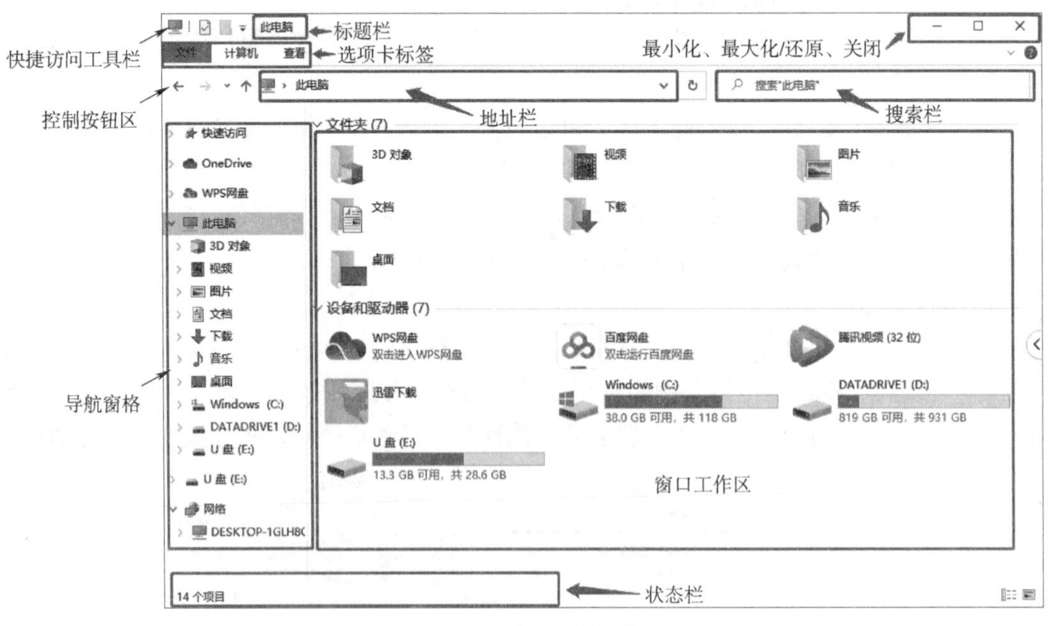

图 1-29　认识“窗口”

- 标题栏：位于窗口的最顶端，显示当前目录的位置。标题栏右侧为窗口的“最小化”“最大化/还原”“关闭”按钮，单击对应的按钮窗口会进行相应的操作。
- 快速访问工具栏：用于显示用户的常用命令，默认只显示“属性”和“新建文件夹”两个命令，用户可以自行添加其他命令到“快速访问”工具栏。
- 选项卡标签：用于分类存放与当前窗口相关的命令。例如，在“查看”选项卡中可以调整查看的布局和视图的浏览模式。
- 控制按钮区：主要功能是实现目录的后退、前进或返回上一级目录。
- 地址栏：显示当前文件的路径信息。用户也可以在地址栏输入网址，直接跳转到网页当中。
- 搜索栏：用于在当前目录中搜索文件。
- 导航窗格：可以使用“导航窗格”快速对文件和文件夹进行操作，如复制、选择、剪切、移动位置等。
- 窗口工作区：用于显示当前窗口的内容或者执行某项操作后显示的内容。可以使用“滚动条”来调整工作区的显示区域。
- 状态栏：会根据用户当前选择的内容，显示当前窗口中的项目数量、已选择项目数、选择文件的大小等基本信息；状态栏右侧有“列表”按钮和“缩略图”按钮，单击某一按钮，就可以切换到对应的模式。

窗口除了可以执行最小化、最大化/还原、关闭等操作外，常用的窗口操作还包括下面几项：

- 移动窗口：可以将鼠标指针放置上标题栏上，按下鼠标左键来拖动窗口的位置。
- 窗口最小化后还原：我们对窗口执行最小化命令后，窗口会缩小放置在任务栏上，在任务栏上单击该图标就可以实现窗口的还原操作。
- 改变窗格的大小：用户需要将鼠标放置在窗口的边缘，鼠标样式变为双向箭头样式时，按下鼠标左键改变窗口的大小。也可以将鼠标放置窗口的角上，可以等比例缩放窗口大小。

4．认识快捷菜单

在Windows 10系统桌面、窗口等不同位置上单击鼠标右键（简称右击），一般都会弹出一个快捷菜单，该菜单与当前操作相关联，方便用户快捷操作。例如，我们在桌面空白处右击，就可以通过弹出的快捷菜单快速创建Word文档。

5．认识对话框

对话框是一种特殊的Windows窗口，主要是让用户设置一些参数，如图1-30所示。不同的对话框，样式也不同。我们一般不能改变对话框的大小。

- 标题栏：最上端显示的名称就是标题栏，可以在标题栏按下鼠标左键来移动对话框的位置，也可以单击“关闭”按钮关闭对话框。

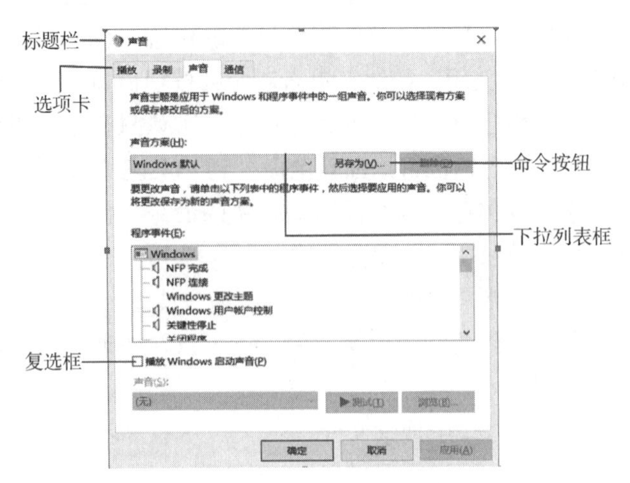

图 1-30 “声音”对话框

- 选项卡：当有多个选项时，就会显示在不同的选项卡中。单击可以切换选项卡。
- 下拉列表框：包含有某些设置的多个设置选项，可以单击下拉箭头打开下拉列表，选择其中一项作为当前设置。
- 复选框：用于设置或者取消某些项目，单击选中，再次单击取消选中。
- 单选按钮：区别于复选框，单选按钮（图1-30中未显示）只能选择当前多个选项中的其中一项，一旦选择确认，其他选项会呈灰色不可选状态。
- 命令按钮：在对话框中有许多按钮，单击这些按钮可以打开某个对话框或者应用相关设置。

三、Windows 10 的基本操作

（一）设置桌面主题

桌面主题是Windows 10系统的界面风格，通过改变桌面主题，可以同时改变桌面图标、背景图像和窗口等项目的外观。右击桌面空白区域，在弹出的快捷菜单中选择“个性化”命令，打开“设置”窗口，选择左侧窗格中的“主题”选项，在右侧窗格的主题列表中选择所需主题即可，如图1-31所示。

（二）设置桌面背景

在“设置”窗口左侧窗格中选择“背景”选项，在右侧窗格的图片列表中单击要设置为桌面背景的图片即可，如图1-31所示。

要使用其他图片作为桌面背景，可以单击“浏览”按钮，在打开的“浏览文件夹”对话框中选择图片所在的位置，最后单击“选择图片”按钮。

（三）设置显示器分辨率

在操作计算机的过程中，为了使显示器的显示效果达到最佳状态，可以在Windows 10系统中将显示器屏幕的分辨率调整为最佳分辨率。方法是：在“设置”窗口左侧窗

格中选择“显示”选项，在右侧窗格的“分辨率”下拉列表框中选择显示器的最佳分辨率。

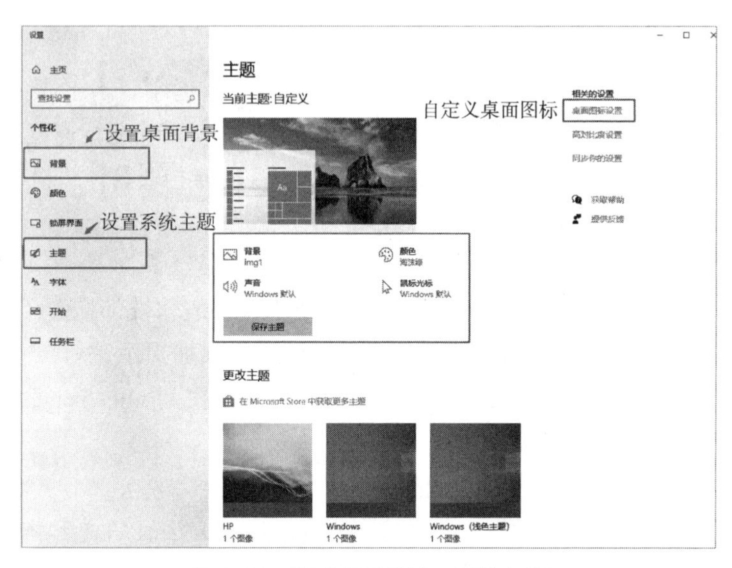

图 1-31　设置桌面背景、系统主题

（四）设置系统时间和日期

右击任务栏右端的日期和时间，在弹出的快捷菜单中选择“调整日期时间”命令，打开“日期和时间”设置界面，如图1-32所示。对于已经联网的Windows 10系统计算机，“自动设置时间”的开关默认是“开”状态，这样系统会自动通过互联网上的时间服务器同步日期和时间。

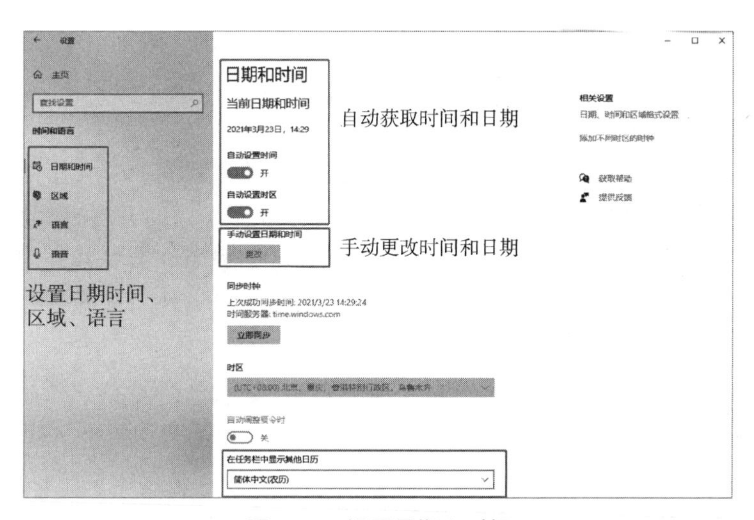

图 1-32　设置日期和时间

如果需要手动修改日期和时间，则先将“自动设置时间”开关关闭，然后单击“更改”按钮，在打开的“更改日期和时间”对话框中设置新的日期和时间后，单击“更改”按钮进行设置。

四、安装和卸载应用程序

为了扩展计算机的功能，用户需要为计算机安装应用程序。当不需要这些应用程序时，可以将它们从操作系统中卸载，以节约系统资源，提高系统运行速度。

在使用Windows 10系统时，用户可以通过“设备管理器”查看计算机各硬件驱动是否安装好，或卸载某硬件的驱动程序。

（一）安装应用程序

应用程序必须安装到Windows 10系统中才能使用，一般软件都配置了自动安装程序，将安装光盘放入光驱，系统会自动运行它的安装程序，根据提示进行操作即可。如果软件安装程序没有自动运行，则需要在存放软件的文件夹中找到setup.exe安装程序图标，双击它便可安装该应用程序。

（二）运行应用程序

要使用应用程序，须先启动它，常用的应用程序启动方法有如下三种：

（1）通过“开始”菜单。应用程序安装后，一般会在“开始”菜单中自动新建一个快捷方式，在“开始”菜单列表中单击要运行程序所在的文件夹，然后单击相应的程序快捷图标，即可启动该程序。

（2）通过快捷方式图标。如果在桌面上为应用程序创建了快捷方式图标，双击该图标即可启动该应用程序。

（3）通过应用程序的启动程序。在应用程序的安装文件夹中找到启动程序文件（一般以.exe为扩展名），然后双击它。

要退出应用程序，可以直接单击应用程序窗口右上角的“关闭”按钮。或在“文件”列表中选择“退出”选项，或直接按【Alt+F4】组合键。

（三）卸载应用程序

在计算机中安装过多的应用程序不仅会占用大量硬盘空间，还会影响系统的运行速度，所以对不需要的应用程序，应该将其卸载。卸载应用程序的方法有两种。

（1）使用“开始”菜单。大多数应用程序会自带卸载命令，安装好应用程序后，一般可在“开始”菜单中找到该命令，卸载应用程序时，只需执行卸载命令，然后按照卸载向导中的提示进行操作即可。

（2）使用“应用和功能”选项。有些应用程序的卸载命令不在“开始”菜单中，如Office软件、Photoshop软件等，此时可以使用Windows 10系统提供的“应用和功能”进行卸载。为此，可以在“控制面板”窗口中单击“卸载程序”链接（见图1–33），在显示的设置界面中单击要删除的应用程序，然后单击“卸载”按钮，根据打开的卸载向导提示进行操作，完成应用程序的卸载。

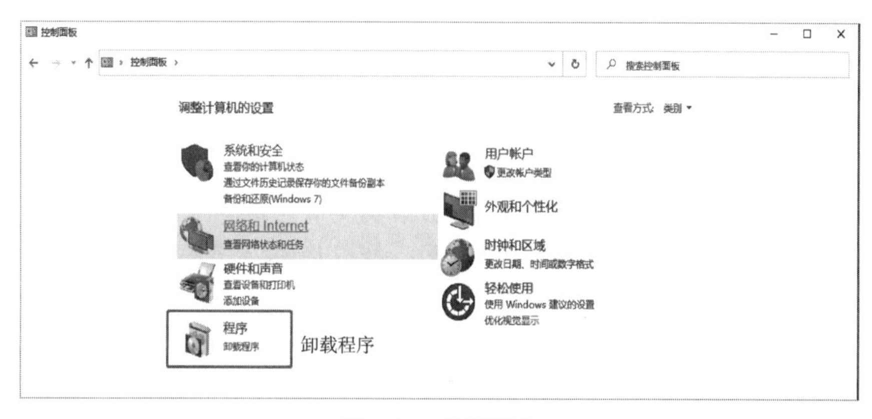

图 1-33 卸载程序

（四）设备管理器

在桌面上右击“此电脑”图标，在弹出的快捷菜单中选择“属性”命令，打开“系统”窗口，选择“设备管理器”选项，打开“设备管理器”窗口，查看硬件设备的驱动程序安装是否完成，如图1-34所示。

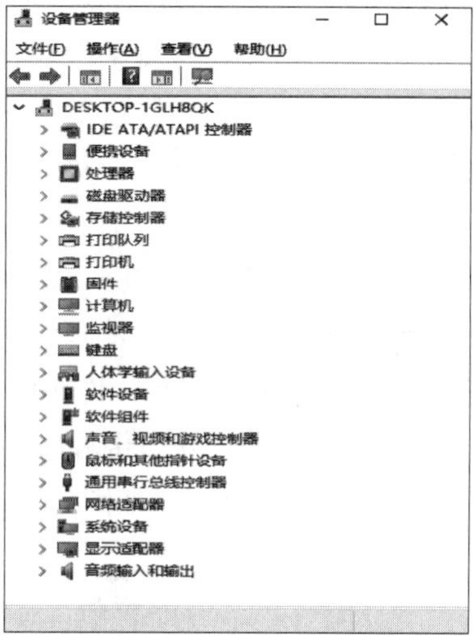

如果某硬件设备的驱动程序没有正确安装，或没有安装驱动程序，相关设备会显示感叹号、红叉或者问号，此时需要重新安装该硬件的驱动程序，或选择该硬件名称，单击工具栏中的“更新设备驱动程序”按钮，重新为该硬件安装驱动程序。

如果某硬件设备的驱动程序没有正确安装，需要将其卸载并重新安装。要卸载某硬件的驱动程序，只需在“设备管理器”窗口中右击该驱动程序，然后在弹出的快捷菜单中选择“卸载设备”命令，再根据系统提示进行操作即可。

图 1-34 设备管理器

（五）常用的中英文输入法

1. 汉字输入法的分类

输入法就是通过输入设备（键盘），按照一定编码规则将汉字输入到计算机当中的一种方法。常用的输入法分为拼音输入法和字形输入法两类。

（1）拼音输入法：以汉语拼音为基础的输入法，用户根据汉字的读音，通过键盘输入对应的字符就可以实现汉字的输入。这也是现在用户使用最多的输入方法，如图1-35所示。

图 1-35 拼音输入法

（2）字形输入法：一种对汉字的结构进行拆分，根据拆分的字形对应相应的键位，通过字根在键盘上的对应位置对汉字进行输入。字形输入法经过练习可以达到很快的输入速度。

2．输入法的使用

根据个人使用习惯不同，我们可以在计算机中安装多种输入法。不同的输入法之间切换可以通过【Ctrl+Shift】组合键来实现，也可以单击输入法的图标进行切换。

输入法有多种输入模式，如汉字输入模式、英文输入模式、大写输入模式，以及标点符号输入模式等。我们可以根据自己的需要，随意切换输入模式。

知识加油站

在进行文字输入的时候一定注意，在不同的输入模式下，输入相同的内容有可能呈现不同的结果，甚至会发生错误。例如，在进行程序设计时，输入代码时需要将输入法切换到英文半角状态下进行输入，这样才能保证程序不会出错误提示。

（六）使用语音输入和光学识别工具进行输入

语音输入是这几年流行起来的一种输入方式，通过安装语音识别工具，可以通过讲话或者朗读的方式，将文字输入计算机中。现在流行的语音识别工具有讯飞语音输入法、迅捷语音转换工具、联想语音、搜狗语音输入等，如图1-36所示。

光学识别输入方式属于专业性比较强的输入方式，一般通过扫描仪来完成。扫描仪对印刷品当中的文字和图片进行识别，可以将信息扫描到计算机中进行编辑，同时需要扫描软件的支撑。目前有汉王OCR、迅捷OCR等多种识别软件。

语音输入和光学识别输入的使用都有其特有的条件，比如语音识别软件要求吐字清楚、控制语音输入速度、普通话输入等，假如不满足这些条件，语音识别的能力会极大下降。

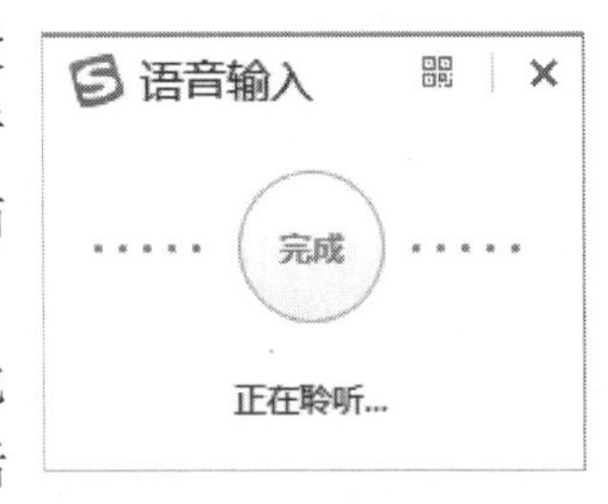

图 1-36　搜狗语音输入

（七）Windows 10 自带程序的使用

Windows 10自带程序如图1-37所示。

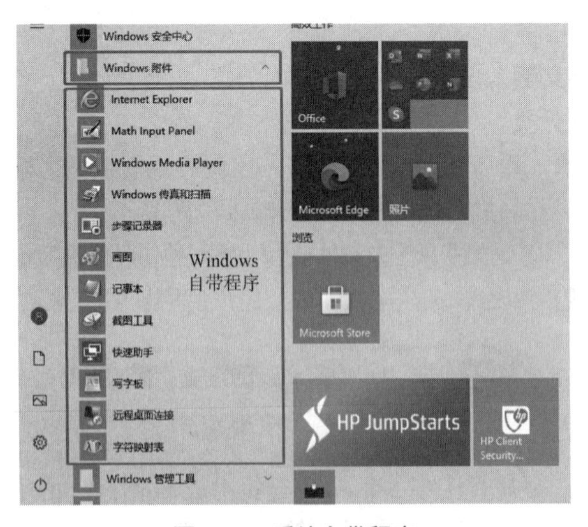

图 1-37　系统自带程序

（1）“画图”工具：可以使用画图程序进行简单图形的设计，可以对图像进行编辑。

（2）“记事本”功能：可以通过记事本功能编辑简单的文本。

（3）“录音机”功能：可以通过录音机功能，将外部的声音输入计算机中进行编辑和处理。

（4）远程桌面连接：可以通过此功能实现不同计算机之间的相互协作和操作演示。

实践练习

安装输入法、录入文字

内容描述

输入法是人与计算机之间沟通的一种手段，可以通过输入将我们的“想法”告诉计算机，所以安装合适的输入法并加以不断练习，会提高“人机交互”的能力。下面将以安装搜狗拼音输入法为例进行演示。

操作过程

1. 安装输入法

（1）打开浏览器，在地址栏输入百度主页网址www.baidu.com，打开百度主页，如图1-38所示。

图 1-38 打开百度主页

（2）在搜索栏中输入“搜狗拼音输入法”，如图1-39所示。

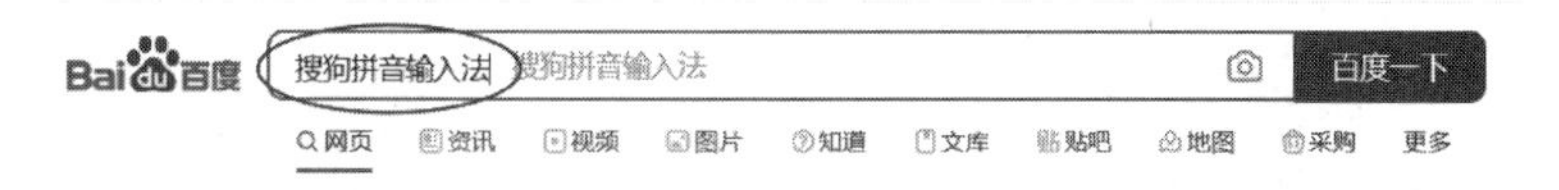

图 1-39 搜索“搜狗拼音输入法”

（3）选择官方网站，单击进入，如图1-40所示。

图 1-40 单击进入官网

（4）在官方网站中，找到下载地址，单击“立即下载”按钮，如图1–41所示。

图 1–41　单击下载

（5）在弹出的“新建下载任务”对话框中选择下载程序的存储位置，如图1–42所示。

图 1–42　选择存储位置

（6）找到程序下载位置，双击进行安装，在弹出的对话框中单击“立即安装”按钮，如图1–43所示。

（7）按照步骤提示，单击“下一步”按钮，完成安装（将捆绑插件取消），如图1–44所示。

图 1–43　安装搜狗拼音输入法

图 1–44　安装完成，立即体验

（8）单击“立即体验”按钮，进入“个性化设置向导”对话框，根据需要选择相应菜单，单击“下一步”按钮，指导安装完成，如图1–45所示。

（9）设置自定义状态栏，如图1–46所示。

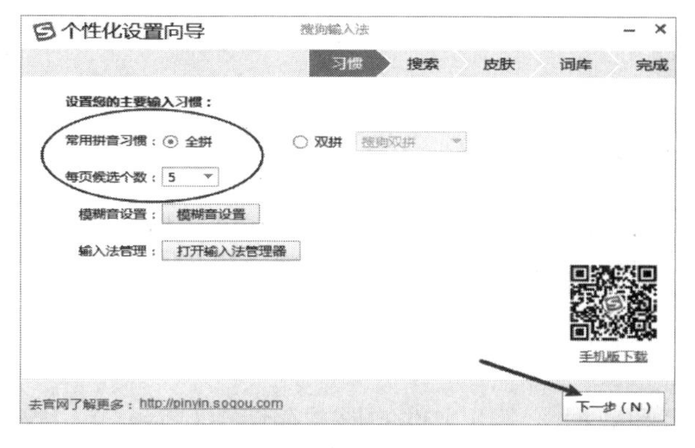

图 1-45　个性化设置

图 1-46　自定义状态栏

2. 使用已安装输入法输入文字

选择搜狗拼音输入法，打开记事本，输入图1-47所示的文字并保存。

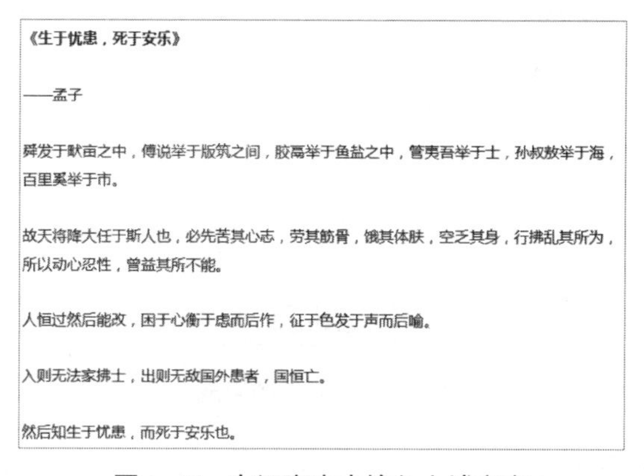

《生于忧患，死于安乐》

——孟子

舜发于畎亩之中，傅说举于版筑之间，胶鬲举于鱼盐之中，管夷吾举于士，孙叔敖举于海，百里奚举于市。

故天将降大任于斯人也，必先苦其心志，劳其筋骨，饿其体肤，空乏其身，行拂乱其所为，所以动心忍性，曾益其所不能。

人恒过然后能改，困于心衡于虑而后作，征于色发于声而后喻。

入则无法家拂士，出则无敌国外患者，国恒亡。

然后知生于忧患，而死于安乐也。

图 1-47　在记事本中输入上述文字

实践练习评价

评价项目	自我评价		教师评价	
	小结	评分（5分）	点评	评分（5分）
输入法的安装				
文本的输入				

任务五　认知信息资源管理

学习目标

- 了解文件、文件夹的命名规则。
- 掌握Windows 10中文件、文件夹的基本操作。

理论知识

一、文件、文件夹、资源管理器

在计算机当中，用户的各种数据和信息都是以文件的形式存在的，而文件夹则可以看成是存放各种文件的容器，因此，在Windows 10中最重要的就是操作、管理文件和文件夹。

（一）文件和文件名

计算机中所有的信息（包括程序和数据）都以文件的形式存储在存储器上。文件是相关的一组信息的集合，可以是程序、文档、图像、声音、视频等。计算机文件就是用户赋予名字并存储在外存储器上的信息的有序集合。文件名是存取文件的依据，一般文件名由主文件名和扩展名组成，中间以小点间隔。格式是：<主文件名>.<扩展名>，如图1-48所示。例如，“我的祖国.mp3”代表一首格式为MP3的声音文件。

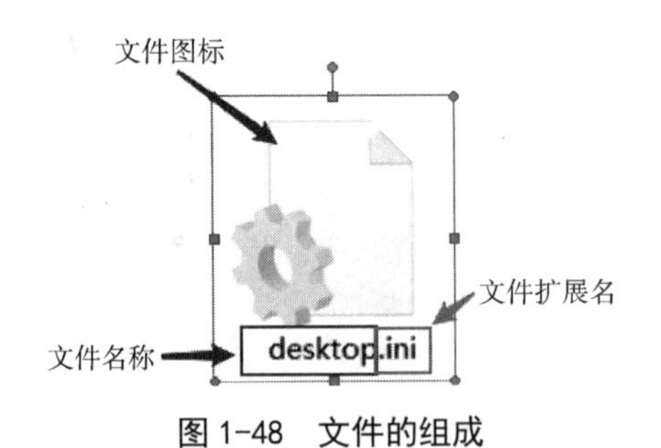

图 1-48　文件的组成

主文件名是文件的标识，扩展名用于标识文件的类型。主文件名必须有，扩展名是可选的。Windows 10有以下文件命名规则：

- 支持长文件名，最多可以由255个字符组成，可以使用汉字，一个汉字占两个字符。
- 文件名可以有多个间隔符，例如，ttjx.xxb.jsj58.exe等。
- 文件名的命名中不能出现以下字符：\、/、*、?、:、<、>、|、“。
- 文件名不区分英文大小写。例如，music.123与MUSIC.123为同一文件，在同一个存储位置文件命名不能重名。

（二）文件夹

文件夹是系统组织和管理文件的一种形式，是为方便用户查找、维护和存储文件而设置的，用户可以将文件分门别类地存放在不同的文件夹中。在Windows 10操作系统中，仍然是采用树状结构以文件夹的形式组织和管理文件。在文件夹的树状结构中，一个文件夹既可以存放文件，也可以存放其他文件夹（称为子文件夹）；同样，子文件夹又可以存放文件和子文件夹，但在同一级的文件（文件夹）中，不能有同名的文件和文件夹。

在Windows 10中，根据文件存储内容的不同，把文件分成各种类型，一般用文件的扩展名来表示文件的类型。常见的文件类型及其扩展名如表1-9所示。

表 1-9 常见的文件类型及其扩展名

文件类型	扩展名	文件类型	扩展名
应用程序文件	.exe 或 .com	系统文件	.sys
文本文件	.txt	系统配置文件	.ini
Word 文档	.doc 或 .docx	声音文件	.wav 或 .mp3
Excel 电子表格	.xls 或 .xlsx	批处理文件	.bat
PPT 演示文稿	.ppt 或 .pptx	位图文件	.bmp
Web 文件	.htm 或 .html	压缩文件	.rar 或 .zip

（三）文件资源管理器

在Windows 10中，资源管理器是管理计算机中文件、文件夹等资源的最重要工具。单击“开始”菜单中的“此电脑”“文档”等图标，或双击桌面上的“此电脑”“网络”等图标，都可打开文件资源管理器，如图1-49所示。

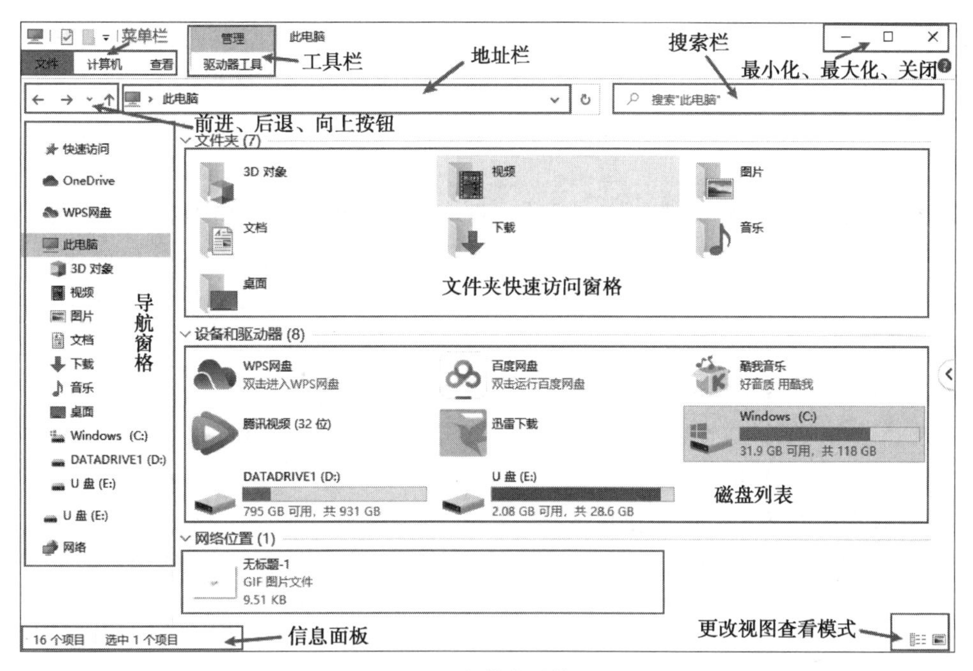

图 1-49 文件资源管理器

- 文件资源管理器主要由导航窗格、地址栏、搜索栏、工具栏、“前进”/“后退”/“向上”按钮、磁盘列表、详细信息面板等元素组成。
- 导航窗口：采用层次结构化来对计算机资源进行导航，自上而下分别为收藏夹、库、计算机、网络等项目，单击左侧三角箭头按钮可以展开下一级子项目，再次单击该按钮可返回上一级项目。

- 地址栏：主要作用是显示文件存储的路径。例如，C:\Program Files (x86)\LuDaShi表示在C盘根目录下有一个文件夹存放了名称为LuDaShi的文件。也可以在地址栏输入网址，系统会自动跳转到网页浏览器中。
- 搜索栏：输入需要查找的文件的关键字，可以自动在系统中进行搜索。
- 工具栏：用于快速对文件或文件夹进行操作，随着打开对象的不同，工具栏会发生变化。
- “前进”/“后退”/“向上”按钮：单击“前进”/“后退”按钮可在打开的文件夹之间切换；单击“向上”按钮可以返回上一层。
- 磁盘列表：显示计算机分区各个驱动器图标，双击打开查看磁盘具体存储的文件，可以通过右键快捷菜单对磁盘进行管理；显示网盘信息和部分常用的应用程序信息。
- 详细信息面板：显示当前所选文件或文件夹的有关信息。

二、文件、文件夹的基本操作

（一）新建文件

方法一：打开要新建文件夹的磁盘或文件夹，在当前窗口空白处右击，在弹出的快捷菜单中选择“新建“命令，选择要新建的文件类型，输入文件名后按【Enter】键确定。

方法二：在要建立新文件的磁盘或文件夹中选择“文件”→“新建”命令。

（二）新建文件夹

方法一：打开要新建文件夹的磁盘或文件夹，在当前窗口空白处右击，在弹出的快捷菜单中选择“新建”→“文件夹”命令，输入文件夹名称后按【Enter】键确认。

方法二：在Windows 10的文件管理窗口的工具栏中单击“新建文件夹”按钮，再输入文件夹名称即可。

（三）选择文件或文件夹

要选择单个文件或文件夹，单击该文件或文件夹即可。选择连续或不连续的多个文件或文件夹需要借助辅助键。

1. 选择连续的多个文件或文件夹

方法一：按住鼠标左键，利用鼠标拖动选择一块区域内的文件或文件夹。

方法二：单击选中第一个文件或文件夹，按住【Shift】键，再单击最后一个文件或文件夹。

2. 选择不连续的多个文件或文件夹

按住【Ctrl】键，单击所要选择的文件或文件夹，即可将其选中。如果选错，按住【Ctrl】键再次单击该文件或文件夹即可取消选中。

3. 选择所有的文件和文件夹

方法一：选择“编辑”→“全选”命令，或单击工具栏中的“组织”→“全选”

命令。

方法二：按【Ctrl+A】组合键。

4. 重命名文件或文件夹

方法一：单击需要重命名的文件或文件夹，然后再单击文件名部分，输入新名称即可。

方法二：右击需要重命名的文件或文件夹，在弹出的快捷菜单中选择“重命名”命令，输入新名称即可。

方法三：选中需要重命名的文件或文件夹，选择“文件”→“重命名”命令或单击工具栏中的“组织”→“重命名”命令，输入新名称即可。

5. 复制 / 移动文件或文件夹

方法一：选择要复制/移动的文件或文件夹，右击，在弹出的快捷菜单中选择“复制”/“剪切”命令；然后在目标文件夹空白处右击，在弹出的快捷菜单中选择“粘贴”命令。

方法二：选择要复制/移动的文件或文件夹，选择“编辑”→“复制到文件夹”/“移动到文件夹”命令；然后移动到目标文件夹中，单击“复制”/“移动”按钮。

对于文件或文件夹的复制和移动，最常用的方法其实是利用组合键来完成的，我们可以选择需要复制/移动的文件或文件夹，按【Ctrl+C】（复制）/【Ctrl+X】（剪切）组合键，然后在目标文件夹中按【Ctrl+V】（粘贴）组合键即可。

6. 删除文件和文件夹

方法一：选择需要删除的文件或文件夹，右击，在弹出的快捷菜单中选择“删除”命令。

方法二：选择需要删除的文件或文件夹，选择“文件”→“删除”命令，或单击工具栏中的“组织”→“删除”命令。

方法三：选择需要删除的文件或文件夹，按【Delete】键。

如果按住键盘上的【Shift】键的同时使用以上的删除方法，则文件或文件夹将被永久删除，而不进入“回收站”。

7. 查找文件和文件夹

打开“此电脑”窗口，在窗口右上角的搜索框中输入要查找的文件名称（如果记不清文件名的全称，也可以输入部分名称信息）。单击“搜索”后，就会看到和该文件相关的文件出现。

三、常见的信息资源类型

1. 表示方式和载体划分

（1）口语信息资源：以口头方式表述，演讲授课等方式交流。

（2）体语信息资源：特殊文化背景下，以表情手势姿态表述，以表演舞蹈方式表现交流。

（3）实物信息资源：以模型样品雕塑等实物进行展示交流。

（4）文献信息资源：用文字图形，图像，音视频等方式记录在一定的载体上。

2. 按信息载体划分

信息资源按载体材料和存储技术可分为：

（1）印刷型信息资源：以纸质材料为载体，采用各种印刷技术把文字图像记录在纸上，其特点是便于阅读流通，存储密度低，加工难以自动化。

（2）缩微型信息资源：以感光材料为载体，利用光学缩微技术将文字图像记录在感光材料上，其特点是存储密度高，便于收藏，阅读设备投资高。

（3）声像型信息资源：以磁性和光学材料为载体，利用磁录、光录技术记录声音和图像，其特点是密度高，内容直观，表达力强，易于接受，需阅读设备。

（4）数字化信息资源：利用计算机和存储技术，将文字图像音视频转换为数字化信息，以磁光盘和网络为载体，其特点是密度高，读取快，远距传输高速。

3. 按加工深度划分

（1）零次信息：成为文献前的信息存在状态，即进行中的研究，价值可能比已发表文献高，可填补某些高新技术领域文献空白。

（2）一次信息：以研究工作或成果为依据撰写制作发布，可提供新的知识，具有直接借鉴参考使用价值，是检索利用的主要对象。

（3）二次信息：对一次信息整理加工提炼和压缩之后得到的信息，便于管理大量分散无序的一次信息的工具性信息，又称二手资料。可提供一次信息的线索，节省查找时间。

（4）三次信息：根据一定目的和需求，在大量利用有关一、二次信息和其他三次信息基础上，对有关信息知识综合分析、重组概括形成，是对现有信息知识的再创造，使其进一步增值，具有综合性参考价值高、系统性好的特点。

四、保护文件安全、压缩文件

（1）为了保证信息的安全，文件在传输过程中有可能携带病毒等不安全因素，所以要对主要的文件信息资源实行加密保护，还需要在安全的环境下进行多次备份。

① 使用加密软件，对文件进行加密，如文档加密器、加密软件等。

② 对于重要信息数据和程序，可以选择外部存储设备进行备份，也可以选择云存储功能进行备份。

（2）压缩文件。可以使用压缩工具把多个文件压缩成一个文件，便于文件管理、存储、传输。对压缩文件进行解压缩操作就可以将文件还原。常见的压缩软件有WinRAR（见图1-50）、WinZip、快压、360压缩等。

在压缩文件的同时也可以对文件进行加密处理。

图 1-50　压缩工具

实践练习

文件和文件夹操作

内容描述

五台山（Mount Wutai）是国家AAAAA级旅游景区，国家重点风景名胜区，国家地质公园，国家自然与文化双重遗产，中华十大名山，中国佛教四大名山，世界五大佛教圣地。

假如你的朋友要来五台山旅游，你要为朋友制定一份“五台山旅游攻略”，根据提供的素材文件制定攻略，主要练习文件以及文件夹的创建、命名、分类、复制、删除、移动等基础操作。

操作过程

（1）在磁盘中创建“五台山旅游攻略”文件夹。

（2）在此文件夹下分别创建5个文件夹，分别命名为“旅游景点文字介绍”“旅游景点图片”“入住酒店及交通地图”“特色小吃及商品”“佛乐”，如图1-51所示。在“旅游景点图片”文件夹下再次创建“黛螺顶”“五爷庙”“文殊菩萨殿”三个文件夹。

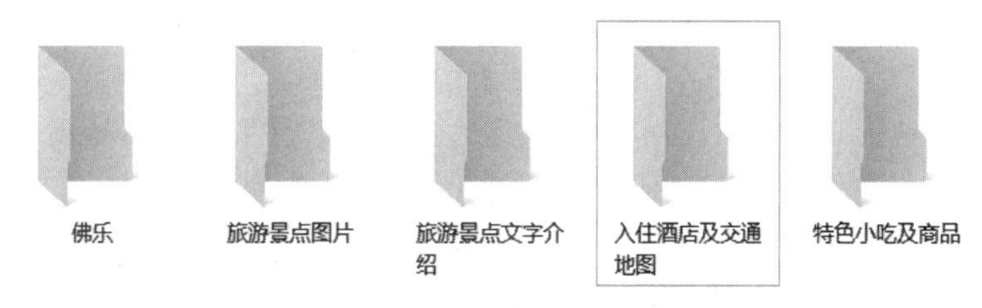

图 1-51　文件分类

（3）按住【Ctrl】键依次选择多张风景图片文件，右击，在弹出的快捷菜单中选择“复制”命令，打开目标文件夹“旅游景点图片”，在空白处右击，在弹出的快捷菜单中选择“粘贴”命令，将风景图片放入相应文件夹。

（4）依次将素材文件夹中的文件进行以上操作，将它们全部归类到对应的文件夹中。

（5）返回素材文件夹，删除未分类的无用文件，并清空“回收站”。

（6）返回“五台山旅游攻略”文件夹，向桌面发送快捷方式。

实践练习评价

评价项目	自我评价		教师评价	
	小结	评分（5分）	点评	评分（5分）
文件、文件夹基本操作				
快捷键的掌握				

任务六　认知系统维护

学习目标

- 掌握使用Windows自带的工具整理系统资源。
- 掌握使用第三方软件进行系统维护。

理论知识

一、管理和维护磁盘

Windows 10操作系统内部提供了磁盘维护工具，如驱动器清理和驱动器优化等。长时间不清理磁盘驱动器，会造成系统不稳定、机器反应迟钝、经常死机等现象。定期清理系统垃圾文件、整理磁盘碎片可以让磁盘工作达到良好的状态。

（一）“磁盘清理”工具

使用“磁盘清理”工具可以帮助用户找出并清理硬盘中的垃圾文件，从而提高计算机的运行速度，以及增加硬盘的使用空间，如图1-52所示。

图 1-52　磁盘清理

（1）删除临时文件：

① 在任务栏上的搜索框中，输入“磁盘清理”，并从结果列表中选择“磁盘清理”。

② 选择要清理的驱动器，然后单击“确定”按钮。

③ 在“要删除的文件”下，选择要删除的文件类型。若要获取文件类型的说明，请

选择它。

④ 单击“确定”按钮。

（2）如果需要释放更多空间，还可以删除系统文件：

① 在“磁盘清理”中，选择“清理系统文件”。

② 选择要删除的文件类型。若要获取文件类型的说明，请选择它。

③ 单击“确定”按钮。

（二）“驱动器优化”工具

该工具用于检查硬盘健康状态以及数据存储情况。一般情况下，磁盘扫描能检测出硬盘上的坏道、文件交叉链接和文件分配表错误等故障，从而及时提示用户修复或自动修复，如图1–53所示。

① 双击打开“此电脑”窗口。

② 选择任意一个磁盘，比如双击打开C盘。

③ 单击菜单栏中的“管理”，再单击“优化”。

④ 然后打开优化驱动器的对话框，就可以对系统进行碎片整理了。选择一个盘符，单击“分析”按钮，再单击“优化”按钮，如图1–53所示。

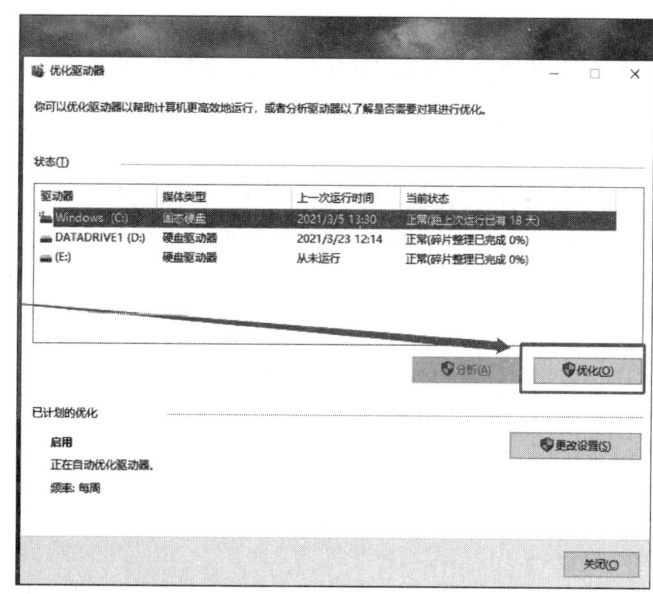

图 1–53　驱动器优化

二、常用的第三方测试、维护软件

（1）鲁大师：鲁大师是一款专业而易用完全免费的硬件检测工具，它能够让用户直观了解自己的计算机配置。鲁大师可以监控用户的计算机硬件状态，可以了解计算机的健康。鲁大师可以一键清理系统运行产生的垃圾，能够提升计算机性能，是值得大家下载的一款软件。

（2）驱动精灵：驱动精灵是一款集驱动管理和硬件检测于一体的、专业级的驱动管理和维护工具。驱动精灵为用户提供驱动备份、恢复、安装、删除、在线更新等实用功能。

（3）360驱动大师：360驱动大师是一款免费的专业解决驱动安装更新软件，具有百万级的驱动库支持，驱动安装一键化，无须手动操作，利用首创的驱动体检技术，让用户更直观地了解计算机的状态。360驱动大师强大的云安全中心可以保证用户所下载的驱动不带病毒，真正体验一键化安装和升级的驱动。

（4）CPU-Z：CPU-Z是一款计算机的CPU检测软件。CPU-Z适用于任意品牌和型号的监测工作，且检测的数据范围非常广泛，将CPU涉及的各个方面以最直观的方式呈现给用户。

三、计算机和智能手机基本安全设置

Windows 10是支持多用户的操作系统。多个用户可以共用一台计算机，这样数据和信息极容易受到泄露或者遭受病毒威胁，为此，我们在系统中为各用户设置不同的用户账户，每个用户都有相对独立的登录账户和密码，每个用户之间都相互不受干扰。

1. 设置用户账户

在Windows 10系统中，默认的账户只有一个，那就是管理员账户，我们可以通过管理员账户为其他用户分配用户账户。具体操作如下：

（1）双击桌面上的“控制面板”图标。

（2）打开“控制面板”窗口，选择“用户账户”选项。

（3）打开“用户账户”窗口中的管理用户账户，就可以进行新建用户账户、更改账户名称、更改账户类型等操作，如图1-54所示，更改密码界面如图1-55所示。

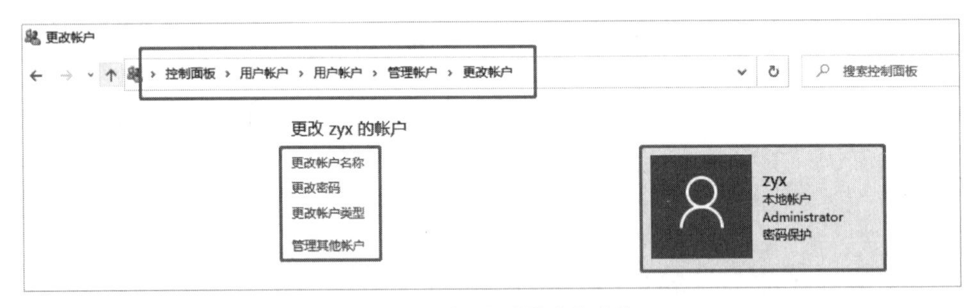

图1-54　设置“用户账户”

2. 设置计算机密码

具体操作如下：

（1）打开“设置”窗口的主页。

（2）选择“账户”选项。

（3）在打开的界面中选择“登录”选项。

（4）单击“添加”按钮。

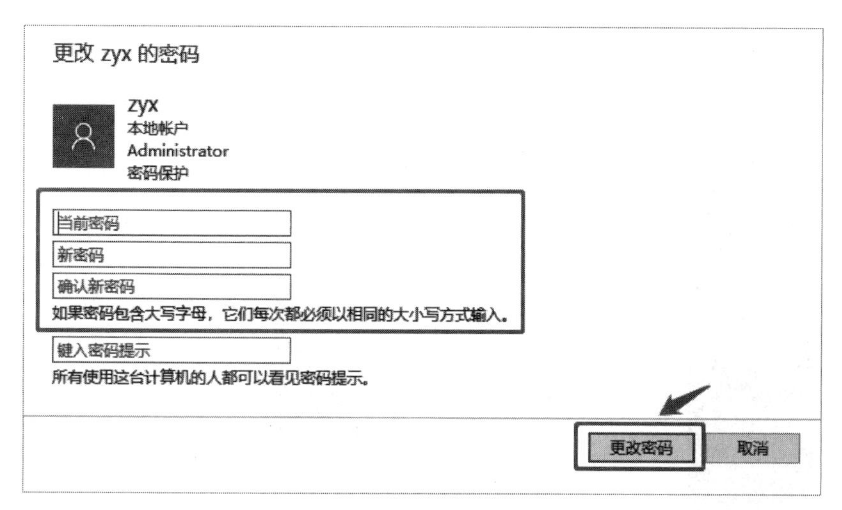

图 1-55　更改密码

（5）在打开的“创建密码”对话框中设置账户密码。

3. 为智能手机设置密码（以安卓系统为例）

（1）在手机界面选择“设置”按钮。

（2）在“设置”选项中，选择“指纹、面部与密码”选项。

（3）选择“设置锁屏密码”，输入6位密码，再次确定即可。

实践练习

使用鲁大师进行系统检测和优化

内容描述

本任务使用鲁大师进行系统检测和优化。

操作过程

操作步骤如下：

（1）安装并启动鲁大师，如图1-56所示，进入其操作界面。

图 1-56　安装鲁大师

（2）单击“硬件体检”图标，软件会自动对计算机硬件资源进行检测，随后会逐步显示检测到的硬件信息，如CPU型号、主板芯片组、内存空间等，如图1-57所示。

图 1-57　硬件体检

（3）检测完成以后，选择左边的操作选项，可以查看详细的硬件参数，如图1-58所示。

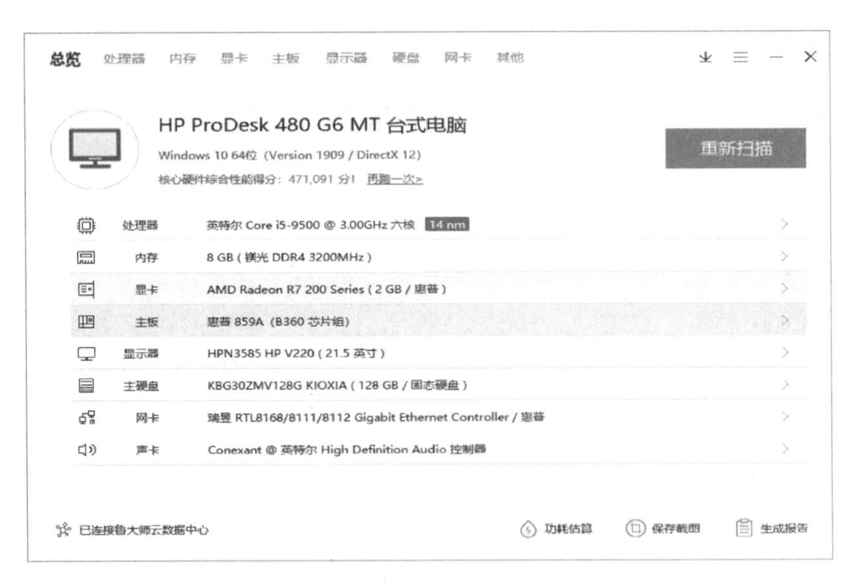

图 1-58　硬件参数

（4）单击“硬件评测”图标，在界面中勾选需要检测的硬件，然后单击“开始评测”按钮。随后，鲁大师会对本机硬件的运行情况进行打分，并显示排名。硬件性能越好，分数越高，排名越靠前，如图1-59所示。

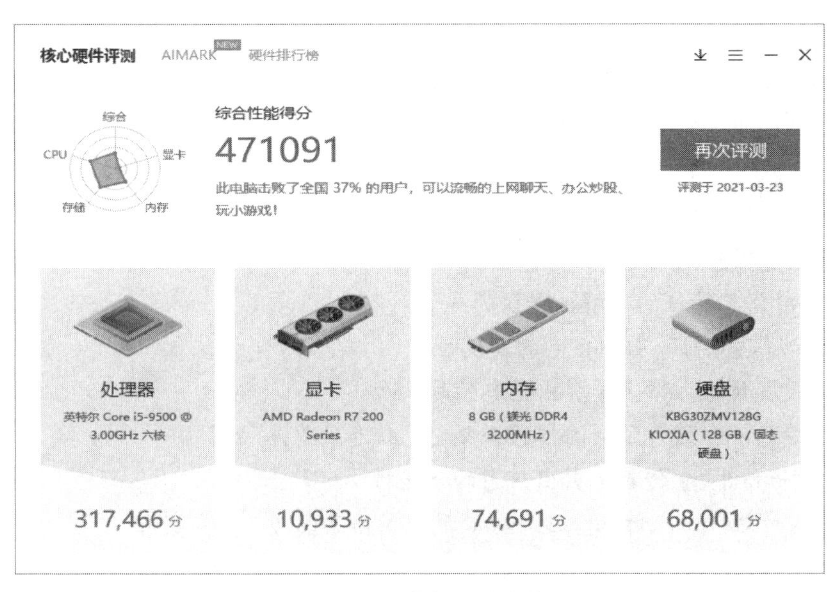

图 1-59　硬件评测（跑分）

实践练习评价

评价项目	自我评价		教师评价	
	小结	评分（5 分）	点评	评分（5 分）
用户账户设置				
硬件评测				

项目小结

当今是信息时代，这个时代的标志就是大量信息的产生和传播。从原始社会到信息时代，信息技术的发展经历了语言的使用，文字的创造，造纸本和印刷术的发明，电报、电话、广播和电视的发明，计算机技术与现代通信技术的普及五次革命。近年来，以物联网、大数据、云计算、人工智能等技术为核心的新一代信息技术高速发展，推动人类社会由信息社会向智慧社会转变。

我们要想在信息社会当中生存和发展，就要学会处理信息，包括信息的获取、加工、管理、表达和交流信息等，并且能够分辨信息技术设备的好坏，能够根据实际需要配置和维护设备。

在计算机中，所有数据都是以二进制形式存储的。除了二进制，人们常用的数制还有十进制、八进制和十六进制，它们之间可以相互转换。

在信息社会中我们使用计算机进行学习、工作和娱乐，需要了解操作系统的操作界面中各元素的功能及基本操作，还需要掌握应用程序及驱动程序的安装与卸载，并能通过文件和文件夹管理信息资源。

我们在使用计算机的过程当中，难免会留下使用痕迹，产生系统垃圾文件，这样会导致计算机处理速度变慢，所以掌握计算机软件和工具的日常维护就显得尤为重要。

练习与思考题

一、单项选择题

1. 下面对信息特征的理解，错误的是（　　）。

A. “增兵减灶”引出信息的真伪性

B. 天气预报、情报等引出信息的时效性

C. 信息不会随着时间的推移而变化，信息具有永恒性

D. “一传十，十传百”引出信息的传递性

2. “一人计短，二人计长”这个典故反映了信息的（　　）特征。

A. 共享性　　B. 可处理性

C. 真伪性　　D. 时效性

3. 中国古代四大发明中的造纸术和印刷术为知识的积累和传播提供了更为可靠的保证，通常人们认为这标志着人类社会发展史上的（　　）信息技术革命。

A. 第一次　　B. 第二次

C. 第三次　　D. 第四次

4. 飞行员在实际驾驶之前，都要经过模拟训练，利用计算机设计一个与实际操作相似的环境，这体现了信息技术的（　　）发展趋势。

A. 多元化　　B. 智能化

C. 网络化　　D. 虚拟化

5. 假设你是班里的宣传委员，班主任要求你负责完成一期主题为“爱护环境，从我做起”的黑板报的工作。要求有图形和文字内容，你可以通过下列（　　）最快得到这些资料。

A. 组织几个同学在图书馆里去找

B. 组织几个同学在网上进行搜索，把相关内容摘抄下来

C. 自己独自去找，不用麻烦别的同学

D. 把这个任务分给其他同学完成，自己就不用干啦

二、简述题

简述信息对我们日常生活有哪些影响，给我们带来了哪些便捷。

项目二　网络应用

项目综述

通过学习，引导学生综合掌握在生产、生活和学习情境中网络的应用技巧，熟悉网络环境中的行为模式、规范和文化，能合法使用网络信息资源，会有效地保护个人及他人信息隐私；会综合运用数字化资源和工具辅助学习。

任务一　认 知 网 络

学习目标

- 了解网络技术的发展。
- 能描述互联网对组织及个人的行为、关系的影响，了解与互联网相关的社会文化特征。
- 了解网络体系结构、TCP/IP协议和IP地址的相关知识，会进行相关设置。
- 了解互联网的工作原理。

理论知识

一、网络技术的发展和应用

（一）网络的定义

计算机网络是以实现资源共享为目的，一些互相连接的、独立自治的计算机的集合。它的发展经历了从简单到复杂、从单一到综合的过程。

网络具有三个特征：

（1）共享资源：互联计算机的目的是为了实现资源共享，这些资源包括软件、硬件和数据。

（2）自治系统：自治系统是能够独立运行并提供服务的系统，连接到计算机网络中的每个设备都应该是自治系统。

（3）遵守统一的通信标准：互联这些自治系统的目的是为了实现资源共享，实现资源共享就必须相互交换数据，相互交换数据就必须遵守统一的通信标准。

（二）网络技术的发展

1946年世界上第一台通用电子计算机问世后的十多年时间内，由于价格很昂贵，计算机数量极少。早期所谓的计算机网络主要是为了解决这一矛盾而产生的，其形式是将一台计算机经过通信线路与若干台终端直接连接，我们也可以把这种方式看作最简单的局域网雏形。

最早的Internet是由美国国防部高级研究计划局（ARPA）建立的ARPAnet。现代计算机网络的许多概念和方法，如分组交换技术都来自ARPAnet。ARPAnet不仅进行了租用线互联的分组交换技术研究，而且做了无线、卫星网的分组交换技术研究，其结果是TCP/IP的问世。

1977—1979年，ARPAnet推出了目前形式的TCP/IP体系结构和协议。1980年前后，ARPAnet上的所有计算机开始了TCP/IP协议的转换工作，并以ARPAnet为主干网建立了初期的Internet。1983年，ARPAnet的全部计算机完成了向TCP/IP的转换，并在UNIX（BSD4.1）实现了TCP/IP。ARPAnet在技术上最大的贡献就是TCP/IP协议的开发和应用。两个著名的科学教育网CSNET和BITNET先后建立。1984年，美国国家科学基金会NSF规划建立了13个国家超级计算中心及国家教育科技网。随后替代了ARPAnet的主干地位，1988年Internet开始对外开放。1991年6月，在连通Internet的计算机中，商业用户首次超过了学术界用户，这是Internet发展史上的一个里程碑，从此Internet成长速度一发不可收拾。

1．计算机网络的发展阶段

（1）第一代：远程终端连接（20世纪60年代早期）。面向终端的计算机网络：主机是网络的中心和控制者，终端（键盘和显示器）分布在各处并与主机相连，用户通过本地的终端使用远程的主机。只提供终端和主机之间的通信，子网之间无法通信。

（2）第二代：计算机网络阶段（局域网，20世纪60年代中期）。多个主机互联，实现计算机和计算机之间的通信。包括通信子网和用户资源子网。终端用户可以访问本地主机和通信子网上所有主机的软硬件资源。

（3）第三代：计算机网络互联阶段（广域网、Internet）。1981年国际标准化组织（ISO）制定开放体系互联基本参考模型（OSI/RM），实现不同厂家生产的计算机之间实现互联。TCP/IP协议诞生。

（4）第四代：信息高速公路（高速、多业务、大数据量）宽带综合业务数字网：信息高速公路、ATM技术、ISDN、千兆以太网。

2．中国网络发展史

我国的Internet的发展以1987年通过中国学术网CANET向世界发出第一封E-mail为标志。经过几十年的发展，形成了四大主流网络体系，即中科院的科学技术网CSTNET、国家教育部的教育和科研网CERNET、原邮电部的CHINANET和原电子部的金桥网

CHINAGBN。

Internet在中国的发展历程可以大略地划分为三个阶段：

第一阶段为1987—1993年，也是研究试验阶段。在此期间，中国一些科研部门和高等院校开始研究Internet 技术，并开展了科研课题和科技合作工作，但这个阶段的网络应用仅限于小范围内的电子邮件服务。

第二阶段为1994—1996年，同样是起步阶段。1994年4月，中关村地区教育与科研示范网络工程进入Internet，从此中国被国际上正式承认为有Internet的国家。之后Chinanet、CERnet、CSTnet、Chinagbnet等多个Internet网络项目在全国范围相继启动，Internet开始进入公众生活，并在中国得到了迅速的发展。至1996年底，中国Internet用户数已达20万，利用Internet开展的业务与应用逐步增多。

第三阶段从1997年至今，是Internet在我国发展最为快速的阶段。国内Internet用户数1997年以后基本保持每半年翻一番的增长速度。工信部数据显示，截至2019年4月，中国手机上网用户数规模已达12.9亿户 。

（三）网络技术的应用

基于计算机网络的各种网络应用信息系统广泛地应用于农业、工业、教育、军事、科技、金融等各个领域，深刻影响和改变着人类社会传统的生产、生活和工作方式。网络技术在多个方面对社会信息化产生了深刻影响。

1. 管理信息化

管理信息系统（Management Information System，MIS）、办公自动化（Office Automation，OA）及决策支持系统（Decision-making Support System，DSS）的应用，推动了企事业单位的管理信息化、科学化，提高了管理的有效性，这也是社会信息化的基础。

2. 企业生产自动化

计算机集成制造系统（Computer Integrated Manufacturing System，CIMS）的应用，把企业生产管理、生产过程自动化管理及企业MIS系统统一在计算机网络平台基础上，推动了企业生产和管理的自动化，可以提高生产效率，降低生产成本，增加企业效益，是企业信息化的基础。企业是“社会的细胞”，企业信息化是社会信息化的重要一环。

3. 商贸电子化

电子商务、电子数据交换（Electronic Data Interchange，EDI）等网络应用把商店、银行、运输、海关、保险以及工厂、仓库等各个部门联系起来，实行无纸、无票据的电子贸易。它可提高商贸，特别是国际商贸的流通速度，降低成本，减少差错，方便客户，提高商业竞争能力。它是全球化经济的体现，是构造全球信息化社会不可缺少的纽带。

4. 公众生活服务信息化

公众生活服务信息化包括网上电视点播、电视会议、可视电话、网上购物、网上银行、网络图书馆等与公众生活密切相关的网络应用服务，可使公众最直接地感受到社会信息化的好处，因此也是社会信息化和家庭信息化的重要组成部分。

5. 军事指挥自动化

基于C4I（C4代表指挥、控制、通信、计算机，I代表情报）的网络应用系统，把军事情报采集、目标定位、武器控制、战地通信和指挥员决策等环节在计算机网络基础上联系起来，形成各种高速、高效的智慧自动化系统，是现代战争和军队现代化不可缺少的技术支柱。

6. 网络协同工作

基于计算机支持合作工作（Computer Supported Cooperative Work，CSCW）系统的各种分布式环境协同工作的网络应用，如合作医疗系统、合作著作系统、合作科学研究、合作软件开发以及合作会议、合作办公等，不仅有利于提高工作效率、工作质量，而且还能大量减少人和物的流动，减少交通能源的压力。

7. 教育现代化

计算机辅助教育系统（CAES）实际上也是一种基于计算机网络的现代教育系统，它更能适应信息社会对教育高效率、高质量、多学制、多学科、个别化、终身化的要求。我国积极开展了线上授课和线上学习等在线教学活动，保证教学进度和教学质量，可以在特殊时期实现“停课不停教，停课不停学”。

8. 政府上网和电子政务

政府上网可以及时发布政府信息和接收处理公众反馈的信息，增强人民群众和政府领导之间的直接联系和对话，有利于提高政府机关办事效率，提高透明度与领导决策的准确性，有利于民政建设和社会民主建设。电子政务有利于提高政府运作效率，降低运作成本。电子政务有利于提高政府在行政、服务和管理方面的效率，同时可以积极推动政府优化办公流程和机构的精简等工作。政府的信息网络覆盖面宽，能够为社会公众提供更快捷、更优质的多元化服务。通过政府信息化，推动社会信息化，促进国民经济发展。政府率先信息化可以对一个地区信息化起重要的推进作用，政府率先实现信息化才会带动企业、社会公众的信息化应用步伐。同时，实施电子政务也是促进国民经济发展的重要举措。

二、互联网对社会的影响

互联网社会的概念虽然已经被广泛使用，但是作为一种新的文化模式应该如何科学、准确地界定，仍是一个十分困难的问题；另外，互联网的发展日新月异，我们对互联网的认知也因为处于不同的角度、不同的时段而不断变化。但总的来说，互联网社会具有以下几个共性：

（一）互联网社会的开放性

互联网是一个开放的社会生态，整个互联网就是建立在自由开放的基础之上的。

从技术层面上讲，互联网是一个分布式的网络体系，这种体系使得网络上的每一个节点没有从属关系，每个节点都是平等的，信息在网络的流通完全是自由的，畅通无阻的。通过技术手段也许能组织某些信息在某些范围内传播，但这也只是暂时和局限的，互联网的技术架构就决定互联网对网络中的每一个节点都是开放的、自由的。

正是基于互联网的这种特点，互联网对每个人也是开放的。随着互联网技术的日益成熟，BLOG、MSN、QQ、BBS、微信、微博等成为人们交流和互动的重要渠道。这意味着任何人都可以在网络上发表自己的观点和分享个人的生活。这种信息开放的特点使得我们进入一个信息大爆炸的时代，大洋彼岸的信息能够通过各种渠道很快就传递到我们这里，这在以前是无法想象的。网络社会这种开放性的特点，也使得互联网文化向两个不同的极端发展。一方面，我们在互联网上相互学习，借鉴，分享许多积极正面的生活；另一方面，这种开放也意味着无防御，导致网上有一些消极、负面的内容。

（二）互联网社会的互动性

互联网的技术特点就决定了在互联网的每个节点间的交流极其方便，它的最大改变就在于信息的交互。互联网超出了以往的任何一种传播媒体，扩充了人与人的交流、互动。人们在互联网上可以进行信息分享、交流合作、竞争甚至冲突。随着互联网技术的日新月异，人与人之间的互动增添了无穷的可能性。互联网社会的互动还体现在与传统社会的互动。互联网上的每个个体本身属于传统社会，不可避免地会与传统社会发生互动。随着参与互联网的个体与企业越来越多，这种互动也必将越来越频繁和紧密。现今流行的“互联网+”就是这种互动的一种体现。

（三）互联网社会的虚拟性

虚拟性是互联网的主要特征。与传统社会相比，互联网社会与其既有关联，又是相对的 。互联网社会是建立在技术手段上的一种人造的场景，我们可以把它看成是一种虚拟的社会。同时，互联网社会又是传统社会的一种延伸，因为它和传统社会一样，参与的主体都是“人”。所以说，虚拟并不等于虚假，也不等同于虚无，它是因人的想象力和计算机技术的结合而产生的一种特殊形式的“存在”。从另一个角度来讲，我们在网上的言行举止不止会是在互联网上产生影响，同时这种影响也会延伸到传统社会，所以作为一名网络社会中的“人”，我们应该注意自己的言行，学会辨认网络社会中的信息，择优而从。

（四）网络文化的个性化

网络社会是一个自由开放的社会，这种特质使得网络社会必然是一个充满个性化的社会。网民在网上可以享受个性化的文化服务和创造个性网络，个人的价值观都可以在网络上传播。同时，由于网络的虚拟性，也使得这种个性化的特征更加突显。互联网时代给传统文化带来了一个全新的文化范式，这种范式的特色表现有：现实文化与虚拟文化的兼容，文化信息全球一体化与文化本体个体化的统一，开放中的平等与共享，文化消费与生产的共时性，推动人类回归的载体和文化社区的新构筑。

三、网络体系结构

所谓网络体系结构，就是为了完成计算机间的通信合作，把每个计算机互联的功能划分成定义明确的层次，规定了同层次进程通信的协议及相邻层之间的接口和服务。将这样的层次结构模型和通信协议统称为网络体系结构。

计算机网络体系结构中的三要素分别是——层次、协议、接口。

（1）层次：通常将系统中能提供某种或某类型服务功能的逻辑构造称为层，每一层都由一些实体组成，能完成某一特定功能的进程或程序，都可称为一个逻辑实体，同一层中包含的两个实体称为对等实体。

（2）协议：两个对等实体间完成通信或服务所必须遵循的规则和约定。

（3）接口：相邻层之间进行信息交换的界面，下层通过接口向上层提供服务，上层通过接口使用下层的服务。

常见的网络体系结构有IBM公司的SNA、DEC公司的DNA、HP公司的DSN、ISO公布的OSI参考模型，以及美国国防部开发的TCP/IP模型。这些不同的网络体系结构，其分层的数量，各层的名称、内容以及提供的服务都有所不同。广泛采用的是国际标准化组织（ISO）在1979年提出的开放系统互连（Open System Interconnection，OSI）参考模型，如图2–1所示。具体如下：

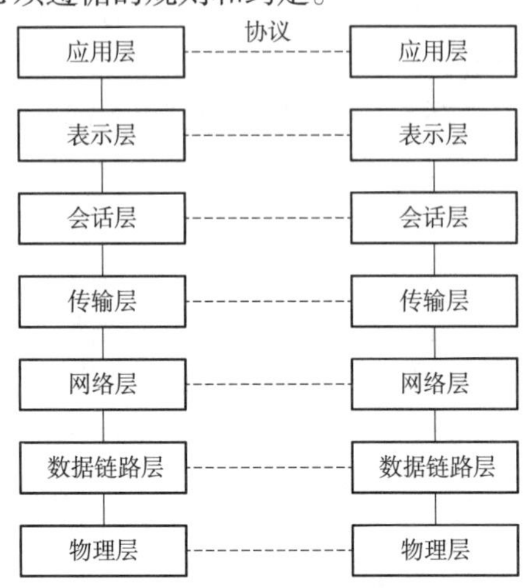

图 2–1　开放系统互连参考模型

1. 物理层（Physical Layer）

物理层规定通信设备的机械的、电气的、功能的和规程的特性，用以建立、维护和拆除物理链路连接。具体地讲，机械特性规定了网络连接时所需接插件的规格尺寸、引脚数量和排列情况等；电气特性规定了在物理连接上传输比特流时线路上信号电平的大小、阻抗匹配、传输速率距离限制等；功能特性是指对各个信号先分配确切的信号含义，即定义了DTE和DCE之间各个线路的功能；规程特性定义了利用信号线进行比特流传输的一组操作规程，是指在物理连接的建立、维护、交换信息时，DTE和DCE双方在各电路上的动作系列。

在这一层，数据的单位为比特（bit）。物理层的主要设备有中继器、集线器、适配器。

2. 数据链路层（Data Link Layer）

数据链路层在物理层提供比特流服务的基础上，建立相邻节点之间的数据链路，通过差错控制提供数据帧（Frame）在信道上无差错的传输，并进行各电路上的动作系列。

数据链路层在不可靠的物理介质上提供可靠的传输。该层的作用包括物理地址寻址、数据的成帧、流量控制、数据的检错、重发等。

在这一层，数据的单位为帧。

数据链路层主要设备有二层交换机、网桥。

3. 网络层（Network Layer）

在计算机网络中进行通信的两个计算机之间可能会经过很多个数据链路，也可能还要经过很多通信子网。网络层的任务就是选择合适的网间路由和交换节点，确保数据及时传送。网络层将数据链路层提供的帧组成数据包，包中封装有网络层报头，其中含有逻辑地址信息——源站点和目的站点地址的网络地址。

如果谈论一个IP地址，那么是在处理网络层的问题，这是“数据包”问题，而不是数据链路层的“帧”。IP是网络层问题的一部分，此外还有一些路由协议和地址解析协议（ARP）。有关路由的一切事情都在网络层处理。地址解析和路由是网络层的重要目的。网络层还可以实现拥塞控制、网际互联等功能。

在这一层，数据的单位称为数据包（Packet）。

网络层协议的代表包括IP、IPX、RIP、ARP、RARP、OSPF等。

网络层主要设备是路由器。

4. 传输层（Transport Layer）

传输层的数据单元也称数据包。但是，当谈论TCP等具体的协议时又有特殊的叫法，TCP的数据单元称为段（Segments），而UDP协议的数据单元称为“数据报（Datagrams）”。这个层负责获取全部信息，因此，它必须跟踪数据单元碎片、乱序到达的数据包和其他在传输过程中可能发生的危险。传输层为上层提供端到端（最终用户到最终用户）的透明的、可靠的数据传输服务。所谓透明的传输，是指在通信过程中传输层对上层屏蔽了通信传输系统的具体细节。

传输层协议的代表包括TCP、UDP、SPX等。

5. 会话层（Session Layer）

会话层也可以称为会晤层或对话层。在会话层及以上的高层次中，数据传送的单位不再另外命名，统称报文。会话层不参与具体的传输，它提供包括访问验证和会话管理在内的建立和维护应用之间通信的机制。服务器验证用户登录便是由会话层完成的。

6. 表示层（Presentation Layer）

表示层主要解决用户信息的语法表示问题。它将准备交换的数据从适合于某一用户的抽象语法，转换为适合于OSI系统内部使用的传送语法，即提供格式化的表示和转换数据服务。数据的压缩和解压缩、加密和解密等工作都由表示层负责。例如，图像格式的显示，就是由位于表示层的协议来支持的。

7. 应用层（Application Layer）

应用层为操作系统或网络应用程序提供访问网络服务的接口。

应用层协议的代表包括Telnet、FTP、HTTP、SNMP等。

四、通信协议及 TCP/IP 协议基础知识

如果说网络体系结构是网络的骨架和神经，那么通信协议就是网络的心脏和血液。

计算机网络上的各台计算机之间的相互通信，需要按照一定的规则来运行，使得数据信息的发送和接收能有条不紊地进行，为使网络中数据通信能正常进行而建立的规则、标准和约定的集合称为“网络协议”。

网络通信协议有三个要素：语法、语义和同步。

（1）语法：是指用户数据与控制信息的结构和格式。

（2）语义：是语法的含义，即需要发出何种控制信息，完成何种动作以及做出何种响应。

（3）同步：即事件实现顺序的详细说明。

简单来说，假如将网络中通信双方比喻为两个人进行谈话，那么，语法相当于规定了双方的谈话方式，语义则相当于规定了谈话的内容，同步则相当于规定了双方按照什么顺序来进行谈话。

协议有两种不同的形式：一种是使用便于人来阅读和理解文字描述；另一种是使用让计算机能够理解的程序代码——协议软件。

OSI参考模型的概念清楚，理论完整，但它既复杂又不实用；因此，我们从OSI参考模型转到另一个模型，该模型不仅被ARPAnet所采用，而且广泛应用于因特网Internet，这就是TCP/IP模型，它以其中最主要的传输控制协议（TCP）/网际协议（IP）所命名。

（一）TCP/IP 模型的起源

TCP/IP模型起源于ARPAnet网络，该网络是由美国国防部所资助的一个研究型网络，它初始的目标是：以无缝的方式将多个不同种类的网络相互连接起来，如电话网络、卫星、无线网络。后来由于美国国防部担心一些贵重的主机、路由器、网关可能会因攻击而突然崩溃，所以又延伸出其另一个重要的设计目标——在损失子网硬件的情况下网络还能够继续工作，原有的会话不能被打断。1989年正式形成了TCP/IP模型，得到了广泛的应用和支持，并成为事实上的国际标准和工业标准。

（二）TCP/IP 模型的层次结构

TCP/IP模型分为4个层次：应用层、传输层、网络互联层和网络接口层。在TCP/IP模型中，去掉了OSI参考模型中的会话层和表示层（这两层的功能被合并到应用层实现）。同时将OSI参考模型中的数据链路层和物理层合并为网络接口层。下面我们从最底层开始，依次讨论该模型中的每一层。

第一层：网络接口层，该层主要功能是负责与物理网络的连接。实际上TCP/IP模型没有真正描述这一层的实现，只是要求能够提供给其上层——网络互联层一个访问接口，以便在其上传递IP分组。由于这一层次未被定义，所以其具体的实现方法将随着网络类型的不同而不同。

第二层：网络互联层，该层是将整个网络体系结构贯穿在一起的关键层，它的功能是把数据分组发往目标网络或主机。同时，为了尽快地发送分组，允许分组沿不同的路径同时进行传递。因此，分组到达的顺序和发送的顺序可能不同，这就需要其上层（传输层）对分组进行排序。

网络互联层定义了标准的数据分组格式和协议，即IP协议（Internet Protocol），与之相伴的还有一个辅助协议（Internet Control Message Protocol，ICMP）。

网络互联层的任务是将IP分组投递到它们应该去的地方，很显然，IP分组的路由是最重要的问题，同时还需要完成拥塞控制的功能。

第三层：传输层，该层的功能是使源主机和目标主机上的对等实体可以进行会话。

该层上定义了两种服务质量不同的协议，即传输控制协议（Transmission Control Protocol，TCP）和用户数据报协议（User Datagram Protocol，UDP）。

TCP协议是一个面向连接的、可靠的协议，允许从一台主机发出的字节流无差错地发往互联网上的其他主机。

在发送端，它负责把上层（应用层）传送下来的字节流分割成离散的报文，并把每个报文传递给下层（网络互联层）。在接收端，它负责把收到的报文进行重组后递交给上层（应用层）。

TCP协议还要处理端到端的流量控制，以便确保一个快速的发送方，不会因为发送太多的报文而淹没掉一个处理能力跟不上的慢速的接收方。

UDP协议是一个不可靠的、无连接协议，主要适用于不需要对报文进行排序和流量控制的场合。其被广泛用于那些一次性的请求-应答应用，以及那些及时交付比精确交付更加重要的应用，如传输语音或者视频。

第四层：应用层，该层简单包含了所需的任何会话和表示功能，它面向不同的网络应用引入不同的应用层协议。最早的高层协议包括文件传输协议（File Transfer Protocol，FTP）、虚拟终端协议（Telnet）、简单邮件传输协议（SMTP），后来许多其他协议被加入到了应用层，如超文本链接协议（Hyper Text Transfer Protocol，HTTP）、域名系统（Domain Name System，DNS）、实时传输协议（Real-time Transport Protocol，RTP）。

（三）TCP/IP 模型的特点

TCP/IP模型能够成为事实上的国际标准，是因为具有以下特点：

（1）它是一个开放的协议标准，可以免费使用，并且独立于特定的计算机硬件与操作系统。

（2）它独立于特定的网络硬件，可以运行在局域网、广域网，更适用于互联网。

（3）其统一的网络地址分配方案，使得整个TCP/IP设备在网中都具有唯一的IP地址。

（4）所提供的标准化的高层协议，提供了多种可靠的用户服务。

TCP/IP模型与OSI模型有着很多共同点：

① 两者都以协议栈概念为基础，并且协议栈中的协议彼此相互独立。

② 两个模型功能大致相同，都采用了层次结构，存在可比的传输层和网络层，但不是严格意义上的一一对应。

两者的不同点：

① OSI模型的最大贡献在于明确区分了三个概念：服务、接口和协议；而TCP/IP模型并没有明确区分服务、接口和协议，因此OSI模型中的协议比TCP/IP模型中的协议有更好的隐蔽性，当技术发生变化时OSI模型中的协议相对更容易被新协议所替换。

② OSI模型在协议发明之前就已经产生了，而TCP/IP模型则正好相反：先有协议，TCP/IP模型只是已有协议的一个描述而已，这导致协议和模型结合得非常完美，能够解决

很多实际问题，如异构网的互联问题。

③ 两者在无连接和面向连接的通信领域有所不同：OSI模型的网络层同时支持无连接和面向连接的通信，但是传输层只支持面向连接的通信；TCP/IP模型在网络层只支持一种模式（无连接），但是在传输层同时支持两种通信模式。

④ OSI模型有7层，而TCP/IP模型只有4层，两者在层次划分与使用协议上有很大差别，也正是这种差别使两个模型的发展产生了截然不同的局面。

五、IP 地址

IP协议工作在TCP/IP体系结构的网络层。IP协议是将整个因特网互联在一起的黏合剂，任何厂家生产的计算机，只要遵守IP协议就可以与因特网互联互通。

IP 地址则是按照IP 协议规定的格式，为每一个正式接入到Internet 的主机所分配的、在全世界范围内唯一的通信地址，它是网络层及以上各层所使用的地址，是一种逻辑地址。

IP地址现有两个版本：IPv4版本，今天因特网的主流；IPv6版本，刚刚部署到部分网络中，是未来的因特网的主流。

我们通常所讲的IP地址是指IPv4版本中的IP地址。IP地址现在由因特网域名和地址分配机构ICANN进行管理和分配，我国用户则向亚太网络信息中心APNIC申请IP地址。

（一）IP 地址表示方式

IPv4地址是一个32位的二进制编址，在机器中存放的IP地址是连续的二进制代码。为提高可读性，每8位一组，用十进制表示，并利用点号分隔各部分，这种方法称为点分十进制法，其全部IP地址范围可表示为0.0.0.0 ~ 255.255.255.255。

（二）IP 地址结构

IPv4地址是一个32位的二进制编址，都由网络号net-id和主机号host-id两部分构成：

IPv4地址：：={<网络号>，<主机号>}

一个网络号在整个因特网范围内必须是唯一的，而一个主机号则是在它前面的网络号所指明的网络范围内必须是唯一的，由此一个IP地址在整个因特网范围内是唯一的。

从IP地址的结构上来看，IP地址并不仅仅指明一个主机，还指明了主机所连接的网络。如果一个主机的地理位置不变，但将其连接到另外一个网络上，那么这个主机的IP地址必须改变。

（三）IP 地址分类

1. A 类 IP 地址

A类IP地址是指在IP地址的4段号码中，第一段号码为网络号码，剩下的三段号码为本地计算机的号码。如果用二进制表示IP地址，A类IP地址就由1字节的网络地址和3字节主机地址组成，网络地址的最高位必须是0。

2. B 类 IP 地址

B类IP地址是指在IP地址的4段号码中，前两段号码为网络号码。如果用二进制表示IP

地址，B类IP地址就由2字节的网络地址和2字节主机地址组成，网络地址的最高位必须是10。

3. C 类 IP 地址

C类IP地址是指在IP地址的4段号码中，前三段号码为网络号码，剩下的一段号码为本地计算机的号码。如果用二进制表示IP地址，C类IP地址就由3字节的网络地址和1字节主机地址组成，网络地址的最高位必须是110。

4. D 类 IP 地址

D类IP是多播地址，地址范围是224.0.0.1~239.255.255.254。该类IP地址的最前面为1110，所以地址的网络号取值介于224~239之间。一般用于多路广播用户。

IP地址分类如图2-2所示。

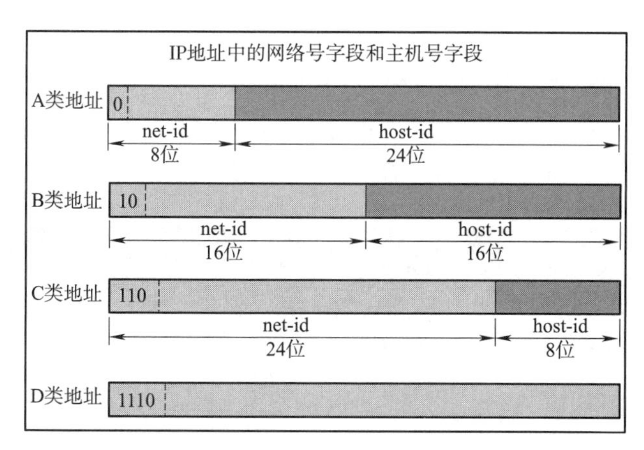

图 2-2　IP 地址分类

知识加油站

IPv6（Internet Protocol version 6，互联网协议第六版）是下一代互联网协议标准，其目的是替代已经不能适应现代高速发展的国际互联网需求的IPv4协议。

IPv6具有长达128位的地址空间，可以彻底解决IPv4地址不足的问题。由于IPv4地址是32位二进制，所能表示的IP地址个数为2^{32}=4 294 967 296≈40亿，因而在互联网上约有40亿个IP地址。由32位的IPv4升级至128位的IPv6，互联网中的IP地址，从理论上讲会有2^{128}个。

IPv6采用分级地址模式、高效IP包首部、服务质量、主机地址自动配置、认证和加密等技术。

实践练习

将计算机通过局域网接入 Internet 配置 IP 地址

内容描述

某单位购置了一台计算机，技术人员要对计算机进行相应配置，使之能通过单位局域网访问Internet。计算机操作系统已经安装，单位的路由器和交换机已经配置完毕，线缆已接通。新计算机的配置内容如下：

IP地址：192.186.72.100。

子网掩码：255.255.255.0。

默认网关：192.168.72.1。

首选DNS服务器：202.96.64.68。

备用DNS服务器：202.96.69.38。

新计算机名称：Computer。

新计算机通过局域网访问Internet，需要设置网络中的“本地连接”属性。

微课

配置 IP 地址

操作过程

（1）将计算机插好网线，接入网络。

（2）在“控制面板”中单击“网络和Internet”选项，选择“网络和共享中心”，在“网络和共享中心”窗口中可以看到当前计算机与网络的连接情况，如图2–3所示。

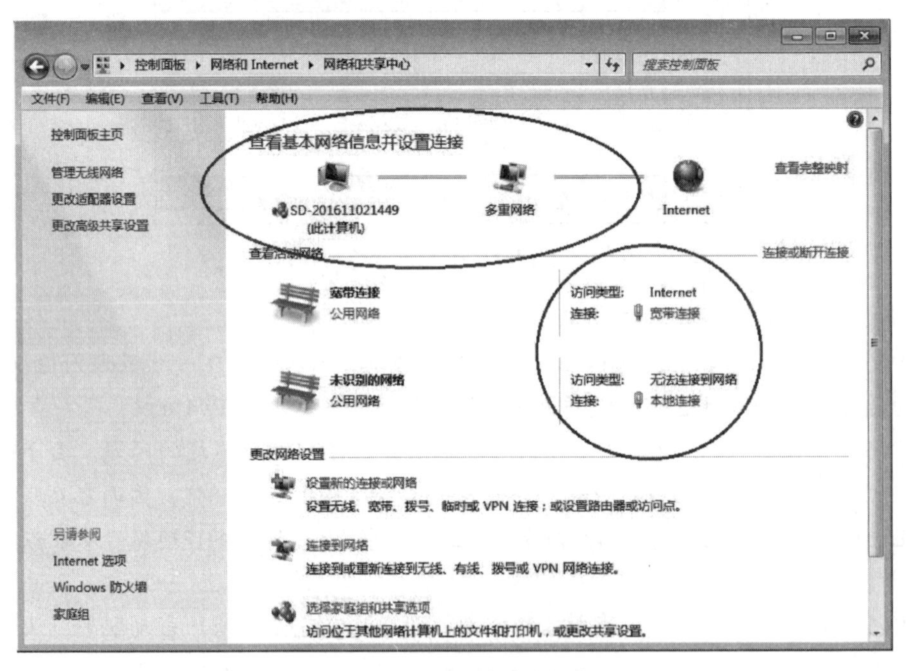

图 2–3 “网络和共享中心”窗口

（3）单击“本地连接”图标，打开“本地连接 状态”对话框，可以查看当前网络的连接信息、网络接收与发送数据量信息，如图2–4所示。

- 单击“详细信息”按钮，可以查看当前连接网络的详细信息。
- 单击“禁用”按钮，可以禁用当前网络。

（4）单击“属性”按钮，打开“本地连接 属性”对话框，如图2–5所示。

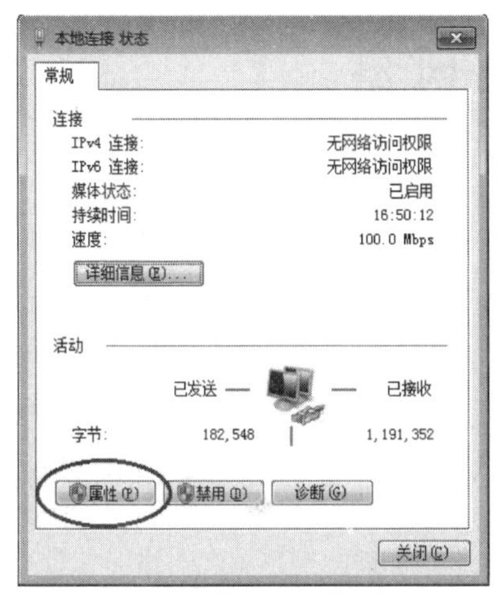

图 2-4　“本地连接　状态”对话框

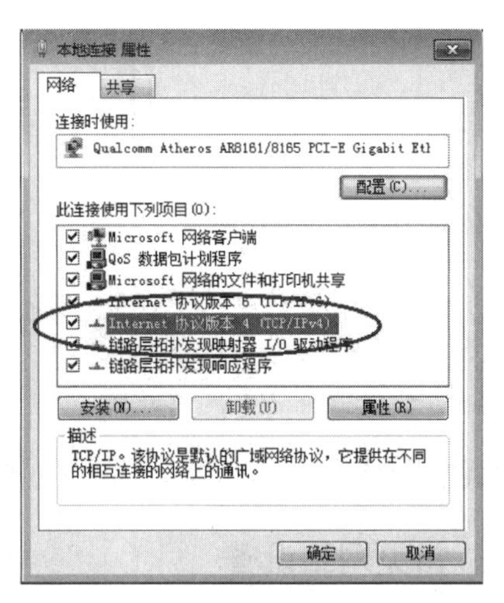

图 2-5　“本地连接　属性”对话框

（5）选中“Internet协议版本4（TCP/IPv4）”选项，然后单击“属性”按钮，在弹出的“Internet协议版本4（TCP/IPv4）属性”对话框中输入相应的IP地址、子网掩码、默认网关、首选DNS服务器、备用DNS服务器等信息，最后单击“确定”按钮，如图2-6所示。至此，网络参数配置完成。

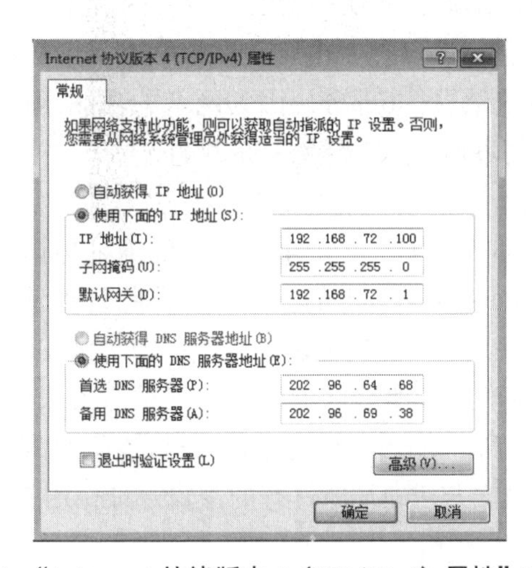

图 2-6　“Internet 协议版本 4（TCP/IPv4）属性”对话框

实践练习评价

评价项目	自我评价		教师评价	
	小结	评分（5分）	点评	评分（5分）
IP 地址分类				
参数配置				

任务二　配 置 网 络

学习目标

- 了解常见网络设备的类型和功能。
- 会进行网络的连接和基本设置。
- 会判断与排除简单网络故障。

理论知识

一、常见网络设备

在以太网中主要的设备有网卡、中继器、集线器、网桥、交换机和路由器等，其中交换机是现代局域网中最普遍的设备。中继器和集线器属于OSI模型的第一层，网卡、网桥和交换机属于OSI模型的第二层，路由器属于OSI模型的第三层。

（一）网卡

网卡，全名是网络接口卡（Network Interface Card，NIC），又称网络适配器，是局域网中提供各种网络设备与网络通信介质相连的接口。网卡作为一种I/O接口卡插在主机板的扩展槽上，其基本结构包括接口控制电路、数据缓冲器、数据链路控制器、编码解码电路、内收发器、介质接口装置等6部分。因为网卡的功能涵盖了OSI参考模型的物理层与数据链路层，所以通常将其归于数据链路层的组件。

1. 网卡与 MAC 地址

每一个网卡在出厂时都被分配了一个全球唯一的地址标识，该标识称为网卡地址或MAC地址；由于该地址是固化在网卡上的，所以又称物理地址或硬件地址。网卡地址由48位长度的二进制数组成。其中，前24位表示生产厂商（由IEEE 802.3委员会分配给各网卡生产厂家），后24位为生产厂商所分配的产品序列号。若采用12位的十六进制数表示，则前6个十六进制数表示厂商，后6个十六进制数表示该厂商网卡产品的序列号。网卡地址主要用于设备的物理寻址，与IP地址所具有的逻辑寻址作用有着截然不同的区别。

2. 网卡的分类

网卡的分类方法有多种，例如，可以按照网络技术、传输速率、总线类型、所支持的传输介质、用途等来进行分类。

按照网络技术的不同可分为以太网卡、令牌环网卡、FDDI网卡等。目前以太网卡最为常见。

按照传输速率，仅以太网卡就提供了10 Mbit/s、100 Mbit/s、1000 Mbit/s和10 Gbit/s等多种速率。数据传输速率是网卡的一个重要指标。

按照总线类型分类，网卡可分为ISA总线网卡、EISA总线网卡、PCI总线网卡及其他总线网卡等。16位ISA总线网卡的带宽一般为10 Mbit/s，没有100 Mbit/s以上带宽的ISA网卡。目前PCI网卡最常用，PCI总线网卡常用的为32位，其带宽为10～1 000 Mbit/s。

按照所支持的传输介质，网卡可分为双绞线网卡、粗缆网卡、细缆网卡、光纤网卡和无线网卡。连接双绞线的网卡带有RJ-45接口，连接粗缆的网卡带有AUI接口，连接细缆的网卡带有BNC接口，连接光纤的网卡带有光纤接口。有些网卡同时带有多种接口，如同时具备RJ-45接口和光纤接口。目前，市场上还有带USB接口的网卡，这种网卡可以用于具备USB接口的各类计算机网络。

按照用途，网卡还可分为工作站网卡、服务器网卡和笔记本计算机网卡等。

（二）交换机

交换机是一种基于MAC（网卡的硬件地址）识别，能完成封装转发数据包功能的网络设备。交换机可以学习MAC地址，并把其存放在内部地址表中，通过在数据帧的始发者和目标接收者之间建立临时的交换路径，使数据帧直接由源地址到达目的地址，因此交换机是数据链路层设备。

交换机也称多口网桥，交换机的运行速度远远高于网桥，并且可以支持其他功能，例如虚拟局域网。

1．交换机的分类

从广义上来看，交换机分为两种：广域网交换机和局域网交换机。广域网交换机主要应用于电信领域，提供通信基础平台；而局域网交换机则应用于局域网络，用于连接终端设备，如PC及网络打印机等。

按照现在复杂的网络构成方式，网络交换机被划分为接入层交换机、汇聚层交换机和核心层交换机。其中，核心层交换机全部采用机箱式模块化设计，已经基本上设计了与之相配备的1000Base-T模块。接入层支持1000Base-T的以太网交换机基本上是固定端口式交换机，以10/100 Mbit/s端口为主，并且以固定端口或扩展槽方式提供1000Base-T的上联端口。汇聚层1000Base-T交换机同时存在机箱式和固定端口式两种设计，可以提供多个1000Base-T端口，一般也可以提供1000Base-X等其他形式的端口。接入层和汇聚层交换机共同构成完整的中小型局域网解决方案。

从传输介质和传输速度上看，局域网交换机可以分为以太网交换机、快速以太网交换机、千兆位以太网交换机、FDDI交换机、ATM交换机和令牌环交换机等多种，这些交换机分别适用于以太网、快速以太网、FDDI、ATM和令牌环网等环境。

从规模应用上划分又有企业级交换机、部门级交换机和工作组交换机等。通常企业级交换机都是机架式的；部门级交换机可以是机架式，也可以是固定配置式；而工作组级交换机则一般为固定配置式，功能较为简单。另外，从应用的规模来看，作为主干交换机时，支持500个信息点以上大型企业应用的交换机为企业级交换机，支持300个信息点以下中型企业的交换机为部门级交换机，而支持100个信息点以内的交换机为工作组级交换机。

根据OSI参考模型，交换机可以分为二层交换机、三层交换机等。基于MAC地址工作的二层交换机最为普通，用于网络接入层和汇聚层。基于IP地址和协议进行交换的三层交换机普遍应用于网络的核心层，也少量应用于汇聚层。部分低三层交换机也同时具有第四层交换功能，可以根据数据帧的协议端口信息进行目标端口判断。第四层以上的交换机称为内容型交换机，主要用于互联网数据中心。

按照交换机的可管理性，又可把交换机分为可管理型交换机和不可管理型交换机，它们的主要区别在于对SNMP、RMON等网管协议的支持。可管理型交换机便于网络监控、流量分析，但成本相对较高。大中型网络在汇聚层应该选择可管理型交换机，在接入层视应用需要而定，核心层交换机则全部是可管理型交换机。

按照交换机是否可堆叠，交换机又可分为可堆叠型交换机和不可堆叠型交换机两种。设计堆叠设计的一个主要目的是为了增加端口密度。

按照最广泛的普通分类方法，局域网交换机可以分为桌面型交换机、工作组型交换机和校园网交换机三类。桌面型交换机是最常用的一种交换机，使用最广泛，尤其是在一般办公室、小型机房和业务受理较为集中的业务部门、多媒体制作中心、网站管理中心等部门。在传输速度上，现代桌面型交换机大都提供多个具有10/100 Mbit/s自适应能力的端口。工作组型交换机常用来作为扩充设备，在桌面型交换机不能满足需求时，大多直接考虑工作组型交换机。虽然工作组型交换机只有较少的端口数量，却支持较多的MAC地址，并具有良好的扩充能力，端口的传输速度基本上为100 Mbit/s。校园网交换机的应用相对较少，仅应用于大型网络，且一般作为网络的主干交换机，并具有快速数据交换能力和全双工能力，可提供容错等智能特性，还支持扩充选项及第三层交换中的虚拟局域网等多种功能。

根据交换机的不同，有人又把交换机分为端口交换机、帧交换机和信元交换机三种。

从应用的角度划分，交换机又可分为电话交换机（PBX）和数据交换机（Switch）。

2．交换机数据交换方式

以太网交换机的数据交换与转发方式可以分为直接交换、存储转发交换和改进的直接交换三类。

（三）路由器

路由器是网络之间互联的设备。路由器通过路由决定数据的转发，转发策略称为路由选择。如果说交换机的作用是实现计算机、服务器等设备之间的互联，从而构建局域网络，那么路由器的作用则是实现网络与网络之间的互联，从而组成更大规模的网络。路由器工作在TCP/IP网络模型的网络层，对应于OSI参考模型的第三层，因此，路由器也常称为网络层互联设备。

1．路由器的基本功能

第一，连接网络，大型企业处在不同地域的局域网之间通过路由器连接在一起可以构建企业广域网。企业局域网内的计算机用户要访问Internet，可以使用路由器将局域网连接到ISP（Internet Service Provider）网络，实现与全球Internet的连接和共享接入。实际上，Internet本身就是由数以万计的路由器互相连接而构成的超大规模的全球性公共信息网。

第二，隔离以太广播，交换机会将广播包发送到每一个端口，大量的广播会严重影响网络的传输效率。当由于网卡等设备发生硬件损坏或计算机遭受病毒攻击时，网络内广播包的数量将会剧增，从而导致广播风暴，使网络传输阻塞陷于瘫痪。路由器可以隔离广播。路由器的每个端口均可视为一个独立的网络，它会将广播包限定在该端口所连接的网络之内，而不会扩散到其他端口所连接的网络。

第三，路由选择和数据转发，“路由（Routing）”功能是路由器最重要的功能。所谓路由，就是把要传送的数据包从一个网络经过优选的传输路径最终传送到目的网络。传输路径可以是一条链路，也可以由一系列路由器及其级联链路组成。路由器是智能很高的一类设备，它能根据管理员的设置和运用路由协议，自动生成一个到各个目的网络的路由表，当网络状态发生变化时，路由器还能动态地修改、更新路由表。当路由器收到数据包时，路由器根据数据包中的目的IP地址查找路由表，从所有路由条目中选出一条最佳路由，作为数据包转发的出口，将该数据包进行第二层封装后再发送出去。

网络中的每个路由器都维护着一张路由表，如果每一个路由表都正确，那么，IP数据包就会一跳一跳地经过一系列路由器，最终到达目的主机，这就是IP网（也是整个Internet）运作的基础。

2. 两种路由方式

每台路由器上都存储着一张关于路由信息的表格，这个表格称为路由表。路由表是路由器工作的重要依据和参考，路由表可分为以下两种：

（1）静态路由表，由系统管理员事先设置好固定的路径表称为静态路由表，一般是在系统安装时就根据网络的配置情况预先设定的，它不会随未来网络结构的改变而改变。

（2）动态路由表，动态路由表是路由器根据网络系统的运行情况而自动调整的路径表。路由器根据路由选择协议提供的功能，自动学习和记忆网络运行情况，在需要时自动计算数据传输的最佳路径。

二、无线局域网

无线局域网（Wireless Local Area Network，WLAN）指应用无线通信技术将计算机设备互联起来，构成可以互相通信和实现资源共享的网络体系。无线局域网之所以被广泛使用，是因为：第一，无线局域网摆脱了有线的束缚，不受地理环境的限制，让无线用户能够随时随地连接；第二，无线技术安装简单。家庭和企业无线设备的价格在不断下降，而数据速率和功能却在不断提高，能够支持更快、更可靠、更安全的无线连接。

（一）无线局域网的发展

无线局域网的第一个版本发表于1997年，其中总定义了介质访问接入控制层（MAC层）和物理层。物理层定义了工作在2.4 GHz的ISM频段上的两种无线调频方式和一种红外传输的方式，总数据传输速率设计为2 Mbit/s。两个设备之间的通信可以自由直接的方式进行，也可以在基站（Base Station，BS）或者访问点（Access Point，AP）的协调下进行。

1999年，加上了两个补充版本：802.11a定义了一个在5 GHz的ISM频段上的数据传输速率可达54 Mbit/s的物理层；802.11b定义了一个在2.4 GHz的ISM频段上但数据传输速率高达11 Mbit/s的物理层。2.4 GHz的ISM频段为世界上绝大多数国家所通用，因此802.11b得到了更为广泛的应用。苹果公司把自己开发的802.11标准命名为AirPort。1999年工业界成立了Wi-Fi联盟，致力于解决符合802.11标准的产品的生产和设备兼容性问题。

目前无线通信一般有两种传输手段，即无线电波和光波。无线电波包括短波、超短波和微波；光波指激光、红外线。

短波、超短波类似电台或者电视台广播采用的调幅、调频或者调相的载波，通信距离可达数十千米，这种通信方式速率慢、保密性差、易受干扰、可靠性差，一般不用于无线局域网。激光、红外线由于易受天气影响，不具备穿透的能力，在无线局域网中一般也不用。因此，微波是无线局域网通信传输媒介的最佳选择。

（二）无线局域网的优缺点

1．无线局域网的优点

（1）移动性：提供过无线可轻松地连接固定和移动客户端。

（2）可扩展性：可以轻松地扩展网络，让更多用户连接或者增大覆盖范围。

（3）灵活性：可随时随地连接。

（4）节约成本：设备成本随技术的不断成熟而持续下降。

（5）安装时间更短：只需要安装一台设备就可以连接大量用户。

（6）可靠性：在紧急情况下和恶劣环境中很容易安装。

2．无线局域网的缺点

虽然无线技术非常灵活，且有很多优点，但也有一些局限性和风险。首先，WLAN技术使用无须许可的RF频段。由于这些频段不受管制，因此很多设备都使用它们，其结果是这些频段非常拥挤，来自不同设备的信号经常相互干扰。另外，微波炉和无绳电话等设备也使用这些频率，它们也会干扰WLAN通信。

无线的另一个主要问题是缺乏安全性。无线技术提供了便捷的访问，这是通过通告其存在和广播数据实现的，这让任何人都可以访问数据。然而，这种功能也限制了无线技术对数据的保护，任何人（包括非目标接收方）都可以截取到通信流。为解决这些安全问题，人们开发了许多保护无线通信的技术，例如加密和身份验证。

除上述两个问题外，无线局域网还存在其他一些局限性。例如，无线技术让用户能够毫无阻拦地进入有线网络；无线局域网技术在不断发展，当前它们提供的速度和可靠性还无法和有限局域网相比。

三、互联网的运行原理

互联网（internet），又称国际网络，指的是网络与网络之间所串连成的庞大网络，这些网络以一组通用的协议相连，形成逻辑上的单一巨大国际网络。这种将计算机网络互相连接在一起的方法可称作“网络互联”，在这基础上发展出覆盖全世界的全球性互联网络称互联网，即是互相连接一起的网络结构。互联网并不等同万维网，万维网只是一建基于超文本相互连接而成的全球性系统，且是互联网所能提供的服务其中之一。

（一）域名系统

域名系统（Domain Name System，DNS）是Internet上解决网上机器命名的一种系统。就像拜访朋友要先知道别人家怎么走一样，Internet上当一台主机要访问另外一台主机时，必须首先获知其地址，TCP/IP中的IP地址是由4段以“.”分开的数字组成（此处以IPv4的地址为例，IPv6的地址同理），记起来总是不如名字那么方便，所以，就采用了域名系统来管理名字和IP的对应关系。DNS作为将域名和IP地址相互映射的一个分布式数据库，能够使用户更方便地访问互联网。DNS使用TCP和UDP端口53。当前，对于每一级域名长度的限制是63个字符，域名总长度则不能超过253个字符。

（二）WWW

WWW（World Wide Web）是因特网应用中使用最为广泛和成功的一个成员，它的目标是实现全球信息共享。它采用超文本（Hypertext）的或超媒体的信息结构，建立了一种简单但强大的全球信息系统。

（三）E-mail

Internet电子邮件E-mail系统是基于客户机/服务器方式，客户端也称用户代理（User Agent），提供用户界面，负载邮件发送的准备工作，如邮件的起草、编辑以及向服务器发送邮件或从服务器取邮件等。服务器端也称传输代理（Message Transfer Agent），负责邮件的传输，它采用端到端的传输方式，源端主机参与邮件传输的全过程。

邮件的发送和接收过程主要分为三步：

① 当用户需要发送电子邮件时，首先利用客户端的电子邮件应用程序按规定格式起草、编辑一封邮件，指明收件人的电子邮件地址，然后利用SMTP将邮件送往发送端的邮件服务器。

② 发送端的邮件服务器接收到用户送来的邮件后，接收件人地址中的邮件服务器主机名，通过SMTP将邮件送到接收端的邮件服务器，接收端的邮件服务器根据收件人地址中的账号将邮件投递到对应的邮箱中。

③ 利用POP3协议或IMAP，接收端的用户可以在任何时间、地址利用电子邮件应用程序从自己的邮箱中读取邮件，并对自己的邮件进行管理。

（四）FTP 工作原理

FTP（File Transfer Protocol）是 TCP/IP 协议组中的协议之一。该协议是Internet文件传送的基础，它由一系列规格说明文档组成，目标是提高文件的共享性，提供非直接使用远程计算机，使存储介质对用户透明和可靠高效地传送数据。简单地说，FTP就是完成两台计算机之间的复制，从远程计算机复制文件至自己的计算机上，称之为“下载（Download）”文件。若将文件从自己计算机中复制至远程计算机上，则称之为“上载（Upload）”文件。在TCP/IP协议中，FTP标准命令TCP端口号为21，Port方式数据端口为20。FTP协议的任务是从一台计算机将文件传送到另一台计算机，它与这两台计算机所处的位置、连接的方式，甚至是否使用相同的操作系统无关。假设两台计算机通过FTP协议对话，并且能访问Internet，那么就可以用ftp命令来传输文件。每种操作系统使用上有某一些细微差别，但是每种协议基本的命令结构是相同的。

实践练习

将计算机通过宽带网络接入 Internet

内容描述

某家庭购置一台笔记本计算机，需要通过家庭网络接入Internet。

通过家庭网络接入Internet，可以使用拨号接入、专线接入等方式。现确定使用宽带方式接入Internet。

操作过程

（1）打开“网络和共享中心”窗口，单击“设置新的连接或网络”选项，打开“设置连接或网络”窗口，如图2-7所示。

图 2-7　“设置连接或网络”窗口

（2）选择“连接到Internet”选项，然后单击“下一步”按钮，打开“连接到Internet”窗口。窗口中共有三个选项，如图2-8所示。

- “无线”：用于设置使用无线路由器或无线网络连接。
- “宽带（PPPoE）”：用于设置使用宽带网络连接。
- “拨号”：用于设置使用拨号网络或ISDN连接。

（3）选择“宽带（PPPoE）”选项，在弹出的窗口中输入ISP提供的“用户名”和“密码”，并在“连接名称”文本框中输入自己选择的名字，如“宽带连接”，如图2-9所示。

图 2-8　“连接到 Internet”窗口

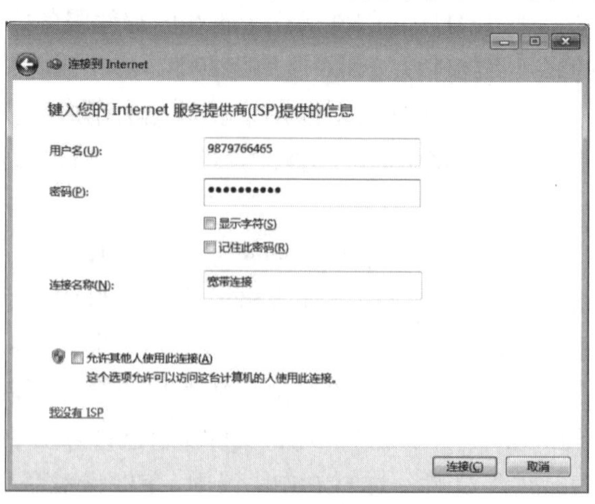
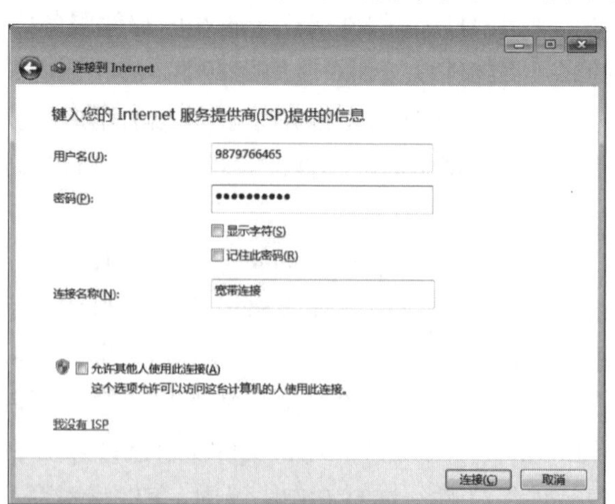

图 2-9　设置宽带连接信息

（4）单击“连接”按钮，开始搜索网络，如图2-10所示。搜索到网络后，立即建立起连接。

（5）此时，可以单击“立即连接”按钮建立连接，也可以单击“关闭”按钮，结束建立过程，如图2-11所示。

图 2-10　搜索要连接的宽带网

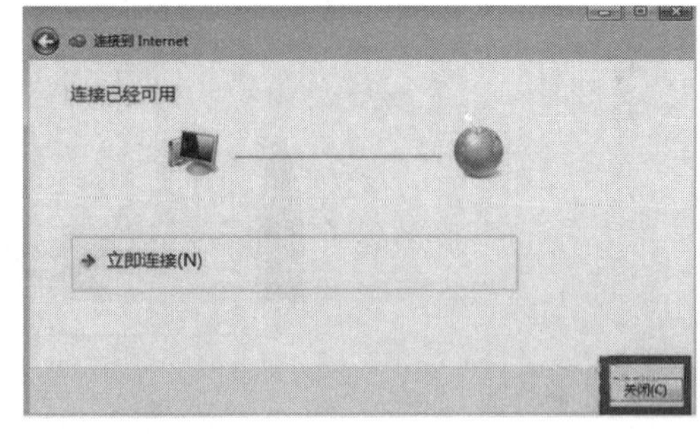

图 2-11　建立（取消）连接

（6）单击“任务栏”右侧的“网络”图标，显示图2-12（a）所示的网络连接对话框，双击“宽带连接”，弹出连接对话框，输入用户名和密码后，单击“连接”按钮，即可连通网络，并接入Internet，如图2-12（b）所示。

（a）网络连接对话框

（b）登录宽带连接

图 2-12　连接网络

将计算机通过无线宽带网络接入 Internet

内容描述

某家庭为使更多移动终端登入家庭网络，特购置一台TP-LINK路由器，本任务配置该路由使得手机可以使用无线方式上网。

操作过程

（1）将前端上网的宽带线连接到路由器的WAN口，如果有上网计算机将其连接到路由器的LAN口上。确认入户宽带的线路类型，根据入户宽带线路的不同，分为光纤、网线、电话线三种接入方式，连接方法分别参考图2-13～图2-15。

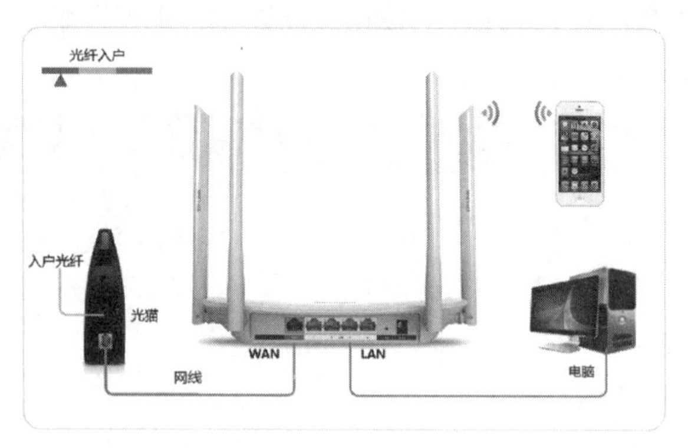

图2-13　光纤接入方式

微课

配置无线路由

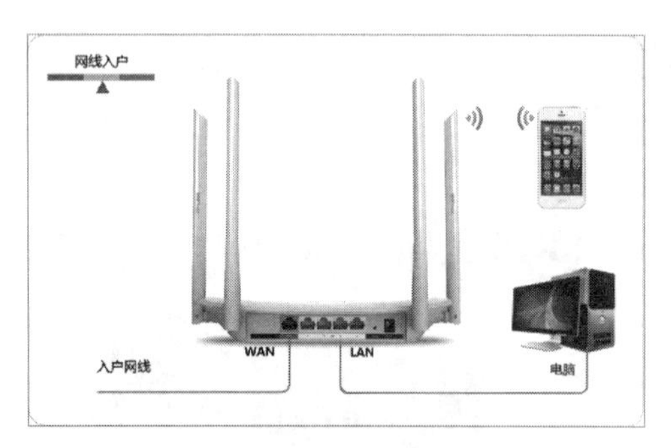

图2-14　网线接入方式

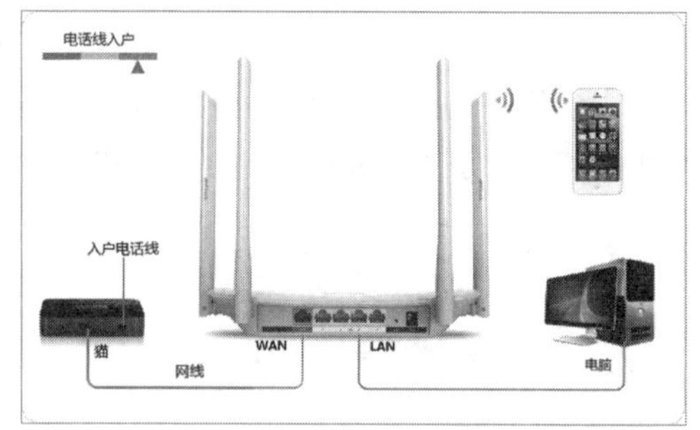

图2-15　电话线接入方式

线路连好后，如果WAN口对应的指示灯不亮，则表明线路连接有问题，需检查确认网线连接牢固或尝试更换网线。

（2）在路由器的底部标贴上查看路由器出厂的无线信号名称，如图2-16所示。

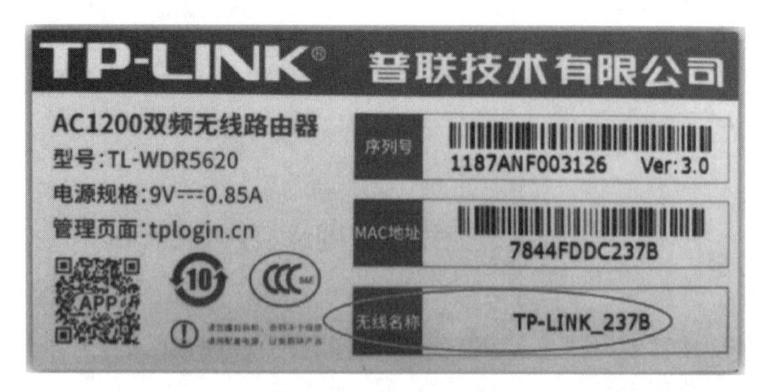

图2-16　无线路由名称

（3）打开手机的无线设置，连接路由器出厂的无线信号，如图2-17所示。

（4）连接Wi-Fi后，手机会自动弹出路由器的设置页面。若未自动弹出则打开浏览器，在地址栏输入tplogin.cn（部分早期的路由器管理地址是192.168.1.1）。在弹出的窗口中设置路由器的登录密码（密码长度在6～32位之间），如图2-18所示。该密码用于以后管理路由器（登录界面），须妥善保管。

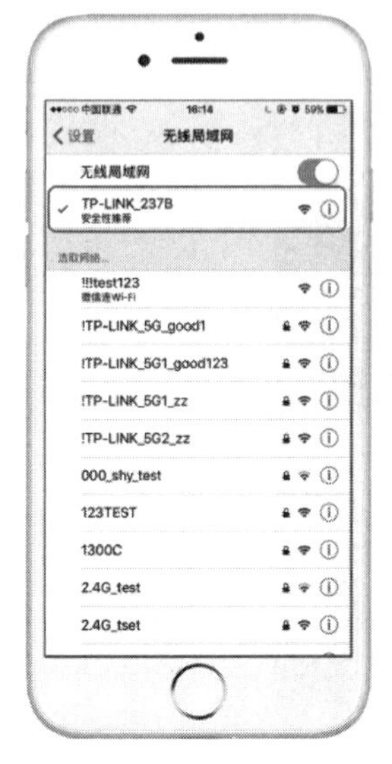

图 2-17　手机无线设置

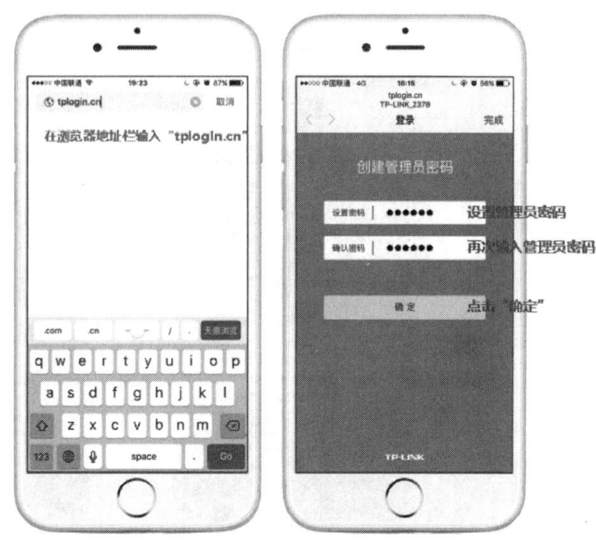

图 2-18　路由器设置页面

（5）登录成功后，路由器会自动检测上网方式，根据检测到的上网方式，填写该上网方式的对应参数，如图2-19所示。

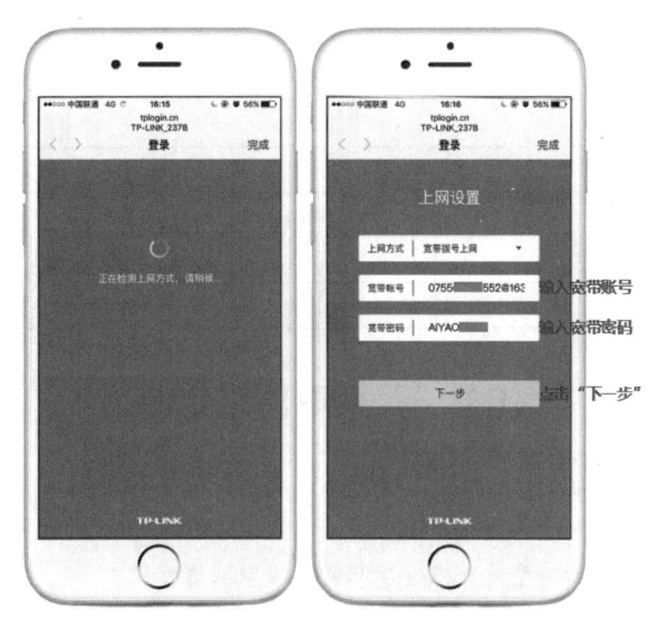

图 2-19　上网方式参数设置

宽带有宽带拨号、自动获取IP地址、固定IP地址三种上网方式。上网方式是由宽带运营商决定的，如果无法确认上网方式，可联系宽带运营商确认。

（6）设置路由器的无线名称和无线密码，设置完成后，点击“确定”保存配置，如图2-20所示。须记住路由器的无线名称和无线密码，在后续连接路由器无线时需要用到。

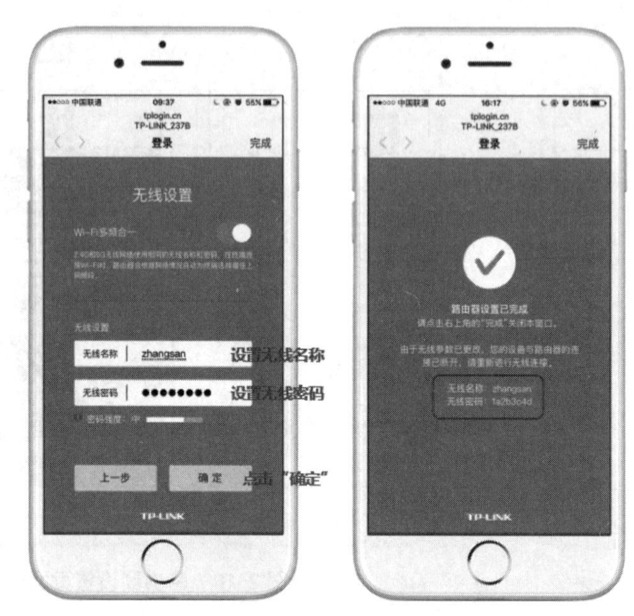

图 2-20　无线名称和密码设置

路由器设置完成，无线终端连接刚才设置的无线名称，输入设置的无线密码，即可以打开网页尝试上网。

实践练习评价

评价项目	自我评价		教师评价	
	小结	评分（5分）	点评	评分（5分）
有线接入				
无线接入				

任务三　获取网络资源

学习目标

- 能识别网络资源的类型，并根据实际需要获取网络资源。
- 会区分网络开放资源、免费资源和收费认证资源，树立知识产权保护意识，能合法使用网络信息资源。

● 会辨识有益或不良网络信息，能对信息的安全性、准确性和可信度进行评价，自觉抵制不良信息。

理论知识

一、网络资源

网络资源主要是指借助于网络环境可以利用的各种信息资源的总和。网络资源又称网络信息资源。

（一）网络资源的定义

（1）网络信息资源是指以数字化形式记录的，以多媒体形式表达的，存储在网络计算机磁介质、光介质以及各类通信介质上的，并通过计算机网络通信方式进行传递的信息内容的集合。

（2）网络信息资源是指在网络上蕴藏着的，各种形式的与教育相关的知识、资料、情报、消息等的集合。

（3）网络信息资源是指通过计算机网络利用的各种信息资源的总和，包括馆藏电子文献、数据库、数字化文献信息、数字化书目信息、电子报刊等。

（4）网络信息资源是指以电子数据的形式将文字、图像、声音、动画等多种形式的信息存放在光盘等非印刷型的载体中，并通过网络通信、计算机或终端方式再现出来的信息资源。

（5）网络信息资源是指为满足人类需求，借助计算机等设备共同开发、生产和传递，人类可以通过网络获取的信息的集合。

（二）网络资源的特征

与传统的信息资源相比，网络信息资源在数量、结构、分布和传播的范围、载体形态、内涵传递手段等方面都显示出新的特点。

1．存储数字化，传输网络化

信息资源由纸张上的文字变为磁介质上的电磁信号或者光介质上的光信息，存储的信息密度高、容量大。以数字化形式存在的信息，可以通过信息网络进行远距离传送。传统的信息存储载体为纸张、磁带、磁盘，而在网络时代，信息的存在是以网络为载体，增强了网络信息资源的利用与共享。

2．表现形式多样化，内容丰富

网络信息资源包罗万象，覆盖了不同学科、不同领域、不同地域、不同语言的信息资源，还可以文本、图像、音频、视频、数据库等多种形式存在。信息组织非线性化，超文本、超媒体信息资源成为主要方式。

3．数量巨大，增长迅速

CNNIC于2010年1月发布的第25次《互联网络发展状况统计报告》，全面反映了中国互联网络发展状况。从该次报告中可以看出，截至2009年12月30日，中国网民规模达到3.84

亿人，网站数量达到323万个，2009年网页数量达到336亿个，增长迅速。网络信息量之大、增长速度之快、传播范围之广，是其他任何环境下的信息资源所无法比拟的。

4．传播速度快、范围广，具有交互性

网络环境下，信息的传递和反馈快速、灵敏。信息在网络中的流动非常迅速，电子流取代纸张，加上无线电技术和卫星通信技术的充分运用，上传到网上的任何信息资源，都只需要短短数秒就能传递到世界各地的每一个角落。

由于信息源的增多，信息资源发布的自由，网络信息量呈爆炸性增长。随着网络的普及化，其传播范围将越来越广。

与传统的媒介相比，网络信息传播具有交互性。它具有主动性、参与性和操作性，人们自己主动到网上数据库查找所需的信息，网络信息的流动是双向互动的。

5．结构复杂，分布广泛

网络信息资源本身的组织管理没有统一的标准和规范，信息广泛分布在不同国家、不同区域、不同地点的服务器上，不同服务器采用不同的操作系统、数据结构、字符集和处理方式，缺乏集中统一的管理机制。

6．信息源复杂、无序

网络共享性与开放性使得人人都可以在互联网上索取信息和存放信息，由于没有质量控制和管理机制尚不完善，这些信息良莠不齐，各种不良和无用的信息大量充斥在网络上，形成了一个纷繁复杂的信息世界。

网络信息被存放在网络计算机上，由于缺乏统一的控制，质量参差不齐，信息资源分布分散，开发显得无序化。

7．动态不稳定性

Internet信息地址、链接和内容处于经常变化之中，信息源存在状态的无序性和不稳定性，使得信息的更迭、消亡无法预测，这些都给用户选择、利用网络信息带来了障碍。

（三）网络资源的分类

科技的高速发展让互联网走进了千家万户，社会运行越来越扁平化，沟通成本和信息传递成本不断降低，但同时也产生了较多的问题，知识产权保护就是其中一个重要方面。网络知识产权保护难度大，侵权成本低，缺乏保护机制，影响知识的创新性。目前的网络资源分类有网络开放资源、免费资源和收费认证资源。

网络开放资源（Open Access，OA）即开放获取的意思，是国际科技界、学术界、出版界、信息传播界为推动科研成果利用网络自由传播而发起的运动，其主要含义是指读者可以通过网络免费、永久地获取和利用各种类型的学术资源，包括期刊论文、会议论文、图书、专利文献、研究报告、文本文件和多媒体文件。

开放获取的出版模式为读者有效减少乃至消除了获取学术文献资料所需的费用，能够清除信息交流中的障碍，有效解决“学术交流危机”。采用电子方式出版，使得文献能够及时在网上发布，如此一来，科研人员获取资料的实效性大为提高，他们可以在第一时间获得最需要的科研资料，及时了解研究的新颖性和独创性。因此，读者是开放获取的最大受益者。

对于作者而言，他们发表学术成果主要是为了成果的广泛传播和应用，并成为社会集体智慧和能力的一部分，从而提高他们的学术声望和地位。开放获取为此提供了契机，使学术成果得以在最大范围内进行传播。由此可见，开放获取为作者带来的好处就是自己的文章可以被更多的人阅读，可以在更广泛的范围内传播，这也是作者发表文章的最终目的。

二、搜索网络资源

（1）查找网络开放信息可以通过学术搜索引擎、开放存取资源系统、学科信息门户、学术专业论坛、免费的资源网站、专家博客、网络参考工具等方法获得。

（2）利用搜索引擎可以更加高效地搜索到需要的网络资源，我们主要采用以下方法来精确查找资源，缩小搜索范围：

① 关键词的选择。缩小搜索范围的简单方法就是添加关键词，在多个关键词中间增加空格，或者加入逻辑算符（+、-、OR）。例如，我们要在百度中查询“低碳经济”不含“绿色经济”的文章，采用方法以及搜索结果如表2-1所示（2020年2月29日搜索结果）。

表 2-1 检索词与搜索数目对比表

检 索 词	搜索结果数目
低碳经济	34 000 000
低碳经济 OR 绿色经济	3 030 000
低碳经济 ANDNOT 绿色经济	79 300

② 不要局限于一个搜索引擎。除了最常用的百度、谷歌等搜索引擎之外，还可以通过查询分类搜索引擎来查找相关网络资源。

③ 加英文双引号在查找名言警句或者专有名词时非常有用。

④ 可以把搜索范围限定在网页标题中，即在搜索词前加in title或者title。

（3）在线课程平台。2020年初为保证疫情防控期间教学进度和教学质量，实现“停课不停教、停课不停学”，教育部组织了22个在线课程平台制定了多样化在线教学解决方案，免费开放包括1291门国家精品在线开放课程和401门国家虚拟方针实验课程在内的在线课程2.4万余门。同学们可以利用在线课程平台学习相关课程以及获取相关学习资源。常用的几个平台如下：

① 爱课程www.icourse163.org。

② 学堂在线 www.xuetangx.com。

③ 智慧树www.zhihuishu.com。

④ 学银在线 http://xueyinonline.com。

实践练习

搜索钉钉软件并下载

内容描述

小王应聘到了一家公司，公司负责人让他在计算机中安装好钉钉，以备工作使用。

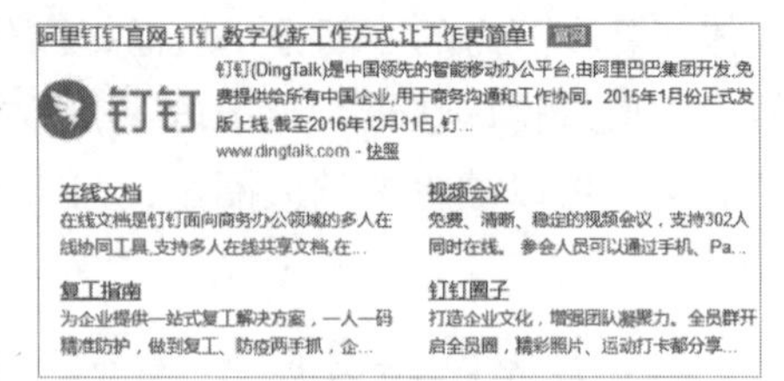

图 2-21　搜索引擎搜索钉钉官方网站

操作过程

（1）使用搜索引擎找到钉钉官方网站，如图2-21所示。

（2）打开钉钉官方主页，找到下载选项并单击，如图2-22所示。

图 2-22　单击下载

微课

搜索钉钉软件并下载

（3）打开下载页面，根据计算机的系统选择相应的钉钉版本进行下载，如图2-23所示。

图 2-23　钉钉下载页面

搜索物联网的相关信息

内容描述

小王接收到公司分配的工作任务：分析当前物联网的发展方向及未来趋势，并作成报告。

操作过程

利用搜索引擎以及相关学术网站等搜索信息完成报告。

实践练习评价

评价项目	自我评价		教师评价	
	小结	评分（5分）	点评	评分（5分）
搜索软件下载				
物联网报告				

任务四　进行网络交流

学习目标

- 会进行网络通信、网络传送信息和网络远程操作。
- 会编辑、加工和发布网络信息。
- 能在网络交流、网络信息发布等活动中，坚持正确的网络文化导向，弘扬社会主义核心价值观。

理论知识

一、网络交流的定义及形式

网络交流是指可解释的信息由发送人传递到接收人的过程。网络交流是一种通过虚拟的方式和单人或多人的沟通方式。具体地说，它是人与人之间思想、感情、观念、态度的交流过程，是情报相互交换的过程。网络交流是指通过基于信息技术（Information Technology，IT）的计算机网络来实现信息沟通活动。

交流沟通是社会的基石。它几乎定义了我们生活的方方面面：运输、能源、农业、制造业、医疗、国防和其他部门将通过这些下一代网络得到显著增强和改变；高速低延迟技术有望实现真正的数字变革，刺激增长，实现创新和福祉；将使日常活动的自动化和充分发挥其潜力的物联网成为可能。

网络交流的主要形式包括：

（一）电子邮件

电子邮件（Electronic mail，E-mail）又称电子信箱，它是一种用电子手段提供信息交换的通信方式，是 Internet应用最广的服务。通过网络的电子邮件系统，用户可以用非常低廉的价格（不管发送到哪里，都只需负担电话费和网费即可），以非常快速的方式（几秒钟之内可以发送到世界上任何指定的目的地），与世界上任何一个角落的网络用户联系，这些电子邮件可以是文字、图像、声音等各种方式。同时，用户可以得到大量免费的新闻、专题邮件，并实现轻松的信息搜索。这是传统方式所无法相比的。正是由于电子邮件的使用简易、投递迅速、收费低廉、易于保存、全球畅通无阻，使得电子邮件被广泛地应用，它使人们的交流方式得到了极大的改变。另外，电子邮件还可以进行一对多的邮件传递，同一邮件可以一次发送给许多人。最重要的是，电子邮件是整个网间网以至所有其他网络系统中直接面向人与人之间信息交流的系统，它的数据发送方和接收方都是人，极大地满足了人与人通信的需求。

（二）网络电话

网络电话（Internet Phone，IP）运用独特的编程技术，具有强大的IP寻址功能，可穿透一切私网和层层防火墙。无论是在公司的局域网内，还是在学校或网吧的防火墙背后，均可使用网络电话，实现计算机之间的自如交流，无论身处何地，双方通话时完全免费；也可通过计算机拨打全国的固定电话和手机，和平时打电话完全一样，输入对方区号和电话号码即可，享受IP电话的最低资费标准。通信技术在进步，现在已经实现了固定电话拨打网络电话。通话的对方计算机中已安装的在线电话客户端振铃声响，对方摘机，此时通话即可建立。

（三）网络传真

网络传真（Internet Facsimile）也称电子传真，是传统电信线路（PSTN）与软交换技术（NGN）的融合，无须购买任何硬件（传真机、耗材）及软件，即可实现高科技传真通信。

网络传真是基于PSTN和互联网络的传真存储转发，它整合了电话网、智能网和互联网技术。原理是通过互联网将文件传送到传真服务器上，由服务器转换成传真机接收的通用图形格式，再通过PSTN发送到全球各地的普通传真机或任何的电子传真号码上。

（四）网络新闻发布

网络新闻突破了传统的新闻传播概念，在视、听、感方面给受众全新的体验。它将无序化的新闻进行有序的整合，并且大大压缩了信息的厚度，让人们在最短的时间内获得最有效的新闻信息。网络新闻的发布可省去平面媒体的印刷、出版，电子媒体的信号传输、采集声音图像等环节。

（五）即时通信

即时通信（Instant Messaging，IM）是指能够即时发送和接收互联网消息等的业务。自1996年面世以来，特别是近几年的迅速发展，即时通信的功能日益丰富，逐渐集成了电子邮件、博客、音乐、电视、游戏和搜索等多种功能。即时通信不再是一个单纯的聊天工具，它已经发展成集交流、资讯、娱乐、搜索、电子商务、办公协作和企业客户服务等为一体的综合化信息平台。

二、网络交流的优势及注意事项

1. 网络交流的优势

（1）大大降低了交流成本。

（2）使语音沟通立体直观化。

（3）极大缩小了信息存储空间。

（4）使工作便利化。

（5）跨平台，容易集成。

2. 网络交流注意事项

（1）文明沟通。很多人觉得在网络上的发言是匿名的，所以肆无忌惮，说一些不文明的话语，甚至有些已经演变成了网络的语言攻击，这对于网络交往是十分不利的，我们要自觉抵制这种行为。

（2）注意隐私。在网络上，由于虚拟世界中无法看清对方真假好坏，所以有些事情无法鉴别真伪。在网络交往中，要注意不要过分透露自己的隐私，否则很可能被不法分子利用。

（3）真诚沟通。虽然不建议将自己的所有情况和盘托出，但是在网络上可以使用虚拟的网名进行交流。如果碰到网友有什么不会的问题，也可以帮忙解答一下，尽量真诚待人。

（4）保持尊重。在网络上我们会结识到各种各样的人，他们来自五湖四海，有着不同信仰。不管有什么样的差异，我们都要保持尊重的态度，不能够歧视、嘲笑他人。

（5）避免网恋。虽然不乏网恋成功的案例，但是要知道，网络是虚拟的，你喜欢的可能也只是想象当中的他/她，现实是什么样的只能靠自己去感知。因此，最好不要网恋，免得到头来受伤的是自己。另外，要尊重他人的隐私，不要随意公开私人邮件、聊天记录和视频等内容。

（6）谨慎见面。正如前面所说，网络的虚拟让我们无法看清对方的真实面目，所以贸然见网友还是很危险的。如果真要见面，也要谨慎一点，多找几个同伴陪同，定在人多的地方等。

实践练习

收发电子邮件

内容描述

经理让小王跟客户联系，用电子邮箱把计划书给客户发送过去。

操作过程

下面以QQ邮箱为例，介绍任务操作过程。

（1）在搜索引擎中输入QQ邮箱，打开QQ邮箱主页面，输入自己的QQ号和密码即可进入QQ邮箱。

（2）单击“写信”，如图2-24所示。

微课

收发电子邮件

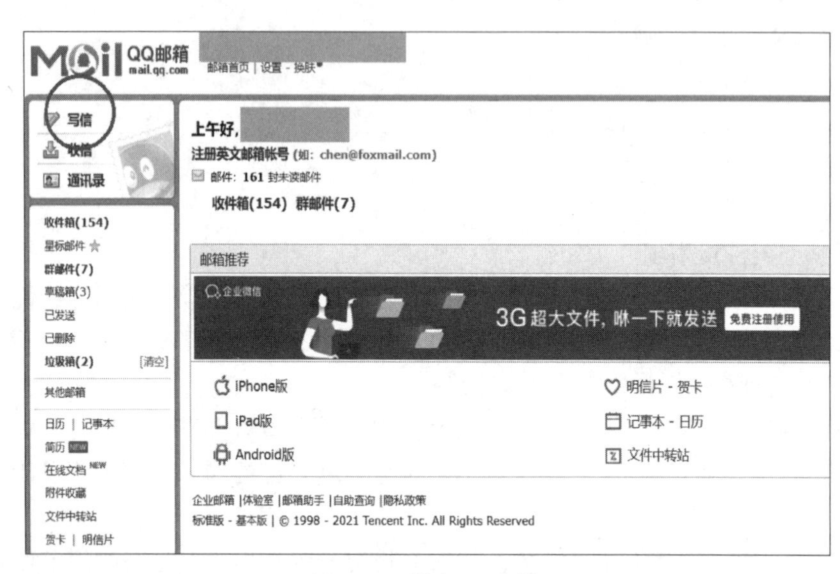

图 2-24　进入 QQ 邮箱

（3）打开写信界面（见图2-25），在“收件人”文本框中输入收件人邮箱，“主题”文本框中写清楚邮件主要内容，如“×××计划书”。

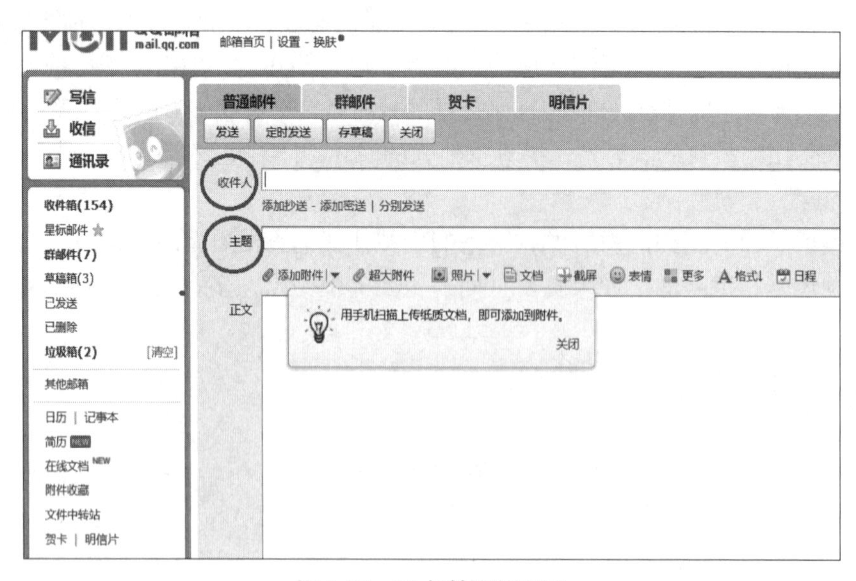

图 2-25　QQ 邮箱写信页面

（4）将任务书添加到附件中。单击“添加附件”旁边的下拉三角，打开下拉菜单，选择上传附件方式，如图2–26所示。

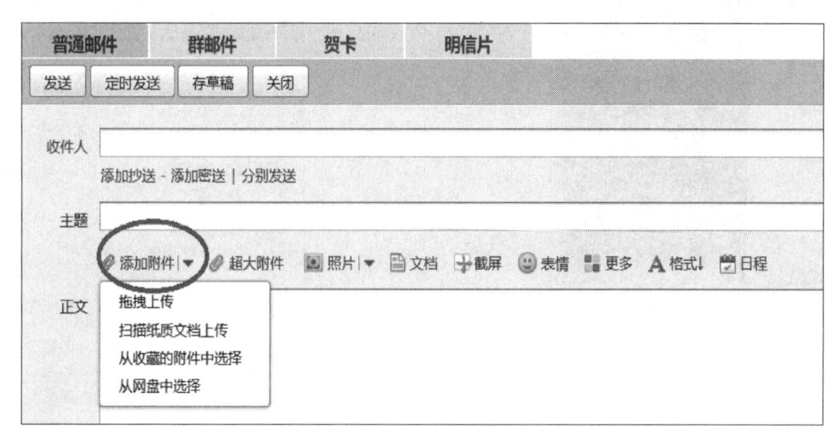

图 2–26　添加附件

（5）添加好附件后，单击“发送”按钮即可，如图2–27所示。

图 2–27　发送邮件

即 时 通 信

内容描述

客户在收到计划书后，有些地方还需要与小王沟通，于是他们互相添加了微信。在微信沟通后，他们进行了小组开会，在会场上需要建立一个微信工作群，于是小王选择了面对面建群成立了工作群。

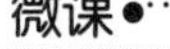

添加微信好友

本任务需要完成：① 互相添加微信；② 面对面建群。

操作过程

1. 添加微信

（1）打开手机微信，在界面右上角点击加号图标，找到“添加朋友”选项，如图2–28所示。

（2）进入添加朋友的搜索栏中，在这里可以通过微信号、QQ号、手机号三种途径查找好友，如图2–29所示。

图 2-28 “添加朋友”选项

图 2-29 搜索栏

（3）例如，输入对方的手机号，点击下方的搜索，如图2–30所示。

（4）找到对方的信息栏，点击下方的“添加到通讯录”按钮，如图2–31所示。

图 2-30 添加搜索信息

图 2-31 点击“添加到通讯录”按钮

（5）这里需要输入验证信息，在验证框中输入自己的姓名或者其他信息便于对方识别，之后点击右上角的“发送”按钮，等待对方点击“接受”即可，如图2–32所示。

2. 面对面建群

（1）打开手机微信，在界面右上角点击加号图标，找到“添加朋友”选项。

（2）进入“添加朋友”界面，点击“面对面建群”，如图2-33所示。

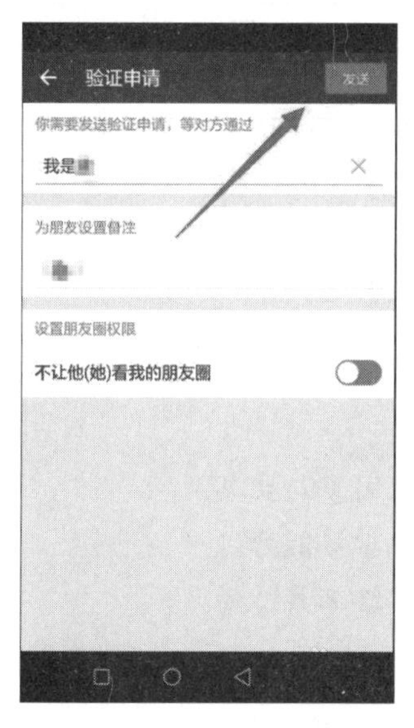

图 2-32　发送验证消息

图 2-33　面对面建群

微课

面对面建群

（3）根据提示和朋友输入相同的四个数字，如图2-34所示。注意数字不要过于简单。

（4）输入确定好的数字后，点击“进入该群”。此处数字举例为“5896”，如图2-35所示。

图 2-34　输入数字

图 2-35　进入该群

（5）面对面建群完成。

实践练习评价

评价项目	自我评价		教师评价	
	小结	评分（5分）	点评	评分（5分）
添加微信				
面对面建群				

任务五　运用网络工具

学习目标

- 会运用网络工具进行多终端信息资料的传送、同步与共享。
- 初步掌握网络学习的类型与途径，具备数字化学习能力。
- 了解网络对生活的影响，能熟练应用生活类网络工具。
- 能借助网络工具多人协作完成任务。

理论知识

一、互联网的发展和应用

互联网信息网络化带来的影响是多方面、多角度以及多层次的。

（一）消除了信息壁垒

无论是我们想学的，想做的，想认识的，基本上都是可以通过网络解决的。互联网让我们的学习成本变得很低，现在只要是想学的，基本上都可以找到各种各样的教程。能自学、爱钻研的人可以很快地成长起来，变得越来越优秀，让人与人之间的差距变大。现在的世界需要更加专业但又更加全面的人才，而互联网给了大家这样的学习机会。

（二）交流不受地域限制

随着互联网渐渐普及，网络上出现了很多社交网站以及一些即时聊天工具。这样，你可以及时地在互联网上和亲朋好友分享照片或者视频。社交网站在一定程度上将人与人之间的距离拉得更近了。

互联网可以让大家找到自己喜欢的圈子和喜欢的人，但是，网上的信息鱼龙混杂，需要具备辨识能力。

（三）丰富了业余生活

互联网对于我们的社会生活影响极深，网上娱乐非常多。电影、运动赛事、音乐会、游戏等，这些娱乐活动都可以在互联网上观看到。同时，在线购买这些活动的门票等，也为人们参加娱乐活动提供了便利。

（四）提升了工作效率

网络使人们降低了获取知识的成本，降低了提升工作的能力的成本，提高了工作的效率。使用云笔记、云存储等网络工具进行多终端资料上传、下载、信息同步和资料的分享，使我们的工作更加高效。

（五）购物变得更加简单便捷

你只需要在家点击鼠标，选购想要购买的商品，然后网上结付或者选择货到付款，就可以等待物流送货上门了。传统的购物方式可能会让你在拥挤的人群中挤来挤去，或者花费很长时间来排队结账。网上购物让这一切变得方便省时。互联网在带来好处的同时，也需要有自控能力，不能一味沉迷在虚拟社会中。

互联网的研发让我们能够更快地搜索所需信息，能够快速地进行交流沟通，不受时间和地域的影响，可以通过互联网进行购物宣传、学习娱乐；但互联网也带来了许多坏处，长时间的上网会影响我们身体和心理健康，特别是沉迷于网络游戏的虚拟世界，更是容易导致对现实生活感到迷惘，没有前进的动力。因此如何更好地利用网络来优化我们的生活是我们学习的方向。

二、网络工具

随着互联网的发展，各种网络工具层出不穷，极大地方便了我们的学习、工作、购物及支付等日常交流互动。

（一）云笔记

云笔记就是把个人所写的资料（文字、图片等）自动存储同步到云端，也就是开发商的服务器上，用户可以通过手机、计算机同服务器打交道，可以从服务器上把笔记的内容同步到手机、计算机上。

云笔记是一款跨平台的简单快速的个人记事备忘工具，操作界面简洁高效。会议记录、日程安排、生活备忘，奇思妙想、快乐趣事以及任何突发灵感都可快速记录到云笔记，更支持拍照和添加图片作为笔记附件。注册一个云笔记账号即可免费拥有云端同步功能，更可通直接到“云导”来创建新笔记，让个人记事和个人电子邮箱无缝结合在一起。通过登录云笔记网站可在浏览器上直接编辑管理个人记事，实现与移动客户端的高效协同操作。云笔记的云端服务采用严格的数据加密形式进行传输和保存，可有效保障私密笔记免遭泄露。

目前，常用的云笔记有印象笔记、有道云笔记、为知笔记、OneNote、Bear、坚果云大纲笔记&Markdown、Typora。

（二）云存储

云存储是一种网上在线存储（Cloud Storage）的模式，即把数据存放在通常由第三方托管的多台虚拟服务器，而非专属的服务器上。托管（Hosting）公司运营大型的数据中心，需要数据存储托管的人，则通过向其购买或租赁存储空间的方式，来满足数据存储的需求。数据中心营运商根据客户的需求，在后端准备存储虚拟化的资源，并将其以存储资源池（Storage Pool）的方式提供，客户可自行使用此存储资源池存放文件或对象。实际上，这些资源可能分布在众多的服务器主机上。

云存储这项服务通过Web服务应用程序接口（API），或是通过Web化的用户界面进行访问。

云存储是在云计算（Cloud Computing）概念上延伸和衍生发展出来的一个概念。云计算是分布式处理（Distributed Computing）、并行处理（Parallel Computing）和网格计算（Grid Computing）的发展，是通过网络将庞大的计算处理程序自动分拆成无数个较小的子程序，再交由多部服务器所组成的庞大系统经计算分析之后将处理结果回传给用户。通过云计算技术，网络服务提供者可以在数秒之内处理数以千万计甚至以亿计的信息，达到和“超级计算机”同样强大的网络服务。

云存储通过集群应用、网格技术或分布式文件系统等功能，使网络中大量各种不同类型的存储设备通过应用软件集合起来协同工作，共同对外提供数据存储和业务访问功能，保证数据的安全性，并节约存储空间。简单来说，云存储就是将存储资源放到云上供人存取的一种方案。使用者可以在任何时间、任何地方，通过任何可连网的装置连接到云上方便地存取数据。

云是网络、互联网的一种比喻说法。也就是常用的网盘，比如百度网盘。

（三）网络购物

1. 网络购物的含义

中国电子商务百位首席执行官调查报告中将网络购物定义为“是指消费者通过购物网站获取商品信息，在发生购买意向后通过电子订购单发出购物请求，然后填写详细地址与联系方式，通过货到付款、第三方支付等形式支付当前消费额，之后厂商以快递形式发货至消费者的交易过程”。

简单而言，网络购物就是使用网络在购物交易平台上购买商品，是现下最流行的消费方式之一。买家在购物平台上直接搜索自己想要购买的商品，选中商品后提交购物订单，填写自己的相关信息，如姓名、电话、收货地址等，经营者就会通过快递公司运输送货。消费者可采用网银等线上支付方式或货到付款。

目前，我国网络购物发展迅速。2015年淘宝发行的天猫双十一活动，仅仅一天的时间交易额就达到了912.17亿元，参与交易国家和地区达到232个。我们可以很清楚地看到网络购物的快速发展，它以自身的优越特殊性，在市场站稳了脚步，并呈上升的状态。

2. 网络购物的特征

第一，网络购物具有虚拟性。购买商品时，买家不能直接光顾卖家的店铺实体店，不能通过当面的交流来询问商品细节，不能亲眼看到所要购买的物品的真实情况。在网络交易中，从咨询经营者问题，到提交订单，再到最后的收到商品，这段过程中消费者与经营者不会有任何的直接接触，消费者只是通过网络交易平台发行的聊天软件进行交流，消费者想要详细认识产品也只能根据网店商家传的网页宣传、信誉评价等内容来了解。这些与传统交易方式有着显著不同。

第二，网络购物价格低廉。网络店铺经营与传统店铺经营有着完全不同的经营形式，虚拟化、技术性是网络店铺独有的特殊性。网络开店成本很低，与传统店铺不同，网络店铺不用租用店铺。店铺经营者只需要在批发地就可以直接发货，把商品送到消费者手中，节省了运输费和中间环节，商品价格自然就低了。

第三，网络购物不受时间拘束。网络店铺可以提供24小时服务，只要选中要买的商品，任何时间都可以下单购买。网络店铺也不受空间的限制，只要能上网，提交订单付款后就会由快递公司送货上门，消费者在家就可以买到自己需要的商品。

知识加油站

随着互联网在国内的普及，线上媒体销售业务范围已经越来越广泛，无论消费者想要什么东西，想要的东西在哪里，在网络的购物平台上都可以买到，人们可以足不出户就在家里坐等自己购买的物品送货上门。但是，线上销售的快速发展同样带来了一系列问题。网购注意事项如下：

一、警惕网上的违法交易行为

在当前的网上交易中，可能会存在违反国家相关法律规定的行为，其中主要是需要国家特殊许可方可从事的经营行为，如网上医疗信息、医疗器械、网上销售彩票、网上证券交易等。消费者因从事这类交易而遭受损失的很难得到有效救济，因而消费者网购时应有所识别，网购时首先应注重交易行为本身的合法性。

二、网购前多关注“黑名单”

网上交易有着天然的虚拟性和不确定性，但消费者也可以充分利用互联网获取信息的快捷性，了解卖家的基本情况，其中关注当前网上已公布的“黑名单”是非常必要的。目前已有淘宝等第三方交易平台、网上交易保障中心等第三方保障平台根据消费者的投诉举报形成了侵犯消费者权益的网站不良信用记录或“黑名单”，并会及时更新。消费者通过关注“黑名单”信息既可以避免网购上当受骗，又可以及时了解当前已出现的侵犯消费者权益的典型欺诈行为。

三、谨防低价陷阱

网络购物较传统现实购物有先天的低价优势，但低价是有限度的，过低的价格则可能隐藏着陷阱。网上交易中的不法分子往往利用消费者“贪便宜”的心理特点，采取免费赠送、“秒杀”等低价行为吸引消费者注意，然后通过“网络钓鱼”、要求先行支付货款等方式令消费者掉入陷阱，遭受损失。消费者应注意识别正规的网上促销打折行为和欺诈行为，不要盲目追求低价，因小失大。

四、识别卖家资质

消费者在网购前除了查看“黑名单”以了解该卖家有无已被披露的欺诈违法行为之外，识别卖家资质也是确保网购安全的重要手段。消费者查看网站时一般应了解其交易支付方式是否有第三方支付或货到付款方式；正规网站一般应有免费客服电话；此外，卖家网站中列示的各种认证标识也是消费者关注的重点，一般合法正规网站所使用的认证标识一定是经过相关机构许可的，且认证标识是链接到相应第三方认证页面的，而且该认证是在有效期内的，如果网站下方标识无法单击查看认证内容或者链接内容不正确，则有可能属于假冒，这类网站应引起消费者的特别注意。

五、购买网络游戏、数码产品需谨慎

根据分析显示，在众多的消费者投诉举报中，网络游戏和数码产品领域投诉量居于前两位，反映出这两个领域消费者权益保护问题突出，因而消费者在涉及该两类交易时应予以重点关注。网络游戏主要由于其交易物的虚拟性，数码产品往往交易金额较大，问题及纠纷主要出现在产品质量方面。消费者在从事网络游戏及数码产品类交易时，一是要选择第三方担保支付；二是要选择权威、正规网站进行交易。

六、交易支付选择第三方担保支付或货到付款

安全合理的支付方式是保障消费者资金安全的重要手段。在众多的消费者权益受损案例中，不合理的支付方式是导致消费者受损的重要原因。一般正规合法的网站都会为消费者提供第三方担保支付及货到付款的支付方式；相应地，卖家交易过程中要求消费者先付款的一般都存在欺诈违法的嫌疑，消费者应在支付方式上慎重选择，切忌直接向对方先行付款。

七、学习、掌握基本的安全网购常识

许多网购消费者上当受骗的主要原因是自身对网上购物缺乏了解，无基本的网购安全常识，在面对不法分子所采取的低价诱惑、网络钓鱼等手段时无法分辨真假，从而做出了于己不利的行为。因而，消费者在网购之前一定要先通过向熟悉网购的朋友咨询、阅读网友或第三方保障机构提供的防骗常识等之类的资料，以掌握基本的网购安全常识，从而避免上当受骗。

（四）网络支付

网络支付，是指电子交易的当事人，包括消费者、厂商、和金融机构，使用安全电子支付手段通过网络进行的货币支付或资金流转。

网络支付是采用先进的技术通过数字流转来完成信息传输的。网络支付各种支付方式都是采用数字化的方式进行款项支付的；而传统的支付方式则是通过现金的流转、票据的转让及银行的汇兑等物理实体是流转来完成款项支付的。

使用云笔记

内容描述

下载注册一种云笔记，使用云笔记记录本次任务重点内容。此处以有道云笔记为例进行讲解。

操作过程

（1）注册有道云笔记之后就可以实现云端的共享了，记笔记不用担心断电时没有保存。隔一段时间就自动保存到云端。有道云笔记打开界面如图2-36所示。

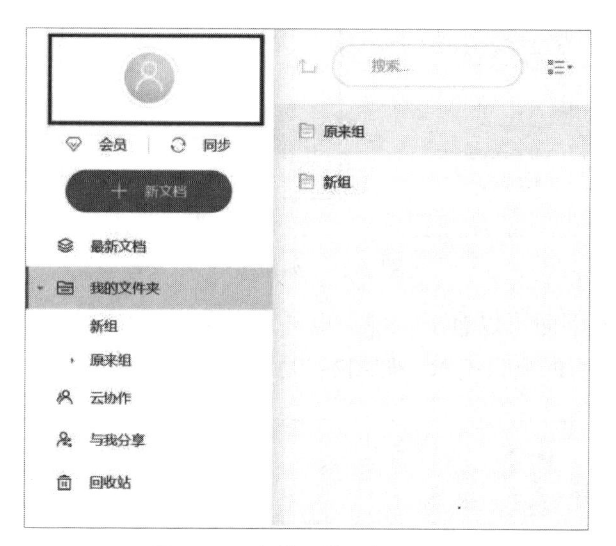

图 2-36　有道云笔记打开界面

微课

使用云笔记

（2）先用“我的文件夹”功能实现文件的基本分类。右击“我的文件夹”，在弹出的快捷菜单中选择“新文档”→“新建文件夹”命令，新建一个文件夹，为文件夹起一个标识性的名字，如图2-37所示。

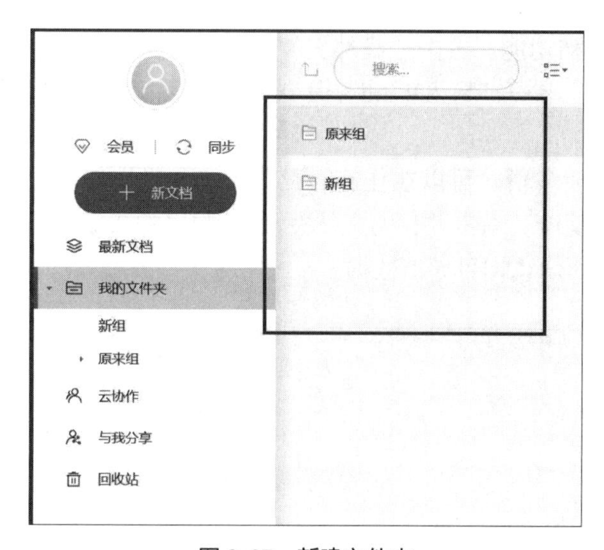

图 2-37　新建文件夹

（3）右击新建的文件夹，在弹出的快捷菜单中选择“新文档”命令就可以编辑笔记，如图2-38所示。

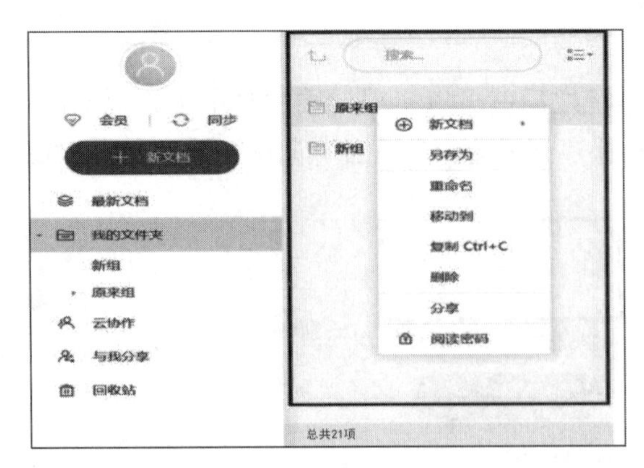

图 2-38　编辑笔记

（4）一个文件夹下面可以有子文件夹也可以有文件，和计算机中是类似的。文件的名字和内容可以在右侧的窗口编辑，如图2–39所示。

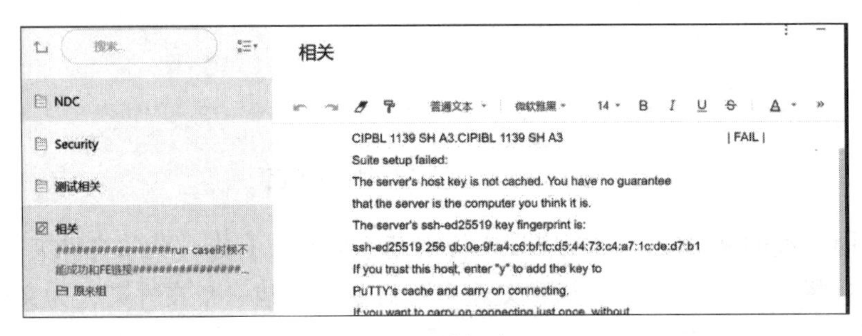

图 2-39　编辑窗口

（5）导入Word文档功能。右击“我的文件夹”或者其他的自建文件夹，在弹出的快捷菜单中选择“新文档”→“导入Word”命令，就可以把现有的笔记导入有道云笔记中了，如图2–40所示。

（6）云笔记不需要备份，可以在任何的设备上登录账号获取文件，想特意保存或者转发时可以用导出的功能。右击“我的文件夹”，在弹出的快捷菜单中选择“导出全部数据”命令，如图2–41所示，即可导出数据。

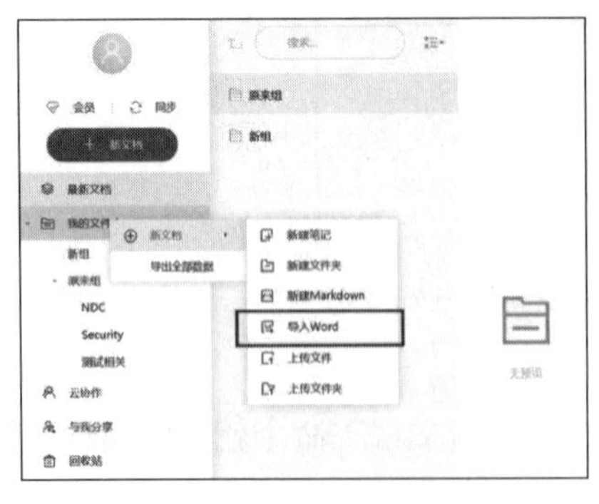

图 2-40　导入 Word 文档

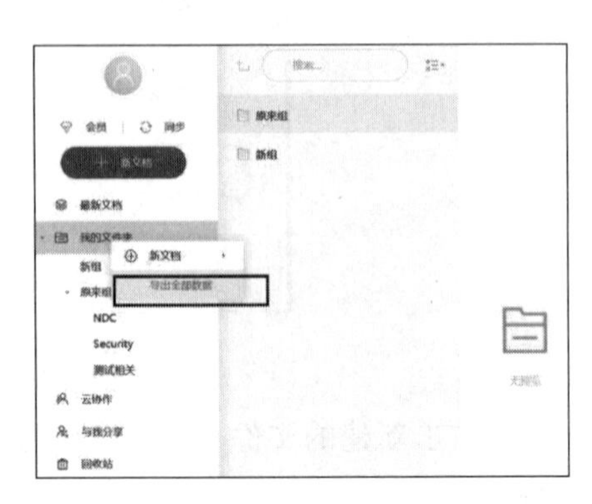

图 2-41　导出数据

使用云盘

内容描述

下载注册一种云盘，使用云盘存储照片。此处以百度网盘为例讲解。

操作过程

（1）打开百度网盘，如果还没有百度账号，就需要单击下方的“立即注册”，如图2-42所示，在打开的注册页面完成注册。

图 2-42　打开百度网盘

微课

使用云盘

（2）注册完毕之后进入网盘，即可上传照片，单击“上传”，如图2-43所示。

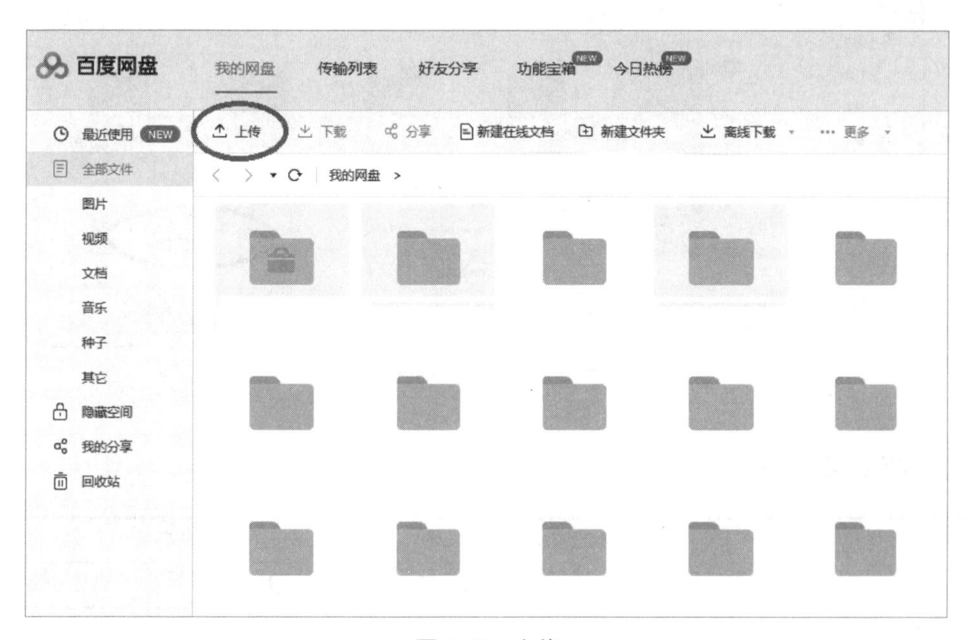

图 2-43　上传

（3）如需下载所上传的文件，单击“下载”，并选择下载地址即可，如图2-44和

图2-45所示。

图 2-44　下载

图 2-45　选择下载路径

实践练习评价

评价项目	自我评价		教师评价	
	小结	评分（5分）	点评	评分（5分）
使用云笔记				
百度网盘				

任务六　体验物联网

学习目标

- 了解物联网技术的发展。
- 了解典型的物联网系统并体验应用。
- 了解与物联网相关设备及功能，描述其工作原理。

理论知识

一、物联网的发展和应用

（一）物联网的定义

物联网是指射频识别（RFID）、红外感应器、全球定位系统、激光扫描器等信息传感设备，通过物联网域名，将任何物品与互联网相连接，进行信息交换和通信，以实现智能化识别、定位、跟踪、监控和管理的一种网络概念。物联网是一个基于互联网、传统电信网等信息载体，让所有能够被独立寻址的普通物理对象实现互联互通的网络，它具有普通对象设备化、自治终端互联化和服务智能化三个重要特征。物联网被称为信息社会的第三次浪潮，物联网技术将人类生存的物理世界网络化、信息化，将分离的物理世界和信息空间互联整合，代表了未来网络的发展方向，被称为未来社会经济发展、社会进步和科技创新的重要基础设施。

百度：物联网是指通过射频识别、红外感应器、全球定位系统、激光扫描器等信息传感设备，按约定的协议，把任何物品与互联网相连接，进行信息交换和通信，以实现对物品的智能化识别、定位、跟踪、监控和管理的一种网络。

教材：物联网是一个基于互联网、传统电信网等信息载体，让所有能被独立寻址的普通物理对象实现互联互通的网络。普通对象设备化，自治终端互联化和普通服务智能化是其三个重要特征。——刘云浩《物联网导论》

物联网的概念并没有达成共识的原因，一是物联网的理论体系尚未完全建立，对其认识还不够深入，还不能透过现象看出本质；二是由于物联网与互联网、移动通信网、传感网等都有密切关系，不同领域的研究者对物联网思考所基于的出发点和落脚点各异。

（二）物联网技术的发展

物联网所蕴含的物物相联的思想最早是由比尔·盖茨于1995年在《未来之路》一书中首次提及的，但是受限于当时传感器技术，网络接入技术发展并未成熟，在当时并未立即引起足够的重视。1998年，美国麻省理工学院（MIT）创造性地提出了当时被称作EPC系统的物联网构想。后来，EPC系统被称为物联网的雏形。1999年，在物品编码、RRID技术和互联网的基础上，美国Auto-ID中心首次提出了物联网这一概念。2005年国际电信联盟发布了《ITU互联网报告2005：物联网》。报告指出，无处不在的“物联网”通信时代即将来临，世界上所有的物体——从轮胎到牙刷，从房屋到纸巾——都可以通过互联网主动进行信息交换。射频识别技术、传感器技术、纳米技术、智能嵌入技术将得到更加广泛的应用。2009年奥巴马与美国工商业领袖举行了一次“圆桌会议”，会议上IBM首席执行官彭明盛首次提出“智慧地球”这一概念，建议新政府投资新一代的智慧型基础设施建设，奥巴马政府对此给予了积极的回应。2009年，时任国务院总理温家宝在无锡视察时发表了重要讲话，提出“感知中国”的战略构想，表示中国要抓住机遇，大力发展物联网技术。

全球范围内许多国家都非常重视物联网技术的发展。2009年，欧盟执委会发布了物联网行动方案，描绘了物联网技术的应用前景，并提出了要加强对物联网的管理，完善隐私和个人数据保护，提高物联网的可信度，建立开放式的创新环境，推广物联网应用等行动建议。

韩国通信委员会于2009年出台了《物联网基础设施构建基本规划》，该规划是在韩国政府之前的一系列相关计划基础上提出的，目标是要在已有的RFID/USN应用和实验网条件下构建世界先进的物联网基础设施、发展物联网服务、研发物联网技术、营造物联网推广环境。

2009年，日本政府IT战略本部制定了日本新一代的信息化战略《1-Japan战略2015》，该战略旨在让数字信息技术如同空气和水一般融入每一个角落，聚焦电子政务、医疗保健和教育人才三大核心领域，激活产业和地域的活性并培育新兴产业。

我国政府对物联网的研究和发展高度重视。2009年，温家宝总理向首都科技界发表了题为《让科技引领中国可持续发展》的讲话，指出要着力突破传感网、物联网等关键技术，大力发展物联网产业将成为今后我国具有国家战略意义的重要决策。

2008年适逢全球金融危机，在经济学中，有一个经济长波理论，其含义是说每一次的经济低谷必定会催生出某些新的技术，而这种技术一定是可以为绝大多数工业产业提供一种全新的使用价值，从而带动新一轮的消费增长和高额的产业投资，以推动新一轮经济周期的形成。

因此，当彭明盛提出“智慧地球”的构想时，得到了美国政府的积极响应，物联网技术成为推动下一轮经济增长的一个重要推手。

此外，在2008年前后各种传感器技术的成熟、网络接入方式的多样化以及信息处理能力的大幅提高，也为物联网技术的发展提供了必要的技术支撑。

18世纪中期，以蒸汽机为代表的第一次工业革命开创了以机器代替手工劳动的时代，引起了一场深刻的社会变革，使人类社会进入到机械化时代。19世纪后期，以电机为代表的第二次工业革命使人类进入了电气化时代。20世纪下半叶，以互联网计算机为代表的第三次工业革命席卷全球，人类进入信息化时代。

（三）物联网技术的应用

物联网可以广泛应用于经济社会发展的各个领域，引发和带动生产力、生产方式和生活方式的深刻变革，成为经济社会绿色、智能、可持续发展的关键基础和重要引擎。

物联网可应用于农业生产，管理和农产品加工，打造信息化农业产业链，从而实现农业的现代化。物联网工业应用可以持续提升工业控制能力与管理水平，实现柔性制造、绿色制造、智能制造和精益生产，推动工业转型升级。

尽管物联网应用前景广阔，我们还是应该清醒地认识到物联网的发展不是一蹴而就的，在这个过程中可能会经历很多挫折，走很多弯路，面临很多障碍和挑战，我们应该做好充分的思想准备。

二、射频识别技术

（一）射频识别技术的定义

射频识别技术（Radio Frequency Identification，RFID）是自动识别技术的一种，通过无线射频方式进行非接触双向数据通信，利用无线射频方式对记录媒体（电子标签或射频卡）进行读写，从而达到识别目标和数据交换的目的，其被认为是21世纪最具发展潜力的信息技术之一。

无线射频识别技术通过无线电波不接触快速信息交换和存储技术，通过无线通信结合数据访问技术，然后连接数据库系统，加以实现非接触式的双向通信，从而达到识别的目的，用于数据交换，串联起一个极其复杂的系统。在识别系统中，通过电磁波实现电子标签的读写与通信。根据通信距离，可分为近场和远场，为此读/写设备和电子标签之间的数据交换方式也对应地被分为负载调制和反向散射调制。

其原理为阅读器与标签之间进行非接触式的数据通信，达到识别目标的目的。RFID的应用非常广泛，典型应用有动物晶片、汽车晶片防盗器、门禁管制、停车场管制、生产线自动化、物料管理。

（二）RFID 的组成及分类

完整的RFID系统由读写器（Reader）、电子标签（Tag）和数据管理系统三部分组成。RFID依据其标签的供电方式可分为三类，即无源RFID、有源RFID与半有源RFID。

1. 无源 RFID

在三类RFID产品中，无源RFID出现时间最早，最成熟，其应用也最为广泛。在无源RFID中，电子标签通过接收射频识别阅读器传输来的微波信号，以及通过电磁感应线圈获取能量来对自身短暂供电，从而完成信息交换。因为省去了供电系统，所以无源RFID产品的体积可以达到厘米量级甚至更小，而且自身结构简单，成本低，故障率低，使用寿命较长。但作为代价，无源RFID的有效识别距离通常较短，一般用于近距离的接触式识别。无源RFID主要工作在较低频段125 kHz、13.56 MHz等，其典型应用包括公交卡、二代身份证、食堂餐卡等。

2. 有源 RFID

有源RFID兴起的时间不长，但已在各个领域，尤其是在高速公路电子不停车收费系统中发挥着不可或缺的作用。有源RFID通过外接电源供电，主动向射频识别阅读器发送信号。其体积相对较大。但也因此拥有了较长的传输距离与较高的传输速度。一个典型的有源RFID标签能在百米之外与射频识别阅读器建立联系，读取率可达1 700 read/s。有源RFID主要工作在900 MHz、2.45 GHz、5.8 GHz等较高频段，且具有可以同时识别多个标签的功能。有源RFID的远距性、高效性，使得它在一些需要高性能、大范围的射频识别应用场合里必不可少。

3. 半有源RFID

无源RFID自身不供电，但有效识别距离太短。有源RFID识别距离足够长，但需外接电源，体积较大。而半有源RFID就是为解决这一矛盾而产生的。半有源RFID又称低频激活触发技术。通常情况下，半有源RFID产品处于休眠状态，仅对标签中保持数据的部分进行供电，因此耗电量较小，可维持较长时间。当标签进入射频识别阅读器识别范围后，阅读器先以125 kHz低频信号在小范围内精确激活标签使之进入工作状态，再通过2.4 GHz微波与其进行信息传递。也就是说，先利用低频信号精确定位，再利用高频信号快速传输数据。其通常应用场景为：在一个高频信号所能所覆盖的大范围中，在不同位置安置多个低频阅读器用于激活半有源RFID产品。这样既完成了定位，又实现了信息的采集与传递。

（三）RFID的特性

通常来说，射频识别技术具有如下特性：

（1）适用性：RFID技术依靠电磁波，并不需要连接双方的物理接触。这使得它能够无视尘、雾、塑料、纸张、木材以及各种障碍物建立连接，直接完成通信。

（2）高效性：RFID系统的读写速度极快，一次典型的RFID传输过程通常不到100 ms。高频段的RFID阅读器甚至可以同时识别、读取多个标签的内容，极大地提高了信息传输效率。

（3）独一性：每个RFID标签都是独一无二的，通过RFID标签与产品的一一对应关系，可以清楚地跟踪每一件产品的后续流通情况。

（4）简易性：RFID标签结构简单，识别速率高、所需读取设备简单。尤其是随着NFC技术在智能手机上逐渐普及，每个用户的手机都将成为最简单的RFID阅读器。

三、传感器

（一）传感器的定义及特点

国家标准GB/T 7665—2005对传感器下的定义是：“能感受规定的被测量并按照一定的规律（数学函数法则）转换成可用信号的器件或装置，通常由敏感元件和转换元件组成。”中国物联网校企联盟认为：“传感器的存在和发展，让物体有了触觉、味觉和嗅觉等感官，让物体慢慢变得活了起来。”传感器在新韦式大词典中定义为：“从一个系统接收功率，通常以另一种形式将功率送到第二个系统中的器件。”

传感器是一种检测装置，能感受到被测量的信息，并能将感受到的信息按一定规律变换成为电信号或其他所需形式的信息输出，以满足信息的传输、处理、存储、显示、记录和控制等要求。

传感器的特点包括微型化、数字化、智能化、多功能化、系统化、网络化。它是实现自动检测和自动控制的首要环节。

（二）传感器的组成

传感器一般由敏感元件、转换元件、变换电路和辅助电源4部分组成，如图2-46所示。

敏感元件直接感受被测量，并输出与被测量有确定关系的物理量信号；转换元件将敏感元件输出的物理量信号转换为电信号；变换电路负责对转换元件输出的电信号进行放大调制；转换元件和变换电路一般还需要辅助电源供电。

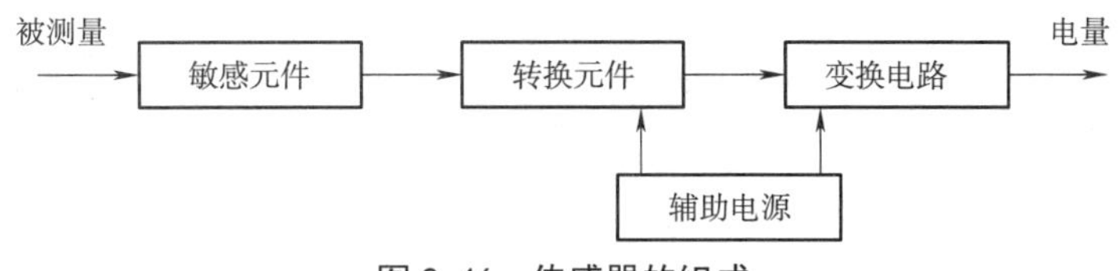

图 2-46　传感器的组成

（三）传感器的分类

传感器的分类详细介绍如下：

（1）按用途：力敏传感器、位置传感器、液位传感器、能耗传感器、速度传感器、加速度传感器、射线辐射传感器、热敏传感器。

（2）按原理：振动传感器、湿敏传感器、磁敏传感器、气敏传感器、真空度传感器、生物传感器等。

（3）按输出信号：模拟传感器，将被测量的非电学量转换成模拟电信号；数字传感器，将被测量的非电学量转换成数字输出信号（包括直接和间接转换）；开关传感器，当一个被测量的信号达到某个特定的阈值时，传感器相应地输出一个设定的低电平或高电平信号。

知识加油站

传感器的使用在日常生活中非常普遍，如火灾自动报警系统、声控灯等。

在火灾自动报警系统中，自动或手动产生火灾报警信号的器件称为触发器件，主要包括火灾探测器和手动火灾报警按钮。火灾探测器是能对火灾参数（如烟、温度、火焰辐射、气体浓度等）响应，并自动产生火灾报警信号的器件。手动火灾报警按钮是手动方式产生火灾报警信号、启动火灾自动报警系统的器件。其中火灾探测器就是传感器。

火灾发生时，安装在保护区域现场的火灾探测器，将火灾产生的烟雾、热量和光辐射等火灾特征参数转变为电信号，经数据处理后，将火灾特征参数信息传输至火灾报警控制器；或直接由火灾探测器做出火灾报警判断，将报警信息传输到火灾报警控制器。火灾报警控制器在接收到探测器的火灾特征参数信息或报警信息后，经报警确认判断，显示报警探测器的部位，记录探测器火灾报警的时间。

声控灯是一种声控电子照明装置，由音频放大器、选频电路、延时开启电路和可控硅电路组成。它操作简便、灵活、抗干扰能力强，控制灵敏，采用人嘴发出约1 s的控制信号声，即可方便及时地打开和关闭声控照明装置，并有防误触发而具有的自动延时关闭功能；部分声控灯设有手动开关，使其应用更加方便。声控灯由话筒、音频放大器、选频电路、倍压整流电路、鉴幅电路、恒压源电路、延时开启电路、可控延时开关电路、可控硅电路组成。

实践练习

制作“物联网的事例”PPT

内容描述

请找出生活中物联网的事例，并制作PPT讲述其工作原理。

实践练习评价

评价项目	自我评价		教师评价	
	小结	评分（5分）	点评	评分（5分）
物联网事例				
PPT 制作				

项目小结

本项目我们一起了解了网络技术的发展，综合掌握在生产、生活和学习情境中网络的应用技巧；理解并遵守网络行为规范，树立正确的网络行为意识；能合法使用网络信息资源，会有效地保护个人及他人信息隐私；会综合运用数字资源和工具辅助学习。

在模拟或真实的网络应用环境中，感受网络给生产、生活带来的影响，了解网络技术原理，认识网络环境的优势与不足，加深对网络文化和规范的理解，培养正确的网络行为习惯。使用桌面和移动终端等平台中的相关网络工具，从网络中检索和获取有价值的信息资源，会通过电子邮件收发、即时通信、传送信息资源和网络远程操作等方式进行网络交流，会使用云笔记、云存储等网络工具进行多终端资料上传、下载、信息同步和资料的分享，掌握网络购物、网络支付等互联网生活情境中不同终端及平台下网络工具的运用技能，会编辑、加工和发布个人网络信息，能借助网络工具多人协作完成任务。体验物联网应用效果，了解网络基础环境、传感器、RFID标签、应用系统及平台等物联网部件的功能，初步了解物联网的常见设备及软件配置。

练习与思考题

一、简答题

1. 网络的定义和特征是什么？
2. 开放系统互连（Open System Interconnection，OSI参考模型分为哪几层？
3. 简述IP地址的定义和分类。
4. 常见的网络设备有哪些？
5. 无线局域网的优缺点是什么？
6. 有哪些常用的搜索引擎？

二、操作题

使用云笔记将搜索到的物联网目前使用内容和未来发展方向信息进行整合，以邮件形式发送给教师。

项目三　图文编辑

项目综述

通过学习，能够综合选用文本处理、电子表格、图形绘制等不同平台和类型的图文编辑软件，根据业务要求进行文、表、图等编辑排版。

任务一　操作图文编辑软件

学习目标

- 了解常用图文编辑软件及工具的功能特点并能根据业务需求综合选用。
- 会使用不同功能的图文编辑软件创建、编辑、保存和打印文档，会进行文档的类型的转换与文档合并。
- 会查询、校对、修订和批注文档信息。
- 会对文档进行信息加密和保护。

理论知识

一、图文编辑软件及工具

随着计算机文字处理和多媒体技术的发展，特别是超文本和超媒体概念的引入，使得文本处理从单一的无格式文本迅速发展到格式文本和超文本阶段。由于超文本的非线性及超媒体的综合性，使得各种独立的多媒体信息（如文字、图片、声音、视频、动画、超文本文件等）都可以按照网状架构组织成可交互操作的超媒体，形成全方位的综合媒体交互系统。

为了适应不同类型的文本信息处理需求，市面上不断出现新的文本信息处理工具软件。根据文本信息处理应用目的的不同，目前的文本信息处理工具软件分为三类：

- 无格式文本编辑工具：其主要完成文字输入和内容编辑功能。
- 格式文本编辑工具：除了完成文本输入和内容编辑功能外，还增加了对文本内容的格式、风格、版面及其他非文本内容（表格、图片、公式等）的处理。

● 超文本编辑工具：在前两种处理功能的基础上，采用不同版本的超文本标记语言来描述超文本的各种属性和非线性结构。

1. Word 字处理软件

Word字处理软件是Microsoft公司开发的办公套件Microsoft Office中的一个专门用来进行文字处理的软件产品，它具有良好易用的用户界面、操作简单直观、文字处理功能强大等特点，其主要功能如下：

（1）内容编辑。键盘和鼠标结合起来就可以方便地实施修改、插入、删除、复制等操作。

（2）图文编排。Word具有强大的图形处理能力。在Word文档中可设置链接或插入各种图片、图形、图表或艺术字等对象，从而实现图文混排，获得图文并茂的效果。

（3）排版功能。Word提供了丰富的字体、字号、字样、颜色、艺术字处理功能以及灵活、规范、可选的版面格式定义和不同风格的排版形式，可以快速设置字符格式与文本段落格式；可以插入页眉或页脚等对象；可以选定用来打印文档纸张的大小；可以指定打印纸的上、下、左、右页边距的尺寸。此外，Word还会根据纸张的大小及页边距来自动调整文本的位置，把文档组织排版成报纸风格的外观，以满足各种版面的印刷要求。Word真正实现了“所见即所得”的功能，提高了排版工作的效率。

（4）表格功能。Word对表格的处理独具一格，与其他文字处理软件的表格功能相比更显得灵活机动。Word提供了不同种类的表格模式，可以根据数据的宽度自动调节表格的列宽，对数据进行汇总计算及逻辑处理。

（5）特殊功能。Word增设了许多新功能，主要有数据公式编辑、文件格式转换、打印预览、电子邮件预处理、链接Internet进行网页浏览及制作Web页功能等。

2. InDesign

InDesign是Adobe公司开发的专业排版领域的设计软件，是一个高效、规范、易用的排版设计工具，具有优越的性能。其主要特点如下：

（1）博众家之长，从多种桌面排版技术汲取精华，为杂志、书籍、广告等灵活多变、复杂的设计工作提供了一系列完善的排版功能，同时具有许多其他排版软件所不具备的特性。例如，光学边缘对齐、分层主页面、可扩展的多页支持、缩放可以从5%到4 000%等。

（2）整合了多种关键技术，包括现在所有Adobe专业软件拥有的图像、字形、印刷、色彩管理技术。通过这些程序，Adobe提供了工业上首个实现屏幕和打印一致的功能。此外，它包含了对Adobe PDF的支持。

（3）充分考虑了设计制作人员创意才华的展示，给使用者带来了全新的体验。

3. 方正飞腾创艺

方正飞腾创艺是北京北大方正电子有限公司研发的一款集图像、文字和表格于一体的综合性排版软件，它以强大的图形图像处理能力、人性化的操作模式、顶级中文处理能力和表格处理能力，能出色地表现版面设计思想，适于报纸、杂志、图书、宣传册和广告插页等各类出版物。

除此之外，还有CorelDRAW、Illustrator软件的排版功能，135编辑器、秀米、Canva等图文排版软件，都可以根据用户的需求排出精美的版面。本项目主要讲授利用Word进行图文编辑的方法，在拓展模块中会讲到InDesign的使用方法。

二、新建文档

启动Word 2016。安装好Office 2016软件后，选择“开始”→“所有程序”→“Word 2016”，启动Word程序。

Word 2016新建文档有很多种方法，此处介绍新建空白文档的方法。启动Word 2016应用程序后，系统会弹出图3-1所示窗口，选择“空白文档”选项，新建一个名称为“文档1”的空白文档。除此之外，还可以使用以下三种方法新建空白文档。

方法一：单击“快速访问工具栏”中的“快速新建空白文档”按钮，即可新建一个空白文档，如图3-2所示。

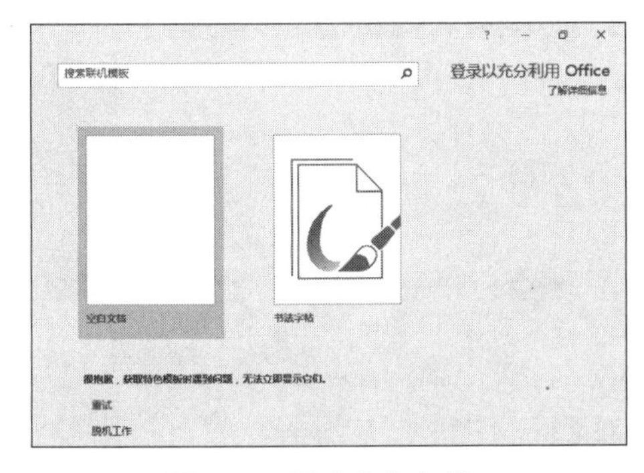

图 3-1　新建空白文档

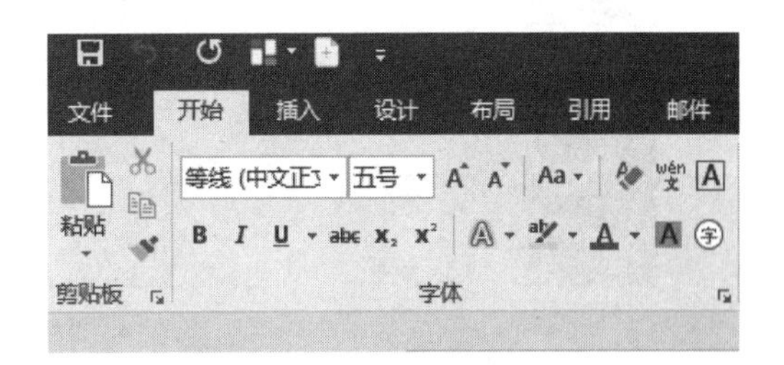

图 3-2　快速新建空白文档

方法二：选择“文件”→“新建”命令，弹出“新建”界面。在该界面中选择“空白文档”选项即可，如图3-3所示。

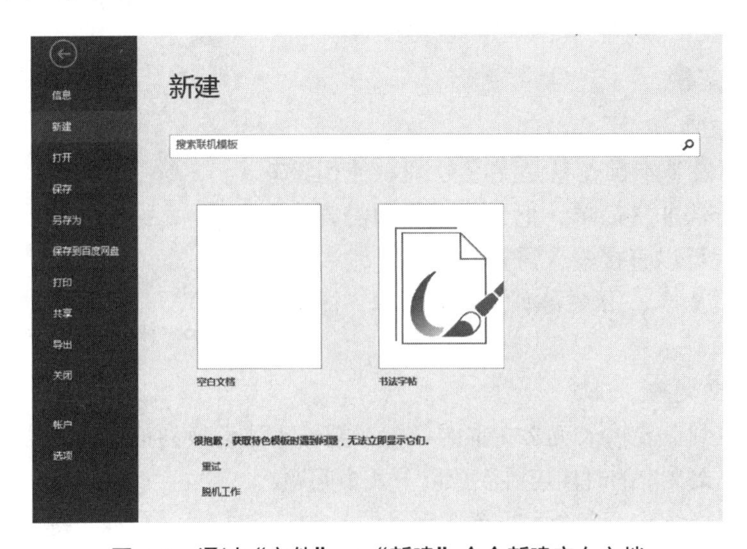

图 3-3　通过“文件”→“新建”命令新建空白文档

方法三：按【Ctrl+N】组合键即可快速创建新的空白文档。

三、打开文档

要打开一个Word文档，通常是通过双击该文档图标打开。除此之外，还有以下方法可以打开文档。

方法一：打开文档所在的文件夹，在文档的图标上双击即可。

方法二：选择“文件”→“打开”→“最近”命令，可以打开最近编辑过文档；选择“文件”→“打开”→“浏览”命令，可在弹出的“打开”对话框选择目标文件，单击“打开”按钮即可，如图3-4所示。

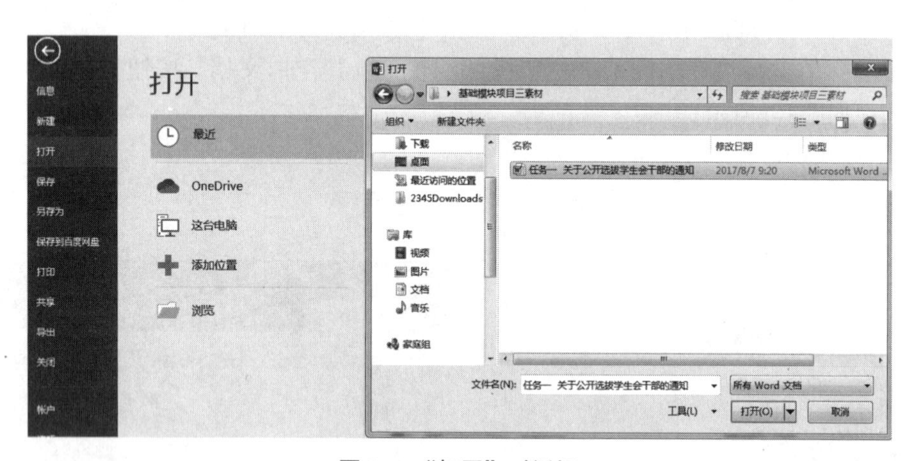

图 3-4 “打开”对话框

方法三：单击“快速访问工具栏”中的“打开”命令，如图3-5所示。

方法四：按【Ctrl+O】组合键，弹出“打开”界面，打开“浏览”→“打开”对话框，选择目标文件。

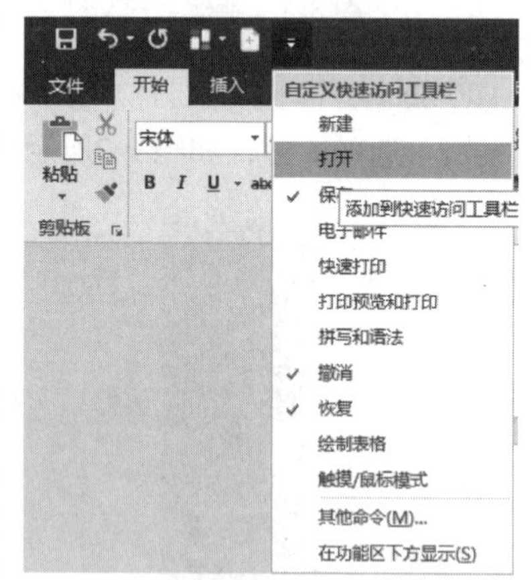

图 3-5 快速访问工具栏中的“打开”按钮

四、编辑文档

（一）录入文本

Word 2016最基本操作就是文字处理。使用该软件输入文本的方法非常简单，把光标定位到需要输入文本的位置，就可以直接输入需要的文本。输入的文本类型包括英文文本、中文文本、数字文本、标点符号等。

1. 输入英文文本

将光标定位到需要输入英文文本的位置，把输入法切换到英文输入法状态下进行输入即可。输入英文文本的时候需要注意以下几个问题：

（1）当需要连续输入多个大写英文字母的时候，按【Caps Lock】键就可以切换到大写字母输入状态（Caps Lock指示灯亮），当再次按该键后切换回小写字母输入状态（Caps Lock指示灯灭）。

（2）当需要输入单个大写字母时，按住【Shift】键的同时按下相应的字母键就可以输入大写字母。

（3）按【Enter】键光标自动切换到下一行的行首。

（4）按【Space】（空格）键会在插入点的左侧插入一个空格。

2. 输入中文文本

将光标定位在需要插入中文文本的位置，将输入法切换到中文输入法状态即可输入中文文本。系统一般会自带一些基本常用的输入法，如微软拼音、智能ABC等，目前流行的输入法有搜狗拼音输入法、百度拼音输入法、QQ拼音输入法等。

*** 提示 ***

按住【Shift】键，可让输入法在中文和英文之间切换；按【Shift+F3】、【Ctrl+Shift+A】或【Ctrl+Shift+K】组合键，可切换英文大小写。

3. 输入数字文本

数字文本分为西文半角、西文全角、中文小写、中文大写、罗马数字等多种。将光标定位在需要插入数字文本的位置，在键盘上敲击数字键即可输入相应数字文本。

4. 输入标点符号

标点符号分为英文标点符号和中文标点符号两种。将光标定位在需要插入标点符号的位置，在键盘上敲击符号键即可输入相应标点符号。

英文标点符号：了解英文标点符号用法，对于更好地完成英文打字，提高工作效率有很大的关系。

中文标点符号：分为点号和标号两类。点号的作用是点断，表示语句的停顿或语气。标号的作用主要用于字、词、句、符号等的性质和作用。

*** 提示 ***

如果想要切换中英文标点，可以按【Ctrl++】组合键，也可以用鼠标单击输入法的标注位置。

（二）选取文本

Word 2016中录入文本后，就可以对文本进行编辑。对文本进行编辑操作，首先需要选取要进行编辑的文本。选取文本的方式有很多种，包括选取单个字、词，选取连续或不连续的多个文本，快速选取一行文本或多行文本，选择段落文本或整篇文章等。

选取单个字、词：将光标移到所要选择的字双击，可以立即选择该单字；在词语位置处双击，可以快速选择该词语。

选取连续或不连续的多个文本：将光标定位在起始位置上，并按住鼠标左键进行拖动，一直到目标选择位置完成后放开鼠标左键，即可选择连续的多个文本。按住【Ctrl】

键再用同样的方法去选择其他文本，就可同时选择多个不连续的文本。

快速选取一行或多行文本：将光标定位到选定行的左侧空白处，当光标变成↗形状时单击即可选取该行文本。当光标变成↗形状时，按住鼠标左键向下拖动，可选择连续的多行文本。

选取段落文本或整篇文章：将光标定位在要选取的段落中，连续三下快速单击，或在段落左侧空白处双击，都可以快速选择一个段落。将光标移动至文档左侧空白处，当光标变成↗形状的时候连续三下快速单击，或者按【Ctrl+A】组合键都可以选中整篇文档。

（三）复制文本

编辑文档的时候，经常会遇到需要输入相同文本内容的时候，我们可以对该文本进行复制、粘贴等操作来提高工作效率。

复制文本是指将原文本移动到其他位置，而原位置的文档保留不变。复制文本的方法有以下几种：

方法一：选取需要复制的文本，在“开始”选项卡中的“剪贴板”组中单击“复制”按钮，将光标移动到需要该文本的目标位置，单击“粘贴”按钮即可。

方法二：选取需要复制的文本，按【Ctrl+C】组合键，然后将光标移动到需要该文本的目标位置，再按【Ctrl+V】组合键就可以完成复制粘贴的操作。

方法三：选取需要复制的文本，右击，在弹出的快捷菜单中选择“复制”命令，然后将光标移动到需要该文本的目标位置，再次右击，在弹出的快捷菜单中选择“粘贴”命令。

方法四：选取需要复制的文本，按住鼠标右键拖动该文本到需要该文本的目标位置，释放鼠标右键会弹出快捷菜单，在其中选择“复制到此位置”命令即完成操作。

方法五：选取需要复制的文本，按住【Ctrl】键的同时按住鼠标左键进行拖动，拖动该文本到目标位置后释放鼠标左键，即可看到所选取的文本已经复制到了目标位置。

（四）移动文本

移动文本是指将当前位置的文本移动到其他目标位置，当移动文本后，原位置的文本将不再存在。移动文本的方法如下：

方法一：选取需要移动的文本，在“开始”选项卡中的“剪贴板”组中单击“剪切”按钮，将光标移动到目标位置后单击“开始”选项卡中的“剪贴板”组中的“粘贴”按钮，就可以完成移动文本的操作。

方法二：选取需要移动的文本，按【Ctrl+X】组合键，然后将光标移动到需要该文本的目标位置处，再按【Ctrl+V】组合键即可完成移动操作。

方法三：选取需要移动的文本，右击，在弹出的快捷菜单中选择“剪切”命令，然后将光标移动到需要该文本的目标位置处，再次右击，在弹出的快捷菜单中选择“粘贴”命令。

方法四：选取需要移动的文本，按住鼠标右键拖动文本至需要该文本的目标位置处，释放鼠标右键会弹出快捷菜单，选择“移动到此位置”命令即可。

方法五：选取需要移动的文本，按住鼠标左键，当光标变为拖动形状的时候拖动该文本到目标位置，之后释放鼠标左键就可以将选取的文本移动到目标位置。

（五）删除文本

删除文本是指当发现输入的内容不再需要的时候，可以对多余或者错误的文本进行删除操作。删除文本的方法主要如下：

逐一删除文本：将光标定位在需要删除字符的位置，按【Backspace】键，将删除光标左侧的字符；如果按【Delete】键，将删除光标右侧的字符。

删除选择的多个文本可以使用以下方法：

方法一：选取需要删除的所有内容，按【Backspace】键或者【Delete】键即可删除所选取的文本。

方法二：选取需要删除的文本，在“开始”选项卡“剪贴板”组中单击“剪切”按钮，就可以删除所选取的文本。

方法三：选取需要删除的文本，按【Ctrl+X】组合键即可删除所选取的文本。

五、保存文档

保存文档包括保存新建文档、保存已有文档、将现有文档另存为其他格式的文档。为防止计算机发生断电、死机、系统自动关闭等特殊情况造成文档内容丢失，在编辑文档的过程中，应及时保存对文档内容所做的更改。

1. 保存新建文档

新建和编辑一个文档后，需要执行保存操作，下次才能打开或继续编辑该文档。具体操作方法如下：

方法一：单击快速访问工具栏中的“保存”按钮。

方法二：按【Ctrl+S】组合键快速保存文档。

方法三：单击“文件”选项卡，在展开的列表中选择“保存”选项；在“保存”对话框中输入文件名，并选择保存类型和保存位置，即可保存新建文档。

2. 保存已有文档

对已经保存过的文档进行编辑之后，可以通过以下方法保存：

方法一：单击快速访问工具栏中的“保存”按钮。

方法二：按【Ctrl+S】组合键快速保存文档。

方法三：单击“文件”选项卡，在展开的列表中选择“保存”选项，即可按照原有的路径、名称以及格式进行保存。

3. 另存为其他文档

对打开的文档进行编辑后，如果想将文档保存为其他名称或其他类型的文件，可以对文档进行“另存为”操作。单击“文件”选项卡，在展开的列表中选择“另存为”命令，在“另存为”对话框中输入文件名，并选择保存类型和保存位置，即可另存文档。

六、关闭文档

当完成文档的编辑操作并且保存后，为保证文档的安全可以将文档关闭。关闭文档的常用方法有4种：

方法一：单击“文件”选项卡，在展开的列表中选择“关闭”命令即可关闭当前文档。

方法二：单击标题栏右侧的“关闭”按钮×，也可以关闭当前文档。

方法三：在文档标题栏中右击，在弹出的快捷菜单中选择“关闭”命令即可关闭当前文档。

方法四：按【Ctrl+F4】组合键或【Alt+F4】组合键同样可以关闭当前文档。

七、打印文档

文档编辑完成，便可以将其打印出来。为防止出错，一般在打印文档之前，都会先预览打印效果，以便及时改正错误。

（1）单击“文件”选项卡，在展开的列表中选择“打印”命令，右侧可查看打印预览状态，可查看文档总页数和当前页数，可调整“显示比例”，调整文档的比例大小。

（2）如果要打印当前页或指定页，或要设置其他打印选项，可在“设置”中选择或设置打印的范围，在“份数”中设置打印份数（默认为打印一份），在“打印机”下拉列表框中选择需要的打印机，然后单击“打印”按钮，即可按照设置打印文档，如图3-6所示。

八、合并文档

在文档中单击，将插入点光标定位到需要合并文档的位置，在“插入”选项卡的“对象”下拉菜单中，选择“文件中的文字”命令，如图3-7所示。弹出“插入文件”对话框后，选择需要插入的文件，单击“插入”按钮，完成文档的合并。

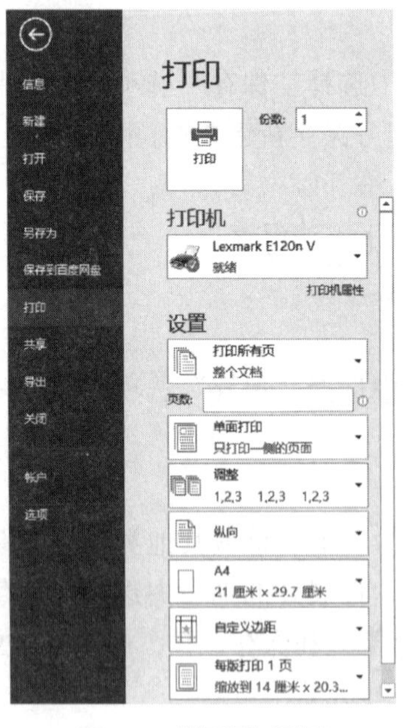

图 3-6 “打印”界面

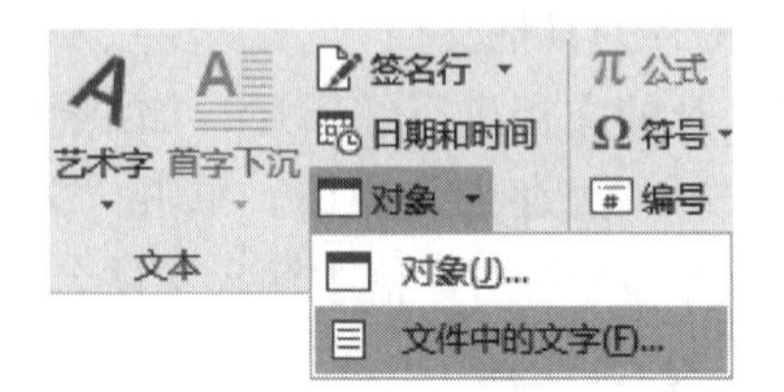

图 3-7 合并文档

九、查询文档

有时需要将编辑好的文档中的一些内容替换为其他内容，如果文档特别长，在里面逐一进行查找和修改会浪费大量的时间，并且还不容易替换完全。Word提供的文本查找与替换功能可以方便快捷地完成此项操作，从而节省大量的时间。

查找文本：在“开始”选项卡的“编辑”组中单击“查找”按钮（也可按【Ctrl+F】组合键），弹出查找导航，导航分为标题、页面和结果三部分内容，选择“结果”，在“导航”下输入需要查找的内容，即可查找出文档中对应的内容。

替换文本：替换与查找不同之处在于替换在完成查找的基础上还要用新的文本去替换查找出来的原有文本。准确地说，在查找到文档中的指定内容后，才可以对指定的内容进行统一的替换。在“开始”选项卡的“编辑”组中单击“替换”按钮，弹出“查找和替换”的“替换”对话框（按【Ctrl+H】组合键同样可以打开此对话框）。在“替换”选项卡下的“查找内容”文本框中输入需要查找的内容，在“替换为”文本框中输入需要替换为的内容，单击“替换”按钮，即可对查找到的内容进行替换，并自动选择到下一处查找到的内容。

也可以选择文档中需要查找的区域，再单击“全部替换”按钮。此时将弹出Microsoft Office Word对话框，显示已经完成的所选内容的搜索以及替换的数目，提示用户是否搜索文档的其余部分。单击“是”按钮会继续对文档的其余部分进行查找和替换操作；单击“否”按钮会看到所选择内容的查找内容已经全部被替换，没选择的部分没有进行替换。

十、校对文档

1. 检查文档拼写和语法

在Word 2016中，用户可以很方便地对文档进行校对，从而提升文档的准确性。

Microsoft Office 2016附带含标准语法和拼写的词典，但这些语法和拼写并不全面。在文档中如果出现红色波浪下画线，代表Word检查出单词的拼写有可能错误；如果出现蓝色波浪下画线，代表Word检查出文本语法有可能错误。此时，用户可通过Word 2016的“拼写检查”任务窗格来对文档的内容进行拼写和语法的检查。将光标定位在文档需要检查拼写和语法的位置，切换至“审阅”选项卡，单击“拼写和语法”按钮，如图3-8所示。弹出“拼写检查”任务窗格，此时单击窗格中的“忽略”按钮，如图3-9所示。

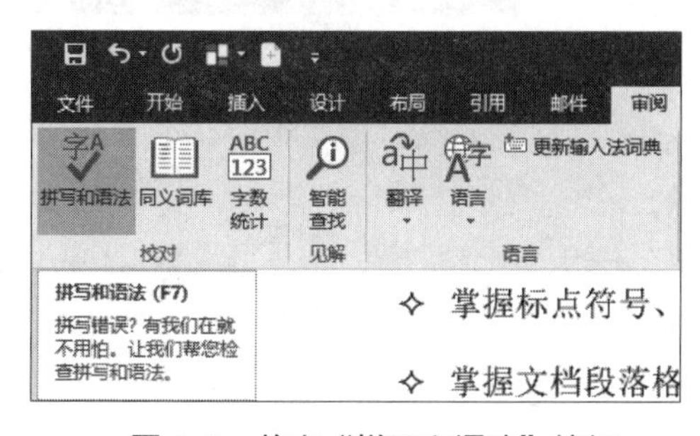

图 3-8　单击“拼写和语法”按钮

按【Ctrl+N】组合键

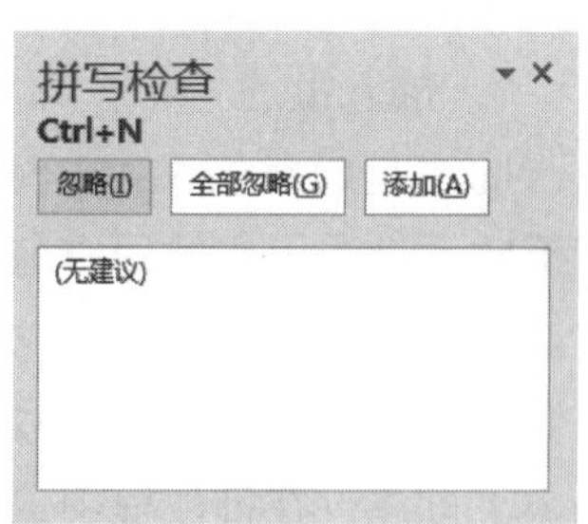

图 3-9　忽略错误提示

“拼写检查”任务窗格中将显示Word文档中下一处有可能拼写错误的文本，直接单击“忽略”按钮，继续按照同样的方法检查文档中的拼写和语法，当完成后会弹出“拼写和语法检查完成，可以继续操作”的提示框，单击“确定”按钮即可。经过操作后，文档中所有标有红色和蓝色下画线的文本都被检查，下画线也取消了。

2. 统计文档字数

在文档中输入内容时，Word将自动统计文档中的页数和字数，并将其显示在工作区底部的状态栏上。如果在状态栏中看不到字数统计，或者想详细查看统计内容，可以切换至“审阅”选项卡，单击“字数统计”按钮，如图3-10所示，弹出“字数统计”对话框，此时在“统计信息”组中显示页数、字数、字符数、段落数等信息，如图3-11所示，单击“关闭”按钮。

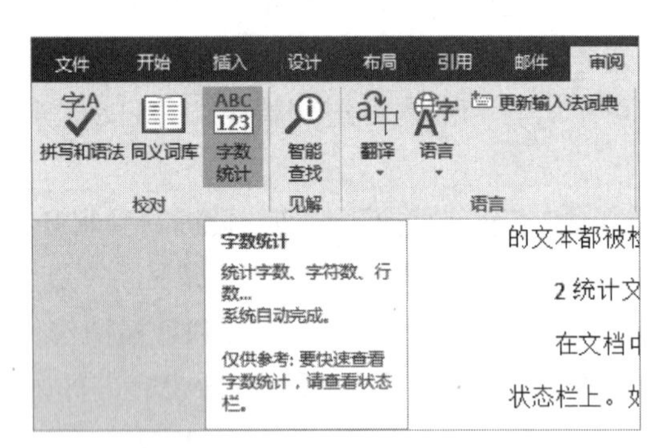

图 3-10　单击“字数统计”按钮

图 3-11　显示统计信息

3. 对文档进行简繁转换

除了前面的操作外，用户还可以在“中文简繁转换”组中对整篇文档进行繁体和简体之间的转换。切换至“审阅”选项卡，在“中文简繁转换”选项组中单击“简转繁”按钮，文档中的文本从简体转换成繁体。

十一、批注文档

批注是审阅者添加到独立的批注窗口中的文档注释或者注解，当审阅者只是评论文档，而不直接修改文档时要插入批注，因为批注并不影响文档的内容。

1. 插入批注

批注是隐藏的文字，Word会为每个批注自动赋予插入批注用户的用户名。选择需要插入批注的文本，切换至“审阅”选项卡，单击“新建批注”按钮，如图3-12所示，经过操作后，所选的文本被插入了批注，在批注框中输入需要的注释内容，如图3-13所示。

图 3-12　单击“新建批注”按钮

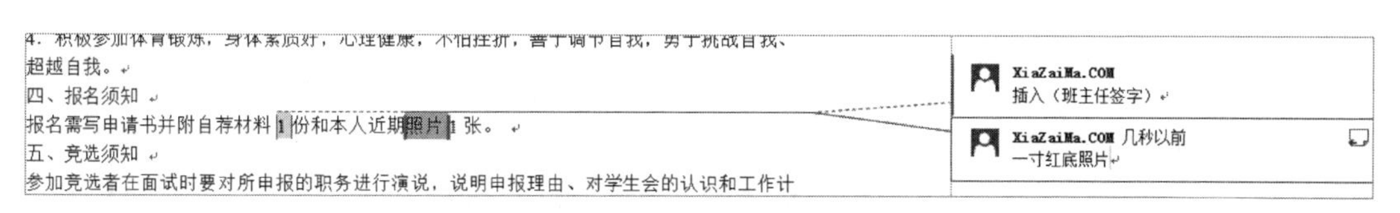

图 3-13　输入批注内容

按照同样方法，用户可以继续插入新的批注，并输入需要的注释内容。

提示

若需删除已经在文档中插入的批注，用户只需在该批注上右击，然后在弹出的快捷菜单中选择“删除批注”命令即可。

2. 查看与答复批注

在Word 2016中，审阅窗格可以帮助用户查看与快速定位文档中的批注。如果要快速定位并查看批注，用户只需在审阅窗格中单击相应批注文字即可。在查看批注后，用户还可以对插入的批注进行答复。

切换至“审阅”选项卡，单击“修订”组中的“审阅窗格”按钮，然后单击“垂直审阅窗格”选项，如图3-14所示，此时弹出“修订”任务窗格，查看具体批注，如图3-15所示。

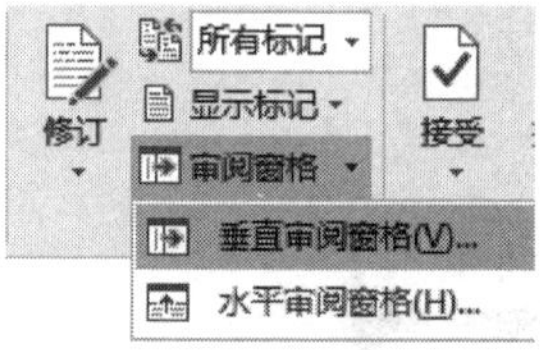

图 3-14　单击“垂直审阅窗格”选项

图 3-15　查看具体批注

单击要查看的具体批注，页面将自动跳转到该批注上，若用户需答复批注，则单击“答复”按钮，如图3-16所示，接着用户只需在批注中输入要答复的文字即可，如图3-17和图3-18所示。

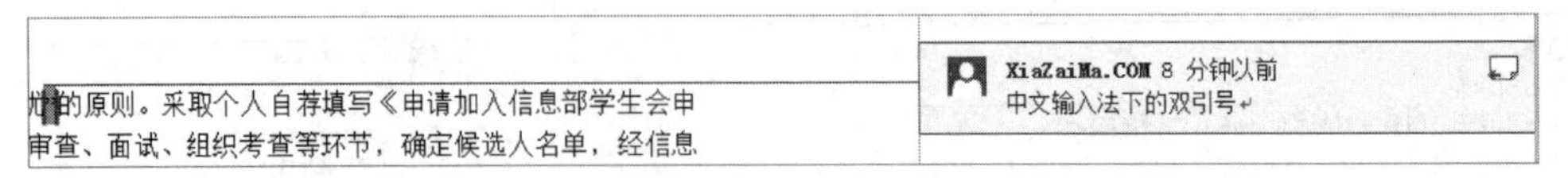

图 3-16　单击“答复”按钮

图 3-17　答复批注

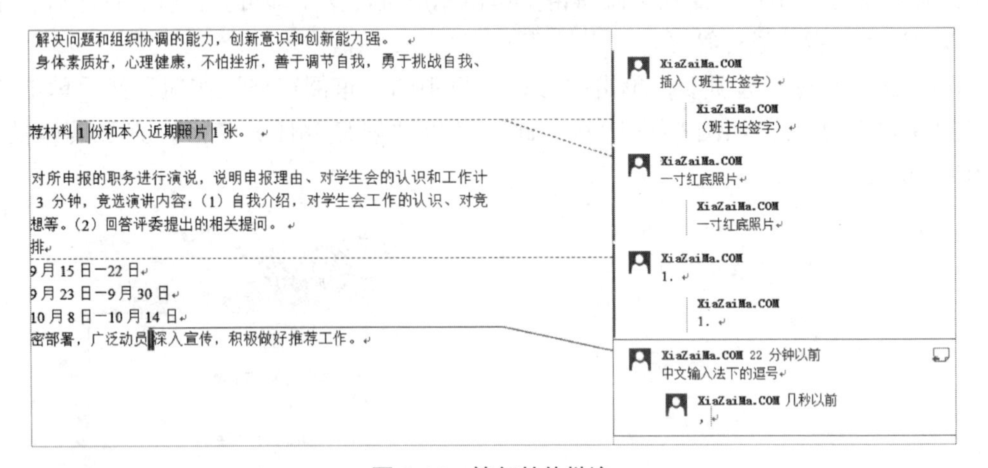

图 3-18　答复其他批注

若想要直接在“修订”任务窗格中答复批注，只需右击需要答复的批注，在弹出的快捷菜单中选择“答复批注”命令，然后直接在该批注下输入答复内容即可，如图3-19所示。

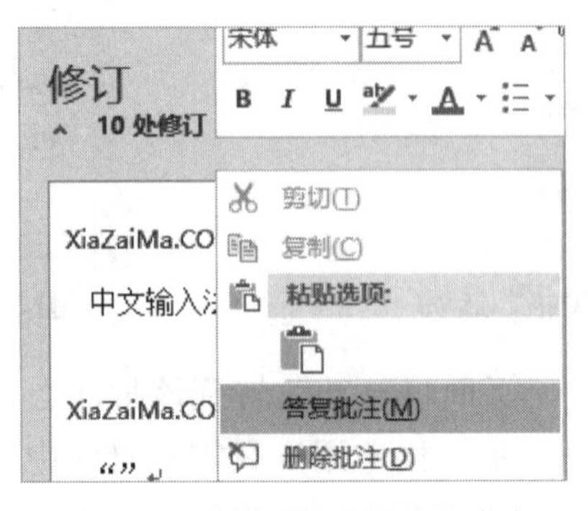

图 3-19　选择“答复批注”命令

十二、修订文档

在Word中修订是指显示文档中所做的诸如删除、插入或其他编辑更改的位置的标记。

1. 对文档进行修订

用户可以直接对文档中的内容进行修订操作，每一步更改都会记录并显示出来。切换至“审阅”选项卡，单击“修订”按钮，如图3-20所示，文档进入修订状态。当用户在文档中进行编辑时，系统会自动对修改位置进行标记，如图3-21所示，同时会在修订的左侧显示修订行。用户可以按照同样的方法对文档的其他内容进行修订。

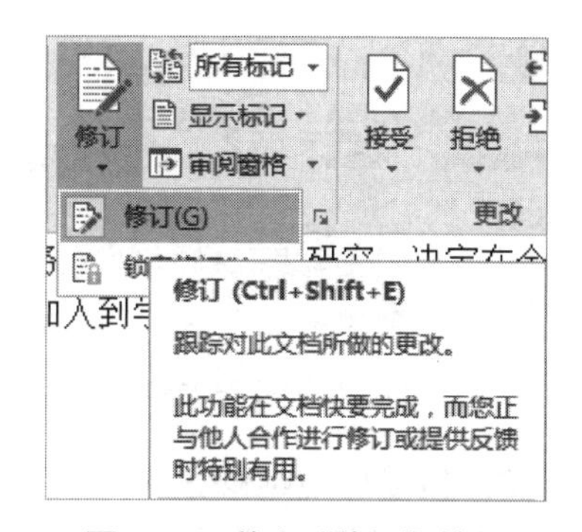

图 3-20　单击“修订”按钮

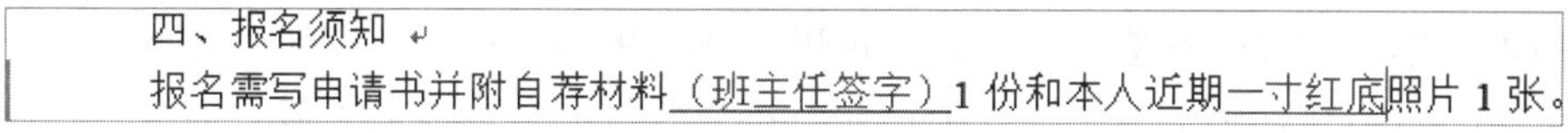

四、报名须知

报名需写申请书并附自荐材料（班主任签字）1 份和本人近期一寸红底照片 1 张。

图 3-21　修订文本

*** 提示 ***

可以在“修订”组中单击右下角的“修订选项”，弹出“修订选项”对话框，单击“更改用户名”按钮，弹出“Word选项”对话框，切换至“常规”选项卡，即可在此重新设置用户名。

2. 更改修订选项

Word 2016为用户提供了默认的修订格式，用户可以在“高级修订选项”对话框中对相关内容进行更改，如标记、移动，还可以更改表单元格突出显示、格式、批注框等。

选择“审阅”选项卡，在“修订”组中单击右下角的“修订选项”，如图3-22所示，弹出“修订选项”对话框，单击“高级选项”按钮，如图3-23所示。

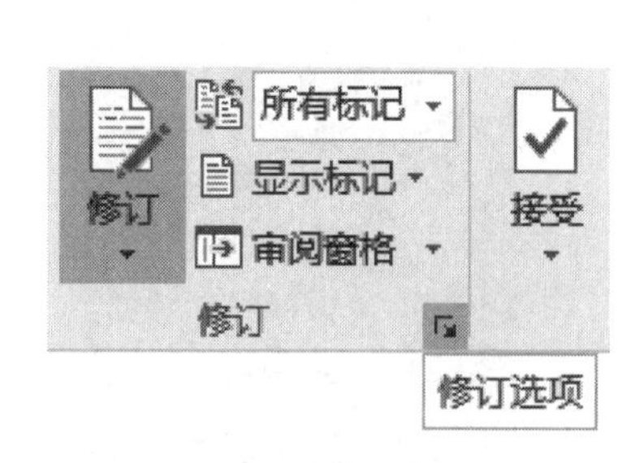

图 3-22　修订选项

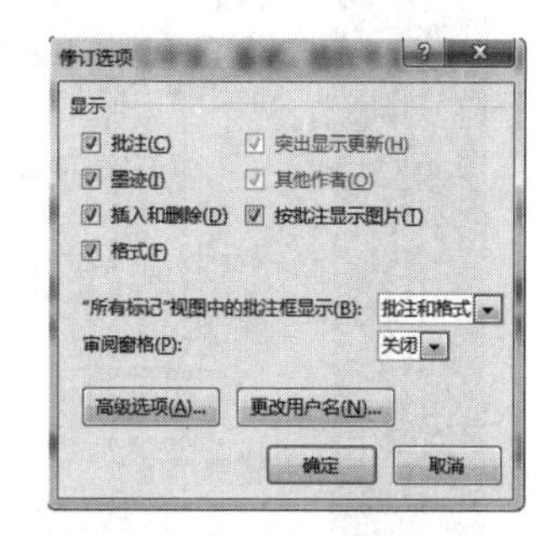

图 3-23　单击“高级选项”按钮

弹出“高级修订选项”对话框，设置“插入内容”为“双下画线”，“删除内容”为“双删除线”，“修订行”为“外侧框线”，再分别设置“插入内容”的颜色为“蓝色”，“删除内容”的颜色为“青绿”，如图3-24所示，依次单击“确定”按钮后，返回文档，即可看到文档中的修订格式已经进行了更改，如图3-25所示。

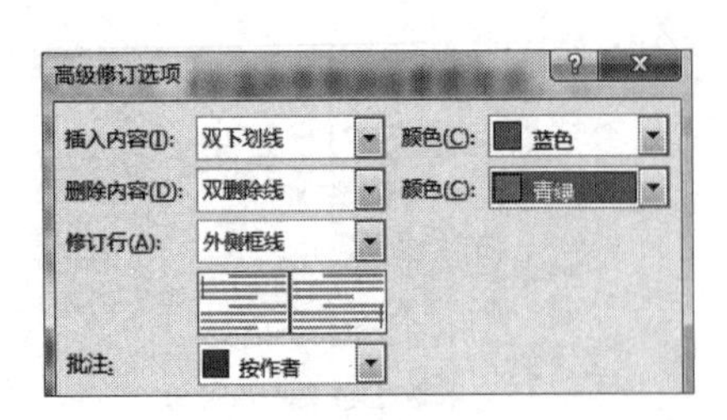

图 3-24　设置标记内容及颜色

四、报名须知

报名需写申请书并附自荐材料（班主任签字）1 份和本人近期一寸红底照片 1 张。

五、竞选须知

参加竞选者在面试时要对所申报的职务进行演说，说明申报理由、对学生会的认识和工作计划等。演说时间不超过 3 分钟，竞选演讲内容：（1）自我介绍，对学生会工作的认识、对竞选 回答评委提出的相关提问。

裴老师，2021/2/25 8:50:00 删除的内容：（一）

六

1.（一）宣传发动阶段：9 月 15 日一22 日

2.（二）报名汇总阶段：9 月 23 日一9 月 30 日

3.（三）竞选演说阶段：10 月 8 日一10 月 14 日

希望各班高度重视，周密部署，广泛动员,深入宣传，积极做好推荐工作。

图 3-25　显示更改修订格式效果

3. 接受与拒绝修订

当用户查看已经被修订后的文档时，可以通过功能区的“接受”或“拒绝”按钮完成每一项更改。在文档中右击修订文本，在弹出的快捷菜单中选择“接受”命令或“拒绝”命令；也可以选择“审阅”选项卡，在“更改”组中单击“接受”按钮，在展开的下拉列表中单击“接受并移到下一条”选项，或者单击“拒绝”按钮，在展开的下拉列表中单击“拒绝并移到下一条”选项；此时接受修订的文本应用了修订内容，拒绝修订的文本保留原始内容。

十三、文档加密

当文档制作完成后，用户可以对重要文档进行保护设置，以增强文档的安全性。

1. 限制文档的编辑

在Word 2016中，通过“限制编辑”功能可以控制其他人对此文档所做的更改类型，如格式设置限制、编辑限制等。单击“文件”按钮，在左侧单击“信息”命令，在右侧界面中单击“保护文档”按钮，在展开的下拉列表中单击“限制编辑”选项，如图3–26所示，在文档右侧显示“限制编辑”任务窗格，勾选“限制对选定的样式设置格式”复选框，单击“是，启动强制保护”按钮，如图3–27所示。

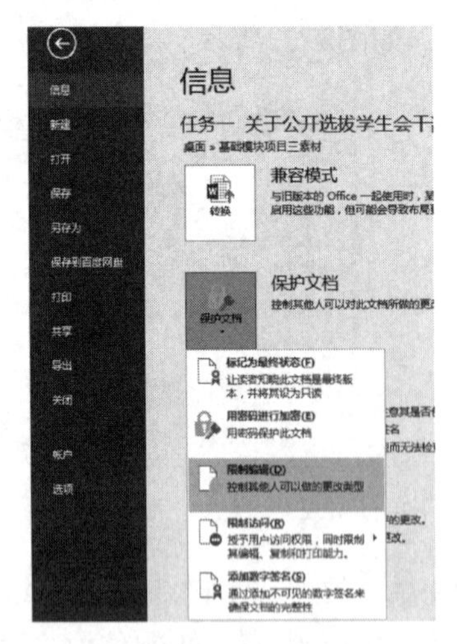

图 3–26　选择限制编辑

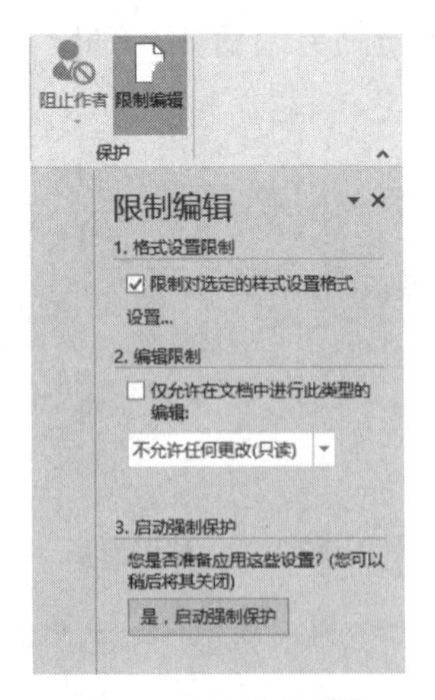

图 3–27　启动强制保护

弹出“启动强制保护”对话框，单击“密码”单选按钮，输入“新密码”和“确认新密码”，这里为123456，单击“确定”按钮，如图3-28所示。经过操作后，文档中的功能区将呈现灰色，不能使用，效果如图3-29所示。

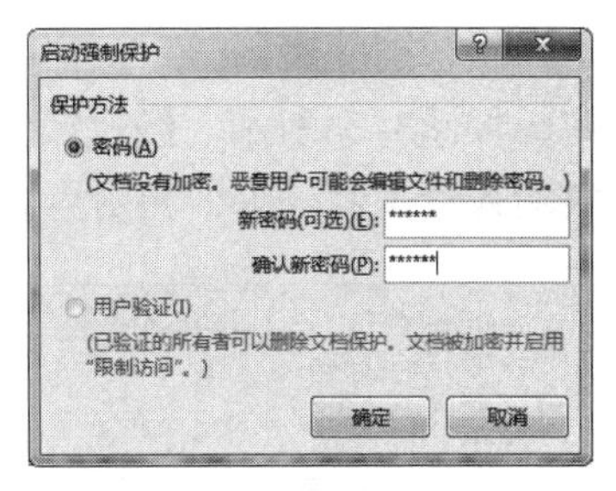

图 3-28　设置保护密码

若想取消强制保护，可在文档右侧显示“限制编辑”任务窗格的下方单击“停止保护”按钮，如图3-30所示，在弹出的“取消保护文档”对话框中输入刚才设置的密码，单击“确定”按钮即可，如图3-31所示。

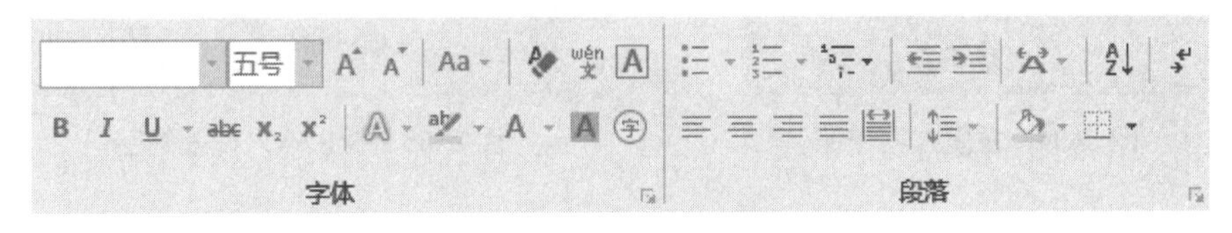

图 3-29　显示功能区不能使用

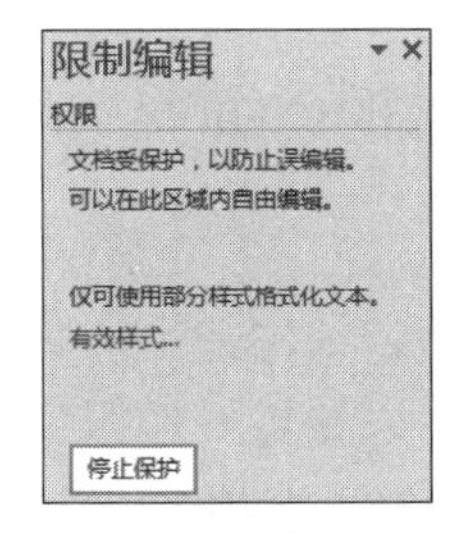

图 3-30　单击“停止保护”按钮

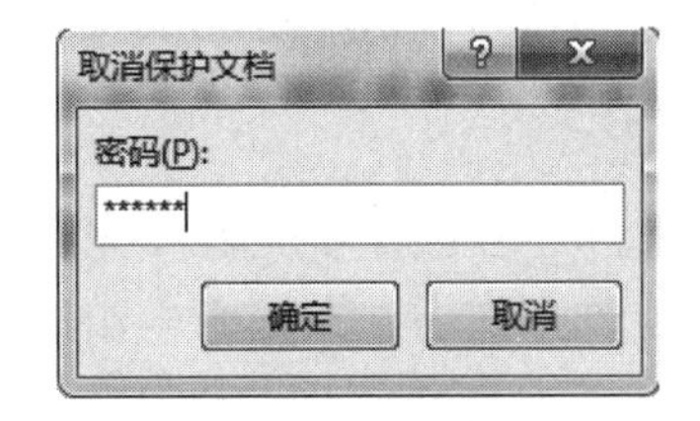

图 3-31　“取消保护文档”对话框

2. 为文档添加密码保护

若想保障自己的Word文档数据安全，用户可以为文档添加密码保护。此后，当再次需要打开该文档时，必须使用密码才能将其打开。

单击“文件”按钮，在左侧单击“信息”命令，在右侧界面中单击“保护文档”按钮，在展开的下拉列表中单击“用密码进行加密”选项，如图3-32所示，弹出“加密文档”对话框，在其文本框中输入设置的密码，再单击“确定”按钮，如图3-33所示。

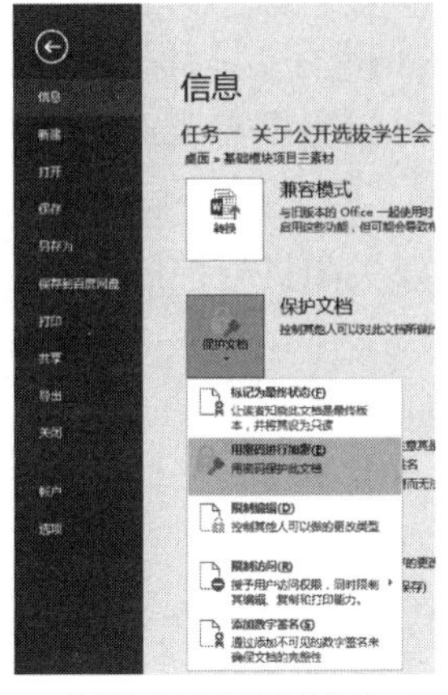

图 3-32　选择“用密码进行加密”选项

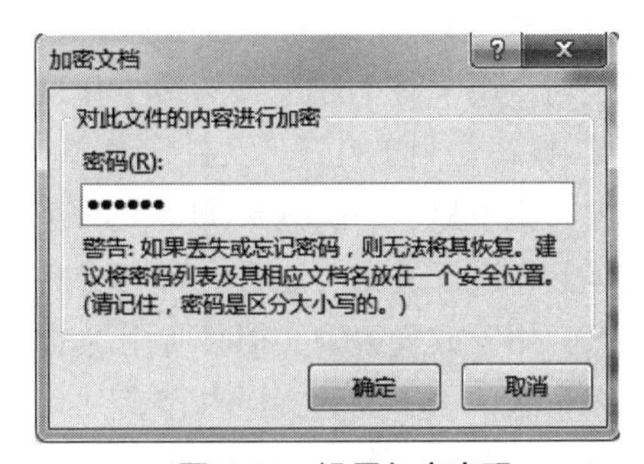

图 3-33　设置加密密码

弹出“确认密码”对话框，在其文本框中重新输入前面设置的密码，再单击“确定”按钮，如图3-34所示。经过操作后，当用户再次打开该文档时，会弹出“密码”对话框，要求输入设置的密码，如图3-35所示。

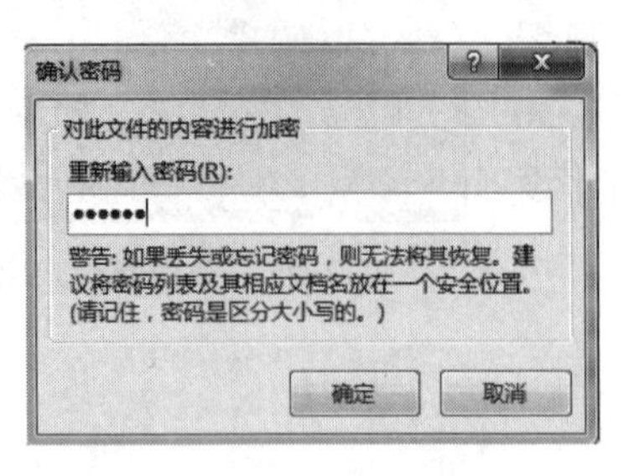

图 3-34　重复加密密码

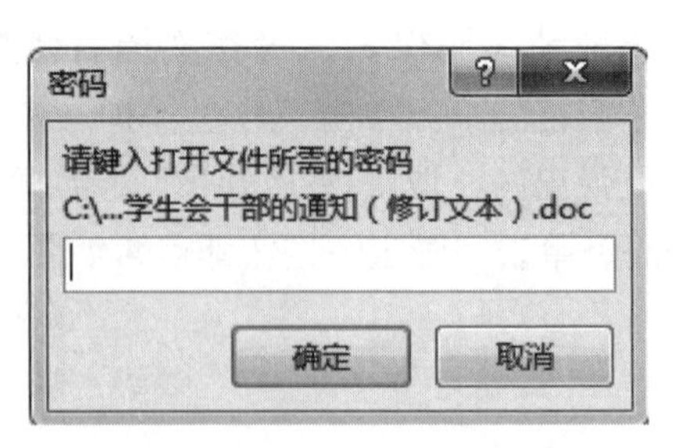

图 3-35　要求输入设置的密码

实践练习

录入与编辑“关于公开选拔学生会干部的通知”

内容描述

信息专业部为了进一步充实和完善学生会干部队伍，加强学生会干部队伍建设，提高学生的自我管理能力，增强学生组织的凝聚力和战斗力，以便更好地服务学生，决定在全部学生范围内公开选拔一批品德好、学习优、甘于奉献的同学加入到学生会中来，需要拟一份通知，以便通知大家。

微课

录入与编辑“关于公开选拔学生会干部的通知”

操作过程

1. 新建 Word 文档

（1）启动Word 2016。选择“开始”→“所有程序”→“Word 2016”，启动Word程序。

（2）打开Word 2016后，选择“空白文档”，新建一个名为“文档1”的空白文档，打开Word 2016的工作界面，如图3-36所示。

快速访问工具栏：用于放置一些常用工具，在默认的情况下包括保存、撤销键入、重复键入、模板中心、快速新建空白文档5个工具按钮，也可以根据需要进行添加。

标题栏：显示文档的名称以及类型。

控制按钮：用于对Word窗口的最小化、最大化/还原以及关闭进行控制。

“文件”按钮：用于打开“文件”菜单。

账户名：用于显示当前登录Office的账户名及用户头像。

选项标签：用于进行功能区之间的切换。

功能区：用于放置编辑文档时所用的功能。

文档编辑区：用于显示文档内容或对文字、图片、图形、表格等对象进行编辑。

滚动条：用于上、下、左、右拖动查看编辑区内的内容。

状态栏：用于显示当前文档的页数、字数、状态、视图方式以及显示比例等内容。

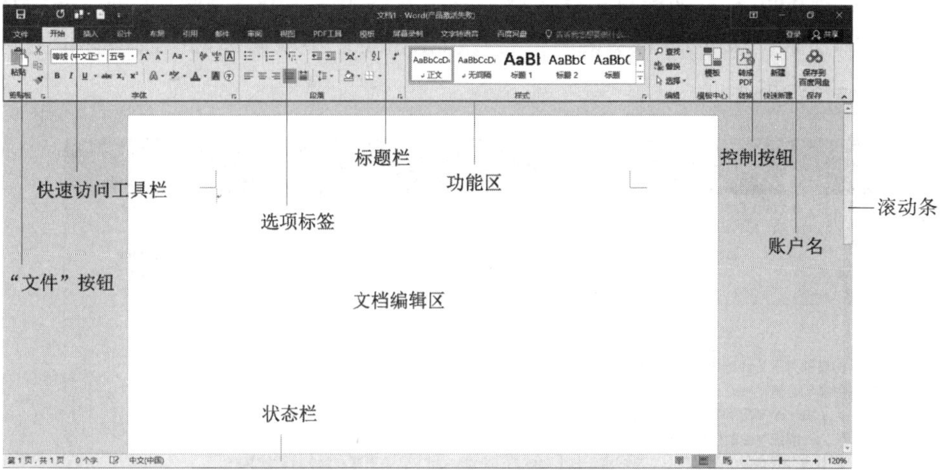

图 3-36　Word 2016 的工作界面

（3）保存文档。文档创建完毕，需要将其保存，此时我们单击“文件”按钮，在展开的列表中选择“保存”选项，将文档命名为“任务一　关于公开选拔学生会干部的通知（输入文本）”。

2. 输入文本

在“任务一 关于公开选拔学生会干部的通知”文档中，可以在编辑区看到闪烁显示的插入符。这时候我们选择好输入法后即可在文档中输入文本。

（1）单击任务栏中的输入法提示器图标 EN，打开输入法列表，从中选择需要的输入法，如“搜狗拼音输入法”。可以通过【Alt+Shift】组合键切换输入法，也可以在“Windows设置”中的“设备”选项中设置快捷键。

（2）输入文本“信息部关于公开选拔学生会干部的通知”，输入的文字会显示在插入符所在的位置，如图3-37所示。

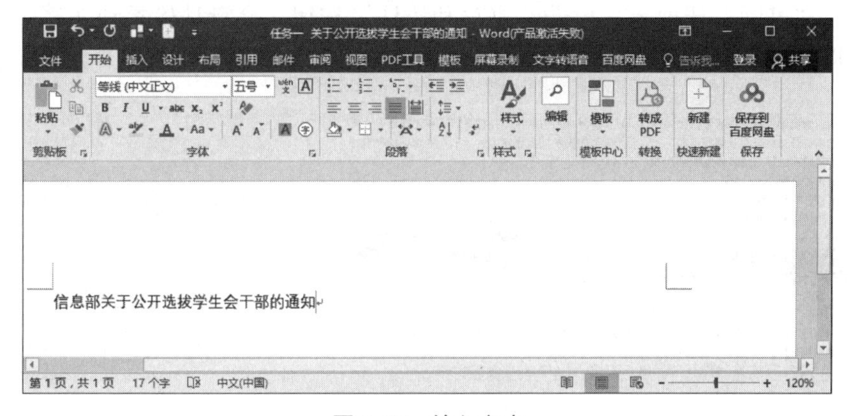

图 3-37　输入文本

（3）按【Enter】键开始新的段落，然后根据范例（本书配套素材）输入其他文本，当输入满一行时Word会自动换行。注意在需要空字符的地方按【Space】键，需要换段的地方按【Enter】键，按【Enter】键后，将在段落末尾产生段落标记。段落标记与自动换行区别如图3-38所示。

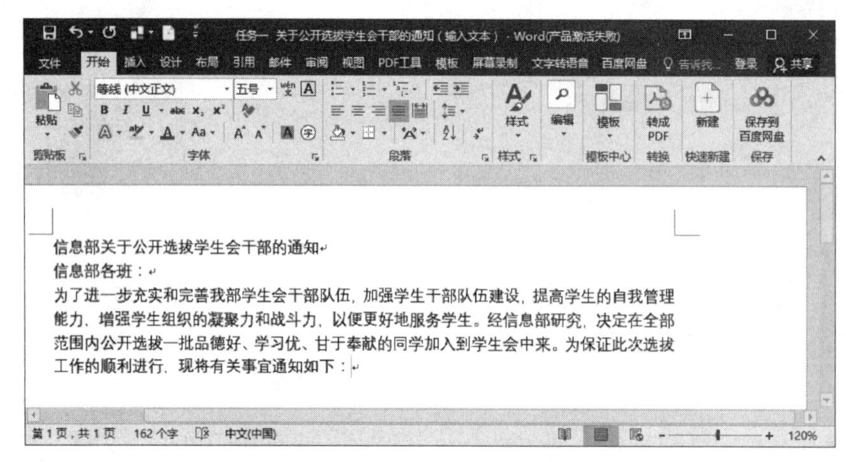

图 3-38 段落标记与自动换行区别

提示

如果希望文本在某位置处强制换行而不开始新段落，可在该位置单击将插入符置于该处并按【Shift+Enter】组合键（俗称“软回车”）。

在输入文本的过程中，如果出现输入错误，可将插入符置于其后并按【Backspace】键删除输错的内容，再重新输入。

在输入和修改文本的过程中，插入符非常重要，它决定了输入和修改文本的位置。要将插入符移动到所需要修改的位置，可将鼠标指针移动到这个位置之后单击；要将插入符移动到页面的空白处，需要在该位置双击。

3. 校对文本

切换至“审阅”选项卡，单击“拼写和语法”按钮，会自动检索到文档中标有蓝线的地方，弹出“拼写检查”任务窗格，单击窗格中的“忽略”按钮即可，如图3-39所示。

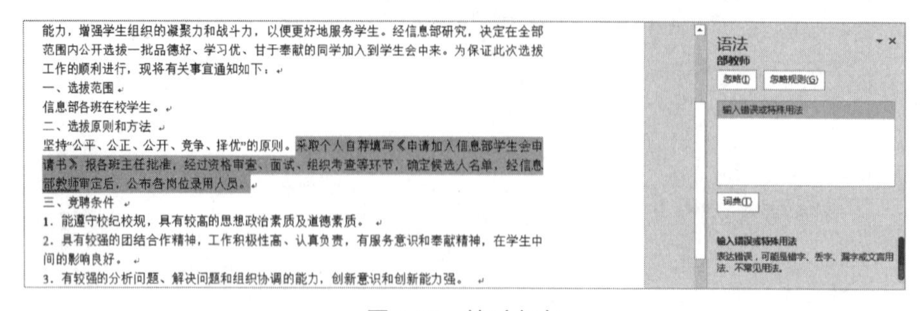

图 3-39 校对文本

4. 批注、修订文本

利用前面所讲的批注和修订文本的方法，对文本进行批注和修订，效果如图3-40～图3-43所示。

二、选拔原则和方法
坚持“公平、公正、公开、竞争、择优”的原则。

二、选拔原则和方法
坚持“公平、公正、公开、竞争、择优”的原则。

图 3-40　修订文本 1

四、报名须知
报名需写申请书并附自荐材料 1 份和本人近期照片 1 张。

四、报名须知
报名需写申请书并附自荐材料（班主任签字）1 份和本人近期一寸红底照片 1 张。

图 3-41　修订文本 2

六、选拔程序和时间安排
（一）宣传发动阶段：9 月 15 日—22 日
（二）报名汇总阶段：9 月 23 日—9 月 30 日
（三）竞选演说阶段：10 月 8 日—10 月 14 日

六、选拔程序和时间安排
1. 宣传发动阶段：9 月 15 日—22 日
2. 报名汇总阶段：9 月 23 日—9 月 30 日
3. 竞选演说阶段：10 月 8 日—10 月 14 日

图 3-42　修订文本 3

广泛动员,深入宣传，　广泛动员，深入宣传，

图 3-43　修订文本 4

实践练习评价

评价项目	自我评价		教师评价	
	小结	评分（5分）	点评	评分（5分）
文本的新建、保存				
文本的录入				
文本的校对				
文本的批注、修订				

任务二　设置文本格式

学习目标

- 会设置文字、段落和页面格式。
- 能使用样式，进行文本格式的快捷设置。

理论知识

一、设置字符格式

（一）设置字体

Word 2016提供了宋体、楷体、黑体、方正姚体等多种可以字体，输入的文本在默认情况下为宋体五号。设置字体有多种方法：

方法一：选中要设置字体格式的文本，在“开始”选项卡“字体”组中的“字体”下拉列表中选择适合的字体进行设置。

方法二：选中要设置字体格式的文本，在“开始”选项卡“字体”组中单击右下角的对话框启动器按钮，即可打开“字体”对话框。或者在选中的文本上右击，在弹出的快捷菜单中选择“字体”命令，也可以打开该对话框。在“字体”选项卡的“中文字体”下拉列表中可以选择文档中中文文本的字体格式，在“西文字体”下拉列表中可以选择文档中西文文本的字体格式。

方法三：选中要设置字体格式的文本后，软件会自动弹出“格式”浮动工具栏，在该浮动工具栏中单击“字体”下拉按钮，在弹出的列表框中可以选择需要的字体样式。

方法四：按【Ctrl+Shift+P】组合键或【Ctrl+D】组合键，都可以直接打开“字体”对话框。

（二）设置字号

字号是指字符的大小。这里有两种字号的表示方法：一种是中文标准，以“号”为单位，如四号、五号、初号等；另一种是西文标准，以“磅”为单位，如11磅、12磅、14磅等。设置字号的方法有：

方法一：选中需要设置字号的文本，在“开始”选项卡“字体”组中的“字号”下拉列表中选择需要设置的字号。

方法二：选中需要设置字号的文本，打开“字体”对话框。在“字体”选项卡的“字号”列表框中选择需要设置的字号。

方法三：选中需要设置字号的文本，打开“格式”浮动工具栏，在该浮动栏中单击“字号”下拉按钮，在弹出的列表框中设置字号。

提示

字号右侧的增大字号按钮和减小字号按钮五号 · A A 可以对字号进行增大和减小，按【Ctrl+>】组合键为增大字号，按【Ctrl+<】组合键为减小字号。

（三）设置字体颜色

为字符设置不同的字体颜色，可以使文本更加符合制作要求，更加美观。设置字体颜色的方法有：

方法一：选中要设置字体颜色的文本，在“开始”选项卡的“字体”组中单击“字体颜色”下拉按钮，在弹出的颜色面板中选择需要的颜色即可。

方法二：选中要设置字体颜色的文本，右击，在弹出的快捷菜单中选择“字体”命令，打开“字体”对话框，在“字体”选项卡的“字体颜色”下拉列表中选择需要的颜色。

方法三：选中要设置字体颜色的文本，右击，在“格式”浮动工具栏中单击“字体颜色”下拉按钮，同样可以弹出颜色面板，从中选择需要的颜色即可。

利用“字体”对话框“字体”选项卡中“字形”列表框可设置字符的加粗和倾斜效果，只需选中相应选项即可；利用“所有文字”设置可设置字体颜色、下画线和着重号效果，只需在相应的下拉列表中选择即可；利用效果设置区可设置字符的删除线、阴影、上标和下标等效果，只需选中相应的复选框即可。此外，若将“字体”对话框切换到“高级”选项卡，则还可设置字符之间的距离、字符的上下位置等效果，如图3-44所示。

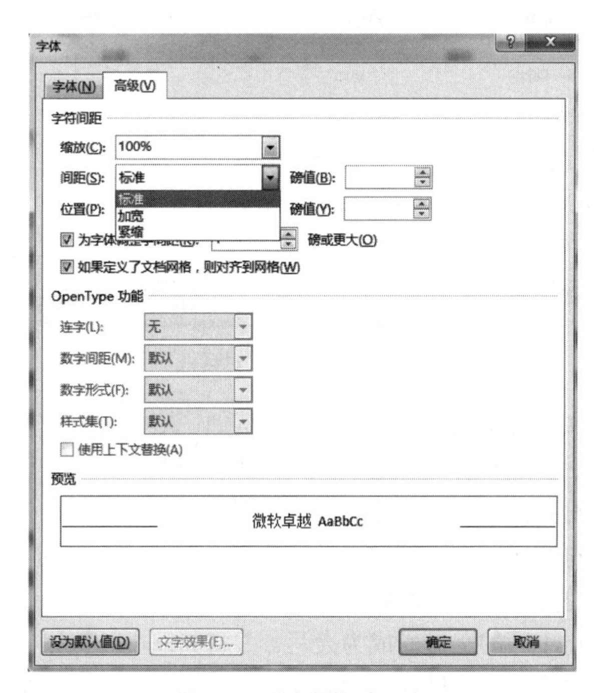

图 3-44　“高级”选项卡

（四）设置文本效果

文本效果包括删除线、阴影、小型大写字母、双删除线、空心、全部大写字母、上标、下标、阳文、阴文。通过为文本增加文本效果，可以丰富文档内容，使文本突出显示，从而使整个文档更加美观得体。Word 2016中要对文本进行文本效果的设置，首先需要选中要设置效果的文本，接下来打开“开始”选项卡，单击“字体”组右下方的对话框启动器按钮，这时会弹出“字体”对话框，在该对话框中我们就可以添加各种文字效果了，如图3-45所示。

删除线：为所选字符的中间添加一条线。例如，“~~删除线~~”。

双删除线：为所选字符的中间添加两条线。例如，“~~双删除线~~”。

上标：提高所选文字的位置并缩小该文字。例如，X^2。

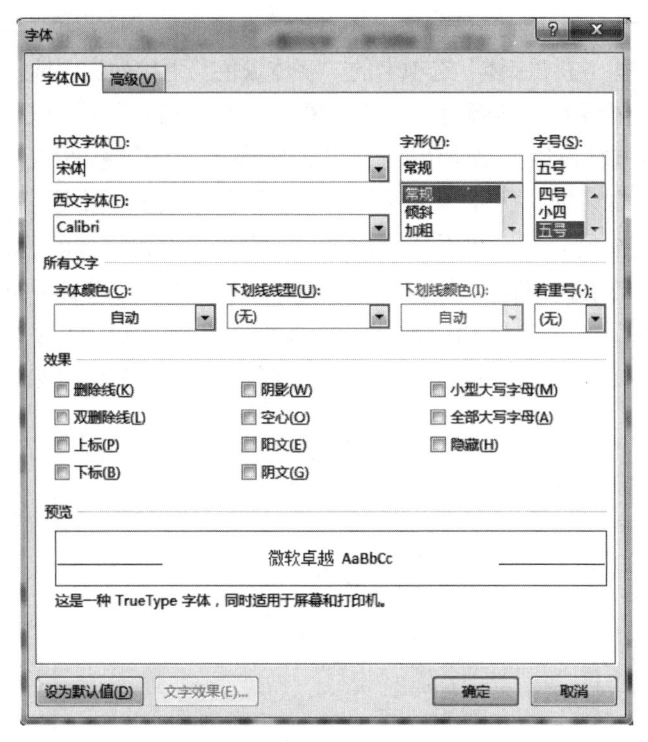

图 3-45 “字体”对话框

下标：降低所选文字的位置并缩小该文字。例如，$X_1+X_2=Y$。

阴影：在文字的后、下和右方加上阴影。例如，“阴影”。

空心：将所选字符只留下内部和外部框线。例如，“空心”。

阴文：将所选字符变成凹型。例如，“阴文”。

阳文：将所选字符变为凸型。例如，“阳文”。

小型大写字母：将小写的字母变成为大写，并将其缩小。例如，hello→HELLO。

全部大写字母：将小写的字母变成为大写，但不改变字号。例如，hello→HELLO。

隐藏：隐藏选定字符，使其不显示、不被打印。

（五）设置突出显示文本

为了使文档中的重要内容突出显示，可以为其设置边框和底纹，也可以使用突出显示文本功能。

1. 设置边框

方法一：选中要添加边框的文本，在“开始”选项卡的“字体”组中单击“字符边框”按钮A即可。

方法二：选中要添加边框的文本或者段落，在“开始”选项卡的“段落”组中单击“边框”按钮右侧的下拉按钮，在弹出的下拉列表中选择所需要的边框选项即可，如图3-46所示。

方法三：选择“边框和底纹”命令，打开“边框和底纹”对话框，在“边框”选项卡下对各选项进行设置。在左侧的“设置”区域内可以选择边框的效果，例如方框、阴影、三维、自定义等；在“样式”区域可以选择边框的线型，如直线、双实线、虚线、点实虚线、波浪线等；在“颜色”区域可以设置边框的颜色；在“宽度”区域可以设置边框线的粗细，如1磅、2磅等；在“应用于”区域可以选择边框应用的范围，如“文字”，如图3-47所示。

图 3-46　“边框”按钮

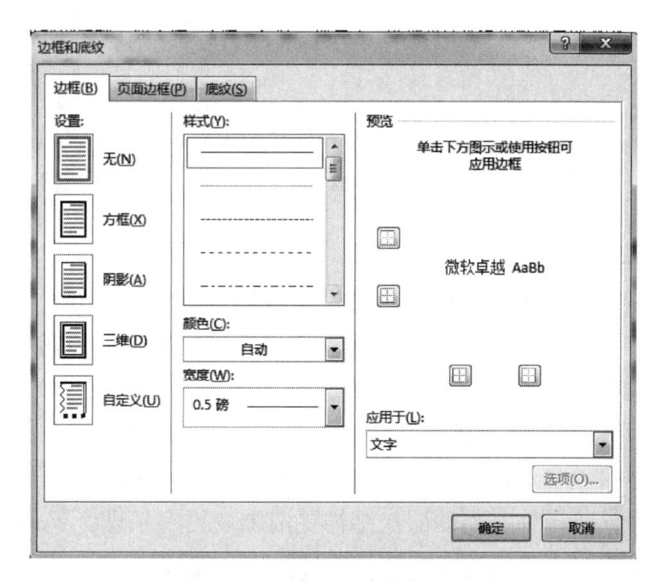

图 3-47　“边框和底纹”对话框

2．设置底纹

方法一：选中要添加底纹的文本，在“开始”选项卡的“字体”组中单击“字符底纹”按钮即可。

方法二：选中要添加底纹的文本，在“开始”选项卡的“段落”组中单击“底纹”按钮即可。

方法三：选择“边框和底纹”对话框中的“底纹”选项卡进行设置。在“填充”区域可以对底纹填充的颜色进行设置；在“图案”区域可以对图案的样式和图案颜色进行设置；“应用于”中设置为“文字”，如图3-48所示。

3．设置突出显示文本

Word 2016提供了突出显示文本的功能，可以快速将指定的内容以需要的颜色突出显示出来，也常应用于审阅文档。首先选择需要设置突出显示的文本，在“开始”选项卡中的“字体”组中单击“以不同颜色突出显示文本”按钮右侧的下拉按钮，在弹出的下拉列表中选择需要的颜色，就可以使选择的文本以相应的颜色突出显示出来，如图3-49所示。

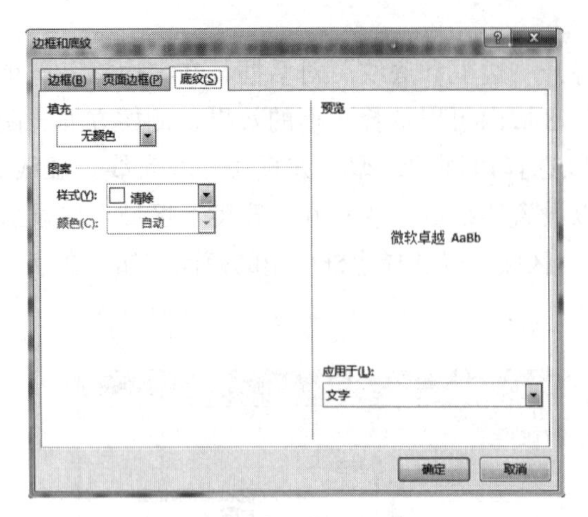

图 3-48 “底纹”对话框

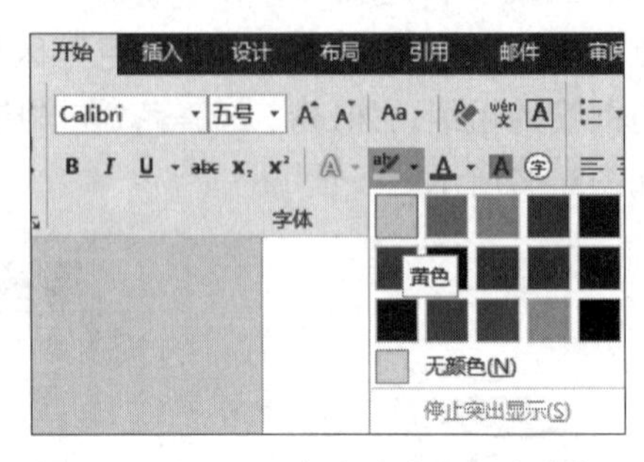

图 3-49 “以不同颜色突出显示文本”

二、设置段落格式

段落格式主要包括项目符号和编号、段落对齐方式、段落边框和底纹等，如图3-50所示。要设置某个段落的格式，可将插入符置于该段落中；要设置多个段落的格式，可同时选中多个段落进行设置。

1．项目符号和编号

项目符号和编号是放在文本前的点或其他符号，可起强调作用。合理使用项目符号和编号，可以使文档的层次结构更清晰、更有条理。Word 2016中有相应的项目符号库和编号库，也可以使用自定义的项目符号和编号。

（1）添加项目符号和编号。

项目符号和编号是以段落为单位来进行设置添加的。

选择需要添加项目符号的段落，在“开始”选项卡的“段落”组中单击“项目符号”按钮 右侧的下拉按钮，在弹出的项目符号库中可以选择所需要的项目符号样式，如图3-51所示。

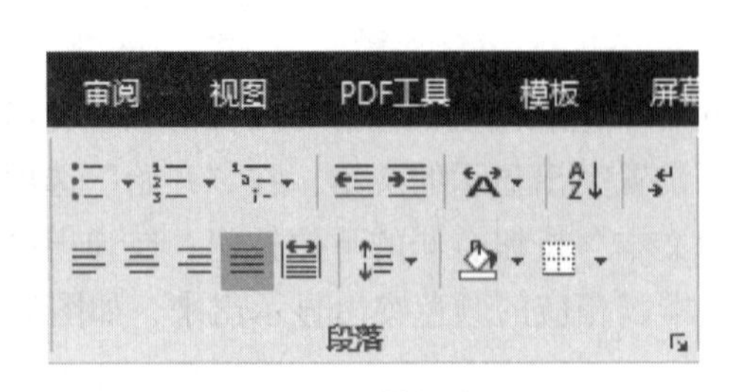

图 3-50 段落格式

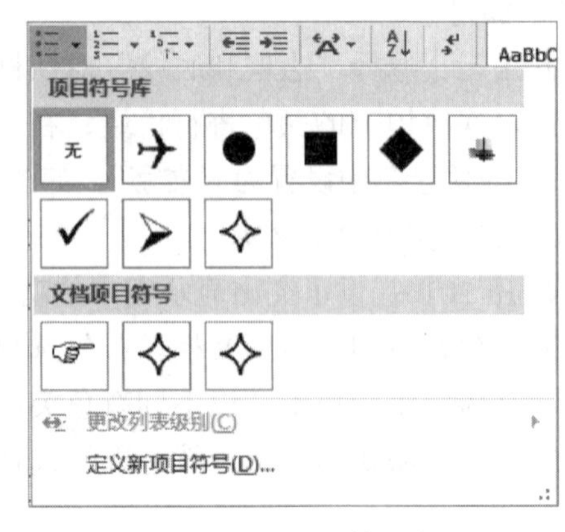

图 3-51 项目符号库

选择需要添加编号的段落，在“开始”选项卡的“段落”组中单击“编号”按钮 右侧的下拉按钮，在弹出的编号库中可以选择所需要的编号样式，如图3-52所示。

（2）自定义项目符号和编号。

自定义项目符号，可在“项目符号”下拉列表中执行“定义新项目符号”命令，打开“定义新项目符号”对话框，如图3-53所示。

图 3-52　编号库

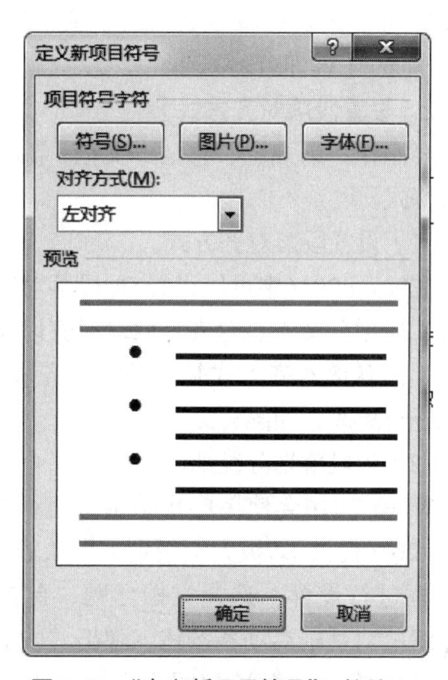

图 3-53　“定义新项目符号”对话框

其中包括符号、图片、字体三个选项，分别可以打开“符号”对话框、“图片”对话框、“字体”对话框，“符号”对话框可以从中选择合适的符号样式作为项目符号；“图片”对话框可以选择合适的图片符号作为项目符号；“字体”对话框可以设置项目符号的字体格式。

“对齐方式”下拉列表框中列出了三种项目符号的对齐方式，分别为左对齐、居中和右对齐。

自定义编号的操作过程为：在“编号”下拉列表中执行“定义新编号格式”命令，打开“定义新编号格式”对话框，如图3-54所示。

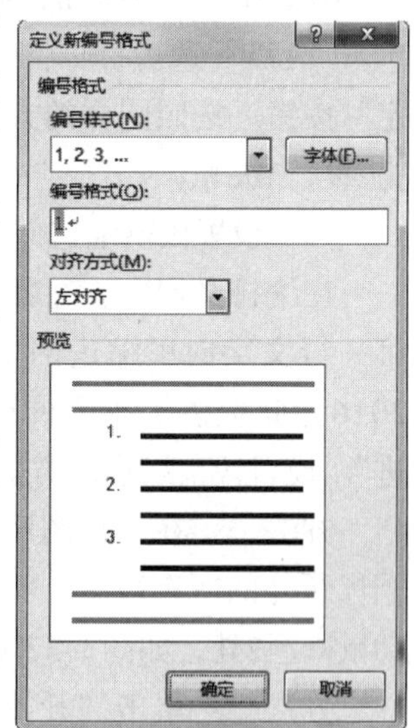

图 3-54　“定义新编号格式”对话框

其中“编号样式”可以选择其他的编号样式；“字体”可以设置编号的字体格式；“编号格式”显示的是编号的最终样式，在该文本框中可以添加一些特殊的符号，如冒号、逗号、半角句号等；“对齐方式”下拉列表框中列出了三种编号的对齐方式，分别为左对齐、居中和右对齐。

（3）删除项目符号和编号。

当设置好的项目符号和编号发现不再需要时，我们可以将其删除，操作方法为：选中需要删除项目符号或编号的文本，在“段落”组中单击“项目符号”按钮或“编号”按钮即可。如果只需要删除某个项目符号或编号，就选中该项目符号或编号，直接按【Backspace】键即可。

2. 设置段落对齐方式

要制作一篇规范、整洁的文档，除了要对字体格式进行设置外，还需要设置文档的段落格式。

（1）设置段落对齐方式。

在Word 2016中可以设置5种段落对齐方式，包括文本左对齐、居中、文本右对齐、两端对齐以及分散对齐。输入文本时，默认的对齐方式是“两端对齐”，用户可以根据实际情况进行更改，如图3-55所示。

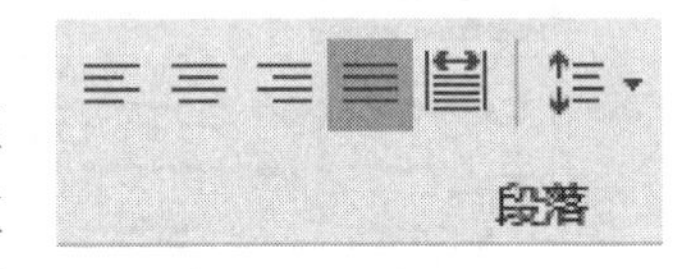

图 3-55　段落的对齐方式

（2）为段落划分级别。

Word 2016会使用层次结构来组织文档，大纲级别就是段落所处层次的级别编号。Word 2016提供了9级大纲级别，默认输入的文本为“正文文本”，用户可以通过“段落”对话框进行设置。选择文档标题，单击“段落”组的对话框启动器按钮，弹出“段落”对话框，切换至“缩进和间距”选项卡，单击“大纲级别”下拉按钮，在展开的下拉列表中单击“1级”选项，如图3-56所示，单击“确定”按钮。按照同样的方法，将其他段落划分为2级、3级等。

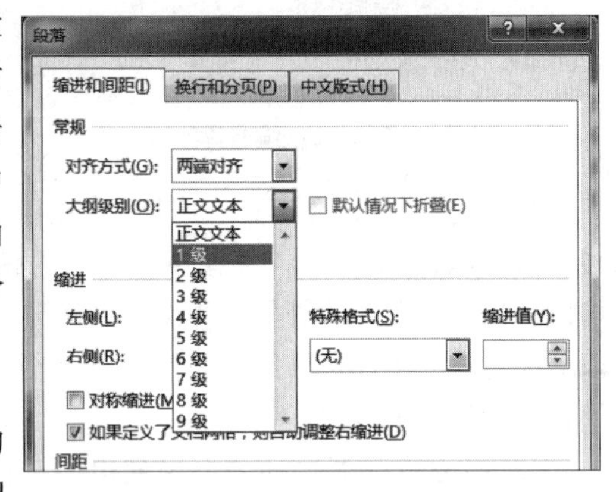

图 3-56　设置大纲级别

（3）设置段落缩进效果。

在编排文档中，通常都希望每一个段落的第一行文字向里缩进两个汉字的位置，Word 2016为此提供了很方便的功能，即“段落缩进”。设置段落缩进的方法有：

方法一：在“视图”选项卡中勾选“显示”组中的“标尺”复选框，然后选择除文档标题外的所有段落，将鼠标指向标尺中的“首行缩进”按钮，按住鼠标左键不放，拖动鼠标至2处，如图3-57所示。

方法二：单击“开始”选项卡“段落”组的对话框启动器按钮，在“段落”对话框中设置“首行缩进”格式，单击“确定”按钮即可，如图3-58所示。

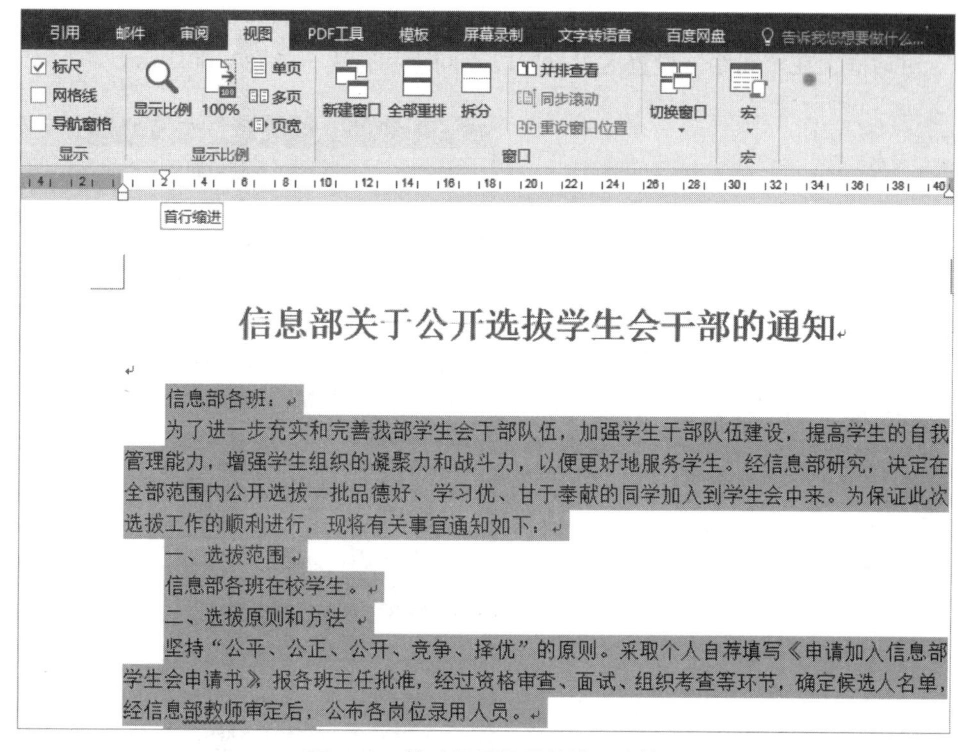

图 3-57　拖动标尺设置缩进 2 字符

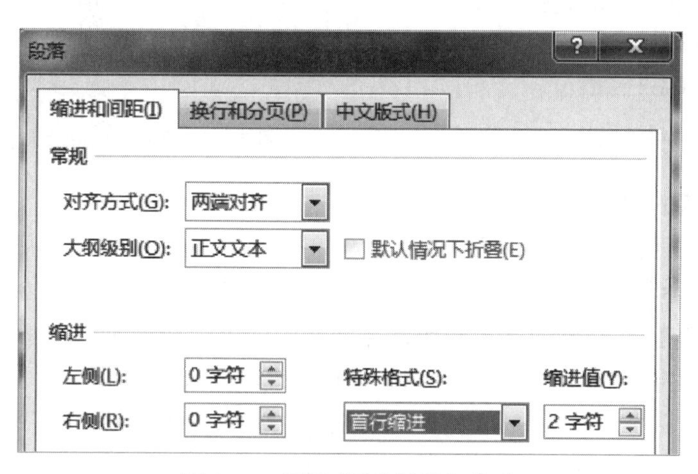

图 3-58　设置“首行缩进”格式

（4）行和段落间距。

行距是从一行文字的底部到下一行文字底部的间距。Word会自动调整行距以容纳该行中最大的字体和最高的图形。如果某行包含大字符、图形或公式，将自动增加该行的行距。要想设置或更改行距，需要单击要更改行距的段落，在“开始”选项卡的“段落”组中单击“行和段落间距”按钮，从弹出的列表中选择行距或段间距，或在列表中选择“行距选项”，如图3-59所示；或单击“段落”组右下角的对话框启动器按钮，弹出“段落”对话框，在“间距”设置区可设置段落间距和行距，如图3-60所示。

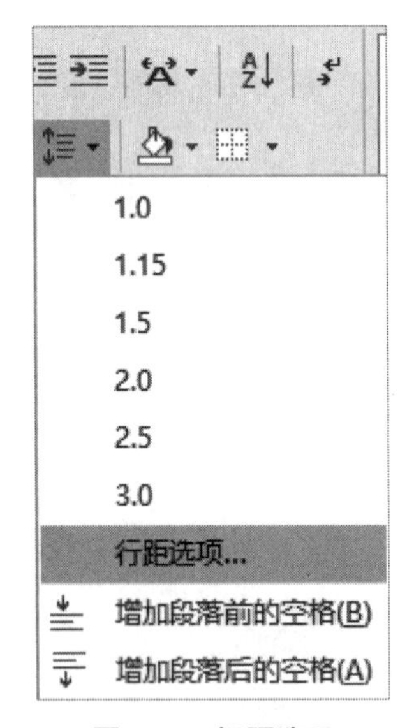

图 3-59　行距选项

图 3-60　设置段落间距和行间距

3．设置段落的边框和底纹

为使文档版面更加美观，我们可以为选定的段落设置不同的边框和底纹。

（1）要对段落设置简单的边框和底纹样式，可在选中要设置的对象后单击“段落”组中“边框”按钮 右侧的下拉按钮，在展开的列表中选择所需边框类型；单击“底纹”按钮 ，在展开的列表中选择一种底纹颜色。

> *提示*
>
> 使用这种方式设置边框时，若选中的是字符（不选中段落标记），则设置的是字符边框；若选中的是段落（连段落标记一起选中），则设置的是段落边框。

（2）要对边框和底纹进行复杂的设置，可通过“边框和底纹”对话框来实现。首先选择要设置边框和底纹的段落，然后单击“开始”选项卡“段落”组中的“边框”按钮右侧的下拉按钮，在展开的列表中选择“边框和底纹”选项，打开“边框和底纹”对话框。

（3）在“边框”选项卡的设置中选择边框类型，在“样式”、“颜色”和“宽度”设置区分别选择边框样式、颜色和线型，然后在“预览”设置区单击相应的按钮来添加或取消添加上、下、左、右边框，在“应用于”下拉列表中选择“段落”，单击“确定”按钮。

（4）要设置复杂底纹，可以将“边框和底纹”对话框切换到“底纹”选项卡，在“填充”下拉列表中选择底纹颜色，还可在“图案”下拉列表中选择一种底纹图案样式，在“颜色”下拉列表中选择图案颜色，接着在“应用于”下拉列表中选择“段落”，单击“确定”按钮。

三、设置页面格式

1．设置页边距和纸张方向

默认情况下，Word创建的文档是“纵向”，顶端和底端各留有2.54厘米的页边距，两边各留有3.18厘米的页边距。用户可以根据需要修改页边距和纸张方向。

（1）快速设置。单击“布局”选项卡“页面设置”组中的“页边距”按钮，在展开的列表中选择一种页边距方式，如图3-61所示；单击“纸张方向”按钮，在展开的列表中选择纸张方向，如图3-62所示。

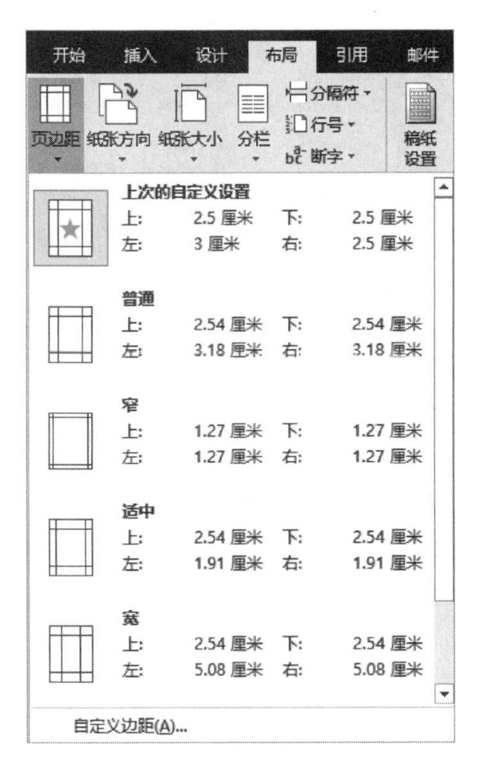

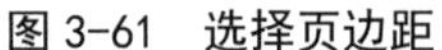
图3-61　选择页边距

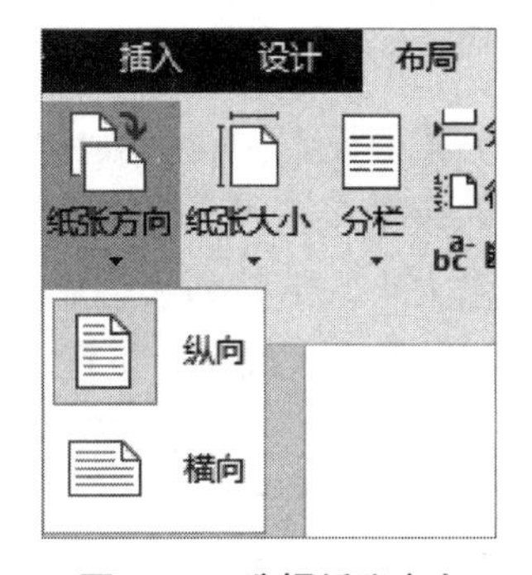

图3-62　选择纸张方向

（2）精确设置。单击“布局”选项卡的“页面设置”组右下角的对话框启动器按钮，打开“页面设置”对话框，切换至“页边距”选项卡，然后在“页边距”设置区设置页边距参数，在“纸张方向”选项区中选择文档的页面方向，如图3-63所示。

2. 设置纸张规格

默认情况下，Word中的纸型是标准的A4纸，宽度是21厘米，高度是29.7厘米，用户可以根据需要改变纸张的大小。

（1）快速设置。单击“布局”选项卡“页面设置”组中的“纸张大小”按钮，在展开的列表中可选择所需要的纸型，如图3-64所示。

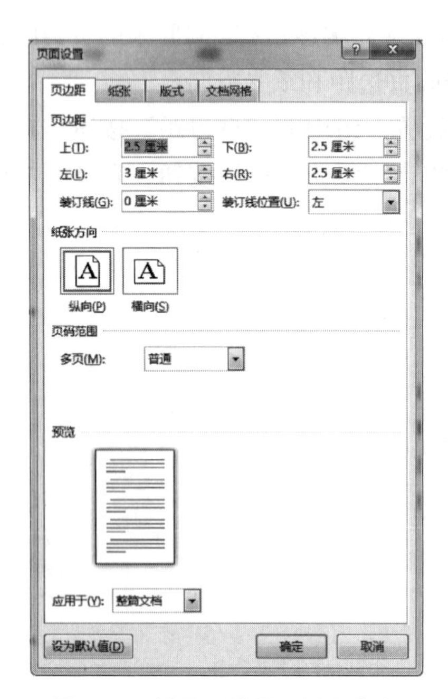

图 3-63　设置页边距和纸张方向

图 3-64　选择纸型

（2）精确设置。若列表中没有所需纸型，用户可自定义纸张大小。方法是在“纸张大小”列表中单击“其他纸张大小”项，打开“页面设置”对话框的“纸张”选项卡，在“纸张大小”下拉列表框中选择一种纸型，或者直接在“宽度”和“高度”编辑框中输入数值，单击“确定”按钮，如图3-65所示。

3. 设置每页行数与每页字数

在制作一些公文的时候，往往需要精确设置好每页的行数和每页的字数。在Word中通过以下操作可以完成这项设置。

在“页面布局”选项卡中的“页面设置”组中单击“对话框启动器”按钮，打开“页面设置”对话框中的“文档网格”选项卡，如图3-66所示。在“字符数”中设置每行的字数，在“行数”中可以设置每页的行数，最后在“应用于”中选择对应的应用范围，即可完成设置。

图 3-65　“纸张”选项卡

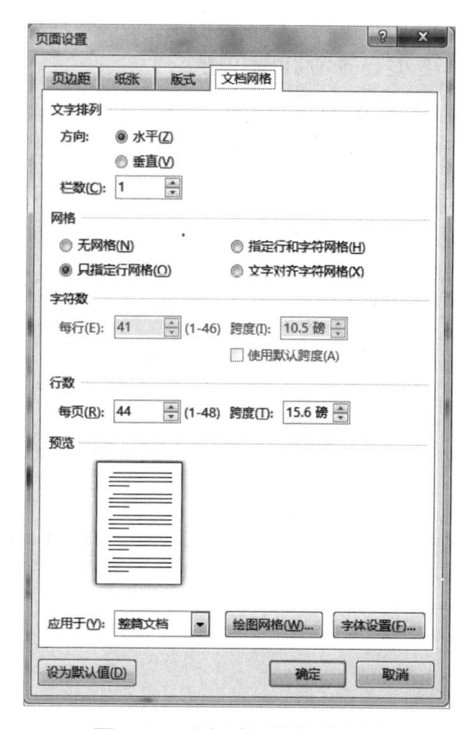

图 3-66　“文档网格”选项卡

知识加油站

公文的概念：公文是机关、团体、企事业单位在公务活动中所使用的书面材料的总称。我国的党、政、军等机关以《党政机关公文格式》（GB/T 9704—2012）为标准。

行文是指一个机关单位给另一个机关单位发送的公文。行文关系是指发文机关单位和收文机关单位之间的关系，即由组织系统、领导关系和职权范围所确定的机关单位之间的公文授受关系。我国国家机关的行文有如下三种关系：

下行文：处于领导、指导地位的上级机关向被领导、指导的下级机关发送的行文，例如批示、指示、通报等。

上行文：被领导、指导的下级机关向上机领导、指导机关发送的行文，例如请示、汇报等。上行文首页上部的空白是给上级负责人批示用的区域。

平行文：具有平行关系或不相隶属关系的机关之间的行文，例如函。

在排版方面，公文用纸采用A4型纸，尺寸为210 mm × 297 mm，页边与版心尺寸的天头为37 mm，订口为28 mm，版心尺寸为156 mm × 225 mm（不含页码）。

公文格式各要素一般用三号仿宋体字，每面排22行，每行排28字。

公文页码用四号半角白体阿拉伯数码标识，置于版心下边缘之下一行，数码左右各放一条四号一字线，一字线距版心下边缘7 mm。单页码居右空一字，双页码居左空一字。

四、使用样式

样式是Word中提供的字符格式和段落样式的集合。通过样式可以快速设置文本的字体、字形、字号和颜色等。

（一）使用预设样式

为方便用户快速设置文档文字格式，Word 2016内置了大量的字体样式，用户可以直接通过使用预设样式快速格式化文档内容。选择需要设置样式的文本，切换至“开始”选项卡，在“样式”组中的“样式”列表框中单击选择“标题”样式，此时所选的文本应用了选择的“标题”样式，如图3-67所示。按照同样的方法设置其他文本的样式。切换至“视图”选项卡，勾选“导航窗格”复选框，此时在文档左侧显示“导航”任务窗格，在此显示应用标题样式的效果，如图3-68所示。

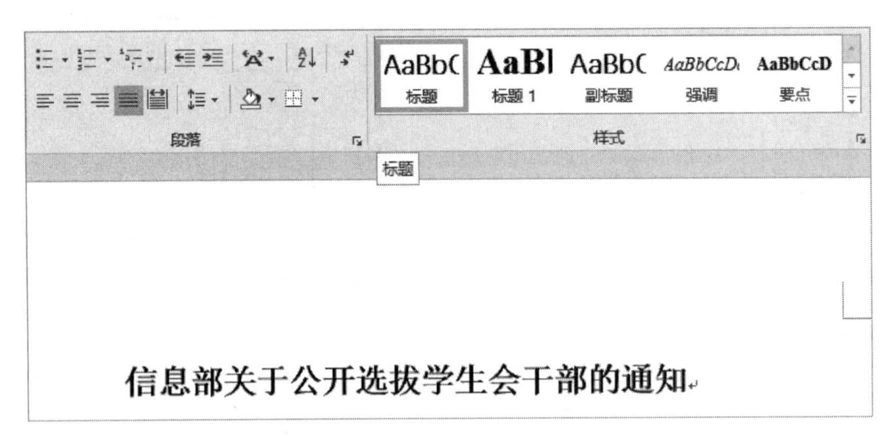

图 3-67　显示应用的样式效果

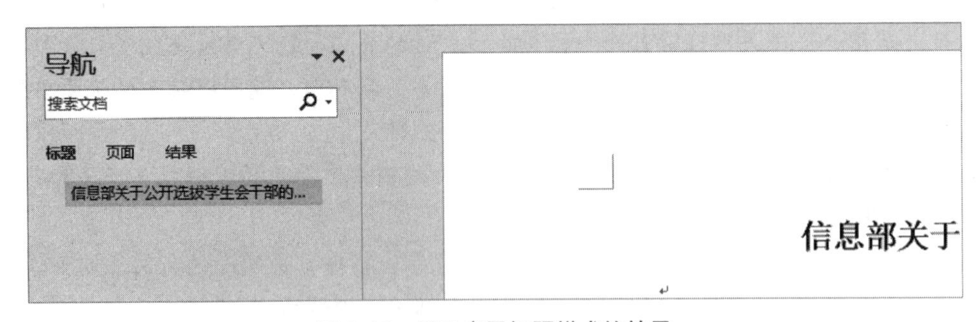

图 3-68　显示应用标题样式的效果

（二）新建样式

如果预设样式无法满足用户的实际需要，可以在“根据格式设置创建新样式”对话框中自己定义新的样式格式。在“开始”选项卡中单击“样式”组的对话框启动器按钮，如图3-69所示，在文档右侧显示“样式”任务窗格，选择需要用于新样式的文本，单击“新建样式”按钮，如图3-70所示。

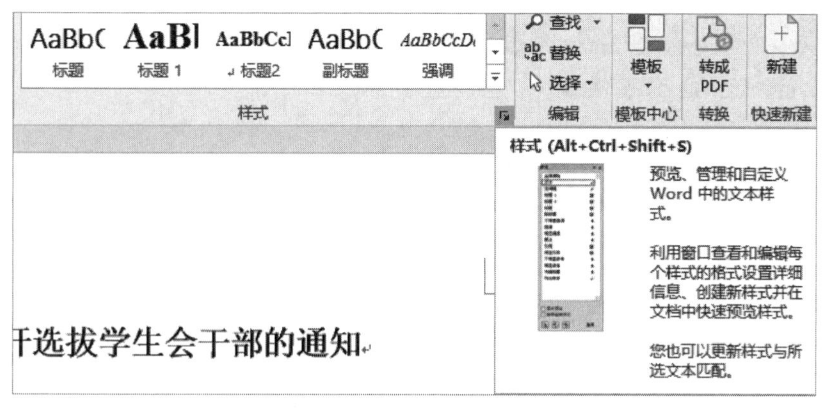

图 3-69　单击“样式”组对话框启动器按钮

弹出“根据格式设置创建新样式”对话框，设置“名称”为“标题2”，字体为宋体，字号为小四，加粗，如图3-71所示，单击“格式”按钮，在展开的下拉列表中单击“段落”选项，如图3-72所示，弹出“段落”对话框，设置“对齐方式”为“两端对齐”，“行距”为固定值，设置值为“20磅”，如图3-73所示，单击“确定”按钮，返回“根据格式设置创建新样式”对话框后单击“确定”按钮，此时所选的文本直接应用了新建的样式，如图3-74所示。

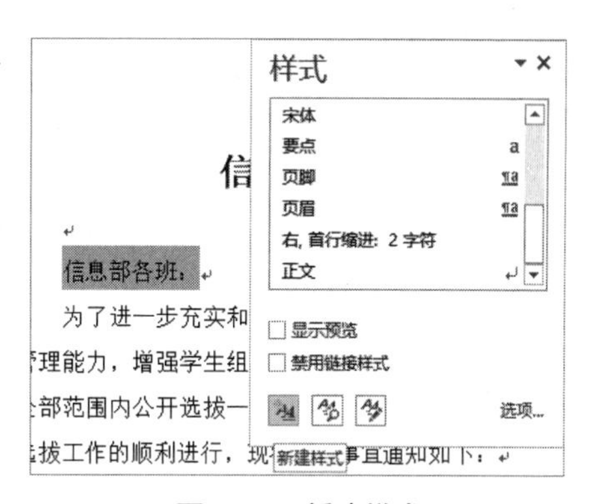

图 3-70　新建样式

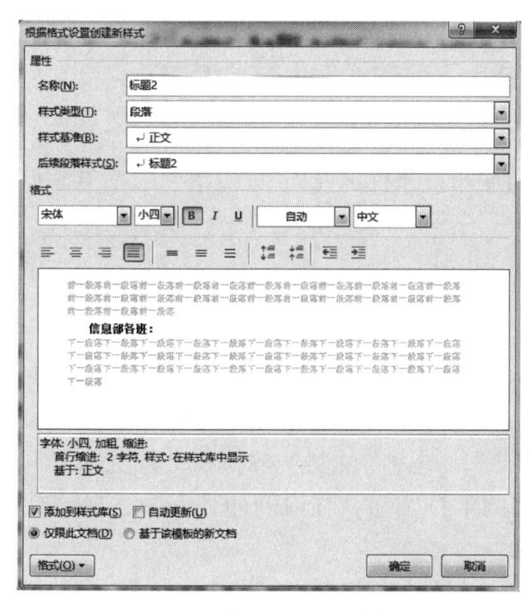

图 3-71　设置样式字体格式

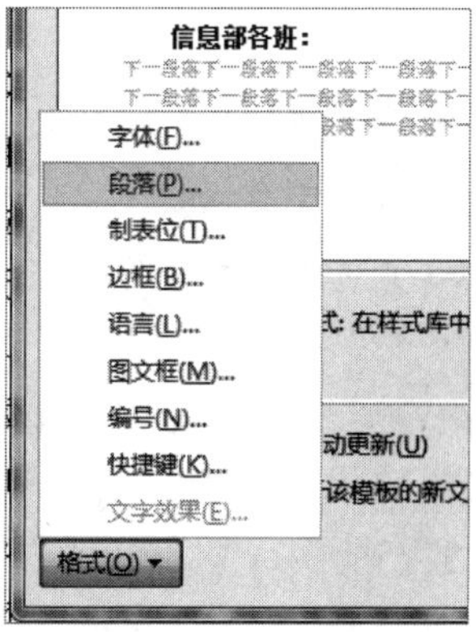

图 3-72　选择段落样式

图 3-73　设置段落样式

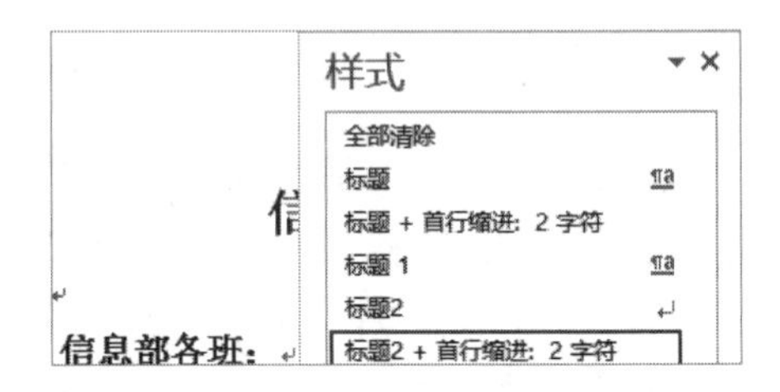

图 3-74　显示应用新建样式格式的效果

> *提示*
>
> 对于Word中的预设样式和新建样式，用户都可以对其进行修改。在“样式”任务窗格中，右击需要修改的样式名称，在弹出的快捷菜单中选择“修改”命令，最后在弹出的“修改样式”对话框中参照新建样式的操作对样式进行修改即可。

实践练习

设置“关于公开选拔学生会干部的通知”文档格式

内容描述

上一个任务我们写好了“关于公开选拔学生会干部的通知”，但格式不是很美观，本任务来设置文档的格式。

操作过程

1. 设置字符格式

（1）选择要设置字符格式的标题文本“信息部关于公开选拔学生会干部的通知”，在“开始”选项卡“字体”组的“字体”下拉列表框中选择要设置的字体为“宋体”；在“字号”下拉列表框中选择字号为“小二”；单击“加粗”按钮 **B**，将所选文本设置为加粗效果；单击“字体颜色”按钮右侧的下拉按钮，在展开的列表中选择“红色”，如图3-75所示。

（2）正文设置“字体”为宋体，“字号”为五号，副标题设置“字体”为宋体，“字号”为小四，加粗格式即可。

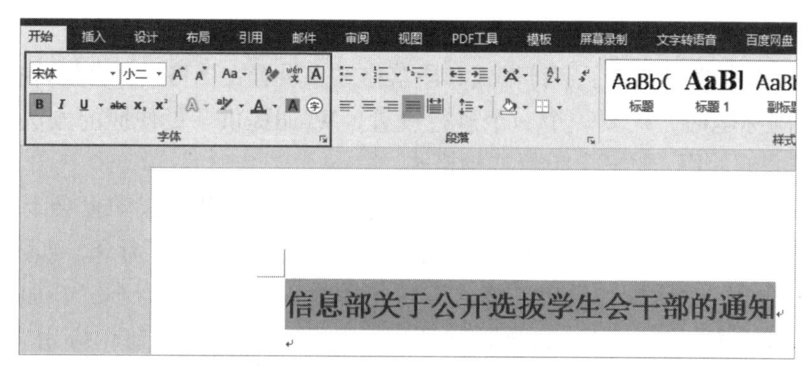

图 3-75　设置标题的字符格式

2. 设置段落格式

（1）选择要设置段落格式的标题文本“信息部关于公开选拔学生会干部的通知”，在“开始”选项卡“段落”组的对齐方式中选择“居中”。

（2）选择除文档标题外的所有段落，单击“开始”选项卡“段落”组的对话框启动器按钮，弹出“段落”对话框，选择“缩进”设置区中“特殊格式”下拉列表框中的“首行缩进”，设置“首行缩进”为2字符，在“间距”设置区中设置“行距”为“固定值”，设置值为“20磅”，设置完毕，单击“确定”按钮，如图3-76所示。

（3）设置最后两行文本“部门和时间”的对齐方式为“右对齐”。最终效果如图3-77所示。

微课

设置“关于公开选拔学生干部的通知”文档格式

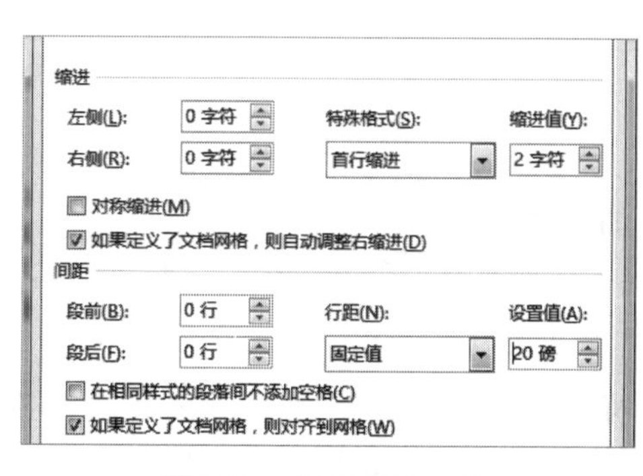

图 3-76　设置段落格式

信息部关于公开选拔学生会干部的通知

信息部各班：

为了进一步充实和完善我部学生会干部队伍，加强学生干部队伍建设，提高学生的自我管理能力，增强学生组织的凝聚力和战斗力，以便更好地服务学生。经信息部研究，决定在全部范围内公开选拔一批品德好、学习优、甘于奉献的同学加入到学生会中来。为保证此次选拔工作的顺利进行，现将有关事宜通知如下：

一、选拔范围

信息部各班在校学生。

二、选拔原则和方法

坚持“公平、公正、公开、竞争、择优”的原则，采取个人自荐填写《申请加入信息部学生会申请书》，报各班主任批准，经过资格审查、面试、组织考查等环节，确定候选人名单，经信息部审定后，公布各岗位录用人员。

三、竞聘条件

1. 能遵守校纪校规，具有较高的思想政治素质及道德素质。

2. 具有较强的团结合作精神，工作积极性高，认真负责，有服务意识和奉献精神，在学生中间的影响良好。

3. 有较强的分析问题、解决问题和组织协调的能力，创新意识和创新能力强。

4. 积极参加体育锻炼，身体素质好，心理健康，不怕挫折，善于调节自我，勇于挑战自我、超越自我。

四、报名须知

报名需写申请书并附自荐材料（班主任签字）1份和本人近期一寸红底照片1张。

五、竞选须知

参加竞选者在面试时要对所申报的职务进行演说，说明申报理由、对学生会的认识和工作计划等，演说时间不超过3分钟。竞选演讲内容：(1) 自我介绍，对学生会工作的认识，对竞选岗位的理解及工作设想等。(2) 回答评委提出的相关提问。

六、选拔程序和时间安排

1. 宣传发动阶段：9月15日—22日

2. 报名汇总阶段：9月23日—9月30日

3. 竞选演说阶段：10月8日—10月14日

希望各班高度重视，周密部署，广泛动员，深入宣传，积极做好推荐工作。

信息部办公室

2020年9月15日

图 3-77　文档格式设置最终效果

3. 使用样式设置文档格式

在上述操作中我们应用了字符格式和段落格式来设置文档格式，会发现在设置“一、二、三”等副标题时，需要一个一个进行设置。Word提供了更便捷的方法，就是“样式”。接下来我们使用“样式”设置文档格式。

（1）选择要设置字符格式的标题文本“信息部关于公开选拔学生会干部的通知”，在“样式”中右击“标题1”，在弹出的快捷菜单中选择“修改”命令，如图3-78所示，打开“修改样式”对话框，设置“格式”中字体为宋体，字号为小二，加粗，字体颜色为红色，对齐方式为居中，如图3-79所示。单击“确定”按钮，应用“标题1”样式，效果如图3-80所示。

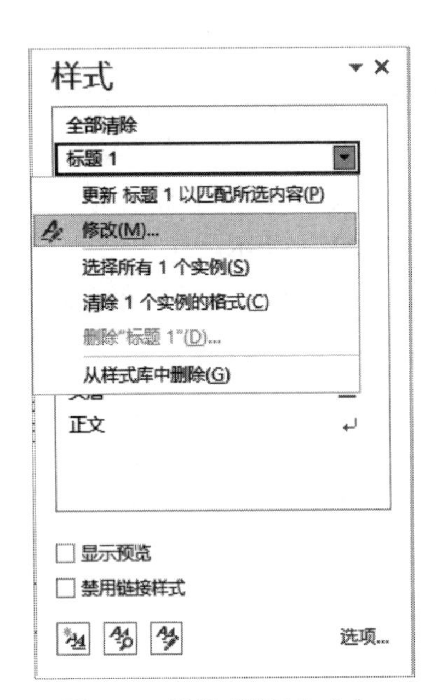

图 3-78　选择“修改”命令

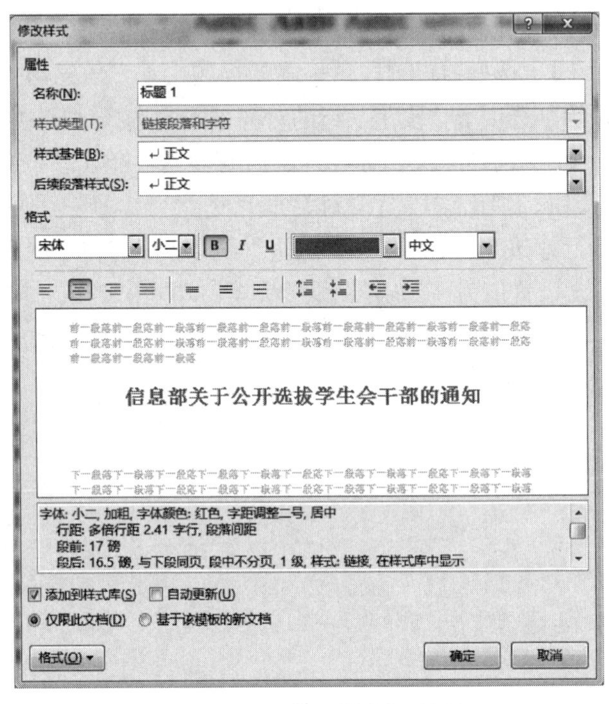

图 3-79　“修改样式”对话框

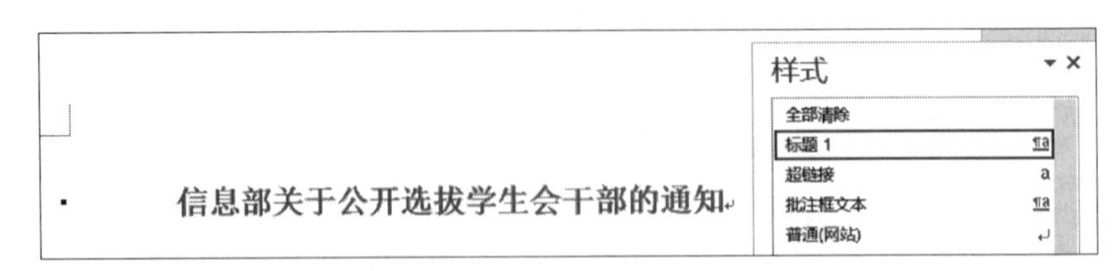

图 3-80　应用“标题 1”样式

（2）选择除文档标题外的所有段落，选择样式中的“正文”，右击“正文”，在弹出的快捷菜单中选择“修改”命令，打开“修改样式”对话框，单击左下角的“格式”按钮并选择“段落”，在打开的对话框中设置“首行缩进”为2字符，“行距”为固定值，18磅，单击“确定”按钮。

（3）选择“信息部各班”，在“样式”任务窗格中选择“新建样式”，新建样式“标题2”，字体为宋体，字号为小四，加粗。文档中的“一、二、三”等标题应用样式“标题2”，效果如图3-81所示。

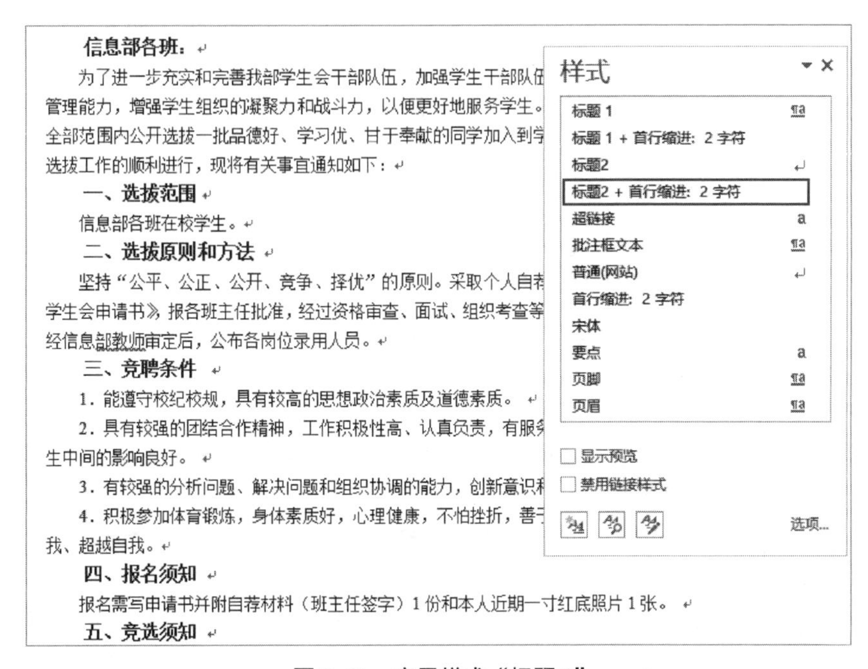

图 3-81　应用样式“标题 2”

（4）同样设置最后两行文本“部门和时间”的对齐方式为“右对齐”。

编辑文档“机房实训室使用规则”

内容描述

为便于机房的管理，同时让学生掌握机房实训室使用规则，做爱护公物、有责任心的好少年，现需要拟一份“机房实训室使用规则”。

微课

编辑文档“机房实训室使用规则”

操作过程

1. 新建 Word 文档，录入文本

新建Word文档，录入以下文本，命名为“机房实训室使用规则”。

文本内容如下：

机房实训室使用规则

进入机房实训室必须穿戴鞋套，按规定位置入座，听从指导老师的安排指导；保持机房实训室里的安静、整洁，与上课无关的物品不得带入机房实训室；爱护机房实训室设备，严格按照规定程序操作，对本课程无关的软件程序禁止使用；注意安全，发生障碍或问题，请指导老师处理；使用完毕后应留有值日生对机房实训室进行清洁，指导老师检查后，方可离开；凡损坏机房设备，一律按赔偿办法赔偿，情节严重者除赔偿外需做出书面检查。

机房实训室联系电话：13312345678

2. 设置页面格式

页面设置保持默认，即页边距为“普通”、纸张方向为“纵向”、纸张大小为A4。

3. 设置字符格式

（1）标题“机房实训室使用规则”设置字体为“宋体”、字号为“二号”、加粗、颜色为红色，居中对齐，如图3-82所示。

机房实训室使用规则

图 3-82　设置标题的字符格式

（2）设置正文字体为“宋体”，字号为“三号”。

（3）在录入文字分号处按【Enter】键，划分段落，设置段落行距为“单倍行距”。

4. 符号、特殊字符的插入

按照任务要求，在“机房实训室联系电话☎：13312345678”处需要插入符号☎。

（1）先将插入点定位在要插入符号的位置，然后在“插入”选项卡的“符号”组中单击“符号”下拉按钮，在弹出的下拉列表中选择“其他符号”命令，如图3-83所示。

（2）打开“符号”对话框后，在“符号”选项卡的“字体”列表中选择相应的字体，在符号列表框中选择需要插入的符号，单击“确定”按钮，如图3-84所示。

图 3-83　选择“其他符号”命令

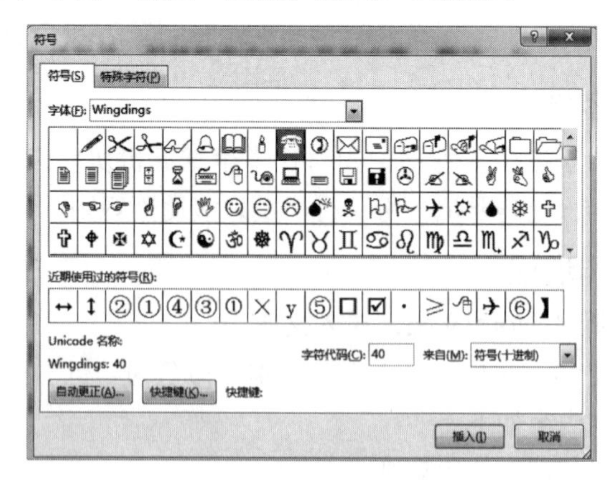

图 3-84　“符号”对话框

知识加油站

除了插入符号外，还可以在“符号”对话框中切换至“特殊字符”选项卡，选择要插入的特殊字符，如插入段落字符¶。

5. 设置下画线

为文本“机房实训室联系电话☎：13312345678”添加下画线，首先选中文本，之后单击“开始”选项卡“字体”组中的下画线按钮 U ▾ 右面的下拉按钮，找到选项“其他下画线”进行选择，打开“字体”对话框。在其中的“下画线线型”选择样本要求的双波浪线即可，如图3-85所示。

图 3-85　下画线线型选择

6. 设置项目符号或编号

为正文文本部分增加项目符号，首先选中正文部分，在“开始”选项卡中的“段落”组中找到“项目符号”按钮☰ ▾，单击右面的下拉按钮，在项目符号库列表中选择“定义新项目符号”，打开“定义新项目符号”对话框，单击其中的“符号”选项，在打开的对话框中找到需要的项目符号⌘，如图3-86所示。

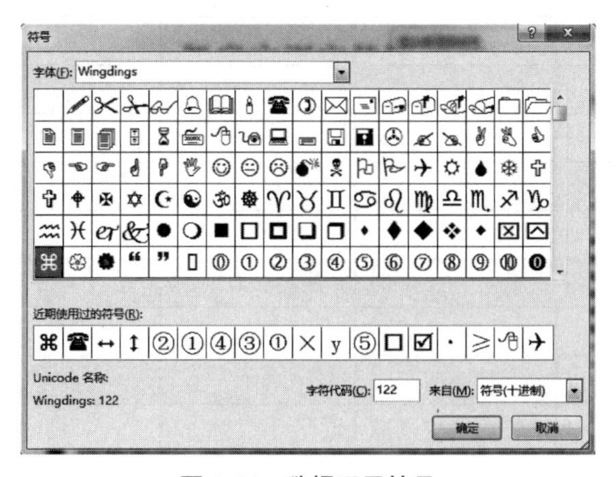

图 3-86　选择项目符号

7. 添加边框和底纹

选中需要添加边框的正文部分，在“开始”选项卡的“段落”组中找到框线按钮 ，单击右侧的下拉按钮，在下拉菜单里选择“边框和底纹”命令，打开“边框和底纹”对话框。

在“边框”选项卡中的“设置”里选择“方框”，样式选项里选择相应的虚线，在“应用于”内选择“段落”，如图3-87所示。完成任务二的制作，效果如图3-88所示。

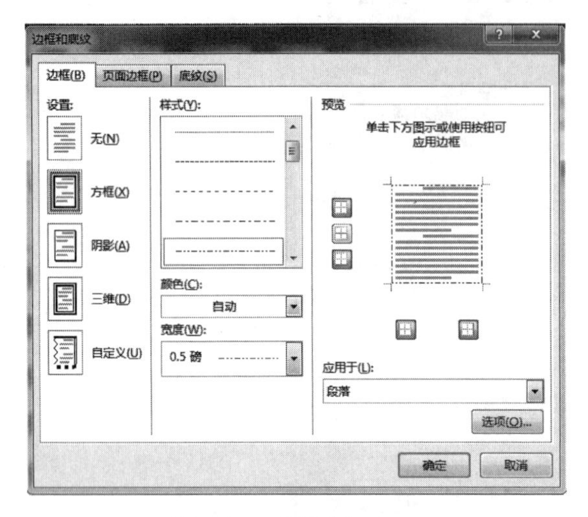

图 3-87 设置边框

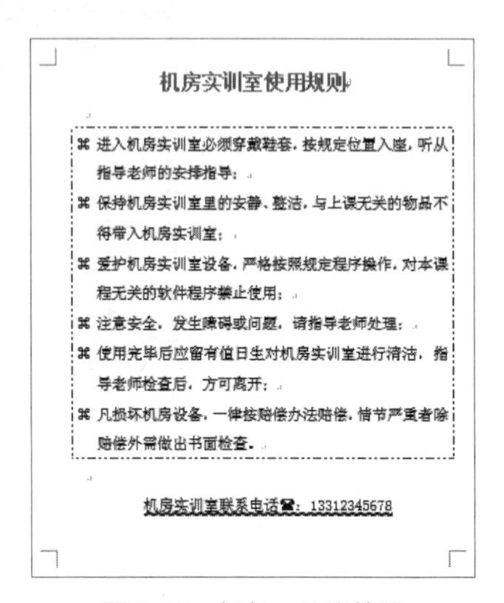

机房实训室使用规则

⌘ 进入机房实训室必须穿戴鞋套，按规定位置入座，听从指导老师的安排指导；

⌘ 保持机房实训室里的安静、整洁，与上课无关的物品不得带入机房实训室；

⌘ 爱护机房实训室设备，严格按照规定程序操作，对本课程无关的软件程序禁止使用；

⌘ 注意安全，发生障碍或问题，请指导老师处理；

⌘ 使用完毕后应留有值日生对机房实训室进行清洁，指导老师检查后，方可离开；

⌘ 凡损坏机房设备，一律按赔偿办法赔偿，情节严重者除赔偿外需做出书面检查。

机房实训室联系电话☎：13312345678

图 3-88 任务二最终效果

实践练习评价

评价项目	自我评价		教师评价	
	小结	评分（5分）	点评	评分（5分）
字符格式的设置				
段落格式的设置				
应用样式				
样式的修改				
新建样式				
录入文本				
页面格式的设置				
字符、段落格式的设置				
符号、特殊符号的插入				
下画线的设置				
项目符号的添加				
边框和底纹的设置				

任务三　制作表格

学习目标

- 会选用适用软件或工具制作不同类型的表格并设置格式。
- 会进行文本与表格的相互转换。

理论知识

一、创建表格

表格是由若干行和列的单元格组成的整体，单元格是指其中的任意一格。创建表格的方法有很多种，可以通过快速模板插入表格、通过“插入表格”对话框快速插入表格、手动绘制表格、文本转换成表格等。

1. 通过快速模板插入表格

利用快速模板区域的网格框可以直接在文档中插入表格，但最多只能插入8行10列的表格。操作过程如下：将光标定位在需要插入表格的位置，在“插入”选项卡的“表格”组中单击“表格”按钮。在弹出的下拉列表区域，拖动鼠标确定要创建表格的行数和列数，然后单击就完成了快速模板插入表格的操作。例如，我们要创建5行5列的表格，如图3–89所示。

2. 通过“插入表格”对话框快速插入表格

使用“插入表格”对话框创建表格时，可以在建立表格的同时精确设置表格的大小。在“插入”选项卡的“表格”组中单击“表格”按钮，在弹出的下拉列表中选择“插入表格”命令，即可打开“插入表格”对话框。在“表格尺寸”区域可以指定表格的行数和列数，在“‘自动调整’操作”区域，可以选择表格自动调整的方式。在“‘自动调整’操作”中，选择“固定列宽”单选按钮，在输入内容时，表格的列宽将固定不变；选择“根据内容调整表格”单选按钮，在输入内容时将根据输入内容的多少自动调整表格的大小；选择“根据窗口调整表格”单选按钮时，将根据窗口的大小自动调整表格的大小，如图3–90所示。

3. 手动绘制表格

如果需要创建行高、列宽不等的不规则表格时，我们可以通过绘制表格的功能来完成。操作过程如下：在“插入”选项卡的“表格”组中单击“表格”按钮，在弹出的下拉列表中选择“绘制表格”命令。此时鼠标指针变为笔的形状，在文档中按住鼠标左键进行拖动，当达到所需大小时释放鼠标即可生成表格的外部边框。继续在设置边框内部单击并进行拖动，即可绘制水平和垂直的内部边框。若所绘制线条错误，可选择“擦除”选项。

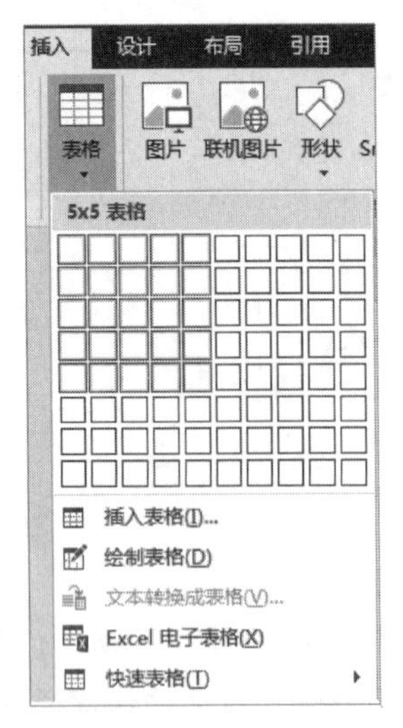

图 3-89　快速模板插入 5 行 5 列的表格

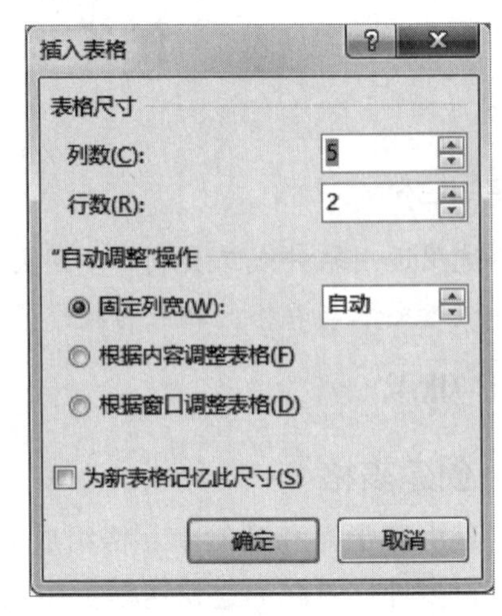

图 3-90　“插入表格”对话框

4．文本转换成表格

若输入的文本都使用【Tab】键、段落标记、逗号等作为分隔符号，并进行了整齐的排列，那么就可以将文本转换为表格形式。选中需要转换为表格的并且已经排列整齐的文本内容，在“插入”选项卡的“表格”组中单击“表格”按钮，在弹出的下拉列表中选择“文本转换成表格”命令，如图3-91所示，弹出“将文字转换成表格”对话框，如图3-92所示，在此可以设置表格的尺寸，与“插入表格”对话框的设置方法相同。Word会默认将一行中分隔的文本数目作为列数。文本转换成表格后效果如图3-93所示。

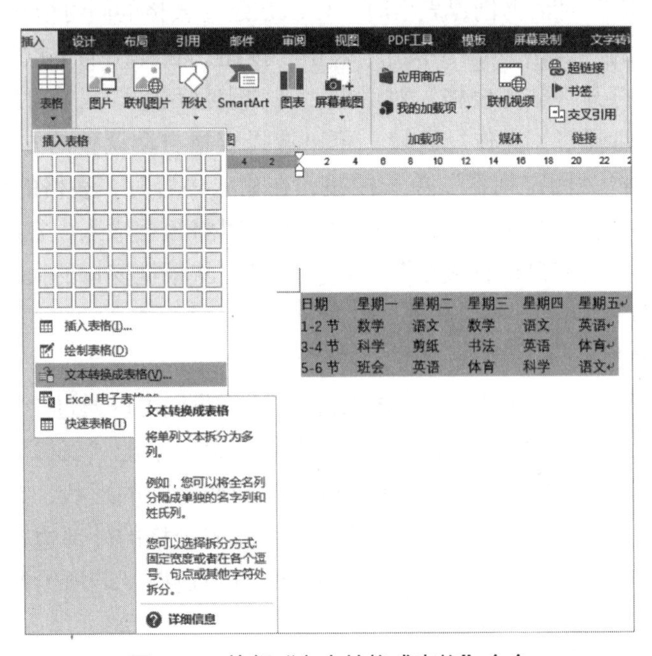

图 3-91　执行“文本转换成表格”命令

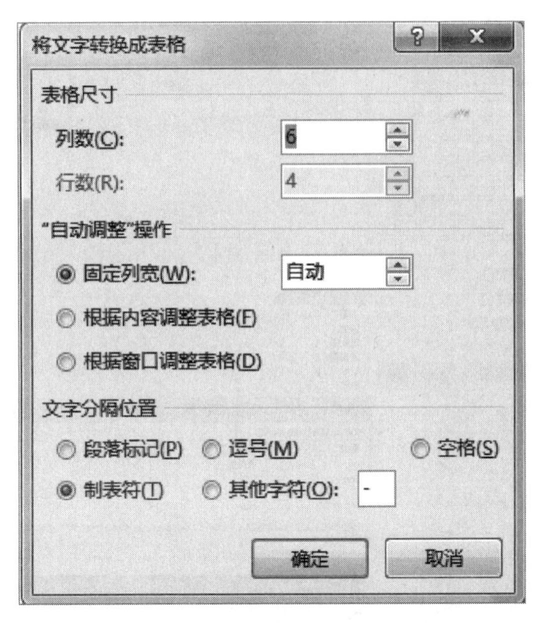

图 3-92　“将文字转换成表格”对话框

日期	星期一	星期二	星期三	星期四	星期五
1-2 节	数学	语文	数学	语文	英语
3-4 节	科学	剪纸	书法	英语	体育
5-6 节	班会	英语	体育	科学	语文

图 3-93　文本转换成表格后效果

5. 将表格转换为指定分隔符的文本

如果需要通过纯文本的方式记录表格内容，可以通过以下方式，将Word表格快速转换为整齐的文本资料。

（1）选取需要转换为文本的表格区域，打开“表格工具”的“布局”选项卡，在“数据”组中单击“转换为文本”按钮。

（2）在打开的“表格转换成文本”对话框中，设置文字分隔的位置，单击“确定”按钮即可将表格转换为文本。

6. 快速插入表格

Word 2016提供了许多样式的表格，可以直接插入指定样式的表格，并输入数据。操作过程如下：在“插入”选项卡的“表格”组中单击“表格”按钮，在弹出的下拉列表中选择“快速表格”命令，即可在打开的列表中选择需要的内置表格样式，如图3-94所示。

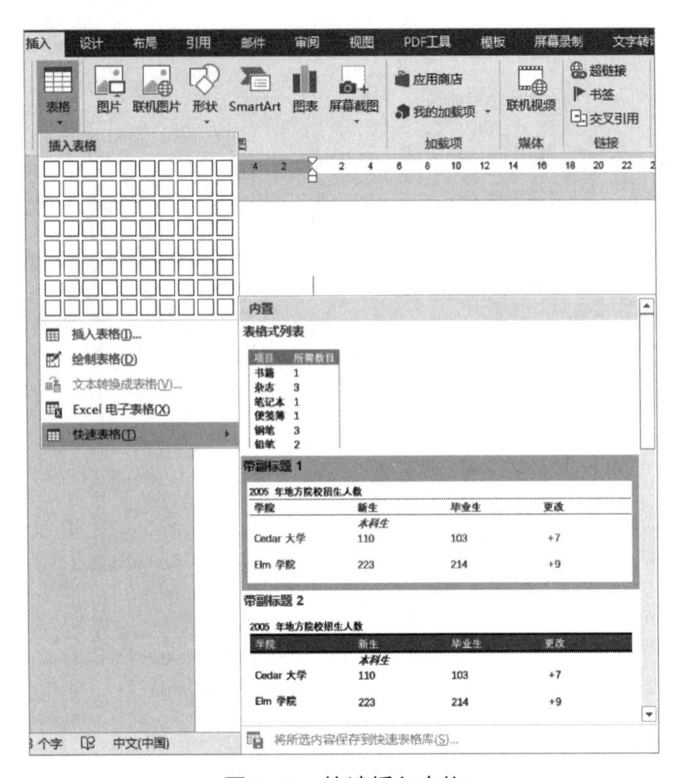

图 3-94　快速插入表格

二、单元格的基本操作

表格的基本组成就是单元格，在表格中可以很方便地对单元格进行选中、插入、删除、合并或拆分等操作。

1. 选中单元格

当需要对表格中的一个单元格或者多个单元格进行操作时，需要先将其选中。选中单元格可分为三种：选中单个单元格、选中多个连续的单元格和选中多个不连续的单元格。

（1）选中单个单元格：在表格中，移动光标到所要选中的单元格左边的选择区域，当光标变为 ↗ 形状时，单击即可选中该单元格。

（2）选中多个连续的单元格：在需要选中的第一个单元格内按住鼠标左键不放，拖动至最后一个单元格处。

（3）选中多个不连续的单元格：选中第一个单元格后，按住【Ctrl】键不放，再继续选择其他单元格即可。

2. 在单元格中输入文本

表格中的单元格内可以输入文本，也可以对单元格的内容进行剪切和粘贴等操作。单击需要输入文本的单元格，可看到光标在该单元格闪烁，此时输入文本即可。按【Tab】键可以使光标跳至所在单元格右侧的单元格中；按【↑】、【↓】、【←】、【→】方向键，光标可以在各单元格中进行切换。

3. 插入与删除单元格

（1）插入单元格：在需要插入单元格的位置右击，在弹出的快捷菜单中选择“插入”→“插入单元格”命令，弹出“插入单元格”对话框，直接在其中选择活动单元格的布局，单击“确定”按钮即可。

（2）删除单元格：选择需要删除的单元格右击，在弹出的快捷菜单中选择“删除单元格”命令，弹出“删除单元格”对话框，直接在其中选择删除单元格后活动单元格的布局，单击“确定”按钮即可。或者选中需要删除的单元格，打开“表格工具”的“布局”选项卡，在“行和列”组中单击“删除”按钮，在打开的下拉菜单中选择“删除单元格”命令，也可打开“删除单元格”对话框，进行删除单元格操作。

4. 合并与拆分单元格

合并单元格是指将连个或者两个以上的单元格合并成为一个单元格，拆分单元格是指将一个或多个相邻的单元格重新拆分为指定的列数。

（1）合并单元格：选择需要合并的单元格，打开“表格工具”的“布局”选项卡，在“合并”组中单击“合并单元格”按钮。或者右击选中的单元格，在弹出的快捷菜单中选择“合并单元格”命令。这样所选择的多个单元格即可合并为一个单元格。

（2）拆分单元格：选择需要拆分的单元格，打开“表格工具”的“布局”选项卡，在“合并”组中单击“拆分单元格”按钮，或右击选中的单元格，在弹出的快捷菜单中执行“拆分单元格”命令。此时弹出“拆分单元格”对话框，在“列数”和“行数”框中分别输入要拆分成的行数和列数即可。

三、表格中对行与列的设置

1. 选中表格中的行或列

对表格进行设置前，首先要选中表格中的编辑对象，然后才能对表格进行操作。除了可以选择单元格外，还可以选中一行或多行、一列或多列、整个表格等。

（1）选中整行：将光标移动到需要选择的行的左侧框线附近，当指针变为↗形状时，单击即可选中该行。

（2）选中整列：将光标移动至需要选择的列的上侧边框线附近，当指针变为⬇形状时，单击即可选中此列。

提示

选择一行或者一列单元格后，按住【Ctrl】键继续进行选择操作，可以同时选择不连续的多行或多列单元格。

（3）选中整个表格：移动光标到表格内的任意位置，表格的左上角会出现表格控制点，当光标指向该控制点时，指针会变成十字箭头形状。此时单击即可快速选中整个表格。

2. 插入与删除行或列

当需要在表格中插入一行或者一列数据的时候，需要先在表格中插入一空白行或空白列。当不需要某行或某列时要进行删除操作。

（1）插入行或列：在表格中选中与需要插入行的位置相邻的行，选中的行数与要插入的行数相同。打开“表格工具”中的“布局”选项卡，在“行和列”组（见图3–95）中单击“在上方插入”或“在下方插入”按钮即可。当插入列时，单击“在左侧插入”或“在右侧插入”按钮即可。

插入行或列的第二种方法是，选择需要插入位置的行或列并右击，在弹出的快捷菜单中选择“插入”命令。当插入行时，在打开的子菜单中选择“在上方插入行”或“在下方插入行”命令即可。当插入列时，在打开的子菜单中选择“在左侧插入列”或“在右侧插入列”命令，如图3–96所示。

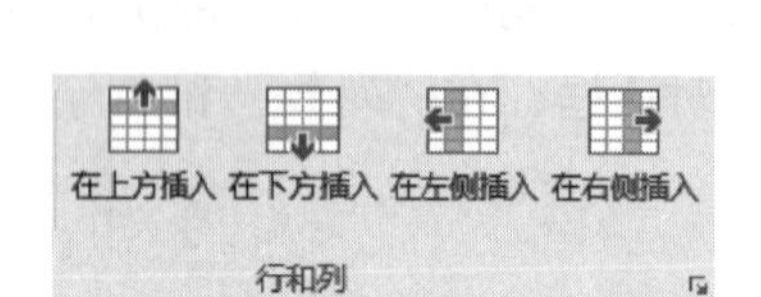

图 3–95 “布局”选项卡中插入行或列的方法

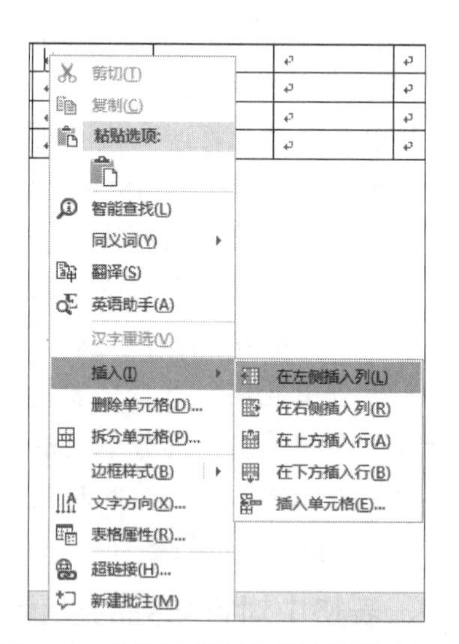

图 3–96 鼠标右键插入行或列的方法

（2）复制行或列：选中需要复制的行或列，在“开始”选项卡的“剪贴板”组中，单击“复制”按钮，或按【Ctrl+C】组合键，将光标移动到目标位置行或列的第一个单元格处，单击“粘贴”按钮或按【Ctrl+V】组合键，即可将所选行复制为目标行的上一行，或将所选列复制为目标列的前一列。

第二种方法是选中需要复制的行或列，右击，在弹出的快捷菜单中选择“复制”命令，然后将光标移动到目标行或列的每一个单元格中，再次右击，在弹出的快捷菜单中选择“粘贴行”或“粘贴列”命令，即可将所选行复制为目标行的上一行，或将所选列复制为目标列的前一列。当选中需要复制的行或列时，按住【Ctrl】键的同时拖动所选内容，拖至目标位置后释放鼠标，即可完成复制行或列的操作。

（3）移动行或列：移动行或列是指将选中的行或列移动到其他位置，在移动文本的同时，会删除原来位置上的原始行或列。选中需要移动的行或列，在“开始”选项卡的“剪贴板”组中单击“剪切”按钮，或者按【Ctrl+X】组合键，将光标移动到目标位置行或列的第一个单元格处，单击“粘贴”按钮或者按【Ctrl+V】组合键，即可完成移动。

第二种方法是选中需要复制的行或列，右击，在弹出的快捷菜单中选择“剪切”命令，然后将光标移动至目标行或列的每一个单元格中，再次右击，在弹出的快捷菜单中选择“粘贴行”或“粘贴列”命令，即可将所选行移动至目标行的上一行，或将所选列移动至目标列的前一列。当选中需要移动的行或列时，按住鼠标不放，当光标变为可拖动形状时拖动所选内容至目标位置后，释放鼠标即可。

（4）删除行或列：选中需要删除的行或列，或将光标放置在该行或列的任意单元格中，打开“表格工具”的“布局”选项卡，在“行和列”组中单击“删除”按钮，在弹出的下拉菜单中选择“删除行”或“删除列”命令即可，如图3–97所示。

也可以选择需要删除的行或列后右击，在弹出的快捷菜单中选择“删除单元格”命令，在弹出的“删除单元格”对话框中选择相应单选按钮，如图3–98所示。

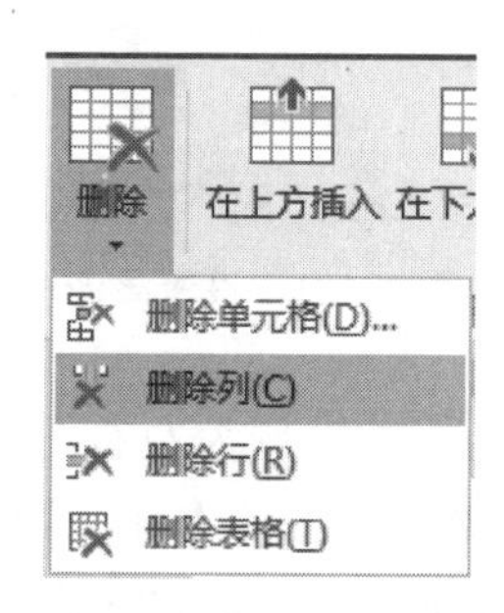

图 3–97 “布局”选项卡中的删除行或列

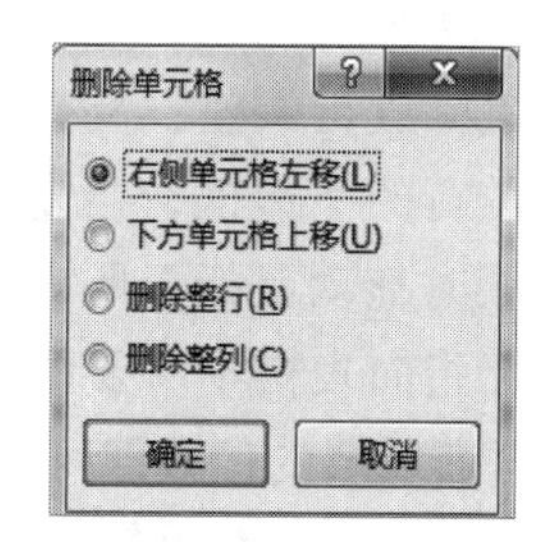

图 3–98 “删除单元格”对话框

3. 调整行高和列宽

根据表格内容的不同，表格的尺寸和外观要求也有所不同，可以根据表格的内容来调整表格的行高和列宽。

（1）自动调整：选中需要调整的单元格，打开“表格工具”的“布局”选项卡，在“单元格大小”组中单击“自动调整”按钮，就可以在弹出的下拉菜单中选择是根据内容或根据窗口自动调整表格，也可直接指定固定的列宽，如图3–99所示。选中整个表格，右击，在弹出的快捷菜单中选择“自动调整”命令，也可以打开“自动调整”下拉菜单。

（2）精确调整：可以在“表格属性”对话框中通过输入数值的方式精确调整行高和列宽。将光标定位在需要设置的行中，打开“表格工具”的“布局”选项卡，在“单元格大小”组中单击右下角的对话框启动器按钮，弹出“表格属性”对话框，在“行”选项卡中“指定高度”后的数值框中输入精确的数值。单击“上一行”或“下一行”按钮，即可将光标定位在“上一行”或“下一行”处，进行相同的设置即可，如图3–100所示。在选中部分单元格或整个表格后右击，在弹出的快捷菜单中选择“表格属性”命令，也可打开“表格属性”对话框。

在弹出的“表格属性”对话框的“列”选项卡中，可以在“指定宽度”后的数值框中输入精确的数值。

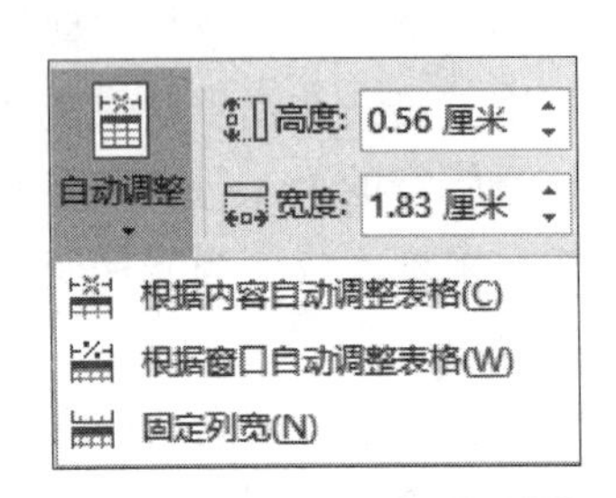

图 3-99　单击“自动调整”

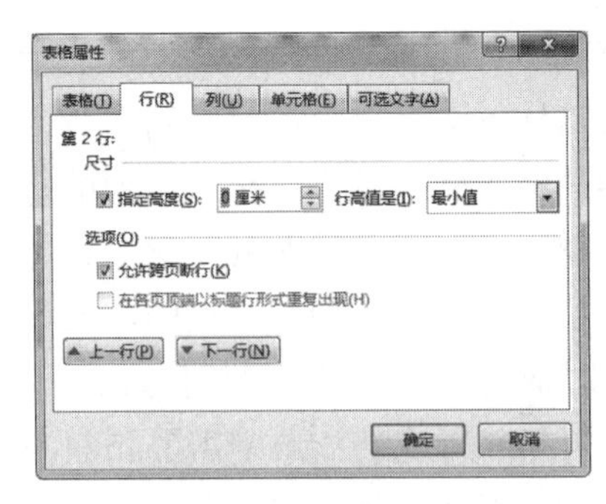

图 3-100　“表格属性”对话框

打开“表格工具”的“布局”选项卡，在“单元格大小”组中“高度”和“宽度”后也可以输入精确的数值，可以对所选单元格区域或者整个表格的行高与列宽进行精确设置，如图3-101所示。

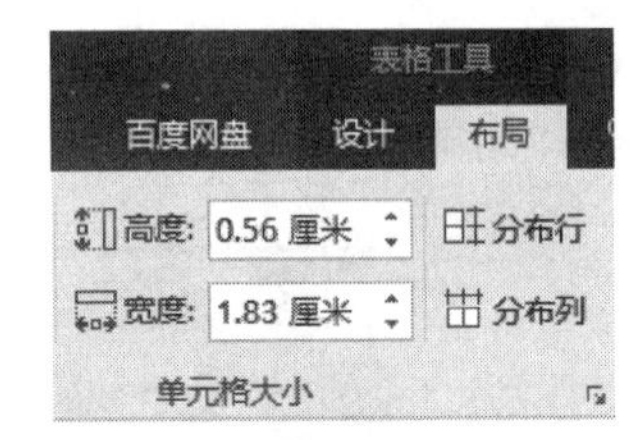

图 3-101　设置单元格的高度和宽度

（3）拖动鼠标进行调整：调整行高时，先将光标指向需要调整的行的下边框，当光标指针变为上下箭头中间两横形状时拖动鼠标至所需位置即可；调整列宽时，先将光标指向表格中所要调整列的竖边框，当光标指针变为左右箭头中间两竖形状时拖动边框至所需要的位置即可。在拖动鼠标时，如果同时按住【Shift】键，则边框左边一列的宽度发生变化，右边各列也发生均匀的变化，而整个表格的总体宽度不变。

（4）快速平均分布：选择多行或多列单元格，在“表格工具”中“布局”选项卡的“单元格大小”组中，单击“分布行”按钮或者“分布列”按钮，可以快速将所选择的多行或者多列进行平均分布，如图3-102所示；或者选择需要设置的行或列，右击，在弹出的快捷菜单中选择“平均分布各行”或“平均分布各列”命令，如图3-103所示。

图 3-102　分布行或分布列

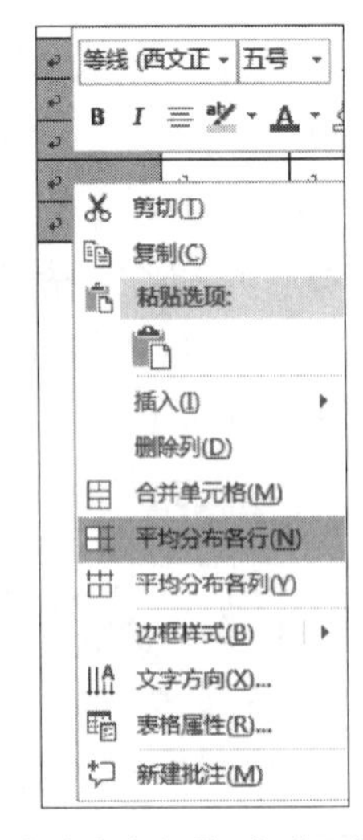

图 3-103　选择“平均分布各行”或“平均分布各列”命令

四、表格中文本格式的设置

设置表格中文本格式主要包括设置字体格式和文本对齐方式。其中文本字体格式的设置方法与设置正文文本的操作基本相同。

默认情况下，单元格中输入的文本内容为底端左对齐，可以根据需要调整文本的对齐方式。选择需要设置文本对齐方式的单元格区域或整个表格，打开“表格工具”的“布局”选项卡，在“对齐方式”组中单击相应的按钮即可设置文本对齐方式。

表格中文本对齐的方式包括：

（1）靠上两端对齐：文字靠单元格左上角对齐。

（2）靠上居中对齐：文字居中，并靠单元格顶部对齐。

（3）靠上右对齐：文字靠单元格右上角对齐。

（4）中部两端对齐：文字垂直居中，并靠单元格左侧对齐。

（5）水平居中：文字在单元格内水平和垂直都居中。

（6）中部右对齐：文字垂直居中，并靠单元格右侧对齐。

（7）靠下两端对齐：文字靠单元格左下角对齐。

（8）靠下居中对齐：文字居中，并靠单元格底部对齐。

（9）靠下右对齐：文字靠单元格右下角对齐。

五、设置表格的对齐方式及文字环绕方式

选择要进行设置的表格，在“表格工具”的“布局”选项卡的“表”组中单击“属性”按钮（见图3-104），即可打开“表格属性”对话框。在“表格”选项卡的“对齐方式”区域可以设置表格在文档中的对齐方式，有左对齐、居中和右对齐等；在“文字环绕”区域中，选择“环绕”选项，则可以设置文字环绕表格，如图3-105所示。

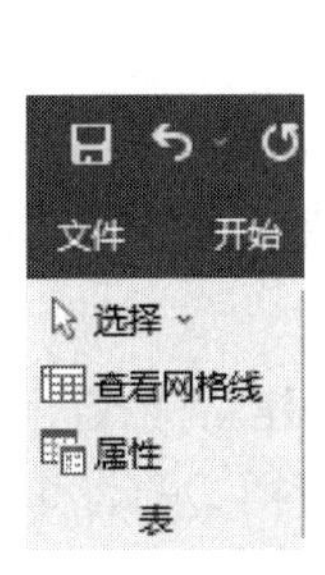

图 3-104　单击“属性”按钮

图 3-105　“表格”选项卡

六、设置表格边框和底纹

Word 2016中插入表格后，边框线默认设置为0.5磅单实线，为满足不同的需要，可以为表格设置边框和底纹样式。

1. 添加或删除边框

选择需要添加边框的单元格，打开“表格工具”的“设计”选项卡，在“边框”组中单击“边框”下拉按钮，在弹出的下拉列表中选择边框样式，或打开“边框和底纹”对话框，在“边框”选项卡中可以设置边框线条的颜色、样式、粗细等。

在“边框”选项卡中左侧的“设置”区域内可以选择边框的效果，如方框、虚框等；在“样式”区域可以选择边框的线型，如单实线、双实线、虚线等；在“颜色”区域可以设置边框的颜色；在“宽度”区域可以设置边框线的粗细，如1磅、2磅等；在“预览”区域通过使用相应的按钮，可具体对指定位置的边框应用样式预览其效果，主要设置项目包括上、下、左、右边框，内部横网格线、竖网格线、斜线边框等；在“应用于”区域可以选择边框应用的范围，如表格、单元格等。

若要删除表格的边框，选择需要设置边框的表格区域或整个表格，打开“表格工具”的“设计”选项卡，在“边框”组中单击“边框”按钮，在弹出的下拉菜单中选择“无边框”命令即可。

2. 添加或删除底纹

选择需要添加底纹的单元格，打开“表格工具”的“设计”选项卡，在“表格样式”组中单击“底纹”按钮，在弹出的下拉列表中可以选择一种底纹颜色。

也可以在“边框和底纹”对话框中的“底纹”选项卡中设置填充底纹的颜色、填充图案的样式及颜色、应用范围等。

若要删除表格的底纹，只需要选择已设置底纹的表格区域或整个表格，打开“表格工具”的“设计”选项卡，在“表格样式”组中单击“底纹”按钮，在弹出的下拉菜单中选择“无颜色”命令即可。

七、套用表格样式

Word 2016内置了大量的表格样式，可以根据需要自动套用表格样式。创建表格后，可以使用“表格样式”来设置整个表格的格式。将鼠标指针停留在每个预先设置好格式的表格样式上，可以预览表格的外观。

首先选中整个表格，打开“表格工具”的“设计”选项卡，在“表格样式”组中单击“其他”按钮，在弹出的库中单击所需要的表格样式，即可为表格应用该样式，如图3-106所示。

如果选择“新建表格样式”命令，即可打开“根据格式设置创建新样式”对话框。在该对话框中可以自定义表格的样式，例如，在“属性”区域可以设置样式的名称、类型和样式基准，在“格式”区域可以设置表格文本的字体、字号、颜色等格式，如图3-107所示。

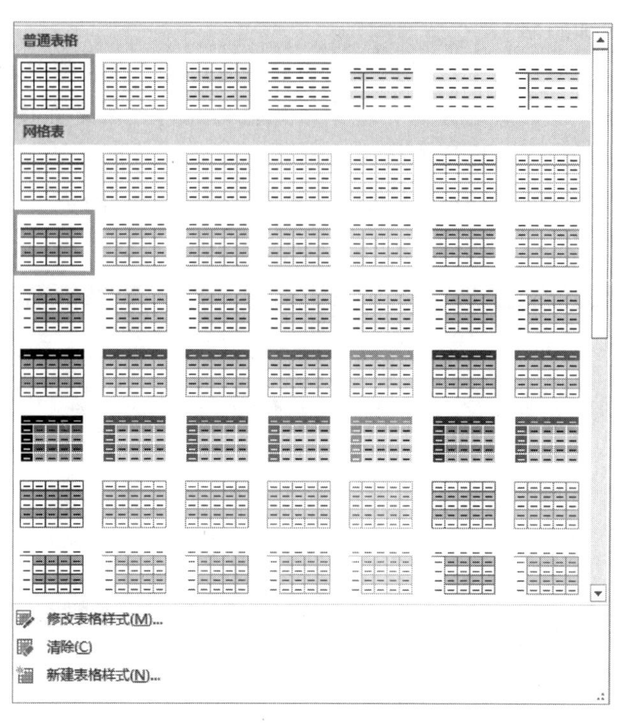

图 3-106 表格样式

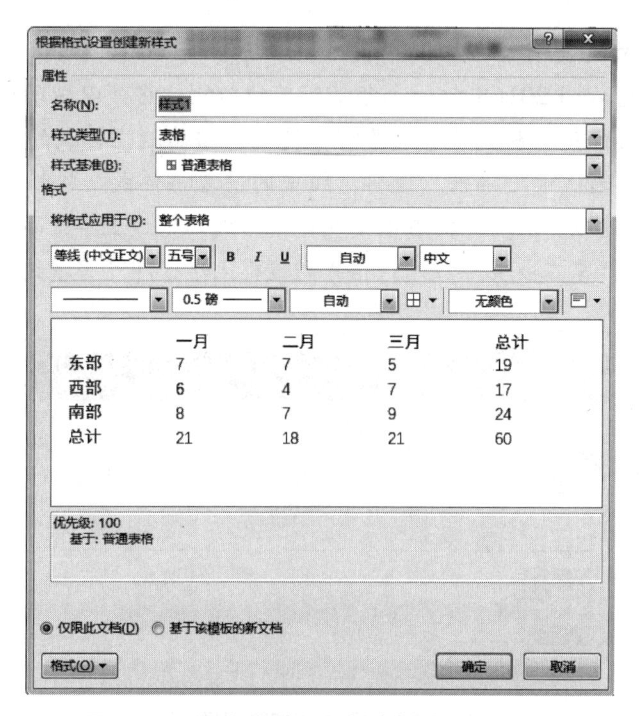

图 3-107 “根据格式设置创建新样式”对话框

知识加油站

1．斜框线的添加方法

在实际的Office办公应用中，用户可能经常会遇到需要在表格中添加斜框线的情况。Word提供了多种添加斜框线的方法，其中，比较传统的方法是直接通过自选图形（直线）绘制出一条斜框线，而最简单的方法则是将光标定位到需要添加斜框线的单元格上，选择“表格工具”的“设计”选项卡，单击“边框”组中的“边框”按钮，最后在展开的列表中选择“斜下框线”命令即可，如图3-108所示。

图 3-108　选择“斜下框线”

2．边框取样器的使用技巧

边框取样器是Word 2016中的一个非常实用的功能，它可以帮助用户对文档中出现的各个边框格式进行复制和粘贴。打开需要复制、粘贴边框样式的文档后，在“表格工具”的“设计”选项卡中单击“边框”组中的“边框样式”按钮，在展开的库中选择“边框取样器”选项，此时只需在要复制边框格式的框线上单击即可轻松将改边框格式成功复制，接着只需在要粘贴应用该格式的边框上单击即可将该边框格式应用到表格中，如图3-109所示。

图 3-109　选择“边框取样器”

制作个人简历

内容描述

乔一同学今年大学毕业，在入职前需要准备一份简历。个人简历是求职者给招聘单位发的一份简要介绍，包括个人概况、教育背景、求职意向工作经历等内容，个人简历对于能否获得面试机会至关重要，请你利用所学知识帮乔一同学完成简历的制作。

操作过程

1. 创建表格

微课

制作个人简历

（1）新建一个Word文档，并以“个人简历”为名进行保存。

（2）单击“插入”选项卡“表格”组中的“表格”按钮，在展开的列表中选择“插入表格”选项，在打开的“插入表格”对话框中，在“列数”和“行数”编辑框中输入需要列数为6，行数为18，单击“确定”按钮。

2. 编辑表格

（1）选择表格第1行的全部单元格，打开“表格工具”的“布局”选项卡，单击“合并”组中的“合并单元格”按钮，将所选单元格合并。按同样方法，分别选择其他单元格进行合并，从而获得表格的基本框架，如图3-110所示。

（2）设置行高。在第1行单元格中单击，然后将“单元格大小”组中的“表格行高度”设置为1.3厘米，按【Enter】键确认。同样方法，将光标移至第2行左侧，按住鼠标左键并向下拖动，选中除第1行之外的所有行，然后在“单元格大小”组中的表格行“高度”编辑框中输入1，将这些行的高度全部设置为1厘米。

（3）调整列宽。按照图3-111所示，选择列分界线，拖住鼠标左键向左或向右调整所选单元格的列宽。

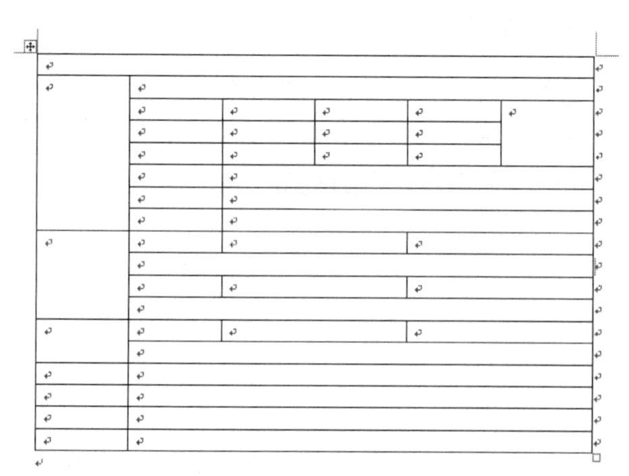

图3-110　合并单元格

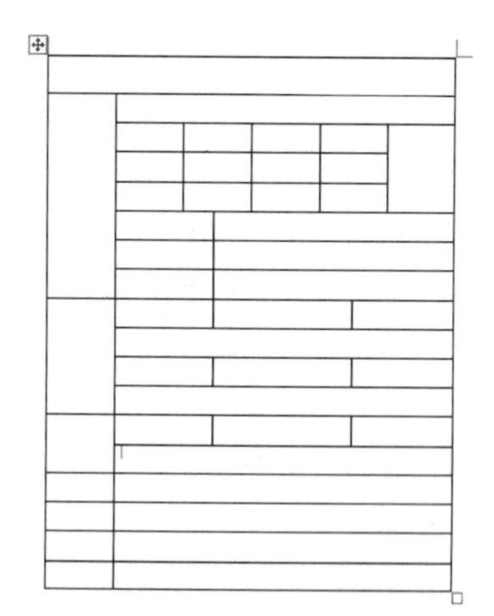

图3-111　调整行高和列宽后的表格

3. 在表格中输入文字并设置格式

在创建好表格框架后，就可以根据需要在表格中输入文字，还可以根据需要调整表格内容在单元格中的对齐方式，以及单元格内容的字体、字号等。

（1）对照图3–112，在各单元格中输入相关文字。

个人简历					
个人概况	求职意向：图文编辑				
	姓名	乔一	出生日期	1990	
	性别	女	户口所在地	山西省 太原市	
	民族	汉	专业和学历	计算机应用	
	联系电话	18612345555			
	通讯地址	太原市小店区日月小区 3-206			
	电子邮箱	QiaoYi@163.com			
工作经验	2013.6-2016.8	太原时代文化发展有限公司	太原		
	编辑 参与编辑职业教育精品教材，主要参与者 参与策划编辑"十二五"规划教材，主要参与者				
	2016.9-至今	太原魔石文化传播有限公司	太原		
	图文编辑 全国中职计算机专业教材，图文编辑者 全国中职电子商务专业教材，图文编辑者				
教育背景	2009.9-2013.7	山西大学	计算机应用		
	学士 连续四年获校三好学生 参与开发教学管理信息系统，学生管理信息系统				
外语水平	六级				
计算机水平	计算机三级				
性格特点	喜欢阅读和写作，喜欢思考和钻研				
业余爱好	绘画、书法				

图 3–112　在表格中输入文字

（2）单击表格左上角的⊞符号选中整个表格，然后单击“表格工具”的“布局”选项卡“对齐方式”组中的“中部两端对齐”按钮，将各单元格中文字垂直居中对齐、水平居左对齐；再选择需要居中对齐的单元格，如第1行、第1列等，单击“对齐方式”组中的“水平居中”，使其文字居中对齐。

（3）分别选中相应的单元格，利用“开始”选项卡“字体”组中的“字体”和“字号”下拉列表框为所选单元格设置字体和字号。“个人简历”为宋体，三号；其余字体为宋体，五号，第1列等文字设置加粗效果，如图3–113所示。

4. 美化表格

表格创建和编辑完成后，还可进一步对表格进行美化操作，如设置单元格或整个表格的边框和底纹等。

（1）选中整个表格，分别单击“表格工具”的“设计”选项卡“边框”组中的“边框样式”、“笔画粗细”和“笔颜色”下拉列表框右侧的下拉按钮，从弹出的列表中选择边框样式为“细–粗窄间隔，3pt，着色2”，笔画粗细为“3.0磅”，笔颜色为“橙色”。

（2）单击“边框”组“边框”按钮右侧的下拉按钮，在展开的列表中选择“外侧框线”，为所选表格设置外边框。注意：如果所选的是单元格区域，则是为该单元格区域设置边框。

（3）选中表格第1行（标题行），单击“表格工具”的“设计”选项卡“表格样式”组中的“底纹”按钮右侧的下拉按钮，在展开的列表中选择“橙色”，根据需要设置其他单元格底纹效果。个人简历表的最终效果如图3-114所示。

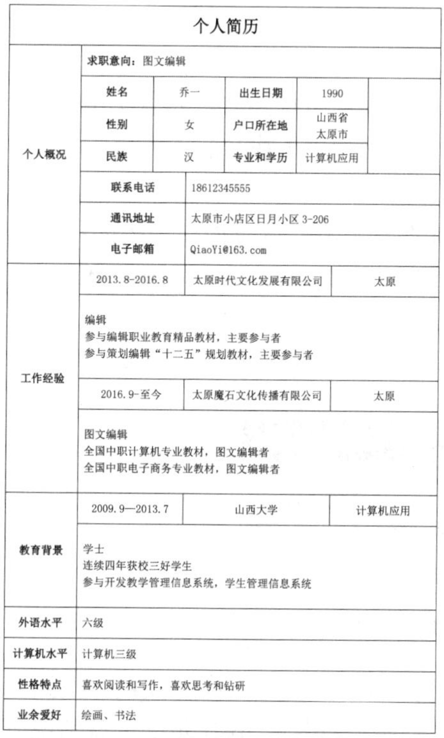

个人简历				
个人概况	求职意向：图文编辑			
	姓名	乔一	出生日期	1990
	性别	女	户口所在地	山西省 太原市
	民族	汉	专业和学历	计算机应用
	联系电话	18612345555		
	通讯地址	太原市小店区日月小区 3-206		
	电子邮箱	QiaoYi@163.com		
工作经验	2013.8-2016.8	太原时代文化发展有限公司	太原	
	编辑 参与编辑职业教育精品教材，主要参与者 参与策划编辑“十二五”规划教材，主要参与者			
	2016.9-至今	太原魔石文化传播有限公司	太原	
	图文编辑 全国中职计算机专业教材，图文编辑者 全国中职电子商务专业教材，图文编辑者			
教育背景	2009.9—2013.7	山西大学	计算机应用	
	学士 连续四年获校三好学生 参与开发教学管理信息系统，学生管理信息系统			
外语水平	六级			
计算机水平	计算机三级			
性格特点	喜欢阅读和写作，喜欢思考和钻研			
业余爱好	绘画、书法			

图 3-113　调整表格中文字的对齐方式和字体字号

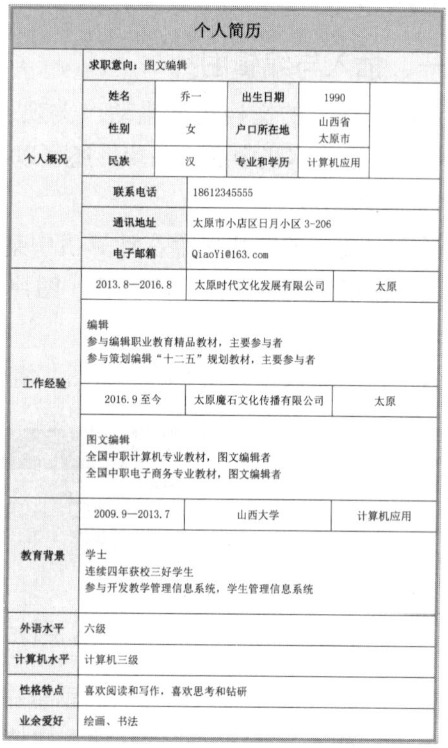

个人简历				
个人概况	求职意向：图文编辑			
	姓名	乔一	出生日期	1990
	性别	女	户口所在地	山西省 太原市
	民族	汉	专业和学历	计算机应用
	联系电话	18612345555		
	通讯地址	太原市小店区日月小区 3-206		
	电子邮箱	QiaoYi@163.com		
工作经验	2013.8—2016.8	太原时代文化发展有限公司	太原	
	编辑 参与编辑职业教育精品教材，主要参与者 参与策划编辑“十二五”规划教材，主要参与者			
	2016.9 至今	太原魔石文化传播有限公司	太原	
	图文编辑 全国中职计算机专业教材，图文编辑者 全国中职电子商务专业教材，图文编辑者			
教育背景	2009.9—2013.7	山西大学	计算机应用	
	学士 连续四年获校三好学生 参与开发教学管理信息系统，学生管理信息系统			
外语水平	六级			
计算机水平	计算机三级			
性格特点	喜欢阅读和写作，喜欢思考和钻研			
业余爱好	绘画、书法			

图 3-114　个人简历表最终效果

实践练习评价

评价项目	自我评价		教师评价	
	小结	评分（5分）	点评	评分（5分）
创建表格				
编辑表格				
表格中文字格式的设置				
美化表格				

任务四　绘制图形

学习目标

- 能绘制简单图形。
- 会使用适用软件或工具插件绘制数字公式、图形符号、示意图、结构图、二维和三维模型等图形。

理论知识

一、插入与编辑图片

要使制作出的文档更加生动、美观、吸引人，我们可以增加一些图片信息。Word 2016中既可以从本机中插入图片，还可以从各种联机来源中查找和插入图片。

1. 插入图片

当需要使用的图片保存在计算机中某个文件夹时，我们可以使用插入图片功能，将选择的图片插入到文档的指定位置。图片文件的格式可以是Windows的标准BMP格式，也可以是JPG压缩格式。

（1）在“插入”选项卡的“插图”组中单击“图片”按钮，如图3-115所示。

图 3-115　插入图片选项

（2）在打开的“插入图片”对话框中选择需要插入图片的文件夹位置，找到相应图片后单击“插入”按钮，将图片插入文档的相应位置，如图3-116所示。默认情况下，被插入的图片会直接嵌入文档中，并成为文档的一部分。

> *提示*
> 如果要链接图形文件，而不是插入图片，可在“插入图片”对话框中选择要链接的图形文件，然后单击“插入”下拉按钮，在弹出的下拉菜单中选择“链接到文件”命令即可。使用链接方式插入的图片在文档中不能被编辑。

2. 编辑图片

在文档中插入图片后，为使其达到更加适合文档的目的和效果，还可以对其进行相应的编辑，比如调整图片的颜色、调整图片的大小和位置、截取图片的部分内容、设置图片的文字环绕方式、旋转图片的角度、调整图片的亮度对比度等。选中要编辑的图片，可以打开“图片工具”中的“格式”选项卡进行相应操作，如图3-117所示。

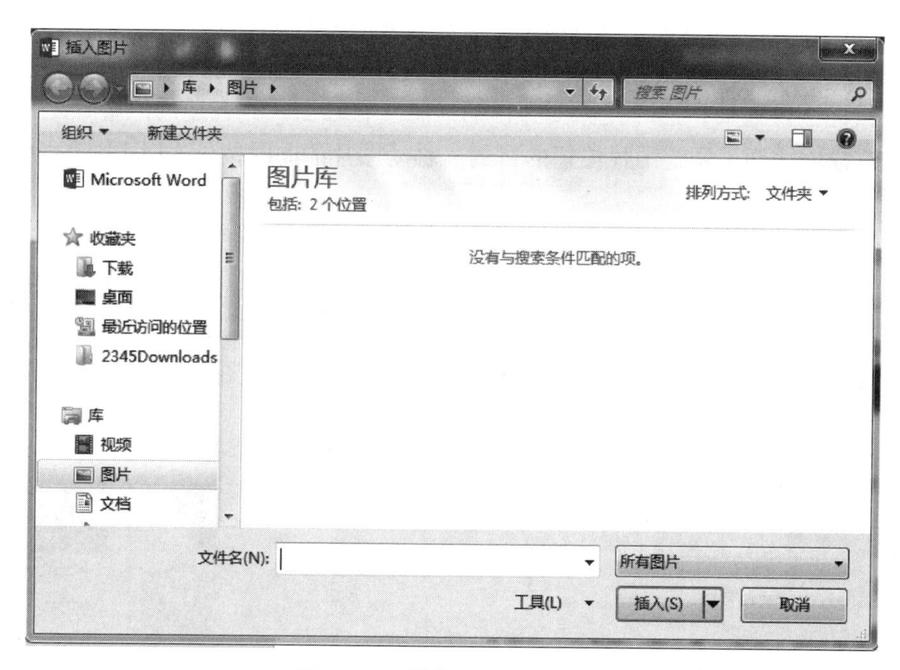

图 3-116 “插入图片”对话框

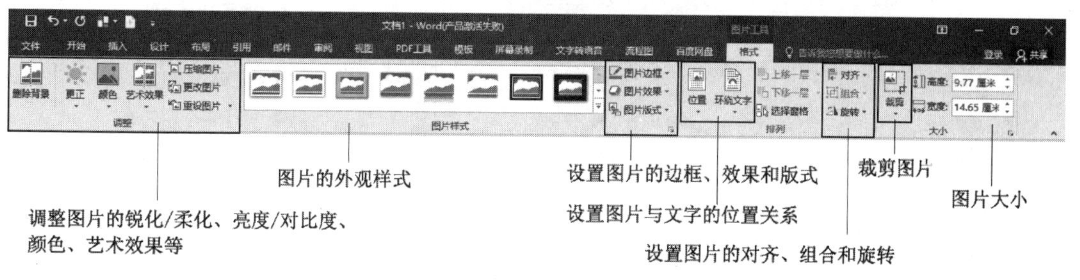

图 3-117 “图片工具”中的“格式”选项卡

（1）调整图片位置和大小。通常在默认情况下插入的图片的大小和位置不能满足文档的实际需求，需要制作者对图片的大小和位置进行调整。

调整图片大小有三种方法：

方法一：可以选中需要调整图片大小的图片，这时图片四周出现8个控制点，将光标移动到这些控制点的时候，光标将变成双向箭头形状，这时按住鼠标拖动图片控制点就可以任意调整图片的大小。

方法二：可以选中该图片，打开“图片工具”的“格式”选项卡，在“大小”组中的“高度”和“宽度”文本框中输入数据值，精确设置图片的大小。

方法三：选中该图片，打开“图片工具”的“格式”选项卡，在“大小”组中单击右下角的大小对话框启动器按钮，打开“布局”对话框，如图3-118所示。在“缩放”选项区域的“高度”和“宽度”微调框中均可输入缩放比例，并勾选“锁定纵横比”和“相对原始图片大小”复选框，就可以实现图片的等比例缩放操作。

调整图片位置可以通过选中图片并将指针移至图片上方，待光标变成十字箭头形状时，按住鼠标进行拖动，这时光标变为移动形状，移动图片到合适的位置，之后释放鼠标即可，这样就达到了调整图片位置的目的。移动图片的同时按住【Ctrl】键，可实现复制图片的操作。

（2）设置图片的文字环绕方式。默认情况下插入的图片是嵌入文档中的，我们可以根据需要调整图片和文字的环绕方式使文档更加美观协调。设置图片的环绕方式可以在“图片工具”的“格式”选项卡的“排列”组中单击“环绕文字”，从弹出的下拉列表中选择一种文字和图片的排列方式。在Word 2016中共提供了7种图片环绕方式，如图3-119所示。

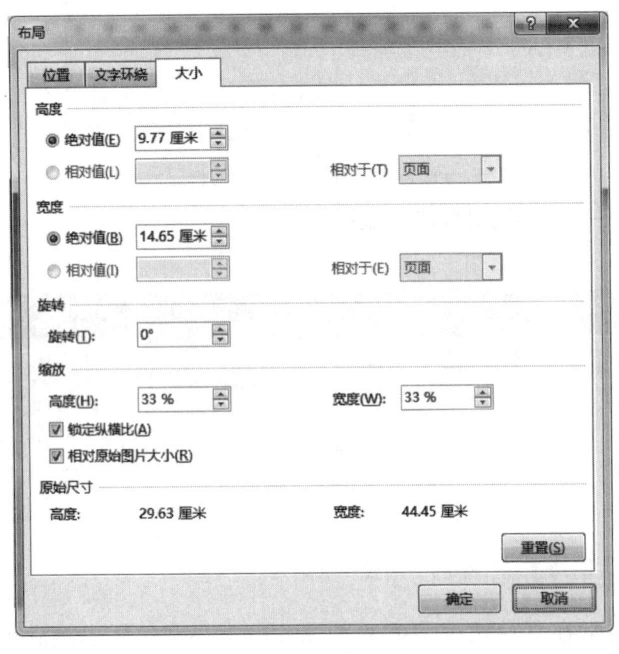

图 3-118 “布局”对话框

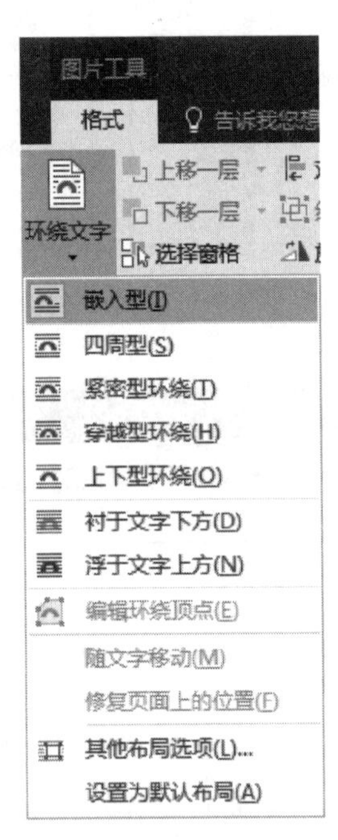

图 3-119 图片环绕方式

① 嵌入型：该方式使图片的周围环绕文字，将图片置于文档中文本行的插入点位置，并且与文字位于相同的层上。

② 四周型：该方式将文字环绕在所选图片边界框的四周。

③ 紧密型环绕：该方式将文字紧密环绕在图片自身边缘的周围，而不是图片边界框的周围。

④ 穿越型环绕：该方式类似于四周型环绕，但文字可进入图片空白处。

⑤ 上下型环绕：该方式将图片置于两行文字中间，图片的两侧无文字。

⑥ 衬于文字下方：该方式将取消文本环绕，并将图片置于文档中文本层之后，对象在其单独的图层上浮动。

⑦ 浮于文字上方：该方式将取消文本环绕，并将图片置于文档中文本层上方，对象在其单独的图层上浮动。

（3）设置图片样式。插入选择好的图片后，为使图片更加符合整个文档的风格，可以使用“图片工具”中的“格式”选项卡对图片的亮度/对比度等参数进行设置，还可以设置图片样式，例如阴影、映像、发光等。

设置图片的亮度/对比度的方法是：在“图片工具”中“格式”选项卡的“调整”组中单击“更正”按钮，在下拉列表中选择“亮度/对比度”中合适的亮度和对比度，如图3-120所示。

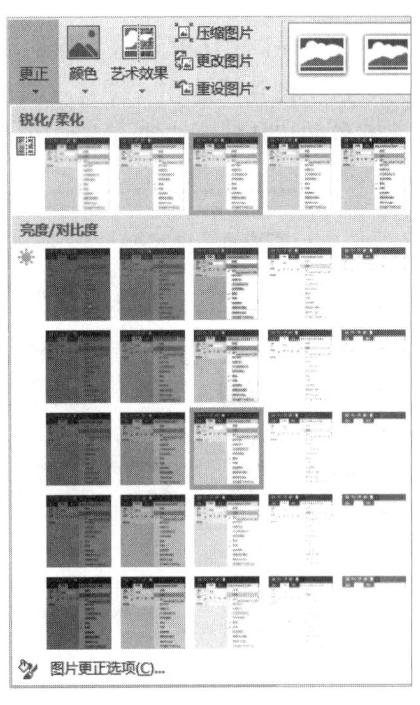

图 3-120　设置图片的亮度 / 对比度

当插入的图片颜色不符合文档风格需要更改的时候，可以调整图片的饱和度、色调或重新着色。在“图片工具”中的“格式”选项卡的“调整”组中单击“颜色”按钮，在弹出的库中选择所需要的颜色即可，如图3-121所示。

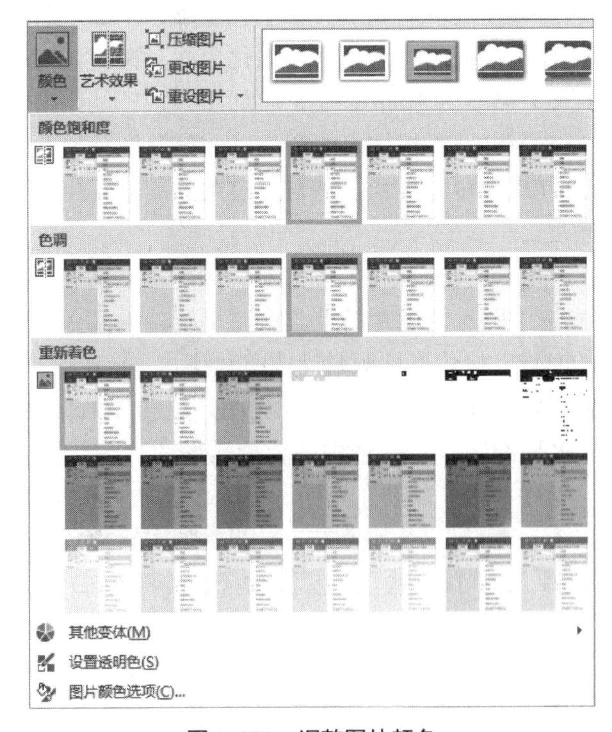

图 3-121　调整图片颜色

在Word 2016中新增了28种动态的图片外观样式，可以快速为图片选择样式进行美化。选中图片后，在“图片工具”的“格式”选项卡的“图片样式”组中单击样式区域右下角的“其他”按钮，在弹出的库中选择所需要的样式，如图3–122所示。

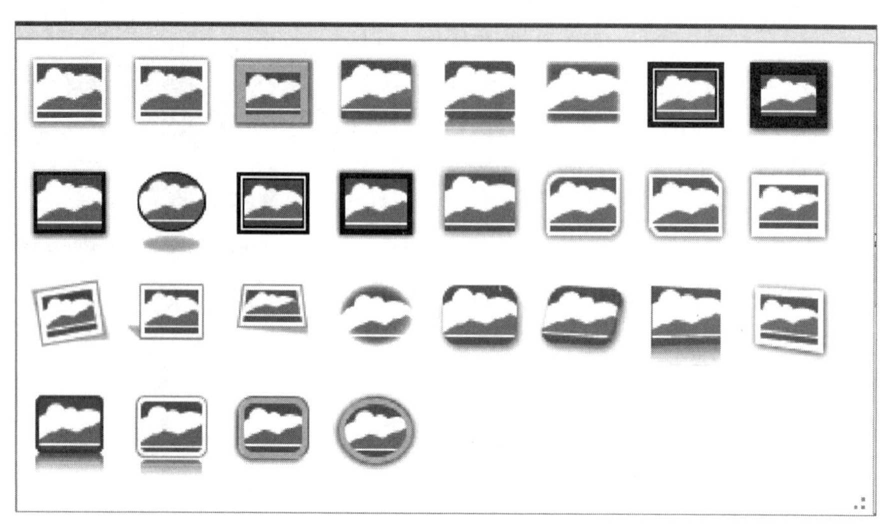

图 3–122　图片样式

在“图片工具”中“格式”选项卡的“图片样式”组中单击“图片边框”按钮可以在弹出的下拉列表中选择图片边框的线型、颜色和粗细；单击“图片效果”按钮可以在弹出的下拉列表中为图片选择相应的效果，如柔化边缘、棱台、三维旋转、发光等；单击“图片版式”可以把图片转换为SmartArt图形，如图3–123所示。

（4）旋转图片。当文档中需要将插入的图片以一定角度呈现的时候，我们就需要旋转图片。可以通过两种方式旋转图片：一种是通过图片的旋转控制点自由旋转图片；一种是选择固定的旋转角度。

① 自由旋转图片：如果对于文档中的图片旋转角度不能精确确定，那么可以使用旋转手柄旋转图片。首先选中图片，图片的上方有一个旋转手柄，将光标移动到旋转手柄上，呈旋转箭头形状的时候，按住鼠标顺时针或逆时针方向旋转图片即可。

② 固定角度旋转图片：Word 2016预设了4种图片旋转效果，即向右旋转90°、向左旋转90°、垂直翻转、水平翻转。首先选中需要旋转的图片，在“图片工具”中的“格式”选项卡的“排列”组中单击“旋转”按钮，可以在打开的下拉列表中选择“向右旋转90°”“向左旋转90°”“垂直翻转”“水平翻转”效果，如图3–124所示。

③ 按角度值旋转图片：还可以通过指定具体的数值，更精确地旋转图片到指定角度。首先选中需要旋转的图片，在“图片工具”中“格式”选项卡的“排列”组中单击“旋转”按钮，在打开的下拉列表中选择“其他旋转选项”选项。在打开的“布局”对话框中切换到“大小”选项卡，在“旋转”区域调整“旋转”编辑框的数值，并单击“确定”

按钮即可按指定角度值旋转图片。

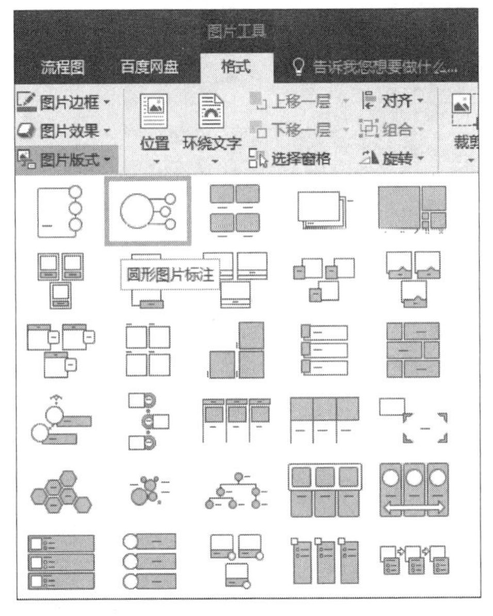

图 3-123　将图片转换为 SmartArt 图形

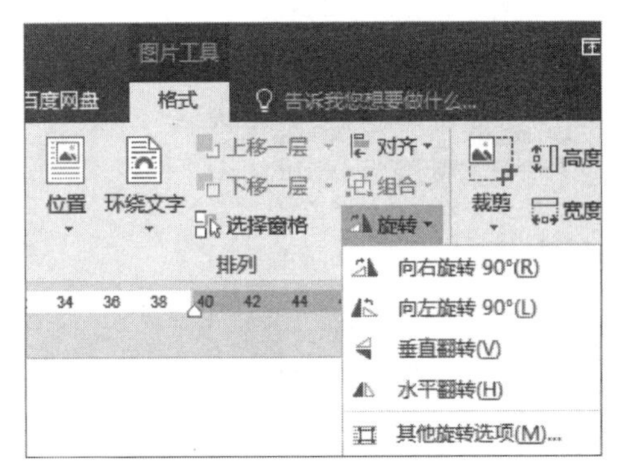

图 3-124　设置图片旋转

（5）裁剪图片。裁剪操作通过删除垂直或水平边缘来减小图片的大小，裁剪通常用于隐藏或修剪部分图片，以便进行强调或删除不需要的部分。在Word 2016中，用户可以按比例裁剪图片，也可以将图片裁剪为不同的形状。

方法一：通过“裁剪”工具进行图片裁剪。选择需要裁剪的图片，在“图片工具”中的“格式”选项卡的“大小”组中单击“裁剪”按钮，这时图片边缘出现裁剪控制点，将指针移至控制点位置处并按住鼠标进行拖动，拖到合适的位置后释放鼠标即可完成图片的裁剪。

提示

要裁剪某一侧，请将该侧的中心裁剪控制点向图片里面拖动；要同时均匀地裁剪两侧，请在按住【Ctrl】键的同时将任一侧的中心裁剪控制点向图片里面拖动；要同时均匀地裁剪全部四侧，请在按住【Ctrl】键的同时将一个角部裁剪控制点向图片里面拖动。

方法二：按比例裁剪图片。按比例裁剪图片内置的分为三种：方形、纵向、横向，每种有不同的比例供用户选择，如图3-125所示。

方法三：通过裁剪来适用形状。选择需要裁剪的图片，在“图片工具”“格式”选项卡的“大小”组中单击“裁剪”下拉按钮，在下拉列表中选择“裁剪为形状”（见图3-126），在展开列表中选择需要的形状即可。选择“裁剪”下拉列表中的“调整”，可调整形状的大小和比例。

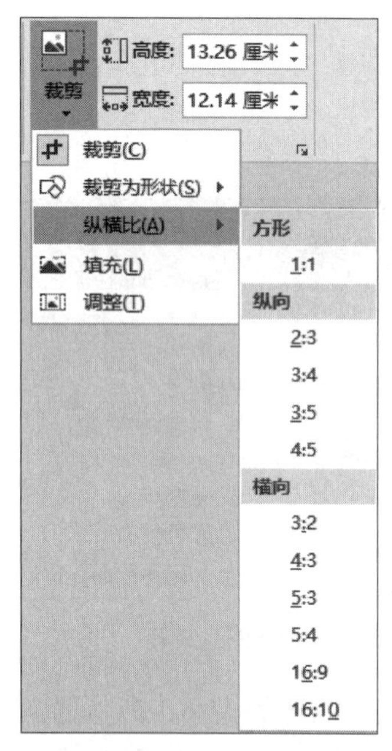

图 3-125　按比例裁剪图片

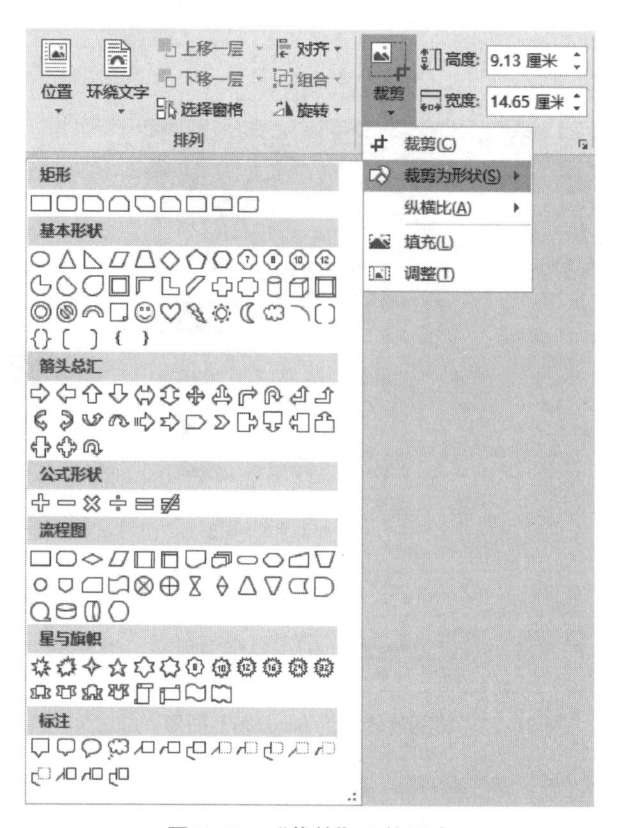

图 3-126　“裁剪”下拉列表

二、插入与编辑形状

Word 2016中为用户提供了大量可供插入文档的自选图形，其中包括线条、矩形、基本形状、箭头总汇、公式形状、流程图、星与旗帜、标注等。通过形状的插入和编辑，使文档更加生动活泼、具有感染力。

1. 插入形状

（1）将光标定位于需要插入形状的位置，在“插入”选项卡的“插图”组中找到“形状”按钮，单击“形状”按钮就会弹出“形状”下拉列表，如图3-127所示。

在其中选择一种形状后，鼠标会变成十字形状，当在文档中按住鼠标左键进行拖动后，就会出现刚才所选择的形状，释放鼠标后形状完成。此时该形状周围会出现8个控制点以及一个调整角度的旋转标，通过这些控制点可以来调整形状的大小以及角度，适应文档的需求。

（2）如果用户觉得插入文档中的形状不符合编辑的实际内容，可以使用“更改形状”功能直接转换形状样式。在“绘图工具”的“格式”选项卡中，在“插入形状”组中单击“编辑形状”按钮，在展开的下拉列表中指向“更改形状”选项，选择需要更换的形状即可，如图3-128所示。

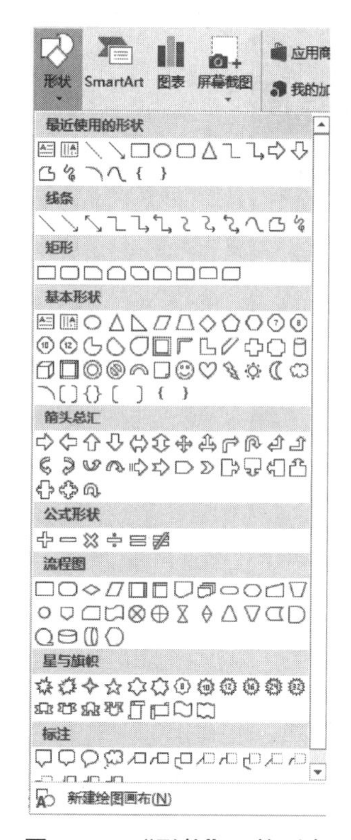

图 3-127　“形状”下拉列表

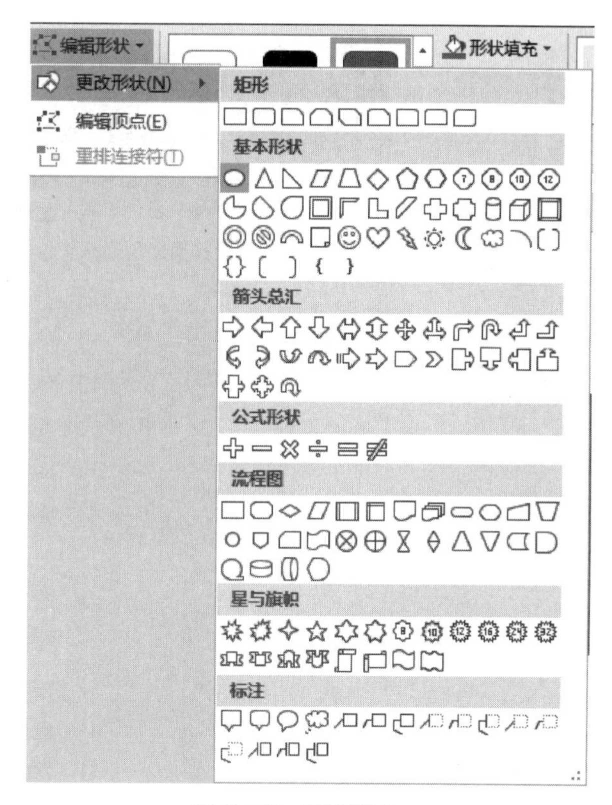

图 3-128　更改形状

2. 编辑形状

对于插入的自选图形，可以根据实际需求进行编辑，如编辑形状顶点、对齐形状、设置形状样式以及组合形状等。

（1）编辑形状顶点。编辑形状顶点是指通过更改图形的环绕点，以改变图形形状。用户可以通过该功能制作出更多的形状，来满足对不同形状的需求。选择文档中的图形，在“绘图工具”的“格式”选项卡中，单击“编辑形状”按钮，在展开的下拉列表中选择“编辑顶点”选项，如图3-129所示，此时会在形状中出现顶点“黑色正方形状”，将鼠标指向顶点，按住鼠标左键，拖动顶点可以改变整个形状。按照同样的方法，改变图形中的其他顶点，更改图形的形状。单击文档中的任意位置，会在文档中显示更改图形后的效果。

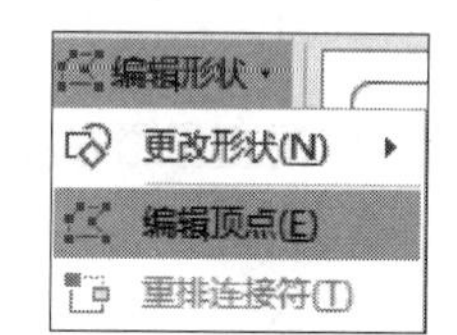

图 3-129　编辑顶点按钮

（2）对齐形状。对齐形状是指将多个图形的边缘对齐，也可以将这些图形居中对齐，或在页面中均匀地分散对齐。选择需要设置对齐方式的图形，在“绘图工具”的“格式”选项卡中，单击“对齐”按钮，在展开的下拉列表中选择对齐方式即可，如图3-130所示。

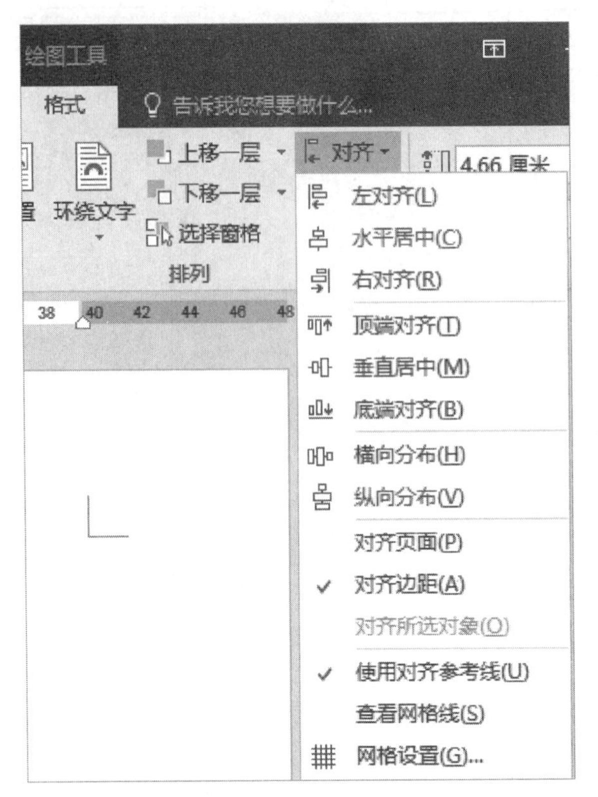

图 3-130 “对齐”下拉列表

（3）设置形状样式。在文档中插入形状后，为达到更加美观的效果，还可以为其设置格式，如形状样式、形状填充、形状轮廓、形状效果等。选中要编辑的形状，可自动打开“绘图工具”的“格式”选项卡，如图3-131所示。

图 3-131 “格式”选项卡

① 调整形状大小和位置。通常在默认情况下插入的形状大小和位置并不符合文档的实际需求，需要对其进行大小和位置的调整。

调整形状大小的方法有：

方法一：选中插入的形状，此时形状四周出现8个控制点，将光标移动到这些控制点时光标会变成双向箭头形状，这是按住鼠标拖动形状控制点，即可任意调整形状大小。

方法二：选中插入的形状，并切换至“图片工具”的“格式”选项卡下，在“大小”组中的“高度”和“宽度”文本框中精确设置形状的大小。

方法三：选中插入的形状，并切换至“图片工具”的“格式”选项卡下，在“大小”

组中单击右下角的对话框启动器按钮，打开“布局”对话框。在“大小”选项卡的“高度”和“宽度”区域设置形状的大小。可在“缩放”区域勾选“锁定纵横比”复选框，在高度、宽度微调框中调整形状的比例，如图3–132所示。

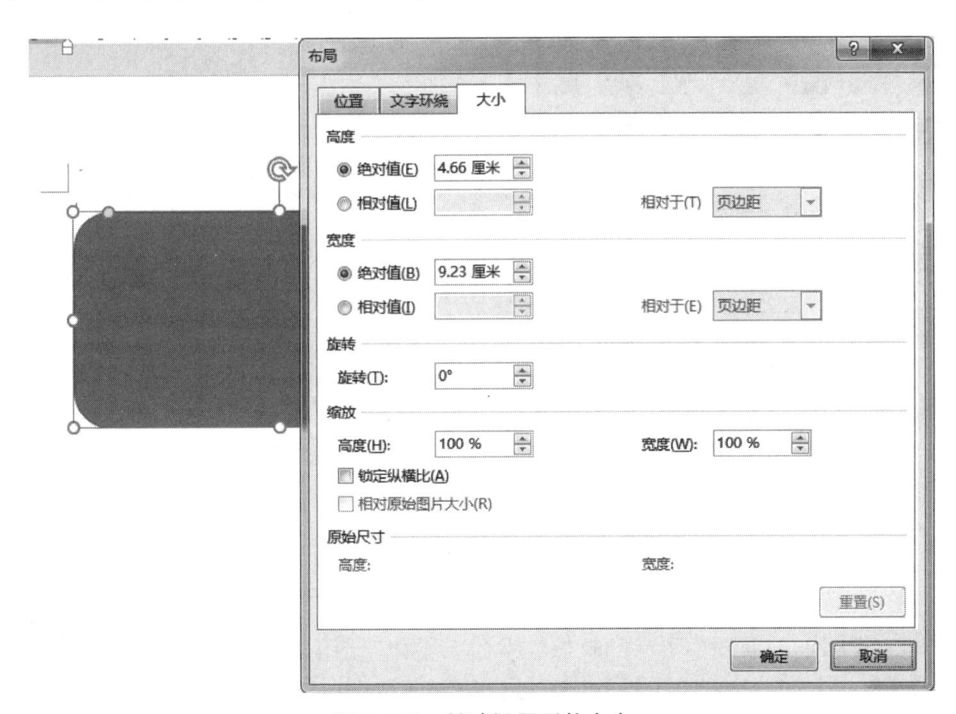

图 3–132　精确设置形状大小

调整形状位置。选中形状并将指针移至形状上，待光标变成十字箭头形状时，按住鼠标进行拖动，移动形状到合适的位置，释放鼠标即可移动形状。移动形状的同时按住【Ctrl】键，即可实现形状的复制操作。

② 设置形状的文字环绕方式。默认情况下插入的形状所示嵌入文档中的，可设置形状的文字环绕方式，使其与文档显示更加协调。要设置图片的环绕方式，可以在“排列”组中单击“环绕文字”按钮，从弹出的下拉列表中选择一种文字和形状的排列方式。此处与前面文字与图片的环绕分类基本相同。

③ 调整形状样式。插入形状后，为了使形状更加美观，可以使用“绘图工具”中的“格式”选项卡对形状的形状填充、形状轮廓等进行设置。

当需要对形状的总体外观样式进行修改的时候，可以找到“绘图工具”的“格式”选项卡中的“形状样式”组，单击其中的“其他”按钮，就可以形状的总体外观样式进行修改，如图3–133所示。

当需要为形状设置阴影效果时，找到“绘图工具”的“格式”选项卡中“形状样式”组中的“形状效果”，单击“形状效果”的下拉按钮可以打开下拉列表，选择需要的阴影效果，如图3–134所示。

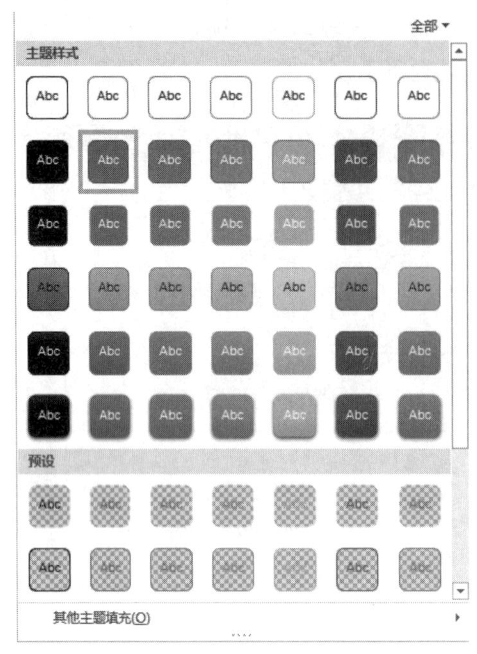

图 3-133 “形状样式”下拉列表

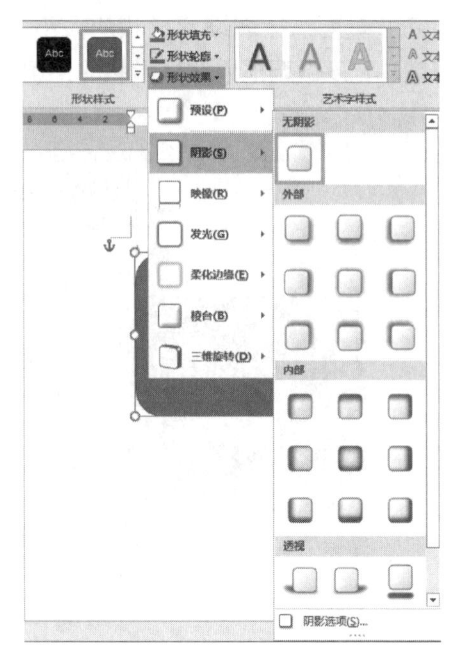

图 3-134 选择阴影效果

同样，我们也可以设置形状的映像、发光、柔化边缘、棱台、三维旋转等效果。

（4）组合形状。如果要对多个图形设置相同的格式，那么可以将这些形状组合在一起，以便作为单个对象处理。按住【Ctrl】键不放，依次选择需要组合的所有图形，在“绘图工具”中的“格式”选项卡，单击“组合”→“组合”，此时所选的形状被合并为一个图形，选择整个图形，按住鼠标左键不放，向下拖动至需要的位置，释放鼠标后即可完成整个图形的移动。

（5）为形状添加文字。自选图形除了有各种形状外，还提供了添加文字功能，以增加图形所要传达的信息。除此之外，还能对形状内的文字设置艺术效果，进而增加整个图形的美观度。

> ***提示***
>
> 在文档中插入形状后，根据需要可以在形状中添加文字，以说明必要的提示信息。但某些图形是无法添加文字的，如线条和括号。

选择需要输入文字的形状，直接输入需要的文本内容，或右击，在弹出的快捷菜单中选择“添加文字”命令即可，如图3-135所示。根据需求，用户还可以对添加的文字进行外观样式的设计，选择需要设置文字格式的图形，切换至“绘图工具”的“格式”选项卡，单击“艺术字样式”按钮，在展开的列表中选择样式，单击“文本效果”按钮，在展开的下拉列表中选择需要的样式，如图3-136所示。

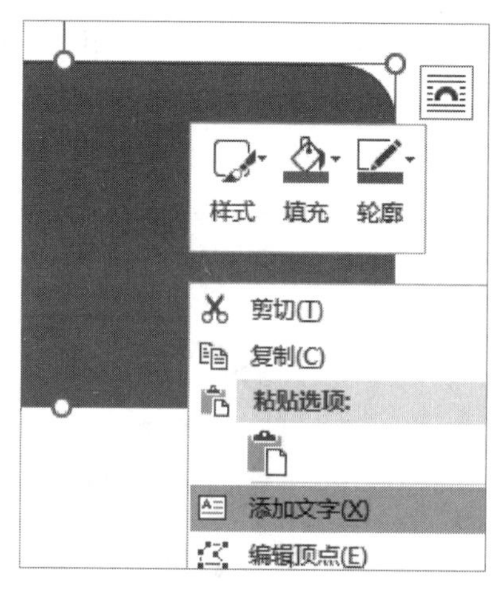

图 3-135　在形状中添加文字

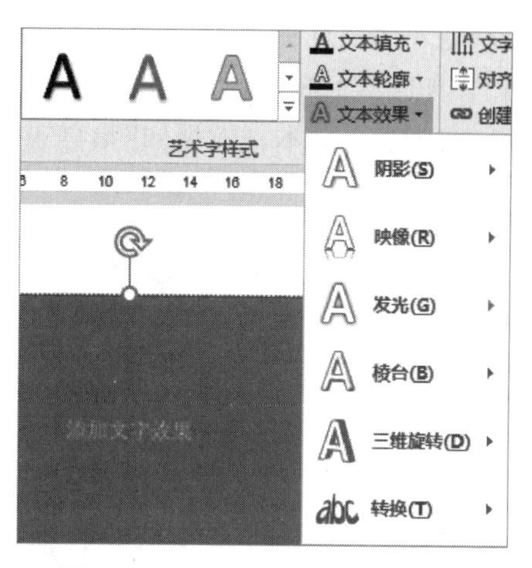

图 3-136　设置形状中的文字格式

三、插入与编辑 SmartArt 图形

SmartArt图形是信息和观点的视觉表示形式。用户可以通过从多种布局中进行选择来创建适合自己的SmartArt图形，从而快速、轻松、有效地传达信息。

1. 插入 SmartArt 图形

要插入SmartArt图形，首先需要选择合适的类型，其中包括列表型、流程型、循环型、层次结构型、关系型、矩阵型等。在“插入”选项卡，单击SmartArt按钮，弹出“选择SmartArt图形”对话框，选择需要的图形即可，如图3-137所示。这里选择“流程”→“圆箭头流程”图标。

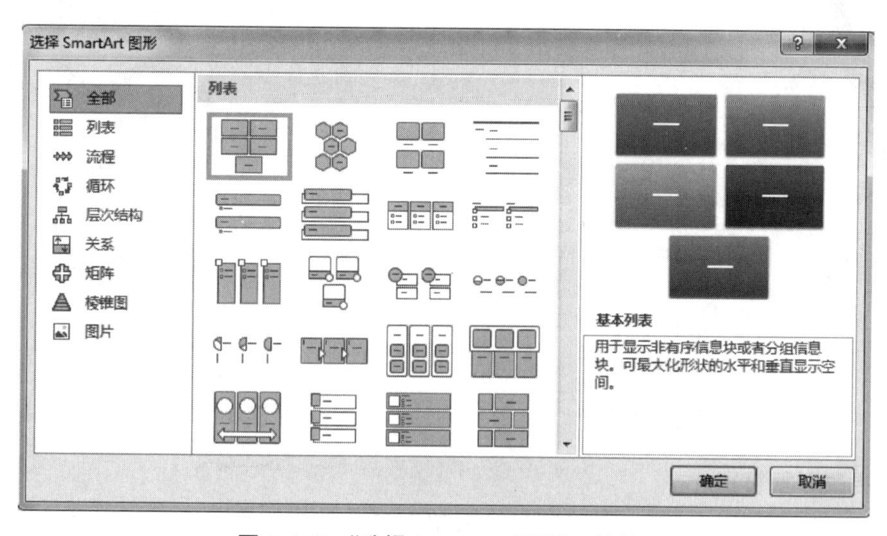

图 3-137　“选择 SmartArt 图形”对话框

2. 在形状内输入文字

在SmartArt图形中，用户可以通过在“[文本]”窗格图形中输入或编辑文字，让图形

可以直观地表达信息和观点。选择SmartArt图形，直接在需要的形状中输入文本，如“申请表格”，如图3-138所示。输入完毕后，单击文档中的任意位置即可。再按照同样方法在其他形状中输入文本，效果如图3-139所示。

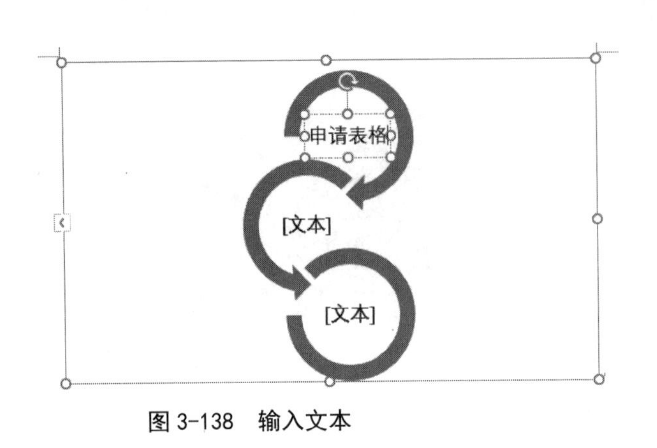

图 3-138　输入文本

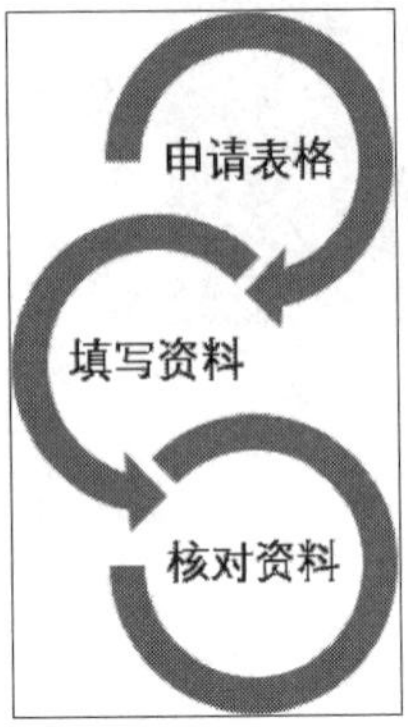

申请表格
填写资料
核对资料

图 3-139　输入文本的效果

3．为图形添加形状

Word 2016预设的SmartArt图形样式包括特定数量的形状，如果形状数量不能满足编辑需要，可以在功能区中进行形状的操作。右击SmartArt图形中最后一个形状，在弹出的快捷菜单中选择“添加形状”→“在后面添加形状”命令，如图3-140所示，此时在所选择的形状后面添加新的形状。在新添加的形状中输入需要的文本，效果如图3-141所示。

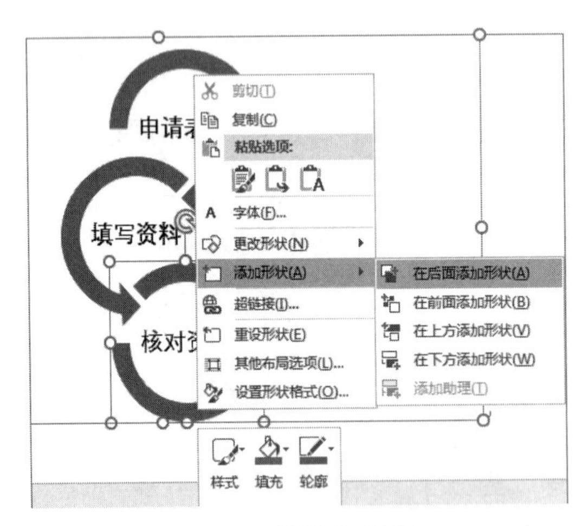

图 3-140　在后面添加形状

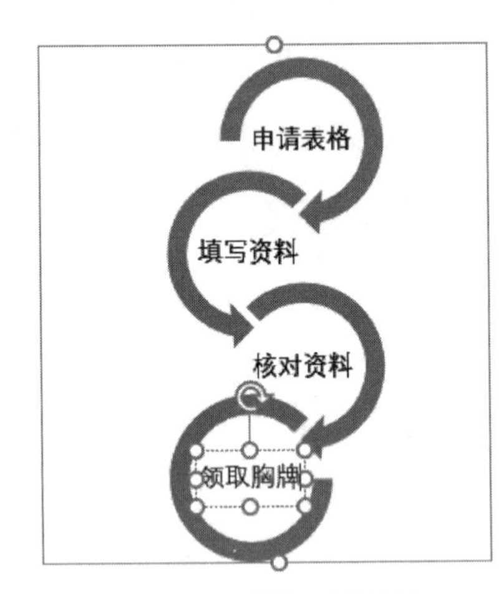

图 3-141　添加形状效果

4．更改形状级别

在SmartArt图形中，用户可以通过“升级”和“降级”两个按钮，增大和减小所选形状的级别。尤其是在使用文本窗格时，此选项最有用。选择需要更改级别的图形文本，如图3-142所示，在“SmartArt工具”的“设计”选项卡的“创建图形”组中，单击“降级”按钮，如图3-143所示。

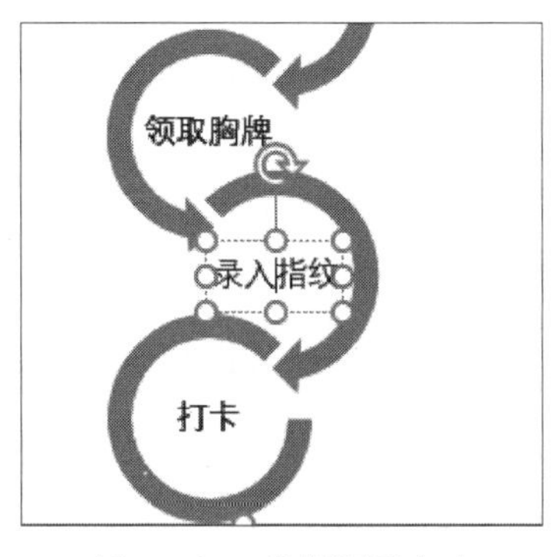

图 3-142　选择图形文本

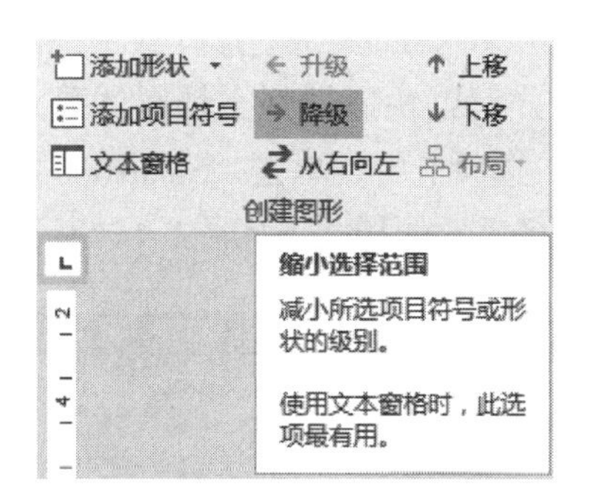

图 3-143　单击“降级”按钮

此时所选择的形状被降级了。选择另一个形状中的文本，在“创建图形”组中单击“降级”按钮，此时该形状的文本也被降级了，效果如图3-144所示。

知识加油站

除了以上设置外，用户还可以根据需要对SmartArt图形的类型进行重新选择以更改SmartArt图形的形状版式。其具体的操作方法是：单击选中要更改版式的SmartArt图形，在“SmartArt工具”的“设计”选项卡中，选择“版式”中要更改的样式即可。

5. 美化 SmartArt 图形

当用户完成SmartArt图形的创建和编辑后，便可以开始对SmartArt图形的外观进行设计，如更改SmartArt图形颜色、套用SmartArt图形样式等。

（1）更改SmartArt图形颜色。Word 2016中的SmartArt图形颜色分为主题颜色（主色）、彩色、个性色1、个性色2、个性色3、个性色4、个性色5、个性色6。用户可以根据实际需要进行选择。选择SmartArt图形，在“SmartArt工具”的“设计”选项卡中，单击“更改颜色”按钮，在展开的下拉列表中选择需要的颜色，如图3-145所示。

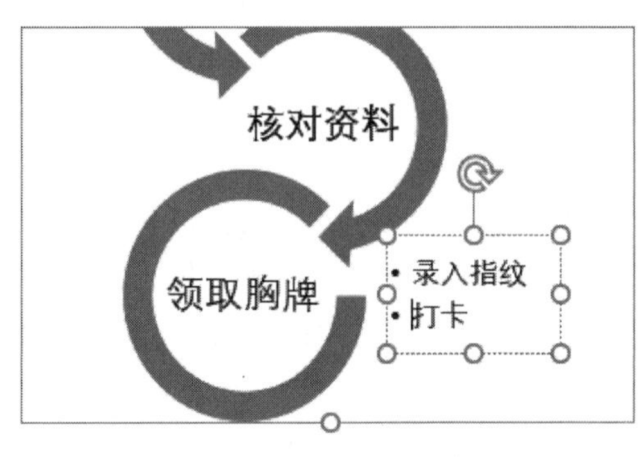

图 3-144　显示更改级别的效果

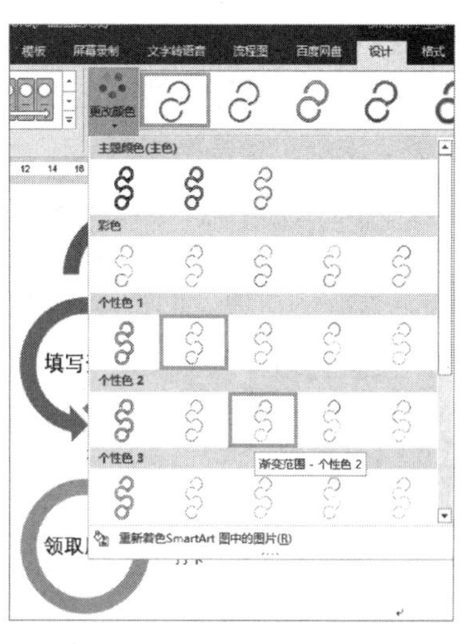

图 3-145　选择需要的颜色

（2）套用SmartArt图形样式。SmartArt图形样式是单个形状样式的集合。应用SmartArt图形样式可以快速提升文档整体外观效果。选择SmartArt图形，在“SmartArt工具”的“设计”选项卡中，单击“SmartArt样式”的“其他”按钮，如图3-146所示，在展开的列表中选择需要的样式，如图3-147所示。

图 3-146　单击“SmartArt 样式”的“其他”按钮

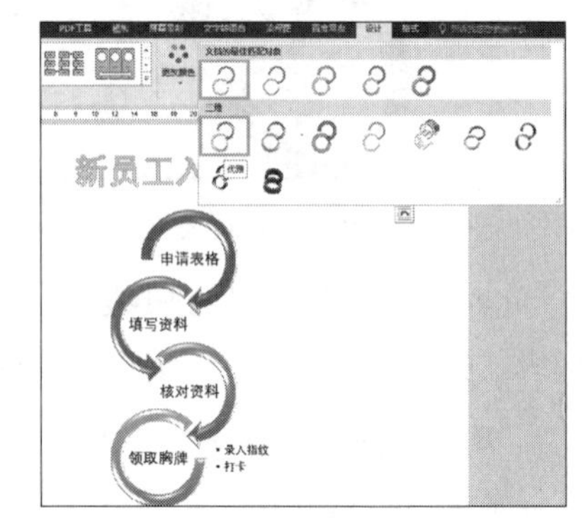

图 3-147　选择 SmartArt 样式

> *提示*
> 在“SmartArt样式”列表中，所有样式会根据用户选择的图形类型以及颜色进行变换，帮助用户制作出不同的图形效果。

四、插入和编辑艺术字

如果只使用字体中自带的文字来编辑文档标题等内容会略显枯燥，可以使用具有特殊效果的文字来增强效果，也就是我们说的艺术字。艺术字和图片一样，是作为对象插入文档中的。可以在文档中插入艺术字、设置艺术字格式，从而使文档更加美观生动。

1．插入艺术字

使用Word进行图文混排时为增强文档表达效果，我们通常使用艺术字来进行标题的强调。

将光标定位在需要插入艺术字的位置，找到“插入”选项卡的“文本”组，单击“艺术字”按钮，在弹出的列表中选择所需要的艺术字样式，如图3-148所示。

选择艺术字样式后，会在文档中显示“请在此放置您的文字”的字样，输入所需要的艺术字内容，如“爱我中华”。输入完毕后单击艺术字文本框以外的任意位置，再拖动文本框至需要的位置，即可完成插入艺术字的操作，如图3-149所示。

2．设置艺术字格式

创建好艺术字后，我们还可以像设置图片一样设置艺术字的格式，以达到满意的效果。如编辑艺术文字，更改艺术字样式，设置艺术字的阴影、发光等效果，调整艺术字大小和位置等。选择艺术字就会出现“绘图工具”，在“格式”选项卡中，就可以对艺术字进行相应的设置，如图3-150所示。

更改艺术字样式：在“绘图工具”的“格式”选项卡的“艺术字样式”组中单击右下角的对话框启动器按钮，在弹出的对话框中可以选择需要更改为的样式。

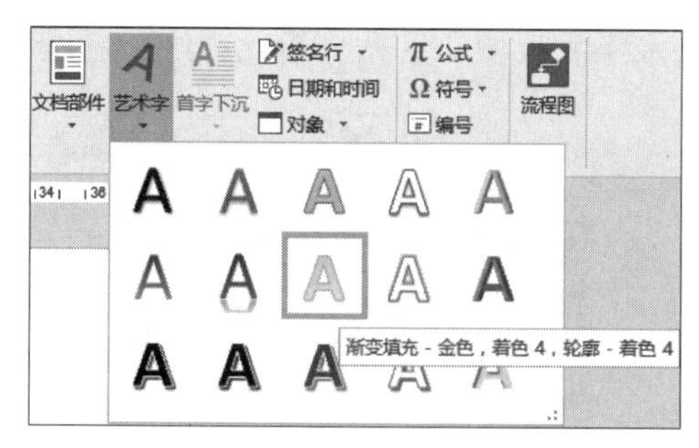

图 3-148　选择艺术字样式

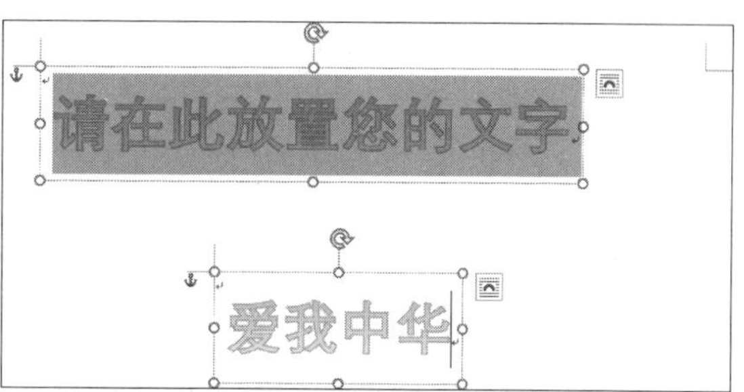

图 3-149　插入艺术字

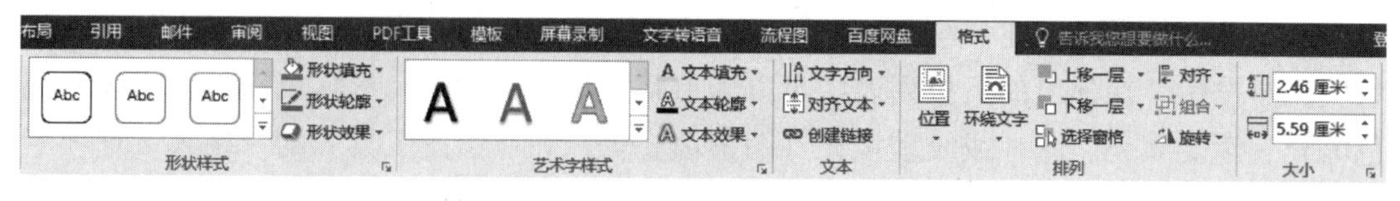

图 3-150　设置艺术字格式

自定义艺术字样式：在“绘图工具”的“格式”选项卡的“艺术字样式”组中单击“文本填充”按钮，在弹出的下拉列表中可以为艺术字选择填充颜色，文本填充效果主要有颜色、渐变等；单击“文本轮廓”按钮，在弹出的下拉列表中可以更改艺术字边框的颜色、线条样式、线条粗细等；单击“文本效果”按钮，在弹出的下拉列表中可以选择艺术字的文本效果。

设置艺术字的阴影效果：选中需要修改的艺术字，在“绘图工具”的“格式”选项卡的“文本效果”组中单击“阴影”按钮，可以在弹出的库中选择各种不同的阴影效果，如图3-151所示；单击最下面的“阴影选项”，可打开“设置形状格式”窗格，可设置阴影的颜色、透明度、大小、模糊、角度、距离等值，如图3-152所示。

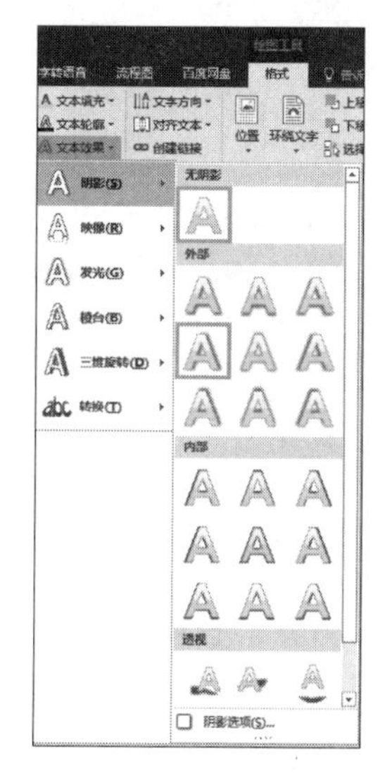

图 3-151　选择阴影效果

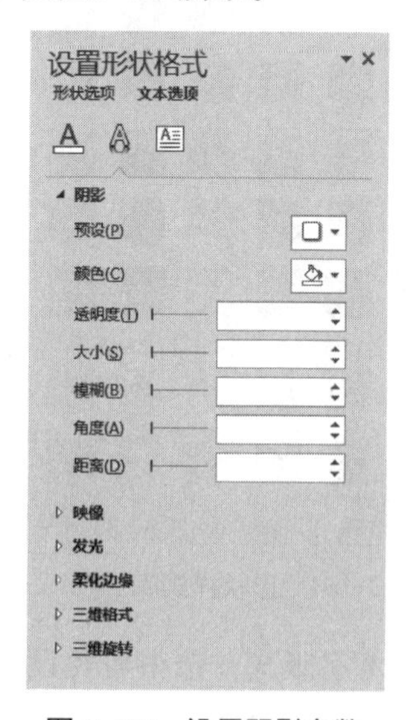

图 3-152　设置阴影参数

同样，可在“设置形状格式”窗格中选择艺术字的映像、发光、柔化边缘、三维格式、三维旋转等效果并对其进行编辑。

更改形状样式：可设置艺术字外轮廓形状的填充效果、线条效果、形状效果，如图3–153所示，在“绘图工具”中的“格式”选项卡的“形状样式”组中单击“形状样式”的“其他”按钮，在弹出的库中可选择需要的形状样式，如图3–154所示。

图 3–153　呈现形状样式效果

自定义形状样式：在“绘图工具”的“格式”选项卡的“形状样式”组中单击“形状填充”按钮，在弹出的下拉列表中可以为形状选择填充颜色，形状填充效果主要有纯色填充、渐变填充、图片或纹理填充、图案填充等；在“绘图工具”的“格式”选项卡的“形状样式”组中单击“形状轮廓”按钮，在弹出的下拉列表中可以更改形状边框的颜色、线条样式、线条粗细等；在“绘图工具”的“格式”选项卡的“形状样式”组中单击“形状效果”按钮，在弹出的下拉列表中可以选择一种形状的形状效果，效果内容同文本效果。

自定形状样式，也可在“绘图工具”中的“格式”选项卡中，单击“形状样式”右下角的下拉按钮，弹出“设置形状格式”窗格，设置形状的填充和线条等参数，如图3–155所示。

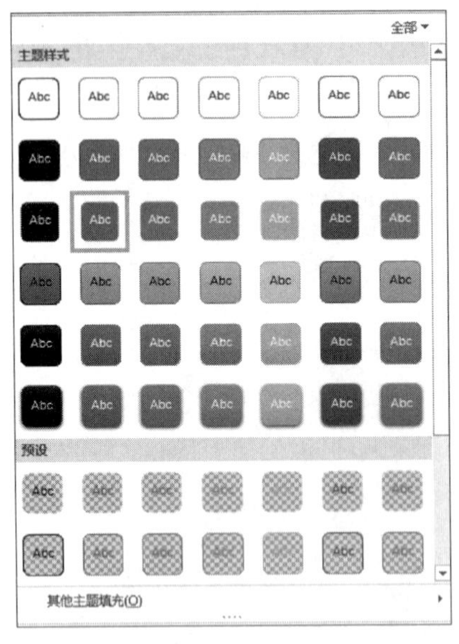

图 3–154　形状样式库

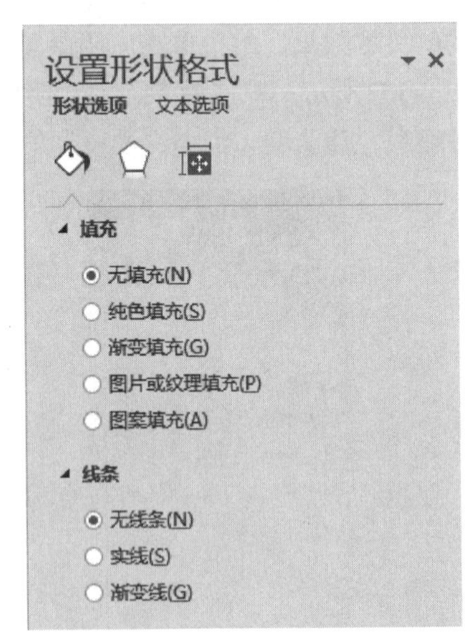

图 3–155　“设置形状格式”窗格

设置艺术字版式：选中需要设置的艺术字，在“绘图工具”的“格式”选项卡的“排列”组中单击“环绕文字”按钮，为艺术字选择版式，更改其周围的文字环绕方式。

五、插入数学公式

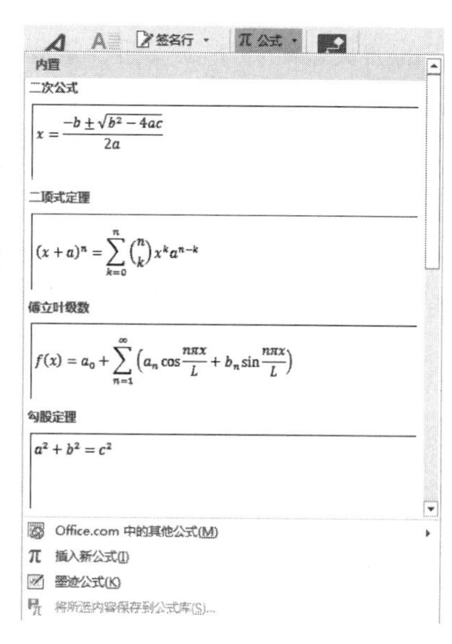

图 3-156 “公式”下拉列表

在Word中还提供了丰富的数学公式便于我们编辑数学中经常会用到的公式，例如，二次公式$x=\frac{-b\pm\sqrt{b^2-4ac}}{2a}$、二次项公式$(x+a)^n=\sum_{k=0}^{n}\binom{n}{k}x^k a^{n-k}$、勾股定理$a^2+b^2=c^2$、圆的面积$A=\pi r^2$等。

还可以根据需要插入新的公式。首先在需要插入数学公式的位置定位光标，之后单击“插入”选项卡“符号”组中的“公式”按钮，弹出下拉列表，如图3-156所示。

之后选择“插入新公式”选项，会在光标位置出现“在此处键入公式”文本框，我们就可以按照需要进行公式的录入。需要的公式可以在“公式工具”的“设计”选项卡中找到，如图3-157所示。

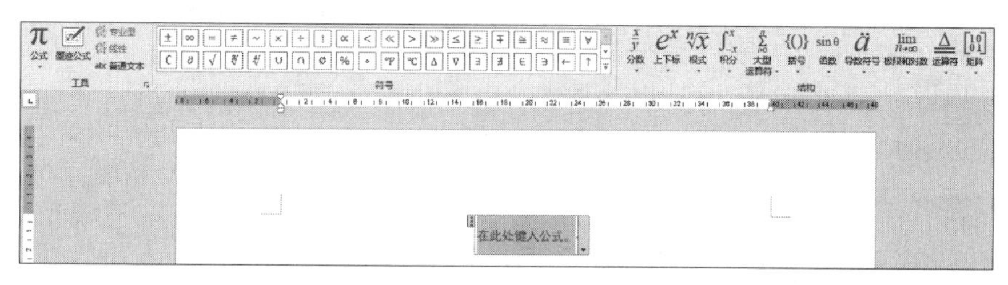

图 3-157 “公式工具”的“设计”选项卡

其中有“工具”“符号”“结构”三个组，在“工具”组中包括有“公式”选项、墨迹公式、专业型、线性及普通文本选项；“符号”组中包括基础数学、希腊字母、字母类符号、运算符、箭头、求反关系运算符、手写体、几何图形的设置；“结构”组中包括分数、上下标、根式、积分、大型运算符、括号、函数、导数符号、极限和对数、运算符、矩阵等设置。

实践练习

图文混排“爱我中华”

内容描述

利用所学知识制作一个“爱我中华”歌词排版。

操作过程

1. 新建 Word 文档并录入文本信息

（1）新建一个Word文档，命名为“爱我中华”，单击“页面布局”的“页面设置”组中的“页边距”下拉按钮，选择“自定义边距”选项，在打开的对话框中设置页边距为上下分别为1.5厘米，左右分别为2厘米，如图3-158所示。

（2）录入文本信息保存到Word文档“爱我中华”中，并设置字体为华文行楷，字号为二号，如图3-159所示。

微课

图文混排“爱我中华”

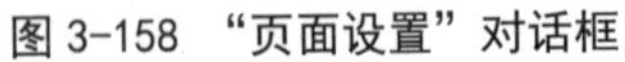
图 3-158 “页面设置”对话框

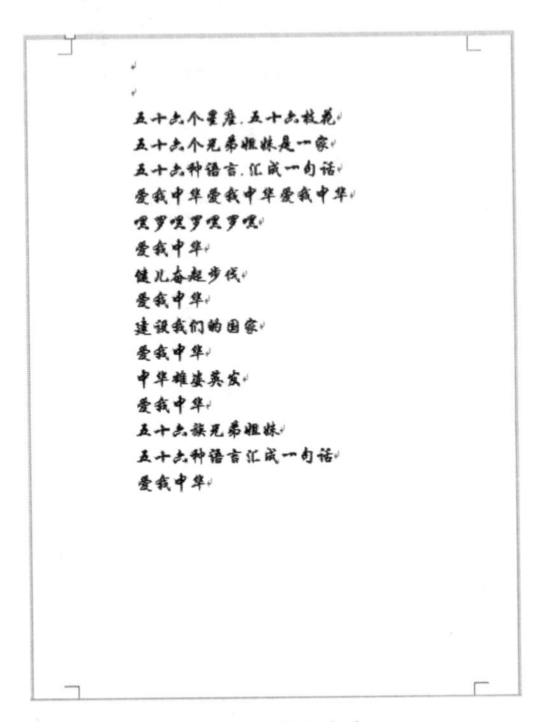

图 3-159 录入文字

2. 插入编辑艺术字

（1）插入艺术字。找到“插入”选项卡中的“文本”组，单击“艺术字”按钮，在展开的列表中选择一种艺术字样式，例如艺术字样式“渐变填充-金色，着色4，轮廓-着色4”，如图3-160所示。

（2）输入“爱我中华”，并设置其字体为华文新魏，字号为72，单击“确定”按钮，插入艺术字，如图3-161所示。

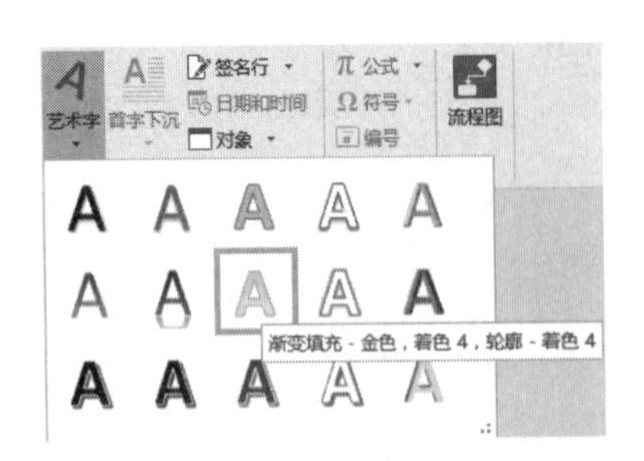

图 3-160 选择艺术字样式

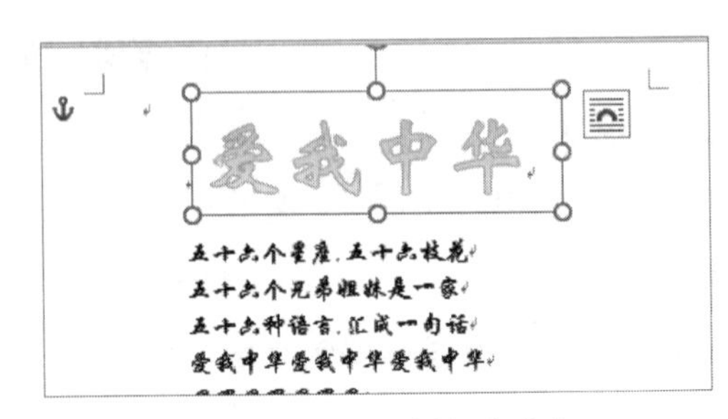

图 3-161 插入艺术字

（3）单击“绘图工具”的“格式”选项卡中的“艺术字样式”组中的“文本填充”按钮，在展开的下拉列表中选择艺术字的填充色为红色，渐变为线性向右，如图3-162所示。

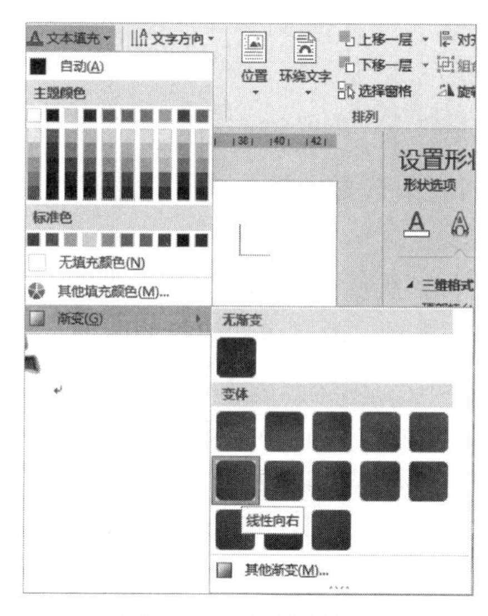

图 3-162　艺术字填色

（4）单击“绘图工具”的“格式”选项卡，在“艺术字样式”组中单击“文本效果”按钮，在展开的下拉列表中选择“棱台-三维选项”，在打开的“三维格式”窗格中设置顶部棱台为“圆”，深度大小为3磅，曲面图为金色，大小为1.5磅，材料为“特殊效果-柔边缘”，光源为“暖调-早晨”，如图3-163所示。之后调整艺术字位置，效果如图3-164所示。

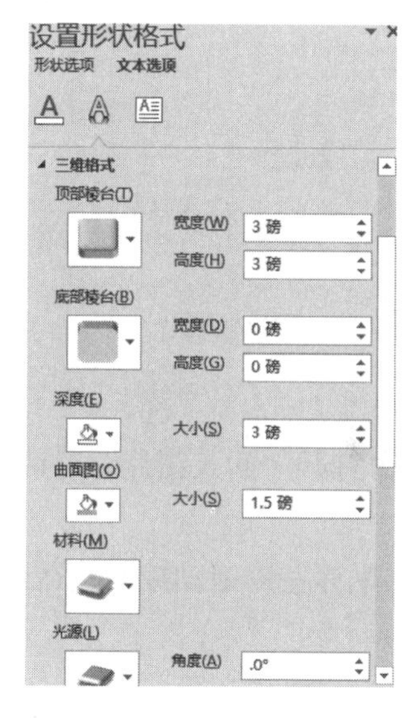

图 3-163　设置“三维格式”

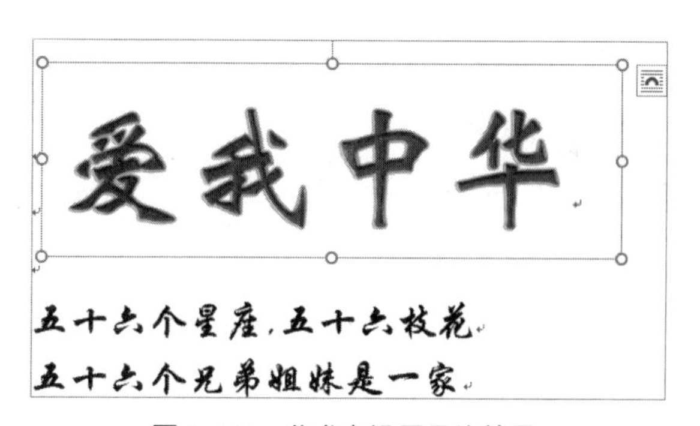

图 3-164　艺术字设置最终效果

> ***提示***
>
> 如果对艺术字的“三维格式”设置不满意，可选择“三维格式”下的“重置”按钮，重新设置艺术字格式，直到满意为止。

3. 插入编辑形状

（1）打开“插入”选项卡，单击“插图”组中的“形状”按钮，在展开的下拉列表中选择“星与旗帜”中的“前凸带形”，如图3-165所示。

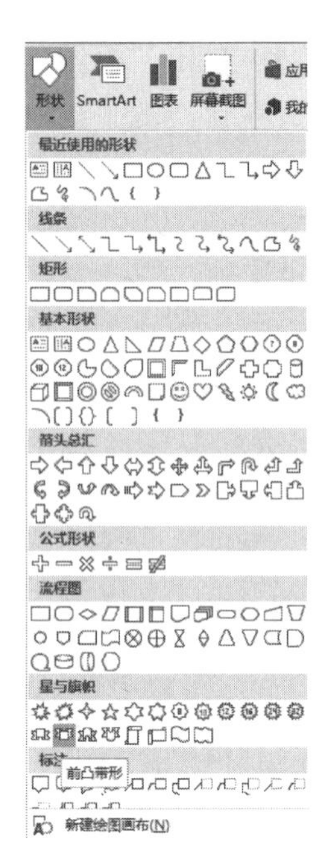

图 3-165　插入形状“前凸带形”

（2）此时鼠标指针变为十字星形状，将其移至文档艺术字下方，按住鼠标左键进行拖动，绘制类似模板的图形形状，如图3-166所示。如果第一次绘制的大小不合适，可以拖动控制点来调整其大小。

（3）打开“绘图工具”的“格式”选项卡，单击“形状样式”组中的“形状填充”按钮，在打开的形状填充面板中选择颜色“红色”，渐变为“变体–从中心”；”“形状轮廓”中选择标准色“金色”，效果如图3-167所示。

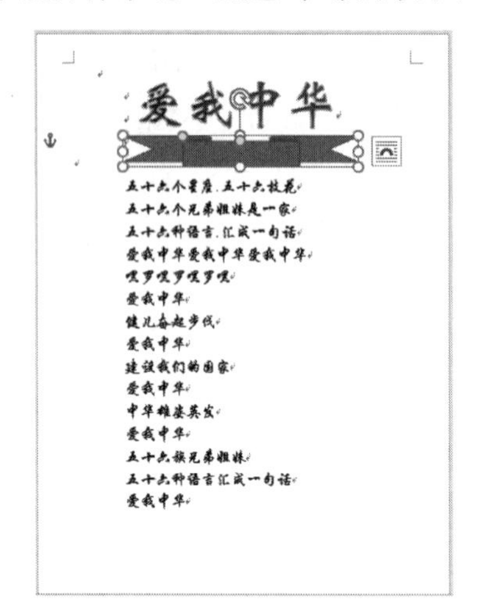

图 3-166　绘制形状

图 3-167　设置形状样式

4. 插入编辑图片

（1）单击“插入”选项卡“插图”组中的“图片”按钮，打开“插入图片”对话框，选择本书配套素材，单击“插入”按钮，插入图片。

（2）单击选中该图片，图片四周会出现8个控制点，按住鼠标左键拖动控制块适当调整图片大小。

（3）单击“图片工具”的“格式”选项卡“排列”组中的“环绕文字”按钮，在打开的下拉列表中单击“衬于文字下方”选项，设置图片的文字环绕方式。

（4）将鼠标指针移至图片上，此时鼠标指针成十字箭头形状，按住鼠标左键并拖动，可移动图片位置。最终摆放效果如图3-168所示。

5. 更改页面背景颜色

单击“设计”选项卡“页面背景”组中的“页面颜色”按钮，选择适合的颜色，最终效果如图3-169所示。

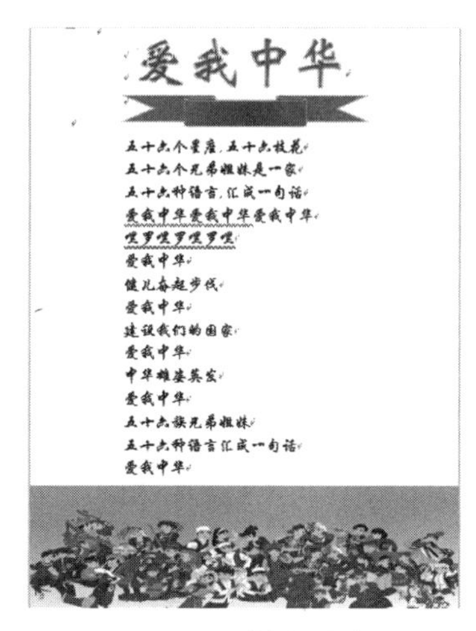

图 3-168　插入图片

图 3-169　图文混排“爱我中华”最终效果

制作公司组织结构图

内容描述

公司组织结构图可以直观地表明公司各部门之间的关系，是公司的流程运转、部门设置及职能规划等最基本的结构依据。用所学知识制作一个组织结构图，并美化组织结构图。

操作过程

1. 插入 SmartArt 图形

（1）新建一个Word文档，命名为“公司组织结构图”。单击“插入”选项卡“插图”组中的SmartArt按钮。

（2）弹出“选择SmartArt图形”对话框，在左侧列表框中选择图形类型为“层次结构”，在右侧列表框中选择具体的图形布局为“水平层次结构”，单击“确定”按钮，如图3-170所示。

微课

制作公司组织结构图

2. 添加内容文本

（1）在“在此键入文本”窗格中输入公司组织结构图内容。

（2）单击第二级图形，切换到“SmartArt工具”的“设计”选项卡，在“创建图形”组中单击“添加形状”按钮右侧的下拉按钮，在弹出的下拉列表中选择“在后面添加形状”选项。

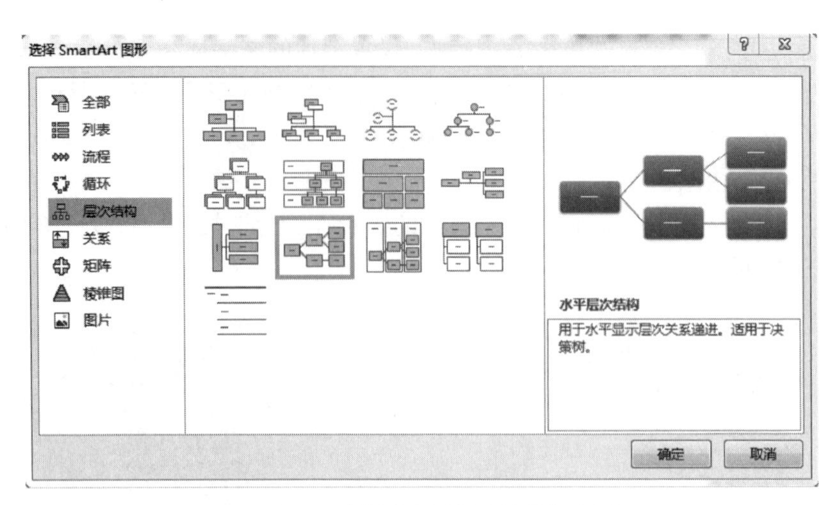

图 3-170　选择“水平层次结构”布局

（3）单击新建的第二级图形直接输入文本，选择新建的图形，单击“SmartArt工具”的“设计”选项卡“创建图形”组中的“添加形状”按钮右侧的下拉按钮，在弹出的下拉列表中选择“在下方添加形状”选项。

（4）使用相同的方法在其他形状下方添加形状，并输入文本，完成后的效果如图3-171所示。

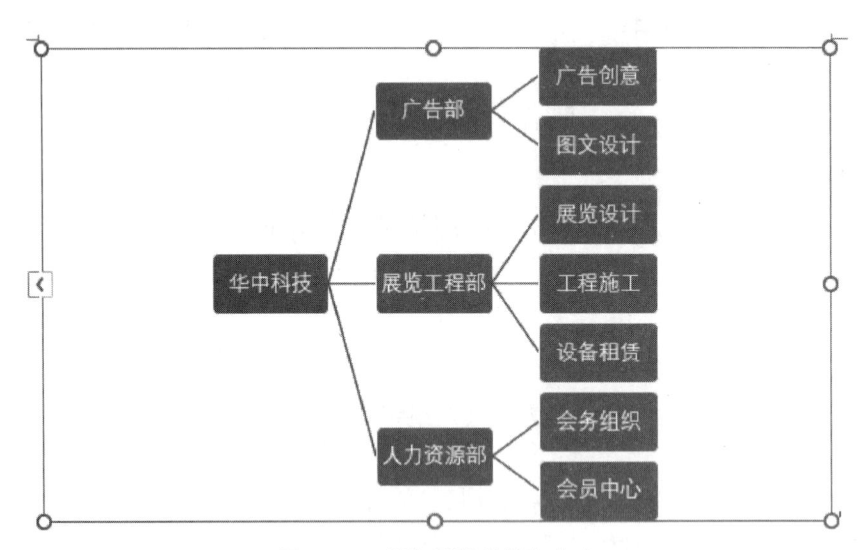

图 3-171　添加形状并输入文本

3. 更改组织结构布局

为了使组织结构图中的元素排版更整齐，用户可以对布局结构进行调整。选中SmartArt图形，单击“SmartArt工具”的“设计”选项卡“版式”组中的“更改布局”下拉按钮，在弹出的下拉列表中选择需要更改的布局。更改布局后的效果如图3-172所示。

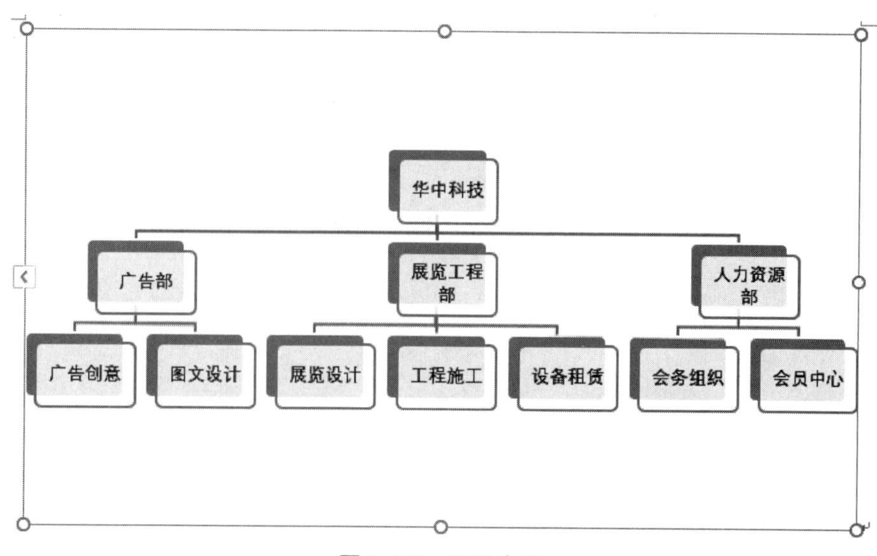

图 3-172　更改布局

4. 更改图形形状

为了使形状的排版更美观，用户可以调整元素图形的形状。

（1）按住【Ctrl】键依次单击最后一个层次的形状选择全部形状，通过拖动鼠标的方式调整大小。

（2）选择第一层的图形，单击“SmartArt工具”的“格式”选项卡下“形状”组中的“更改形状”下拉按钮，在弹出的下拉菜单中选择“折角形”，效果如图3-173所示。

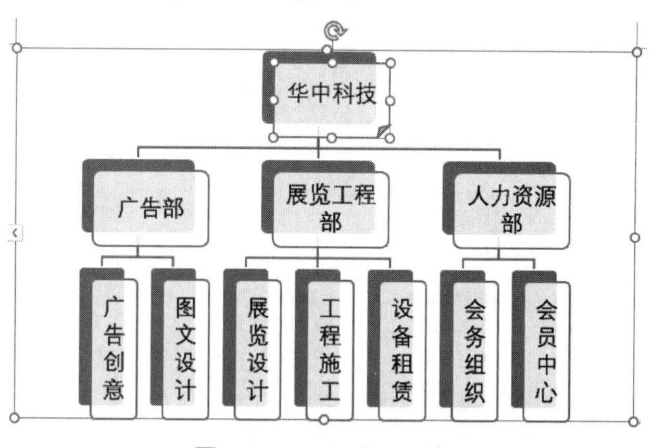

图 3-173　更改图形形状

5. 套用 SmartArt 图形颜色和样式

为了更好地修饰SmartArt图形，使图形结构更加美观，还可以对SmartArt图形颜色和样式进行更改。

（1）选中SmartArt图形，单击“SmartArt图形”的“设计”选项卡“SmartArt样式”组中的“更改颜色”下拉按钮，在弹出的下拉列表中单击需要的颜色选项，这里选择“彩色”→“彩色范围–个性色3至4”，如图3–174所示。

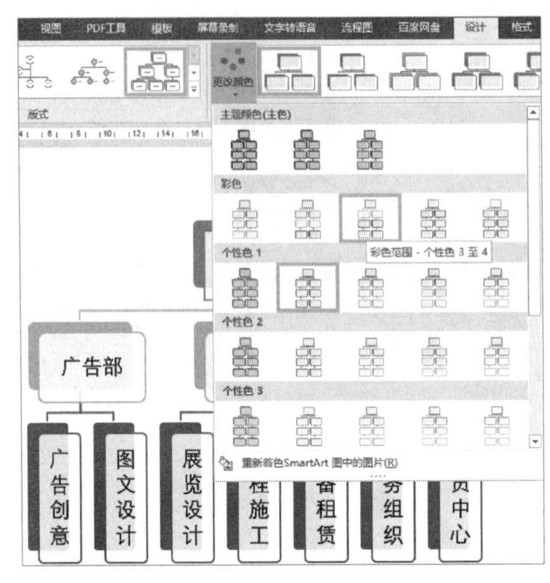

图 3–174　更改 SmartArt 图形颜色

（2）保持图形的选中状态，单击“SmartArt图形”的“设计”选项卡“SmartArt样式”组中的“快速样式”下拉按钮，在弹出的下拉列表中单击需要的外观样式，这里选择“三维”→“嵌入”，如图3–175所示。

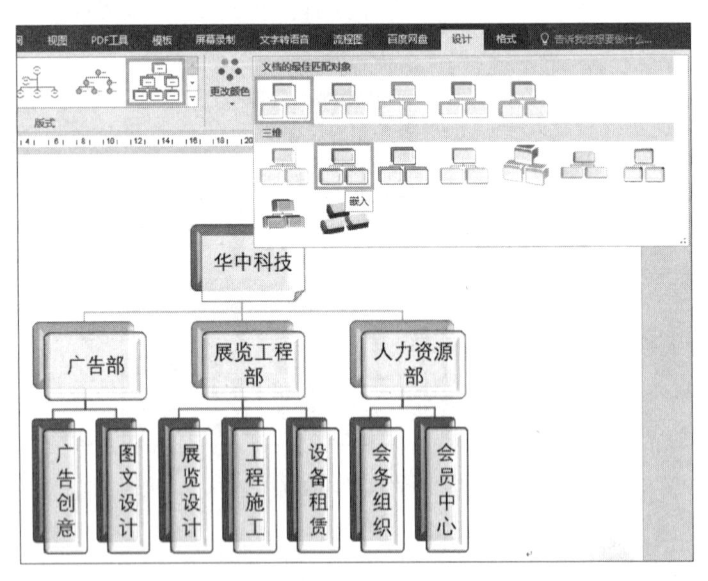

图 3–175　更改外观样式

（3）保持图形的选中状态，在“SmartArt图形”的“格式”选项卡的“艺术字样式”组中选择一种艺术字样式。这里选择“填充–橙色，着色2，轮廓着色2”，如图3–176所示。

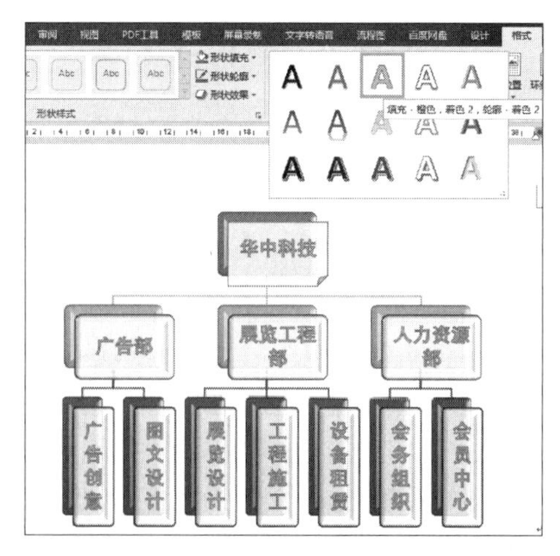

图 3-176　选择艺术字样式

（4）保持图形的选中状态，在“开始”选项卡的“字体”组中设置字体格式为“华文行楷”。最终效果如图3-177所示。

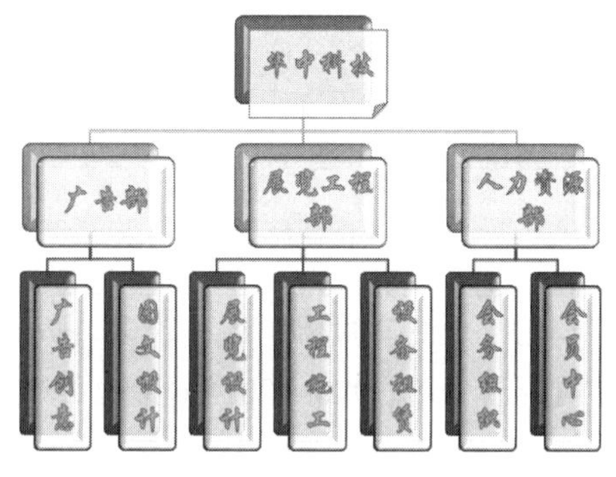

图 3-177　公司组织结构图最终效果

实践练习评价

评价项目	自我评价		教师评价	
	小结	评分（5分）	点评	评分（5分）
插入和编辑艺术字				
插入和编辑图形				
插入和编辑图片				
设置页面背景颜色				
插入 SmartArt 图形				
更改 SmartArt 图形布局				
更改 SmartArt 图形形状				
套用 SmartArt 图形颜色和样式				

任务五　编辑图文

学习目标

- 会使用目录、题注等文档引用工具。
- 会应用数据表格和相应工具自动生成批量图文内容。
- 了解图文版式设计基本规范，会进行文、图、表的混合排版和美化处理。

理论知识

一、图文混合排版和美化处理

（一）设置页眉、页脚与页码

页眉和页脚是指文档顶部、底部和页面左右两侧的区域，一般书籍或文档中都会设置页眉和页脚使文档更加完整美观，便于读者了解当前所在内容区域。页眉和页脚中可以添加时间和日期、文档章节内容、书名、公司名称、学校名称、页码、校徽、公司徽章、文件名或作者信息等。

1. 插入页眉和页脚

在“插入”选项卡的“页眉和页脚”组中可以看到页眉、页脚和页码的选择按钮，如图3-178所示。

插入页眉的操作步骤如下：

（1）找到“插入”选项卡的“页眉和页脚”组，单击“页眉”按钮。

（2）弹出的下拉列表中可以看到多种Word 2016内置的页眉样式，如图3-179所示。

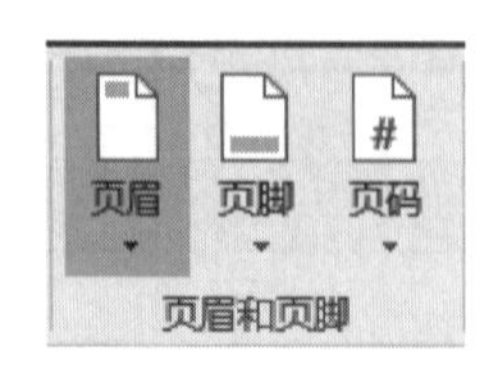

图 3-178　“页眉和页脚”组

图 3-179　页眉样式

（3）选择其中一种页眉样式，在文档中显示插入的页眉样式，看到“在此处键入”字样之后，直接输入所设定的页眉内容，例如页眉内容为“信息技术”，如图3-180所示。

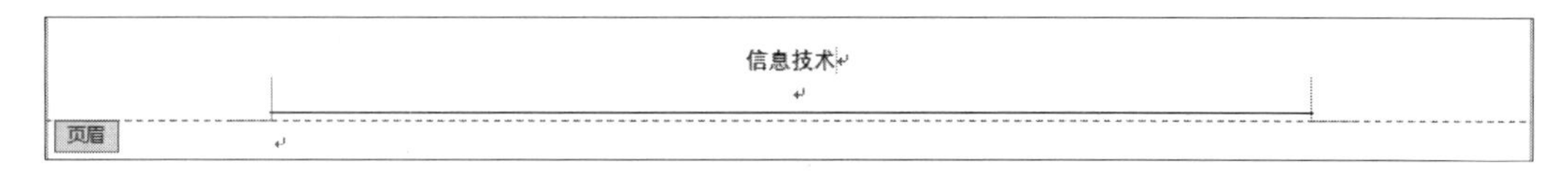

图 3-180　显示页眉样式

（4）插入页脚的方法是在“插入”选项卡的“页眉和页脚”组中单击“页脚”按钮，其他设置类似页眉设置。

2. 设置页眉和页脚格式

为达到更加符合文档主题、更加美观的效果，我们可以在插入页眉和页脚后设置其格式。设置页眉和页脚格式的方法与设置文档中的文本方法相同。操作步骤为：选中页眉或页脚的文本内容，在“开始”选项卡中找到“字体”组，在此设置页眉或页脚的字体格式。例如，我们将刚才的页眉“信息技术”的字体设置为“方正姚体”，字号设置为“小五”，如图3-181所示。

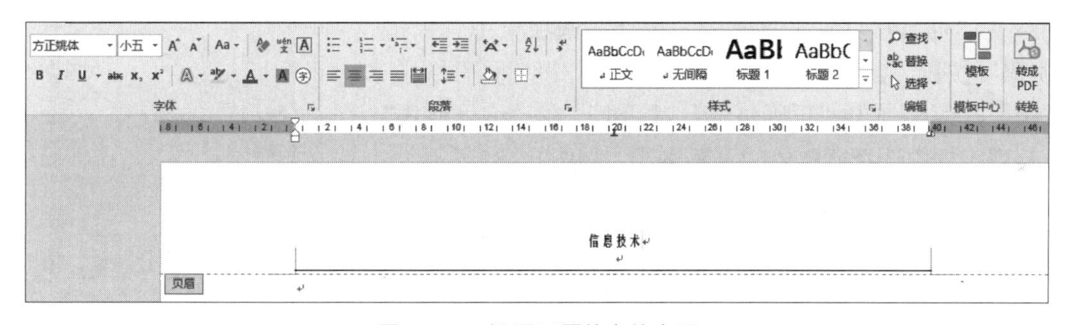

图 3-181　设置页眉的字体字号

3. 删除页眉和页脚

在“插入”选项卡的“页眉和页脚”组中，单击“页眉”或“页脚”按钮，在弹出的下拉列表中选择“删除页眉”或“删除页脚”选项，这样就可以删除整个文档中的页眉或页脚。

4. 页码的设置

（1）插入页码：为更方便地阅读文档或者更快捷地管理文档，可以在文档中插入页码。页码的显示位置可以根据需要来设置，可以设置为页面的顶端、页面的底端等多种位置。具体的设置步骤为：在“插入”选项卡的“页眉和页脚”组中，单击“页码”按钮，在弹出的下拉列表中选择需要设置的位置，再在弹出的列表中选择所需要设置的页码样式即可，如图3-182所示。

图 3-182　插入页码

（2）设置页码格式：默认的页码格式如果不符合文档要求，也可以对页码的格式进行设置。具体的设置步骤为：在“页眉和页脚工具”的“设计”选项卡中，单击“页码”按钮，在弹出的下拉列表中选择“设置页码格式”选项，这时会弹出“页码格式”对话框，在“编号格式”下拉列表框中选择所需要的页码格式，如图3-183所示。

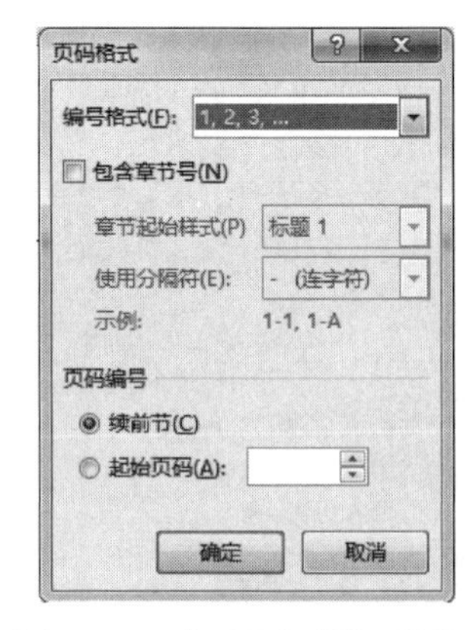

图 3-183　“页码格式”对话框

（二）设置首字下沉

在很多杂志或者报刊中为吸引读者注意力通常会设置首字下沉。首字下沉是指文档中段首的一个字或者多个字比文档中的其余文本字号设置要大，放大的程度可以根据需要自行设定，并且在放大的基础上采用下沉或者悬挂的方式显示出来。在Word 2016中首字下沉共设置了两种不同的方式：第一种为普通下沉；第二种为悬挂下沉。两种方式的区别在于：第一种方式设置的下沉字符会紧靠其他文字，第二种方式设置的下沉字符可以随意地移动位置。

设置首字下沉的操作步骤如下：首先将光标定位在要设置的段落，找到“插入”选项卡中的“文本”组，单击“首字下沉”按钮，这时会弹出下拉列表，选择“下沉”或者“悬挂”选项即可，如图3-184所示。

选择好之后如果还想对“下沉”的方式进行具体设置，可以单击“首字下沉选项”按钮，在打开的“首字下沉”对话框中的“位置”区域中，可以选择首字的位置，在“选项”区域可以设置下沉字符的字体、下沉所占用的行数以及与正文的距离，如图3-185所示。

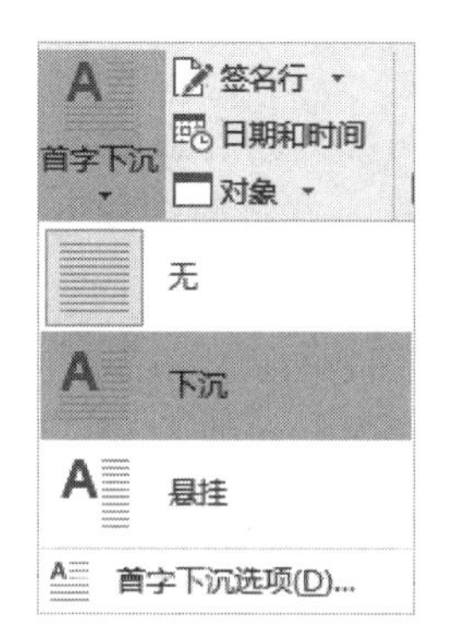

图 3-184　“首字下沉”按钮

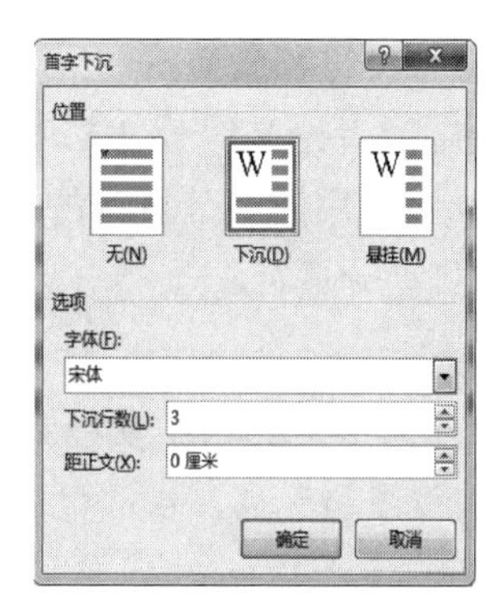

图 3-185　“首字下沉”对话框

（三）设置分栏版面

报刊或者杂志中经常会进行分栏设置，也就是在一个标题下面，将文本分成并排的若干条块来满足实际排版需求，方便阅读，并使文档更加整齐美观。Word 2016就具有分栏排版这个在文字排版中重要的功能。可以把每一栏都作为一个节对待，这样就可以对每一栏单独进行格式化和版面设计。

（1）快速分栏：在“布局”选项卡中的“页面设置”组中单击“分栏”按钮，在弹出的下拉列表中选择所需要的栏数以及偏左、偏右选项，如图3–186所示。

（2）手动分栏：如果系统默认的分栏选项不符合文档需求，还可以根据具体需要设置不同的栏数和栏宽等。设置方法为：在“布局”选项卡中的“页面设置”组中单击“分栏”按钮，在弹出的下拉列表中选择“更多分栏”选项，弹出“分栏”对话框，在“栏数”文本框中自定义分栏的栏数，这里最多可以设置到12栏；在“宽度和间距”区域可以设置分栏的栏宽和间距；勾选“分隔线”复选框可以在各个栏之间添加分隔线；在“应用于”下拉列表框中选择将设置应用于“整篇文档”、“所选文字”或者是“插入点之后”，如图3–187所示。

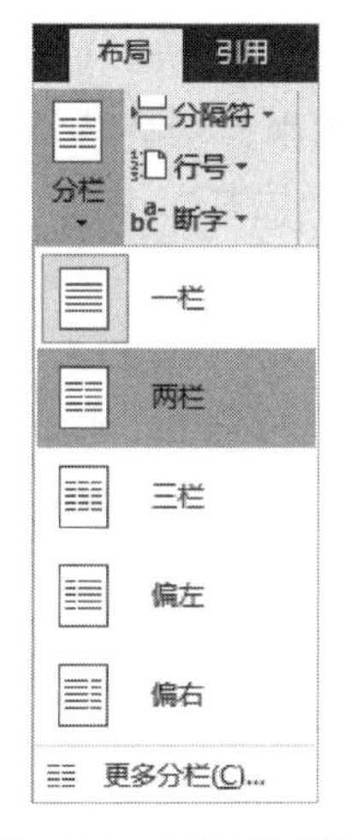

图 3-186　“分栏”按钮

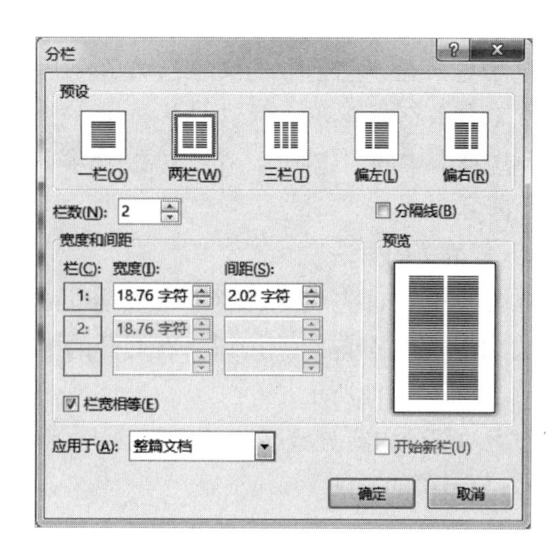

图 3-187　“分栏”对话框

（四）设置分页符和分节符

当编辑杂志或者论文等长文档时，可能需要把前后两部分内容放到两个不同的页面上，Word 2016中使用插入分页符的方法可以实现这个目标。在页面视图下，分页符是一条虚线，又称自动分页符。

知识加油站

Word 2016为用户提供了多种浏览文档的方式，包括页面视图、阅读视图、Web版式视图、大纲视图和草稿。在“视图”选项卡的“视图”组中，单击相应的按钮，即可切换视图模式。

页面视图：页面视图是Word默认的视图模式，该视图中显示的效果和打印的效果完全一致。在页面视图中可看到页眉、页脚、水印和图形等各种对象在页面中的实际打印位置，便于用户对页面中的各元素进行编辑。

阅读视图：为了方便用户阅读文章，Word设置了“阅读视图”模式，该视图模式比较适用于阅读比较长的文档，如果文字较多，它会自动分成多屏以方便用户阅读。在该视图模式下，可对文字进行勾画和批注。

Web版式视图：Web版式视图是几种视图模式中唯一一个按照窗口的大小来显示文本的视图，使用这种视图模式查看文档时，不需要拖动水平滚动条就可以查看整行文字。

大纲视图：对于一个具有多重标题的文档来说，用户可以使用大纲视图来查看该文档。这是因为大纲视图是按照文档中标题的层次来显示文档的，用户可将文档折叠起来只看主标题，也可展开文档查看全部内容。

草稿：草稿是Word中最简化的视图模式，在该视图模式下不显示页边距、页眉和页脚、背景、图形和图像以及没有设置为“嵌入型”环绕方式的图片，因此这种视图模式仅适合编辑内容和格式都比较简单的文档。

分节符是指为表示节的结尾插入的标记。分节符包含节的格式设置元素，如页边距、页面的方向、页眉和页脚，以及页码的顺序。分节符用一条横贯屏幕的虚双线表示。如果删除了某个分节符，它前面的文字会合并到后面的节中，并且采用后者的格式设置。通常情况下，分节符只能在大纲视图下看到，如果想在页面视图中显示分节符，只需选中“文件”选项卡中的“选项”，在“Word选项”对话框中选择“显示”中的“显示所有格式标记”即可。

1. 插入分页符的方法

要插入分页符，首先将光标置于需要分页的位置，之后在“布局”选项卡中单击“页面设置”组中的“分隔符”按钮，在展开的下拉列表中选择“分页符”类别中的“分页符”选项，如图3-188所示。

此时前后两部分内容分成了两页显示。

2. 插入分节符的方法

要插入分节符，首先将光标置于需要分节的位置，之后在“布局”选项卡中单击

“页面设置”组中的“分隔符”按钮，在展开的下拉列表中选择“分节符”四个选项之一，如图3-189所示。

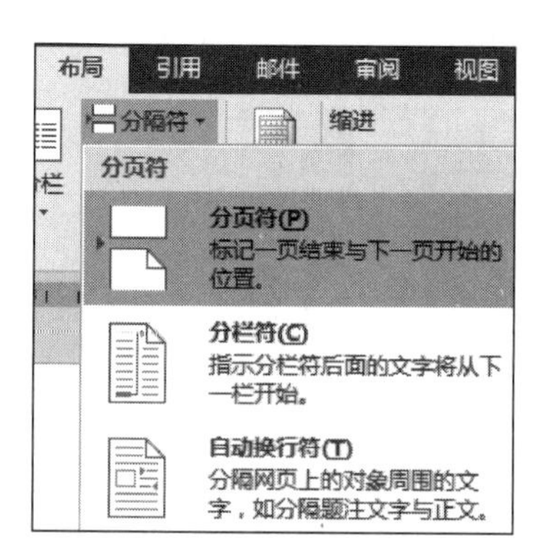

图 3-188　插入分页符

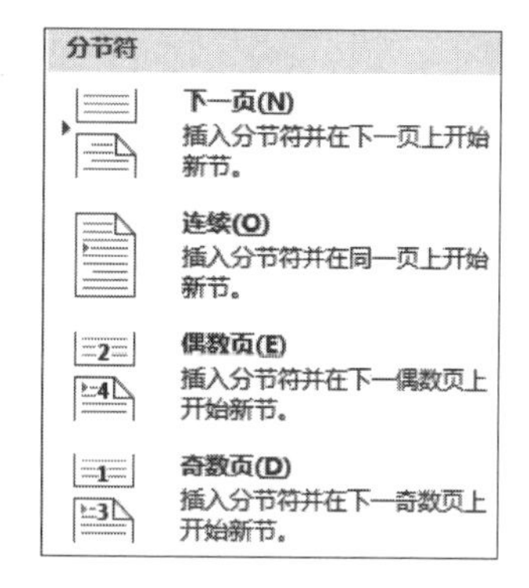

图 3-189　插入分节符

（1）下一页：插入分节符并在下一页上开始新节。

（2）连续：插入分节符并在同一页上开始新节。

（3）偶数页：插入分节符并在下一偶数页上开始新节。

（4）奇数页：插入分节符并在下一奇数页上开始新节。

3．删除分节符的方法

删除分节符会同时删除该分节符之前的文本节的格式，该段文本将成为后面的节的一部分并采用该节的格式。

确保文档处于“大纲视图”中，以便可以看到双虚线分节符，这时选择要删除的分节符，按【Delete】键。

（五）设置奇偶页不同的页眉和页脚

我们认真观察可以发现很多杂志和书籍都设置有页眉和页脚，并且奇数页和偶数页设置有不同的页眉，例如，奇数页采用书籍名称，偶数页采用章节名称等。

设置步骤为：

首先为整篇文档设置页眉，之后选择“页眉和页脚工具”的“设计”选项卡，在“选项”组中勾选“奇偶页不同”复选框，如图3-190所示。

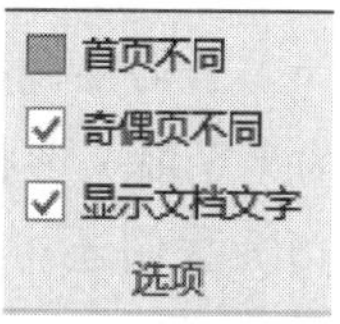

此时就可以分别设置奇数页和偶数页的页眉内容。

首页不同
奇偶页不同
显示文档文字
选项

图 3-190　勾选“奇偶页不同”选项

（六）设置文本框

文本框也是Word中的一种图形对象，可以在文本框中输入文字，放置图片、表格、艺术字等，并可以将文本框放在页面上的任意位置，从而设计出符合文档主题风格设置的文档版式。

设置方法为：

（1）单击“插入”选项卡“文本”组中的“文本框”按钮，在打开的下拉列表中选择“内置”中的各种文本框，如果没有符合要求的，也可以选择“绘制文本框”选项，如图3-191所示。

（2）此时鼠标指针会变为十字形，将鼠标指针移动到需要绘制文本框的位置，按住鼠标的左键向右下角拖动，到适当位置后释放鼠标左键，就完成了一个文本框的绘制。

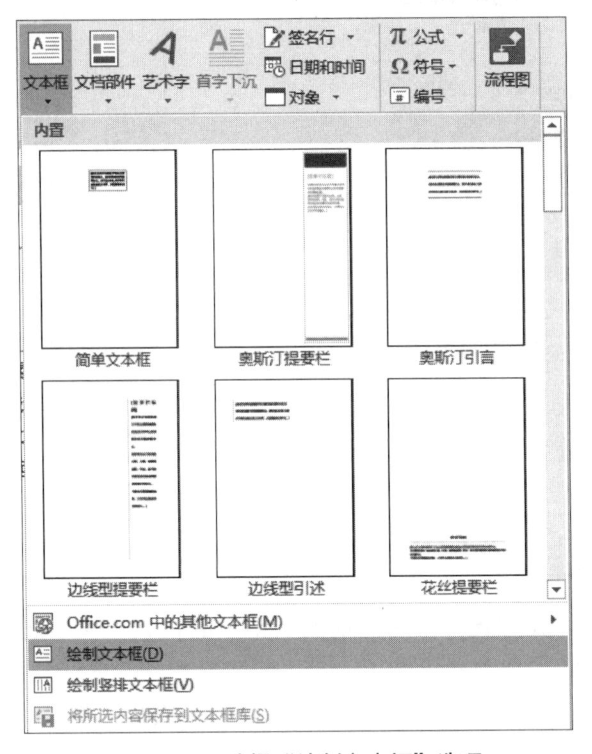

图 3-191　选择“绘制文本框”选项

（3）单击文本框，将插入点置于文本框内部，就可以输入相应的内容。文本框中的文本如果需要设置其格式，首先选中文本框中需要设置格式的文本，接下来在“开始”选项卡中“字体”组中设置其字体和字号、颜色等即可。

（4）若需要调整文本框的位置，需要将鼠标指针移动到文本框边框上方，当鼠标指针变为十字箭头形状的时候，按住鼠标左键进行拖动，即可完成位置的调整。

（5）我们还可以对文本框的样式进行设置。选中文本框后，单击“绘图工具”的“格式”选项卡中的“形状样式”组中的“其他”下拉按钮，选择适应文档主题的文本框总体外观样式。在“形状样式”组中还可以在“形状填充”按钮中对文本框内部进行颜色的设置，以及图片、渐变、图案、纹理的设置；在“形状轮廓”按钮中对文本框的外边框进行主题颜色、标准色、粗细、虚线等进行设置；在“形状效果”按钮中对文本框的阴影、映像、棱台、发光、柔化边缘、三维旋转等进行设置；在“更改形状”按钮中对文本框的形状进行设置。

（6）在文本框中文字方向分为横向和纵向，我们可以通过单击“绘图工具”的“格式”选项卡中的“文本”组中的“文字方向”按钮进行文字方向调整。

（7）在“绘图工具”的“格式”选项卡中的“排列”组中可以设置文本框与文字的位置关系，这个可以参考图片和文字位置关系的讲解。

（8）在“绘图工具”的“格式”选项卡中的“大小”组中可以设置文本框的形状高度和形状宽度，当然文本框大小也可以通过选中文本框后自动生成8个控制点，拖动控制点也可以改变文本框的大小。

（七）格式刷的使用

格式刷是Word提供的一个工具，用于复制一个位置的格式，将其应用到另一个位置。

使用方法如下：选中已经设置好格式的文本，之后找到“开始”选项卡中的“剪贴板”组中的“格式刷”进行单击，或者按【Ctrl+Shift+C】组合键，如图3-192所示，接下来选中要设置格式的文本进行选取，即可完成格式的应用。

双击格式刷可以将相同格式应用到文档中的多个位置。

二、插入题注

在Word中，经常需要对插入文档中的图片、表格和图表等对象添加标注，包括对象的编号和有关的注释文字。要准确快速地创建这类标注，使用Word提供的题注功能是一个高效的方法。

（1）将插入点光标放置到需要插入题注的位置，在“引用”选项卡的“题注”组中单击“插入题注”按钮，如图3-193所示。

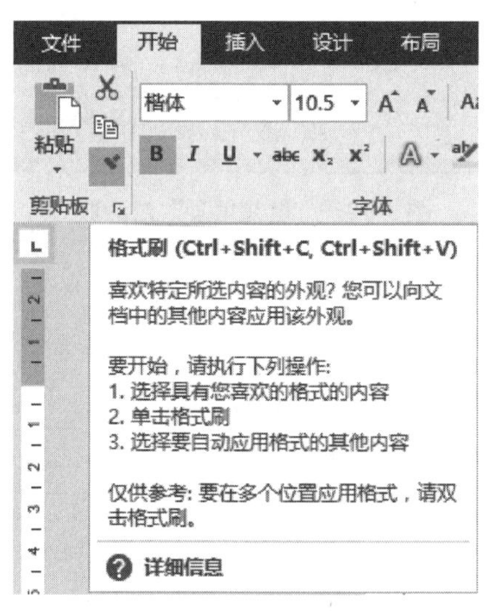

图 3-192　选择“格式刷”

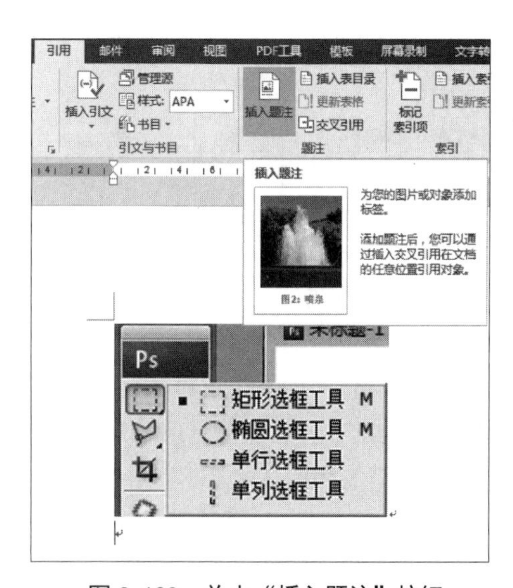

图 3-193　单击“插入题注”按钮

（2）打开“题注”对话框，单击“新建标签”按钮打开“新建标签”对话框，在“标签”文本框中输入标签内容，如图3-194所示。

（3）完成设置后单击“确定”按钮关闭对话框，当前插入点光标的位置将按照设置的样式插入题注，如图3-195所示。

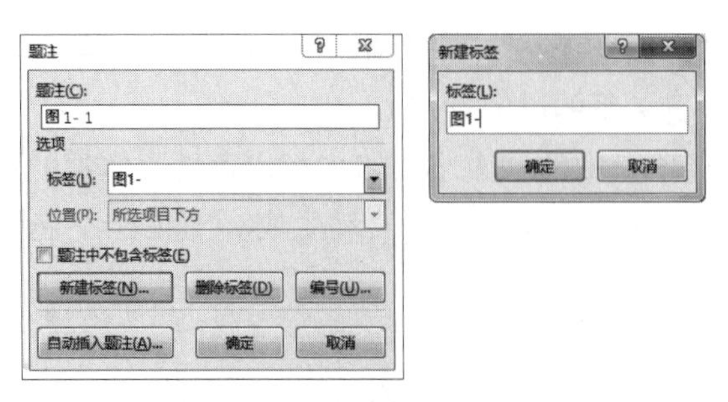

图 3-194　新建标签

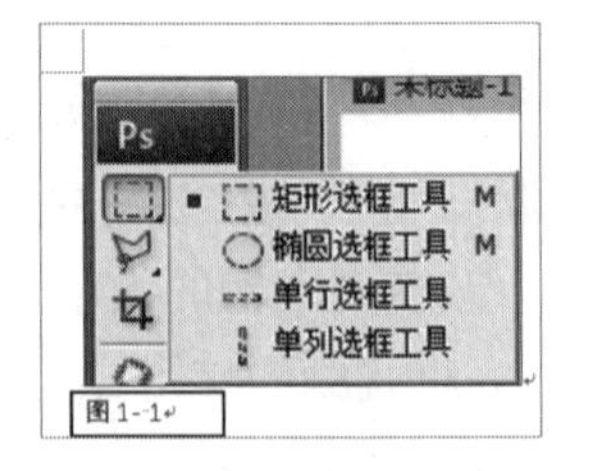

图 3-195　插入点光标位置插入题注

（4）将插入点光标放置到下一个需要插入题注的位置，再次单击“插入题注”按钮，打开“题注”对话框，此时题注的编号会自动改变，如图3-196所示，单击“确定”按钮即可将该题注插入指定位置。如果需要对题注的编号进行修改，可以单击“题注”对话框中的“编号”按钮打开“题注编号”对话框进行设置，如图3-197所示。

图 3-196　“题注”对话框

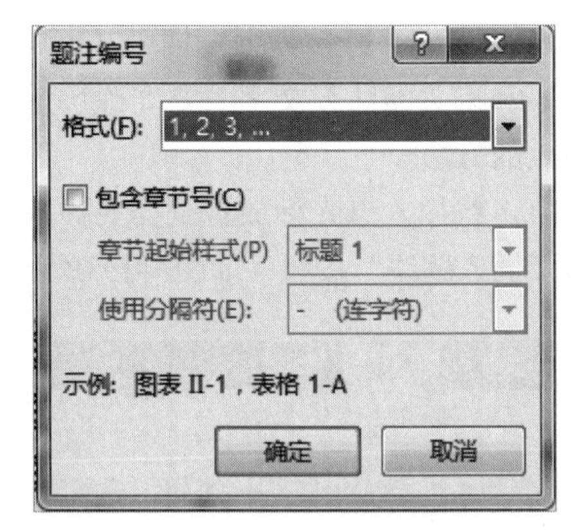

图 3-197　“题注编号”对话框

三、插入脚注

我们经常可以看到对某些词语或者专业术语作进一步的说明，通常使用增加注释的方法来进行解析。注释由注释标记和注释正文两部分组成。注释通常分为脚注和尾注，一般情况下，脚注出现在每页的末尾，尾注出现在文档的末尾。

1. 插入脚注和尾注

当文档中需要插入脚注和尾注时，可以通过在“引用”选项卡的“脚注”组中，执行插入脚注和尾注的操作，如图3-198所示。

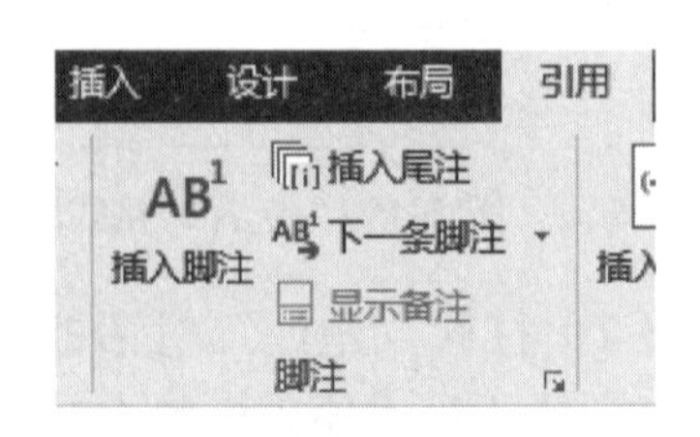

图 3-198　插入脚注和插入尾注

插入脚注的设置步骤具体如下：

（1）将光标定位在需要插入脚注的文本的后面。

（2）在“引用”选项卡的“脚注”组中单击“插入脚注”按钮。

（3）光标在页面底端的脚注区域闪烁时，直接输入所需要的脚注内容即可。

插入尾注的方法与插入脚注的方法相同。

2. 查看和修改脚注和尾注

如果需要查看脚注或者尾注，就需要把光标指向要查看的脚注或尾注的注释标记，页面中将出现一个文本框显示注释文本的内容，或者在“脚注”组中单击“显示备注”按钮。如果文档中只包含脚注或尾注，在执行“显示备注”命令后即可直接进入脚注区或尾注区。

修改脚注或尾注的注释文本需要在脚注或尾注区进行。如果不小心把脚注或尾注插错了位置，可以使用移动脚注或尾注位置的方法来改变脚注或尾注的位置。移动脚注或尾注至需选中要移动的脚注或尾注的注释标记，并拖动到所需的位置即可。

删除脚注或尾注只要选中需要删除的脚注或尾注的注释标记，然后按【Delete】键即可，此时脚注或尾注区域的注释文本同时被删除。进行移动或删除操作后，Word 2016会自动重新调整脚注或尾注的编号。

四、生成目录

在Word 2016中，用户可以对要包括在目录中的文本应用标题样式，如标题1、标题2和标题3，Word 2016会自动搜索这些标题，然后在文档中插入目录。

（1）使用预设目录样式。在“引用”选项卡中，单击“目录”按钮，在展开的下拉列表中选择需要的目录样式，如“自动目录1”样式，如图3-199所示，即可在当前文档中插入应用的目录样式。

（2）自定义设置目录样式。如果对预设目录样式的格式不满意，用户可以自定义设置目录样式，以满足自己的实际需求。在“引用”选项卡中单击“目录”按钮，在展开的下拉列表中选择“自定义目录”选项，弹出“目录”对话框，切换至“目录”选项卡，在“常规”选项组中设置“格式”和“显示级别”，单击“确定”按钮即可。

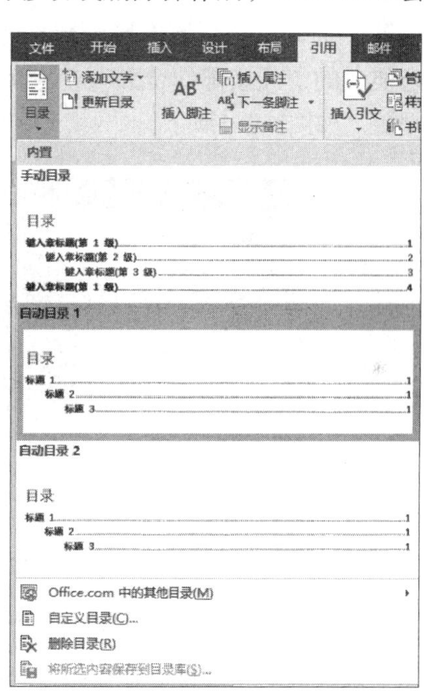

图 3-199 选择目录样式

五、邮件合并

邮件合并是Word的一项高级功能，也是在日常办公或者生活中经常会使用到的一项功能，特别是办公自动化人员应该掌握的基本技术之一。当需要编辑多封邮件或者信函，并且这些邮件或者信函只有个人信息有所不同，大部分内容都是同一个模板的时候，使用邮件合并功能可以快速实现文档制作，从而提高办公效率。邮件合并是指将作为邮件发送的文档与由收件人信息组成的数据源合并在一起，分别形成对应的系列文档，作为完整的邮件。其操作的主要步骤包括创建主文档、选择数据源、编辑主文档、合并邮件等。邮件合并操作在Word中有两种方法，一种是通过功能区的按钮完成，另一种是通过邮件合并向导完成。

1. 创建主文档

合并的邮件由两部分组成，一部分是合并过程中保持不变的主文档，另一部分是包含多种信息的数据源。因此进行邮件合并时，首先应该创建主文档。在“邮件”选项卡的“开始邮件合并”组中单击“开始邮件合并”按钮，在打开的下拉列表中选择文档类型，如信函、电子邮件、信封、标签和目录等，如图3-200所示。通过这个操作就可以创建一个主文档了。

选择“信函”或者“电子邮件”可以制作一组内容类似的邮件正文，选择“信封”或者“标签”可以制作带地址的信封或者标签。

2. 选择数据源

数据源就是指要合并到文档中的信息文件，如果要在邮件合并中使用名称和地址列表等，主文档必须要连接到数据源，才能使用数据源中的信息。操作步骤为在“邮件”选项卡的“开始邮件合并”组中单击“选择收件人”按钮，在打开的下拉列表中选择数据源，如图3-201所示。

图 3-200 “开始邮件合并”选项

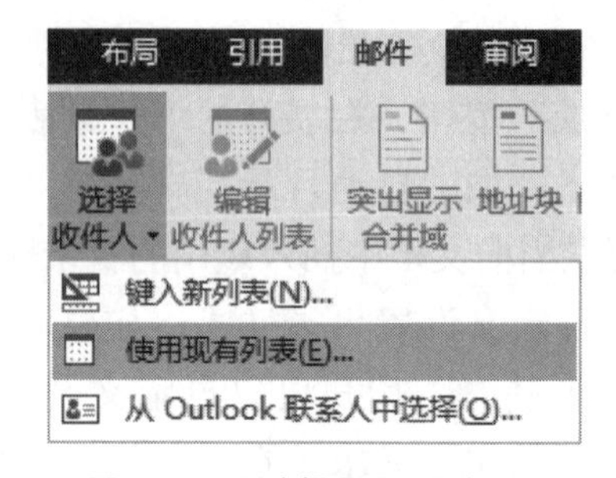

图 3-201 选择数据源选项

（1）如果选择“键入新列表”选项，将打开“新建地址列表”对话框，在其中可以新建条目、删除条目、查找条目，以及对条目进行筛选和排序，如图3-202所示。

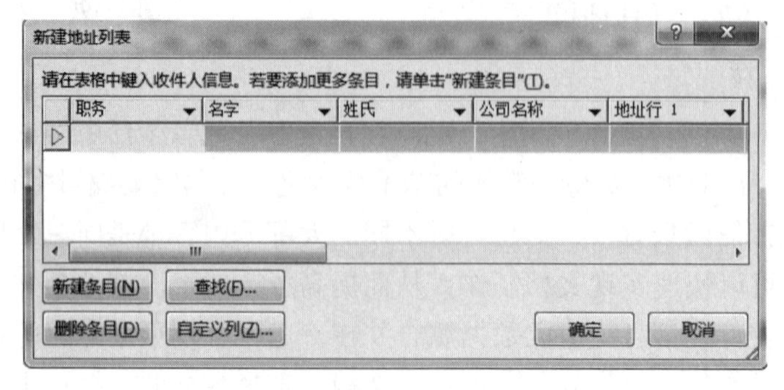

图 3-202 “新建地址列表”对话框

（2）如果选择“使用现有列表”选项，可以在打开的“选取数据源”对话框中选择收件人通信录列表文件。打开“选择表格”对话框，从中选定以哪个工作表中的数据作为数据源，然后单击“确定”按钮，如图3-203所示。

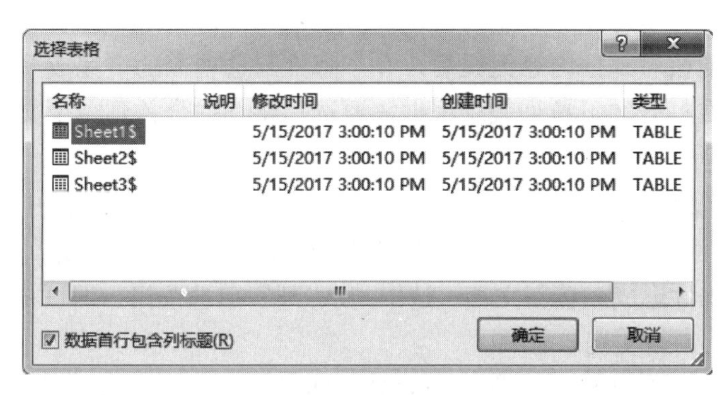

图 3-203　“选择表格”对话框

（3）如果选择“从Outlook联系人中选择”选项，则打开Outlook中的通信簿，从中选择收件人地址。

3．编辑主文档

（1）编辑收件人列表，在“邮件”选项卡的“开始邮件合并”组中单击“编辑收件人列表”按钮。

（2）在打开的“邮件合并收件人”对话框中，通过复选框可以选择添加或删除合并的收件人，也可以对列表中的收件人信息进行排序或筛选等操作。

（3）创建完数据源后就可以编辑主文档了，在编辑主文档的过程中，需要插入各种域，只有在插入域后，Word文档才成为真正的主文档。在“邮件”选项卡的“编写和插入域”组中，可以在文档编辑区中根据每个收信人的不同内容添加相应的域。

（4）单击“地址块”按钮，打开“插入地址块”对话框，可以在其中设置地址块的格式和内容，例如收件人姓名、学号、楼牌号、通信地址等。地址块插入文档后，实际应用时会根据收件人的不同而显示不同的内容。

（5）单击“问候语”按钮，打开“插入问候语”对话框，在其中可以设置文档中要使用的问候语，也可以自定义称呼、姓名格式等。

（6）在文档中将光标定位在需要插入某一域的位置处，单击“插入合并域”按钮，打开“插入合并域”对话框，在该对话框中选择要插入到信函中的项目，单击“插入”按钮即可完成信函与项目的合并。然后按照这个方法依次插入其他域，这些项目的具体内容将根据收件人的不同而改变。

第二种插入合并域的方法就是定位好光标位置后，单击“插入合并域”按钮下方的下拉按钮，在打开的下拉列表中依次选择插入各个域。

4．合并邮件

（1）利用功能区按钮完成邮件合并操作。

完成信函与数据源的合并后，在“邮件”选项卡的“预览结果”组中单击“预览结果”按钮，文档编辑区中将显示信函正文，其中收件人信息使用的是收件人列表中第一个收件人的信息。若希望看到其他收件人的信函，可以单击“上一记录”和“下一记录”以及“首记录”和“尾记录”按钮。

通过预览功能核对邮件内容无误后，在“邮件”选项卡的“完成”组中单击“完成并合并”按钮，在打开的下拉列表中根据需要选择将邮件合并到单个文档、打印文档或是发送电子邮件等。

选择“编辑单个文档”选项，打开“合并到新文档”对话框，选中“全部”单选按钮，即可将所有收件人的邮件合并到一篇新文档中；选中“当前记录”单选按钮，即可将当前收件人的邮件形成一篇新文档；选中“从-到”单选按钮，即可将选择区域内的收件人的邮件形成一篇新文档。

选择“打印文档”选项，打开“合并到打印机”对话框。选中“全部”单选按钮，即可打印所有收件人的邮件；选中“当前记录”单选按钮，即可打印当前收件人的邮件；选中“从-到”单选按钮，即可打印选择区域内的所有收件人的邮件。

选择“发送电子邮件”选项，打开“合并到电子邮件”对话框。“收件人”列表中的选项是与数据源列表保持一致的；在“主题行”文本框中可以输入邮件的主题内容；在“邮件格式”下拉列表框中可以选择以“附件”、“纯文本”或HTML格式发送邮件；在“发送记录”选项区域，可以设置是发送全部记录、当前记录，还是发送指定区域内的记录。

如果将完成邮件合并的主文档恢复为常规文档，只需要在“邮件”选项卡的“开始邮件合并”组中单击“开始邮件合并”按钮，在打开的下拉列表中选择“普通Word文档”命令即可。

（2）利用邮件合并向导完成邮件合并操作。

找到“邮件”选项卡的“开始邮件合并”组，单击“开始邮件合并”按钮，在打开的下拉列表中选择“邮件合并分步向导”选项，即可打开“邮件合并”任务窗格。

在“邮件合并”任务窗格中，首先要选择需要的文档类型。选择“信函”或“电子邮件”可以制作一组内容类相似的邮件正文，选择“信封”或“标签”可以制作带地址的信封或标签。

单击“下一步：正在启动文档”链接，在打开的任务窗格中选中“使用当前文档”单选按钮可以在当前活动窗口中创建并编辑信函；选中“从模板开始”单选按钮可以选择信函模板；选中“从现有文档开始”单选按钮则可以从弹出的对话框中选择已有的文档作为主文档。

在“选择开始文档”任务窗格中，单击“下一步：选取收件人”链接，即可显示“选择收件人”任务窗格，可以从中选择现有列表或Outlook联系人作为收件人列表，也可以输入新列表。

正确选择数据源后，单击“下一步：撰写信函”链接，即可显示“预览信函”任务窗格。此时，在文档编辑区中将显示信函正文，其中收件人信息使用的是收件人列表中第一个收件人的信息；若希望看到其他收件人的信息，可以单击“收件人”选项旁边的上一个或下一个按钮进行预览。

最后单击“下一步：完成合并”链接，显示“完成合并”任务窗格，在此区域可以实现两个功能：合并到打印机和合并到新文档，可以根据需要进行选择。

实践练习

编辑“创幸福班级”文档

内容描述

近日，信息部在一年级班级内开展以“创幸福班级”为主题的教室布置活动，评比成绩已出，需要发通知告知大家。请利用你所学知识制作此通知内容。

编辑“创幸福班级”文档

操作过程

1. 新建 Word 文档

新建文档，保存为“创幸福班级”并设置页面。

（1）将光标定位在文档中的任意位置，选择“布局”选项卡的“页面设置”组，单击对话框启动器按钮，打开“页面设置”对话框。

（2）单击“页边距”选项卡，在“上”“下”文本框中选择或输入3厘米，在“左”“右”文本框中选择或输入3厘米，在“预览”处，单击“应用于”下拉按钮，选择“整篇文档”选项，单击“确定”按钮，如图3-204所示。

（3）单击“纸张”选项卡。在“纸张大小”下拉列表中，选择A4选项，单击“确定”按钮即可。因为此处采用的是A4纸张，所以采用默认也可以。

（4）将文本录入进入文档中。文本内容如下：

创幸福班级

近日，信息部为加强和提升校园文化建设，着力培养和调动学生的积极性、主动性和创造性，营造良好的班风和学风，在一年级班级内开展了“创幸福班级”为主题的教室布置活动，并以班级为单位进行评比。

方案要求，“布置教室要充分发挥学生的主体积极性，整体设计是发动广大同学提出设计方案，进行讨论、评比，选定的最佳方案予以实施。”经过评委组老师的检查和评分，计算机50班 、计算机51班、物流34班分获一、二、三名，会计32班、运输25班、物流33班获得优秀奖。

2. 设置艺术字

（1）选中文档的标题“创幸福班级”，单击“插入”选项卡“文本”组中的“艺术字”按钮，选择“填充-橙色 着色2 轮廓-着色2”选项。

（2）在“开始”选项卡的“字体”组中设置标题“创幸福班级”的“字体”为华文

新魏，“字号”为初号。

（3）在“绘图工具”的“格式”选项卡中选择“艺术字样式”组中的“文本效果”，设置形状格式的“三维格式”为“底部棱台”中的“棱台-角度”，宽度、高度均为3磅；深度为深红，大小为300磅；材料为亚光效果，光源为柔和；三维旋转预设为“前透视”，如图3-205所示。

图 3-204　页面设置

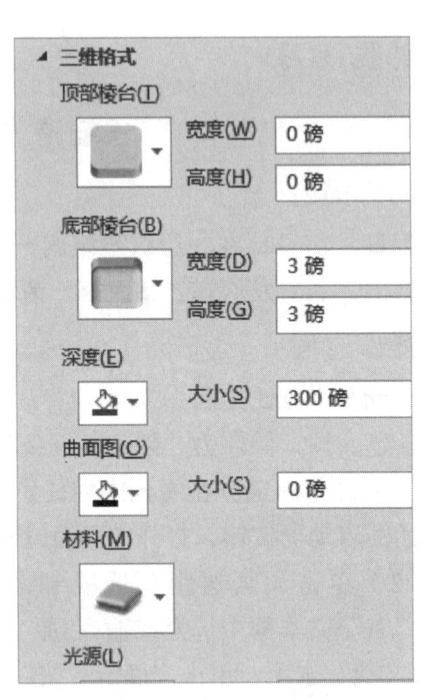

图 3-205　“三维格式”设置

（4）调整所插入艺术字的大小和位置，如图3-206所示。

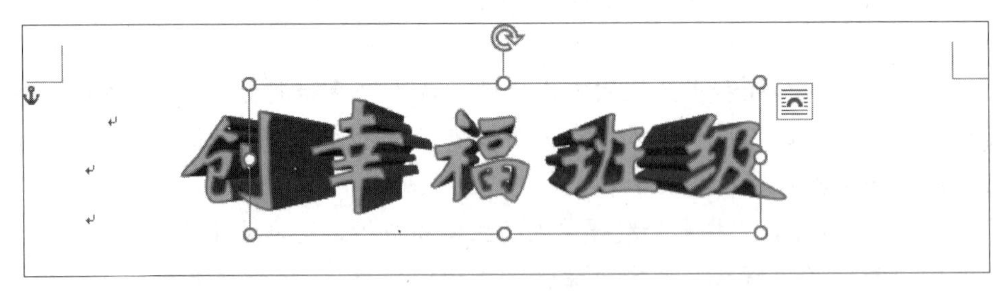

图 3-206　艺术字效果

3. 设置文字边框和首字下沉

（1）选中除标题外的所有文本，在“开始”选项卡中的“字体”组，设置“字体”为方正姚体，“字号”为三号。

（2）选中文档中第一段文字，单击“开始”选项卡“段落”组中的“边框”下拉按钮，选择“边框和底纹”选项，打开“边框和底纹”对话框。

（3）在“边框”选项卡中设置“样式”为“实线”，“宽度”为“1.5磅”，“应用于”选择“段落”，如图3–207所示。

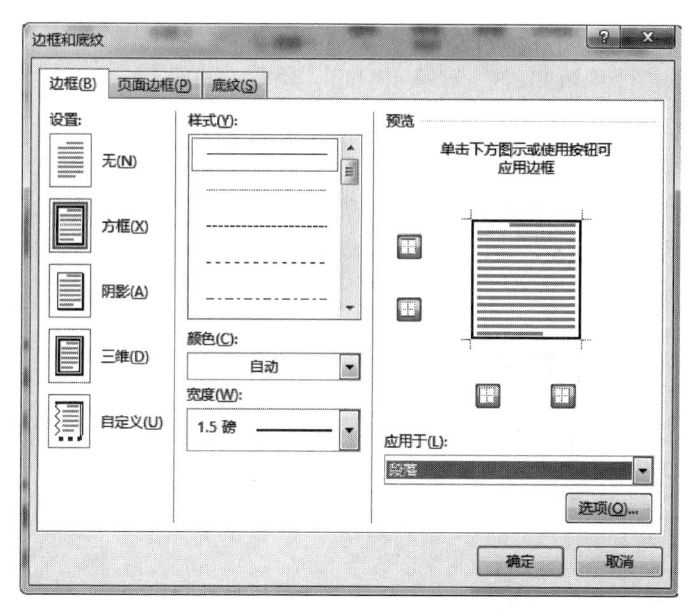

图 3–207　在“边框”选项卡中设置样式

（4）打开“底纹”选项卡，选择“填充”为黄色，“应用于”选择“段落”，之后单击“确定”按钮，如图3–208所示。

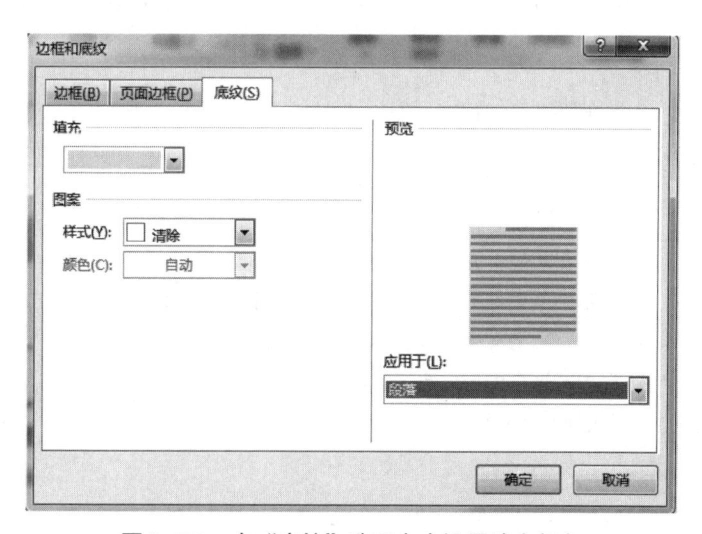

图 3–208　在“底纹”选项卡中设置填充颜色

（5）设置首字下沉，选中第一段文字，单击“插入”选项卡“文本”组中的“首字下沉”下拉按钮，选择“首字下沉”选项，在打开对话框中设置“字体”为方正姚体，“下沉行数”为3行，“距正文”距离为0厘米，单击“确定”按钮，如图3–209所示。

4. 设置第二段文字分栏和文字突出显示

（1）选中文档中第二段文字，单击“布局”选项卡“页面设置”组中的“分栏”下拉按钮，选择“偏左”选项，完成分栏。

（2）选中文本“计算机50班 、计算机51班、物流34班分获一、二、三名，会计32班、运输25班、物流33班获得优秀奖。”，之后单击“开始”选项卡“字体”组中的“以不同颜色突出显示文本”按钮，设置颜色为黄色。

（3）选中文本“评委组老师”，在“开始”选项卡的“字体”组中单击右下角的对话框启动器按钮，打开“字体”对话框，在“所有文字”中的“下画线线型”中选择双波浪线，如图3-210所示。

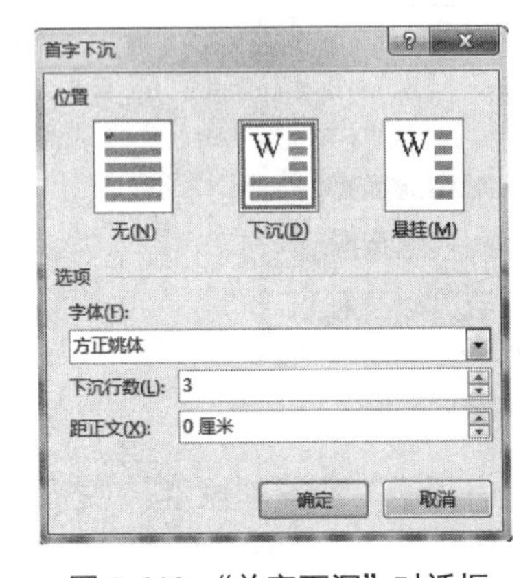

图 3-209 “首字下沉”对话框

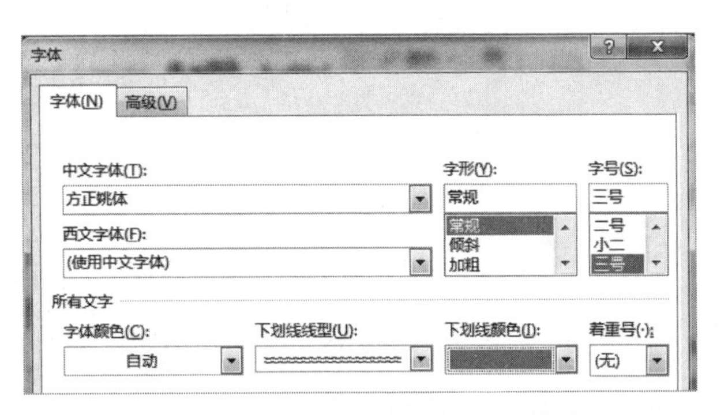

图 3-210 设置“下画线线型”为双波浪线

5. 设置尾注

选中文档中文本“评委组老师”，单击“引用”选项卡“脚注”组中的“插入尾注”按钮，插入尾注“评委组老师：由信息部教研室六位老师组成。”，如图3-211所示。

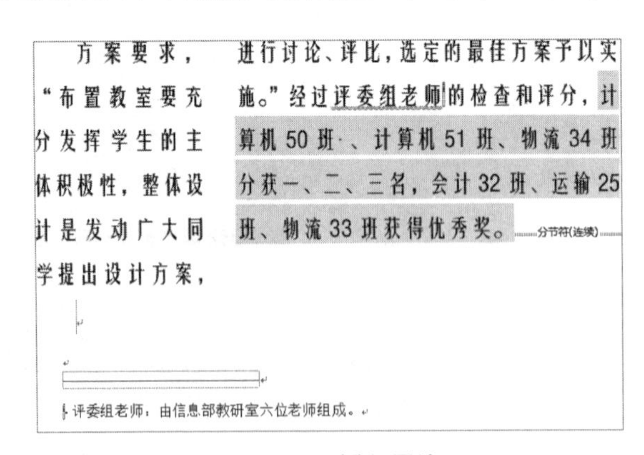

图 3-211 插入尾注

6. 设置页眉

（1）将光标定位在文档中的任意位置，单击“插入”选项卡“页眉和页脚”组中的

“页眉”按钮。

（2）选择“内置”中的“空白”选项进入页眉，在“页眉”处输入文字“创幸福班级”，在“开始”选项卡中设置字体为微软雅黑，字号为小五，如图3–212所示。最终效果如图3–213所示。

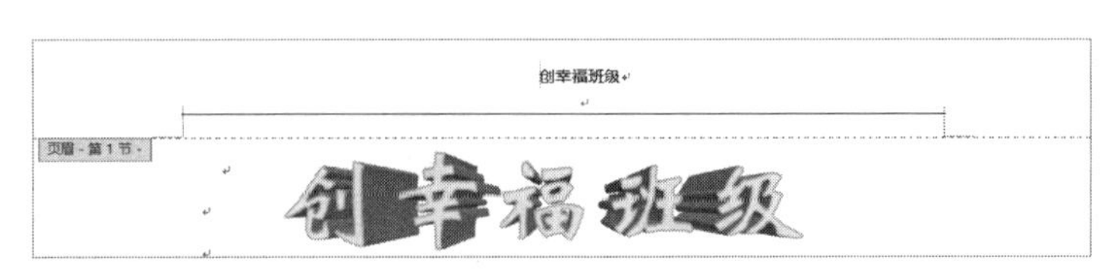

图 3–212　插入页眉

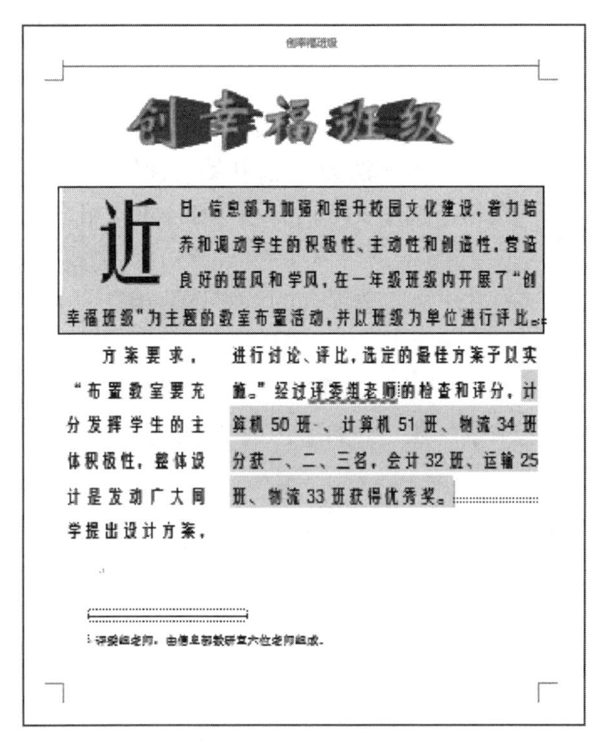

图 3–213　最终效果

制作学生成绩通知单

内容描述

成绩单的下发是学校每个学期末必做的事情，逐张录入是很麻烦的事情。请用Word文档中邮件合并功能，快速制作多份学生成绩通知单。

操作过程

1. 新建 Word 文档，录入相应文本

（1）新建Word文档，命名为“学生成绩通知单”。在“布局”选项卡的“页面设置”组

中，单击“页边距”下拉按钮，在打开的下拉列表中选择“自定义边距”选项，打开“页面设置”对话框，设置上边距、下边距、左边距和右边距均为2厘米。

微课

制作学生成绩单

（2）录入文本，文本内容如下：

同学您好：

您本次期末考试的成绩如下：

数学：

语文：

英语：

物理：

×××学校教务科

2020年7月30日

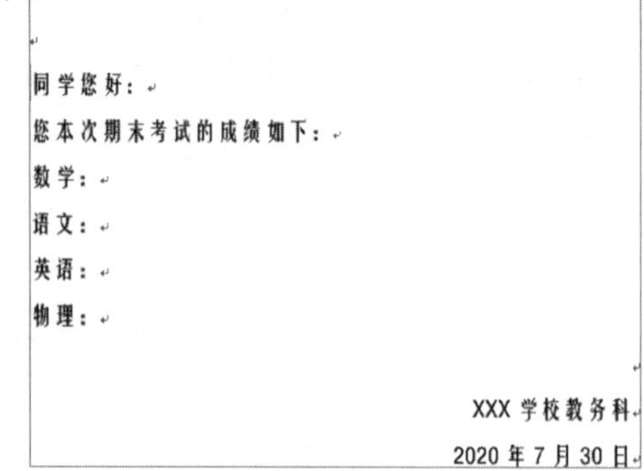

图 3-214　录入文本内容并设置格式

按照图3-214所示的格式进行分段排版。其中“×××学校教务科”“2020年7月30日”设置对齐方式为右对齐，设置方法为：选中要设置的文本，单击“开始”选项卡“段落”组中的“右对齐”按钮。选中文本后，按【Ctrl+R】组合键也可以实现文本右对齐设置。

（3）选中所有文本，在“开始”选项卡的“字体”组，设置“字体”为方正姚体，“字号”为三号。

（4）插入标题艺术字。在“插入”选项卡的“文本”组中，选择“艺术字”，在下拉列表中选择图3-215所示艺术字。在“开始”选项卡中设置“字体”为方正姚体，“字号”为初号。

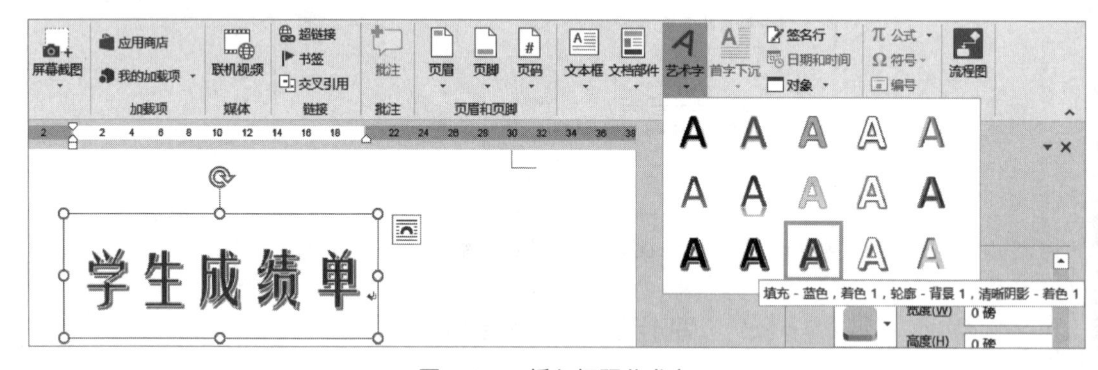

图 3-215　插入标题艺术字

2. 创建数据源

要批量制作学生成绩通知单，除了要有主文档外，还需要有学生的姓名、数学成绩、语文成绩、英语成绩和物理成绩等信息，即数据源。我们采用一个现成的Excel电子表格作为数据源，如图3-216所示。（源文件位于本书配套素材“项目三”文件夹中）

	A	B	C	D	E	F	G
1							
2	姓名	学号	数学	语文	英语	物理	总分
3	张三	1	80	82	76	60	298
4	李四	2	92	95	90	70	347
5	王五	3	95	96	98	75	364
6	赵六	4	76	88	82	88	334
7	刘军	5	60	65	64	73	262
8	王强	6	75	79	80	89	323
9	郭军	7	88	90	85	81	344
10	申鹏	8	85	84	88	82	339
11	郝丽	9	80	82	85	70	317

图 3-216　创建数据源

3. 进行邮件合并

（1）打开已经创建好的主文档“学生成绩通知单”，单击Word 2016“邮件”选项卡上“开始邮件合并”组中的“开始邮件合并”按钮，在展开的列表中可看到“普通Word文档”选项高亮显示，表示当前编辑的主文档类型为普通Word文档，如图3-217所示。这里我们保持默认选择。

（2）单击“开始邮件合并”组中的“选择收件人”按钮，在展开的列表中选择“使用现有列表”，打开“选取数据源”对话框，选中创建好的数据文件“学生期末成绩”文件，然后单击“打开”按钮，如图3-218所示。

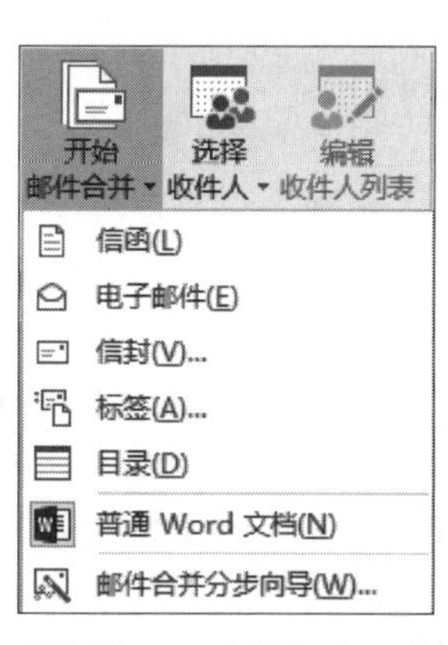

图 3-217　“普通 Word 文档”选项高亮显示

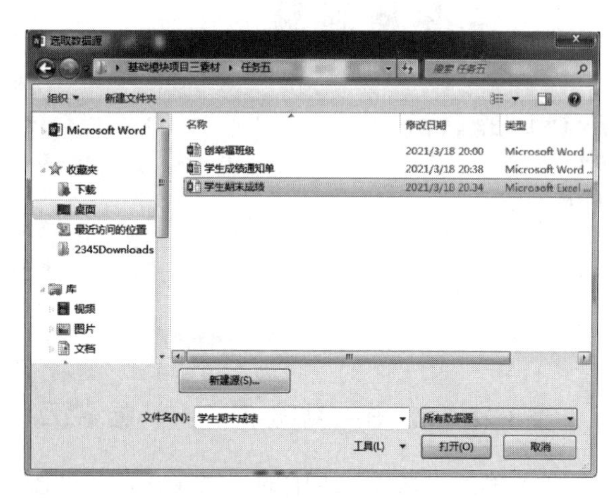

图 3-218　选取数据源

（3）在打开的对话框中选择要使用的Excel工作表，然后单击“确定”按钮，如图3-219所示。

（4）将插入符放置在文档中第一处要插入合并域的位置，即“同学您好：”的左侧，然后单击“插入合并域”下拉按钮，在展开的列表中选择要插入的域“姓名”，如图3-220所示。

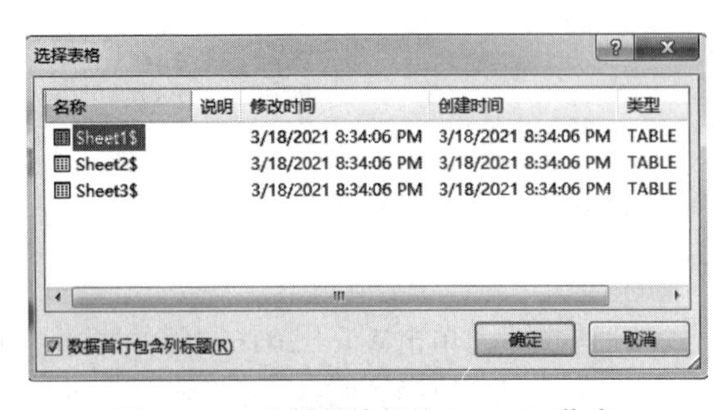

图 3-219　选择要使用的 Excel 工作表

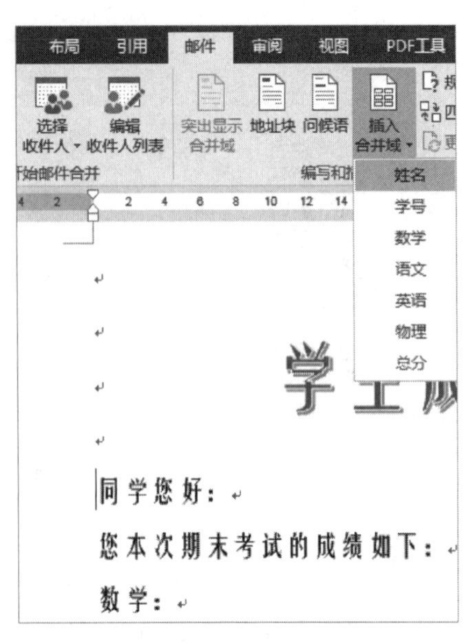

图 3-220　插入合并域

效果如图3-221所示。

（5）用同样的方法插入“数学”、“英语”、“语文”和“物理”域，效果如图3-222所示。

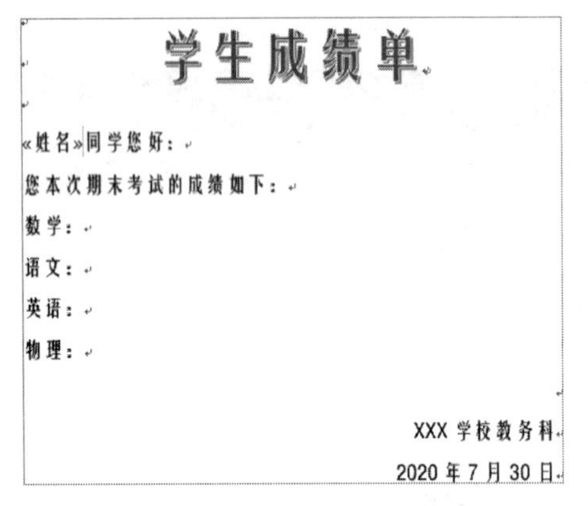

图 3-221　插入合并域后效果

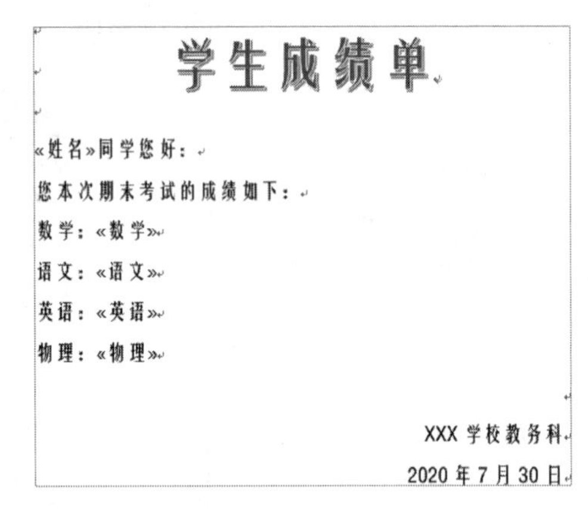

图 3-222　插入“数学”、“语文”、“英语”和“物理”域

（6）单击“完成”组中的“完成并合并”按钮，在展开的列表中选择“编辑单个文档”选项，如图3-223所示。让系统将产生的邮件放置到一个新的文档，默认名称为“信函1”。在打开的“合并到新文档”对话框中选择“全部”单选按钮，之后单击“确定”按钮。

图 3-223　选择“编辑单个文档”

（7）Word将根据设置自动合并文档并将全部记录存放到一个新文档中，合并完成的文档的份数取决于

数据表中记录的条数，效果如图3-224所示。最后另存文档为“学生成绩通知单（邮件合并）”。

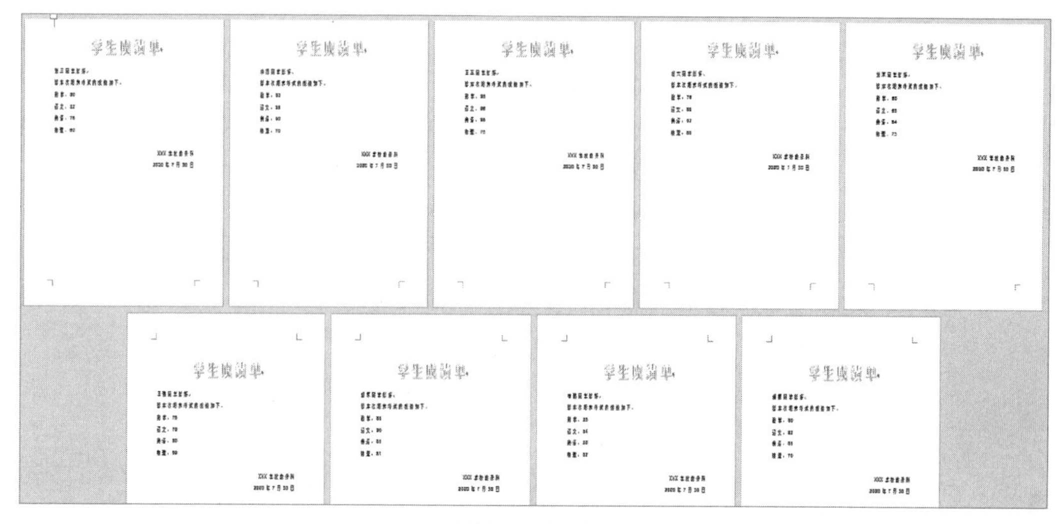

图 3-224　制作完成的学生成绩通知单

实践练习评价

评价项目	自我评价		教师评价	
	小结	评分（5分）	点评	评分（5分）
艺术字的插入和设置				
文字、段落边框的设置				
分栏				
首字下沉				
插入尾注				
艺术字的插入与设置				
会创建数据源				
邮件合并的方法				

项目小结

通过本项目的学习，应该着重掌握使用Word输入文本和特殊符号，以及选取、移动、复制、查找和替换、校对、批注、修订文本的方法；掌握设置字符格式、段落格式、页面格式、边框和底纹，以及使用项目符号和编号的方法，会美化页面，会图文混排；掌握在Word文档中插入和编辑表格、图像、图形、艺术字、文本框、SmartArt图形等方法。

练习与思考题

一、选择题

1. Word 2016默认的文件扩展名是（　　）

A. .doc　　B. .docx　　C. .xls　　D. .ppt

2. Word 2016中，要使文档的标题位于页面居中位置，应该选中标题后选择（　　）。

A. 两端对齐　　B. 居中　　C. 左对齐　　D. 右对齐

3. Word 2016是（　　）公司开发的文字处理软件。

A. 微软　　B. 联想　　C. 苹果　　D. IBM

4. 在Word 2016编辑状态下，若要调整光标所在段落的行距，首先应进行的操作是（　　）。

A. 打开“开始”选项卡　　B. 打开“插入”选项卡

C. 打开“布局”选项卡　　D. 打开“视图”选项卡

5. 在Word 2016文档编辑中，可以删除插入点前字符的按键（　　）。

A.【Delete】　　B.【Ctrl+Delete】

C.【Backspace】　　D.【Ctrl+Backspace】

6. 在Word编辑状态下，要统计文档的字数，需要使用的选项卡是（　　）。

A.“开始”选项卡　　B.“插入”选项卡

C.“布局”选项卡　　D.“审阅”选项卡

7. 若Windows处于系统默认状态，在Word 2016编辑状态下，移动鼠标至文档行首空白处（文本选定区）连击左键三下，结果会选择文档的（　　）。

A. 一句话　　B. 一行　　C. 一段　　D. 全文

8. 在Word 2016文档编辑中，如果想在某一页面没有写满的情况下强行分页，可以插入（　　）。

A. 图片　　B. 项目符号　　C. 分页符　　D. 换行符

9. Word 2016中的表格操作内，改变表格的行高与列宽可以用鼠标操作，方法是（　　）。

A. 当鼠标指针在表格线上变为双箭头形状时拖动鼠标

B. 双击表格线

C. 单击表格线

D. 单击“拆分单元格”按钮

10. 要设置行距小于标准的单倍行距，需要选择（　　）再输入磅值。

A. 两倍　　B. 单倍　　C. 固定值　　D. 最小值

二、填空题

1. Word 2016中要删除文本可使用________键和________键。

2. 要撤销前面做的操作，可单击“快速访问工具栏”中的________按钮；要撤销多步操作，可连续单击该按钮。

3. 复制命令的快捷键是________；剪切命令的快捷键是________；粘贴命令的快捷键是________。

4. 在Word 2016中，段落标记是在文本输入时按下________键形成的。

5. 使图片按比例缩放应选用________。

6. 要查找文档中的某一词语，应选择________选项卡________组中的________选项。

7. Word 2016中格式刷的作用是________。

8. Word 2016的视图方式分为了页面视图、________、________、大纲视图、草稿5种文档视图方式。

9. 表格中的对齐方式分为了靠上两端对齐、靠上居中对齐、靠上右对齐、中部两端对齐、__________、中部右对齐、靠下两端对齐、靠下居中对齐、靠下右对齐9种对齐方式。

10. 表格是由水平的行和垂直的列组成的，行与列交叉形成的方框称为________。

三、操作题

1. 新建Word文档，保存名称为“班级+姓名”，主题为“自我介绍”，内容包括自己的姓名、班级、来自哪里、爱好，家乡的特产，以及家乡有哪些旅游景点。

2. 按照要求设置以下文本。

文本如下:

再别康桥

轻轻的我走了，正如我轻轻的来；我轻轻的招手，作别西天的云彩。那河畔的金柳，是夕阳中的新娘；波光里的艳影，在我的心头荡漾。软泥上的青荇，油油的在水底招摇；在康河的柔波里，甘心做一条水草！那榆荫下的一潭，不是清泉，是天上虹；揉碎在浮藻间，沉淀着彩虹似的梦。寻梦？撑一支长篙，向青草更青处漫溯；满载一船星辉，在星辉斑斓里放歌。但我不能放歌，悄悄是别离的笙箫；夏虫也为我沉默，沉默是今晚的康桥！悄悄的我走了，正如我悄悄的来；我挥一挥衣袖，不带走一片云彩。

（1）设置字体：标题为黑体；正文为方正姚体。

（2）设置字号：标题为一号；正文为四号。

（3）设置文字效果：标题字体文字效果为“填充-白色，轮廓-着色1，发光-着色1”，设置轮廓为“水绿色，个性色5，深度50%”；设置字体下画线为双线型；设置正文字体颜色为“水绿色，个性5，深度50%”。

（4）设置对齐方式：标题为居中对齐，正文采用分栏方式分为两栏。

（5）设置页面背景色：橄榄色、个性色3、淡色60%。

（6）设置页面边框：设置边框为样本样式。

最终文档效果如图3-225所示。

3. 按要求创建Word表格“冬季作息时间表”，如图3–226所示。

（1）创建表格并自动套用格式：中等深浅网格3-着色4。

（2）设置字体字号：标题字体为方正姚体，字号为一号；主体内容字体为方正姚体，字号为20磅。

（3）设置单元格内对齐方式为：水平居中。

（4）调整表格大小以适应整体布局。

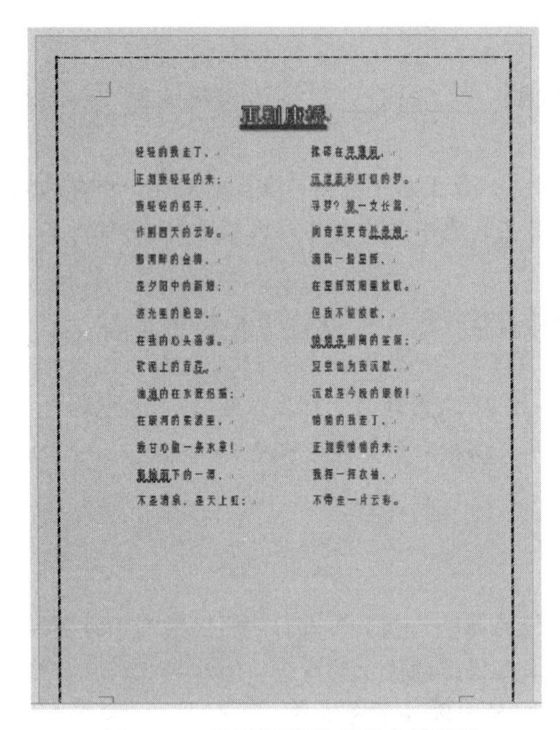

再别康桥

轻轻的我走了，
正如我轻轻的来；
我轻轻的招手，
作别西天的云彩。
那河畔的金柳，
是夕阳中的新娘；
波光里的艳影，
在我的心头荡漾。
软泥上的青荇，
油油的在水底招摇；
在康河的柔波里，
我甘心做一条水草！
那榆荫下的一潭，
不是清泉，是天上虹；
揉碎在浮藻间，
沉淀着彩虹似的梦。
寻梦？撑一支长篙，
向青草更青处漫溯；
满载一船星辉，
在星辉斑斓里放歌。
但我不能放歌，
悄悄是别离的笙箫；
夏虫也为我沉默，
沉默是今晚的康桥！
悄悄的我走了，
正如我悄悄的来；
我挥一挥衣袖，
不带走一片云彩。

图 3-225 “再别康桥”最终文档效果

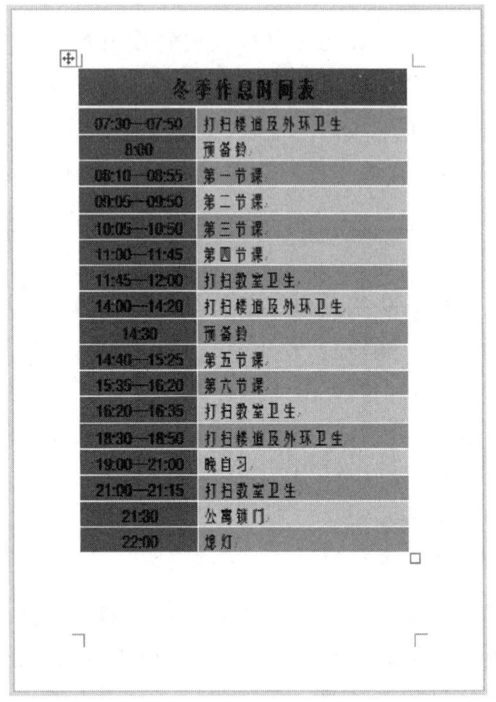

冬季作息时间表	
07:30—07:50	打扫楼道及外环卫生
8:00	预备铃
08:10—08:55	第一节课
09:05—09:50	第二节课
10:05—10:50	第三节课
11:00—11:45	第四节课
11:45—12:00	打扫教室卫生
14:00—14:20	打扫楼道及外环卫生
14:30	预备铃
14:40—15:25	第五节课
15:35—16:20	第六节课
16:20—16:35	打扫教室卫生
18:30—18:50	打扫楼道及外环卫生
19:00—21:00	晚自习
21:00—21:15	打扫教室卫生
21:30	公寓锁门
22:00	熄灯

图 3-226 “冬季作息时间表”最终文档效果

4. 根据你所学的专业出一份图文混排的小报来展示你们专业的知识及工作风采。要求：

（1）插入艺术字。

（2）插入图片。

（3）有文本说明。

（4）有表格说明。

素材自己根据需要进行制作或下载。

5. 打开本书配套素材“背影”，按下列要求编排文档的版面，效果如图3-227所示。

（1）设置页面：自定义页边距为上边距、下边距各为2.5厘米，左边距、右边距各为3厘米。

（2）设置艺术字：标题“背影”设置为艺术字，选择艺术字样式为“渐变填充-水绿色，着色1，反射”；字体为华文行楷、初号；按样文适当调整艺术字的位置。

（3）设置正文字体和字号："朱自清"为方正姚体，四号；正文字体为方正姚体，三号。

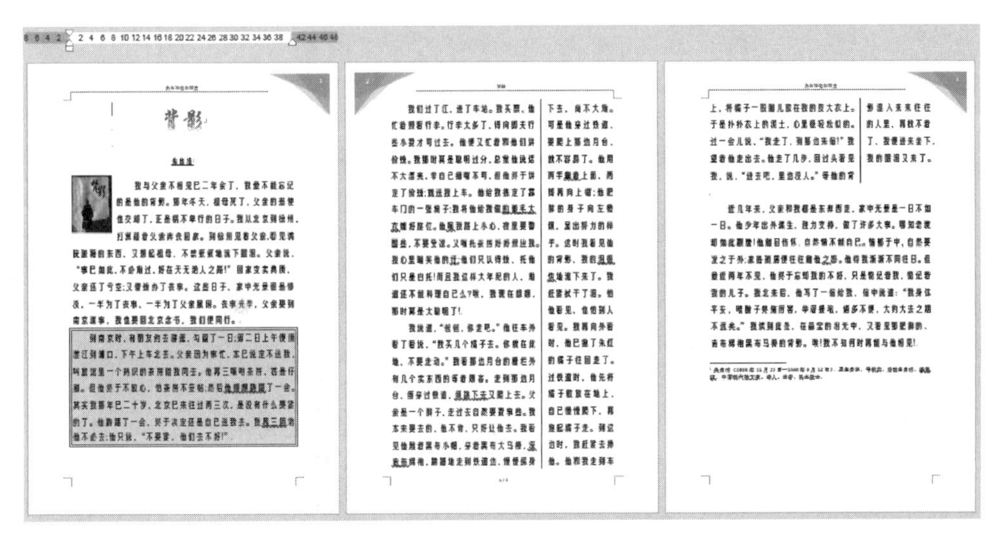

图 3-227 "背影"最终文档效果

（4）设置分栏格式：将正文第三、四段设置为两栏格式，预设偏右，加分隔线。

（5）设置边框和底纹：为正文第二段添加方框，线型为双实线，颜色为深红色，填充浅黄色底纹。

（6）插入图片：在样文所示位置插入图片"背影素材"，环绕方式为紧密型环绕。

（7）插入尾注：为第二行"朱自清"添加下画线，插入尾注为"朱自清（1898年11月22日—1948年8月12日），原名自华，号秋实，后改名自清，字佩弦。中国现代散文家、诗人、学者、民主战士。"

（8）设置页眉页脚：按样文插入"平面"页眉，设置奇数页和偶数页不同的页眉，奇数页页眉为"朱自清散文欣赏"，偶数页页眉为"背影"。

项目四 数据处理

项目综述

通过本项目的学习，引导学生理解数据的作用，能综合运用电子表格、数据库、数据分析以及大数据工具软件，根据业务需求采集与处理数据，初步了解数据分析及可视化表达的相关知识。

任务一 采 集 数 据

学习目标

- 能列举常用数据处理软件的功能和特点。
- 会在信息平台或文件中输入数据，会导入和引用外部数据，会利用工具软件收集、生成数据。
- 会进行数据的类型转换及格式化处理。

理论知识

数据是客观事物的属性值，用来描述事物的特性、事实、概念等。例如，（170,65）这一对数据是用来描述一个人的身高和体重的数据。

数据是信息的载体。例如，（170,65）这一对数据，承载着一个人的身高和体重信息。

信息泛指人类社会中传播的一切内容，它是信息发出方利用文字、符号、声音、图形、图像等形式作为载体，通过各种途径传播的内容，以适合于通信、存储或处理的形式来表示的知识或消息。

在计算机系统中“数据”是指具体的数或二进制代码，而“信息”则是二进制代码所表达（或承载）的具体内容。在计算机中，各种各样的信息包括数字、文字、图像等，它们都以二进制的形式存在。计算机通过对二进制形式的数字进行运算加工，实现对各种信息的加工处理。人们将各种信息用二进制数字（代码）来表示，便可以输入计算机中进行快速、准确、自动的加工处理。

数据在计算机中的处理过程，也就是计算机对二进制代码所承载的信息的处理过程，这种处理过程常见的有：建立一个Word 文件并打印输出；建立一个电子表格并输入数据，进行统计计算出结果后打印输出报表；从网上下载一首歌曲，然后播放出来供人们欣赏。

日常简单的数据处理可以使用Excel软件完成，专业的数据处理和统计分析工具有SPSS、SAS、MATLAB等，也可以通过R、Python、Java等计算机语言编程进行数据处理。

一、常用数据处理软件的功能和特点

Excel 软件是微软公司推出的Microsoft Office系列套装软件中的组成部分，是一个简单易用的电子表格软件，可以进行数据的处理、统计分析和辅助决策操作，广泛应用于文秘办公、财务管理、市场营销、行政管理和协同办公等事务。

SPSS是IBM公司推出的一款统计分析软件，具备数据收集、准备、分析、描述、解释和展现的功能。SPSS提供丰富的统计算法，并且操作简便、功能强大、扩展性强，但需要使用人员具备一定的数理统计学知识背景，比较适合专业分析、研究等人员使用。

SAS是SAS软件研究所开发的一套大型集成应用软件系统，共有30多个功能模块，具有数据访问、数据管理、数据分析、数据呈现等功能。SAS系统从大型机上的系统发展而来，其操作以编程为主。系统地学习和掌握SAS，需要花费一定的精力，比较适合统计专业人员使用。

MATLAB是Math Works公司推出的一种科学计算语言和编程环境，主要应用于数据分析、无线通信、深度学习、计算机视觉、量化金融与风险管理等领域。MATLAB将适合迭代分析和设计过程的桌面环境与直接表达矩阵和数组运算的编程语言相结合，为分析数据、开发算法和创建模型等提供了便于探索和发现的环境，深受工程师和科学家的青睐。

本任务通过使用Excel 2016对各班评优的数据进行处理，重点学习数据处理的基本方法和技巧。

Excel 2016工作界面如图4-1所示。

（1）编辑栏：主要用于输入或显示单元格中的数值和公式。

（2）名称框：用来显示活动单元格的名称，由列标和行号组成。

（3）工作表编辑区：用于显示或编辑工作表的数据。

（4）状态栏：位于窗口的底部，用于显示当前操作的一些信息。

（5）工作簿：是指Excel环境中用来存储并处理工作数据的文件。也就是说，Excel文档就是工作簿。它是Excel工作区中一个或多个工作表的集合，其扩展名为“.xlsx”。每一个工作簿可以包含许多不同的工作表。

（6）工作表：是显示在工作簿窗口中的表格。行号显示在工作表的左侧，依次用数字1、2……表示；列标显示在工作表上方，依次用字母A、B……表示。默认情况下，一个工作簿包括3个工作表，用户可根据实际需要添加或删除工作表。

（7）单元格与活动单元格：它是电子表格中最小的组成单位。工作表编辑区中每一个长方形的小格就是一个单元格，每一个单元格都用其所在的单元格地址来标示，并显示在名称框中，例如C3单元格标示位于第C列第3行的单元格。工作表中被黑色边框包围的单元格被称为当前单元格或活动单元格，用户只能对活动单元格进行操作。

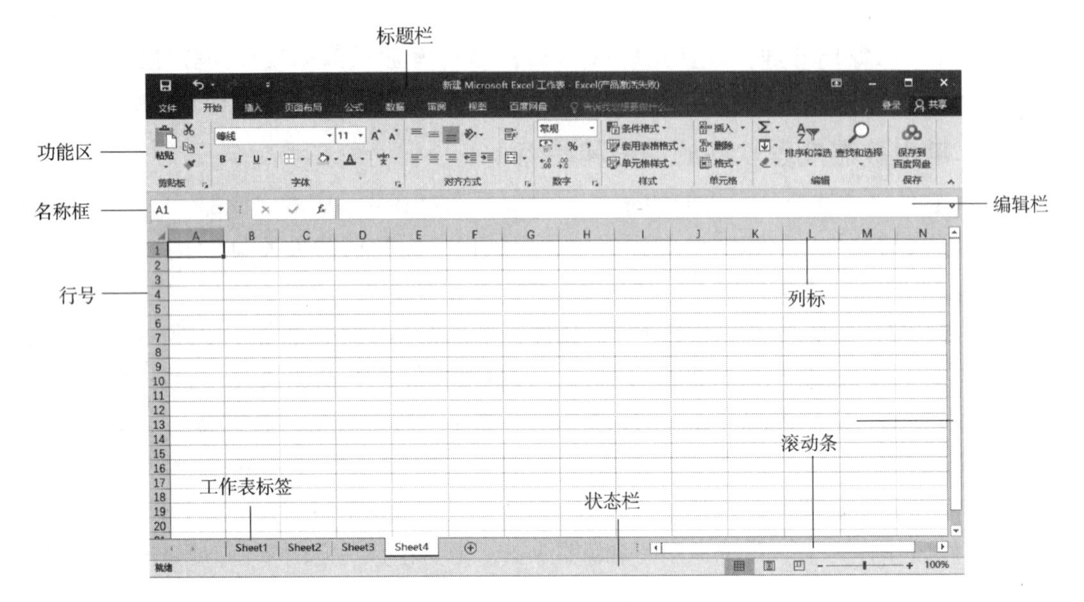

图 4-1　Excel 2016 工作界面

二、输入数据

在Excel的单元格中可以输入各种类型的数据，如文字、数字、时间、日期和公式等，每种数据都有特定的格式和输入方法。

1. 输入文本数据

文本可以是字母、汉字、符号等。文本数据不能参与算术运算。

输入方法：先选定单元格，然后输入相应内容，输入完成后按【Enter】键即可。

在默认情况下，输入的文本数据在单元格中的对齐方式为左对齐，用户也可根据需要改变对齐方式。

> ***提示***
>
> 如果想把数字作为文本输入，可先输入单引号“'”（半角符号），然后再输入数字。例如：想输入邮政编号030009，可输入“'030009”。

2. 输入数值数据

输入方法：先选定单元格，然后输入相应内容，输入完成后按【Enter】键即可。

在默认情况下，输入的数值数据在单元格中的对齐方式为右对齐，用户也可根据需要改变对齐方式。

提示

（1）输入分数：没有整数部分，则需要在分数值前先输入数字0和空格，再输入分数。例如，要输入分数“1/3”，则要输入“0（空格）1/3”若分数有整数部分，需要先输入整数和空格，再输入分数部分。例如，要输入分数“$1\frac{1}{2}$（等于1.5）”，则要输入“1（空格）1/2”。

（2）输入负数：必须在数字前加一个负号“–”，或给数字加上一个圆括号。例如：输入“(99)”，系统则将其当作“–99”。

（3）如果输入的数值的整数部分长度超过11位，则系统自动以科学记数的形式表示。例如，数值123456789012在编辑栏内显示为12位数，但在单元格内显示为1.23E+11。

（4）如果按科学记数形式仍超过单元格的宽度，则单元格内显示为“####”。

3．输入时间数据

输入时间的格式有多种，用户可根据自己的需要选择。

例如，要输入“下午2点10分30秒”，则只要输入“14:10:30”或输入“2:10:30 PM”即可。其中PM表示下午，AM表示上午。

如果要输入当前的系统时间，可按【Ctrl+Shift+;】组合键。

4．输入日期数据

日期数据的格式也有多种，用户也可根据需要选择。输入方法：用斜杠“/”或“–”来分隔年、月、日。例如，要输入“2021年4月26日”，则可以输入“21/4/26”或“21–4–26”。

注意

如果要输入当前的系统日期，可按【Ctrl+;】组合键。

5．自动输入数据

Excel提供的自动填充功能不仅可以在不同的单元格中输入相同的数据，还可以在某些单元格中输入具有一定规律的数据。

（1）在不同单元格中输入相同的数据。如果要在不同单元格中输入相同的数据，可以先选取要输入相同数据的单元格区域，然后输入数据，输入完成后再按【Ctrl+Enter】组合键，即可在选定的连续或不连续的区域内输入相同的数据。

（2）在同一行或同一列中输入相同的数据。具体操作方法：

① 选定一个单元格并在其中输入数据。

② 用鼠标拖动填充柄经过需要填充数据的单元格，然后释放鼠标按键。

例如，要将B1到B5的单元格内，都输入文字“表格”，操作方法如下：

① 选定B1单元格，并输入“表格”。

② 将鼠标指针移到B1单元格右下角的填充柄时，鼠标指针变成“+”形状，按下鼠标左键向下拖动到B5单元格后松开，即可完成。

（3）序列填充。在选定的单元格中输入各种数据序列，如等差序列、等比序列、日期序列等。

先输入两个单元格的内容，用以创建序列的模式，再拖动填充柄。

提示

填充柄是Excel中提供的快速填充单元格工具。选中单元格，其右下角会显示黑色方形点，即填充柄，当鼠标指针移动到上面时，会变成细黑十字形“+”，拖动鼠标可完成多个单元格的数据、格式或表达式的填充。

例如，要输入步长为2的等差序列1，3，5，7，…，11，操作方法如下：

① 选取一个单元格，输入初始值“1”。

② 在相邻的下一个单元格中输入“3”（因为步长为2）。

③ 选取前面输入了数据的两个单元格。将鼠标指针指向填充柄，然后按住鼠标左键拖动。

④ 在序列的最后一个单元格处松开鼠标左键即可。

三、数据格式类型转换

Excel中提供了多种数字格式，可根据需要选择不同的数字格式，如货币样式、百分比样式等。

若想设置数字格式，可以在“开始”选项卡的“数字”组中单击“数据格式”下拉按钮，在展开的下拉列表中进行选择。

若要为数字格式设置更多选项，可单击“开始”选项卡“数字”组右下角的对话框启动器按钮，打开“设置单元格格式”对话框在“数字”选项卡中进行设置。

在“数字”选项卡的“分类”列表框中选择一种数字类型，其右侧就会出现相应的选项，将选项设置好后，单击“确定”按钮即可完成设置。图4-2所示为几种不同的数字类型。

1234.567	常规
1234.57	数值（保留2位小数）
￥1,234.57	货币
￥ 1,234.57	会计专用
123456.70%	百分比
1234 4/7	分数（分母为1位）
1.23E+03	科学记数（保留2位小数）
1234.567	文本
001235	特殊（转换成邮编）
一千二百三十四.五六七	特殊（装换成中文小写数字）
壹仟贰佰叁拾肆.伍陆柒	特殊（转换成中文大写数字）

图 4-2　几种不同的数字类型

四、数据格式化处理

（一）单元格格式设置

1. 对齐方式

数据在单元格的对齐方式分为水平对齐方式和垂直对齐方式。默认情况下，在水平方向，文本左对齐、数值和日期右对齐、逻辑值为居中对齐；在垂直方向，所有数据都为居中对齐。

简单的对齐操作，可在选中单元格或单元格区域后直接单击“开始”选项卡的“对齐方式”组中的相应按钮。

按钮：设置水平方向左对齐。

按钮：设置水平方向居中对齐。

按钮：设置水平方向右对齐。

按钮：设置垂直方向顶端对齐。

按钮：设置垂直方向垂直居中。

按钮：设置垂直方向底端对齐。

对于较复杂的对齐操作，则要利用“设置单元格格式”对话框的“对齐”选项卡来进行设置。

（1）水平对齐。“两端对齐”只有当单元格的内容是多行时才起作用，表示其多行文本两端对齐；“分散对齐”是将单元格中的内容以两端撑满方式与两边对齐；“填充”通常用于修饰报表，当选择该选项时，Excel会自动将单元格中已有内容填满该单元格，“跨列居中”相当于合并多个单元格居中。不同的水平对齐方式效果如图4-3所示。

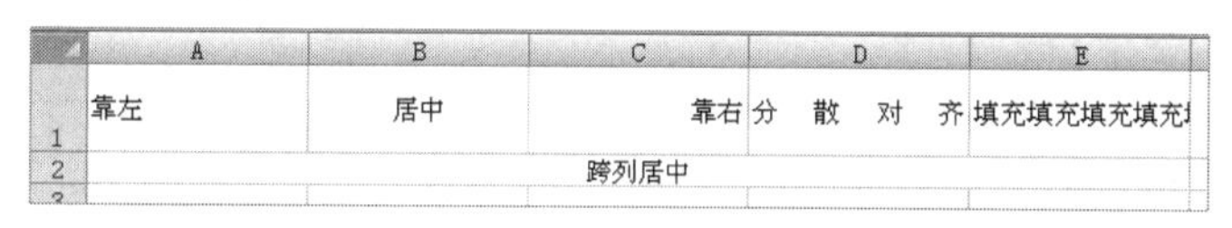

图 4-3　不同的水平对齐方式效果

（2）垂直对齐。在“垂直对齐”列表框中，选择一种所需要的垂直对齐方式。不同的垂直对齐方式效果如图4-4所示。

（3）数据方向。在“方向”组中，可以设置数据水平旋转的角度。单元格会随数据旋转而改变行高。不同的数据方向效果如图4-5所示。

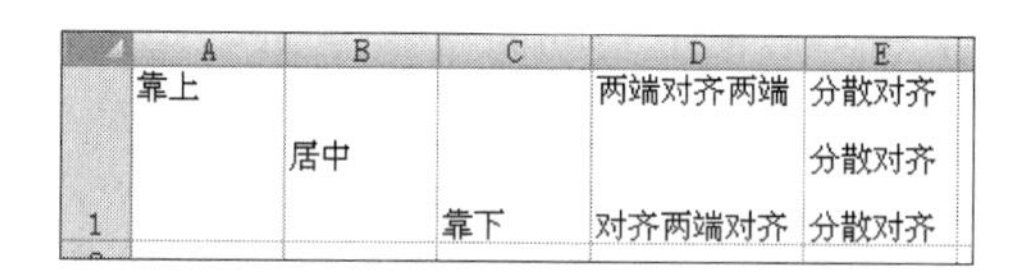

图 4-4　不同的垂直对齐方式效果

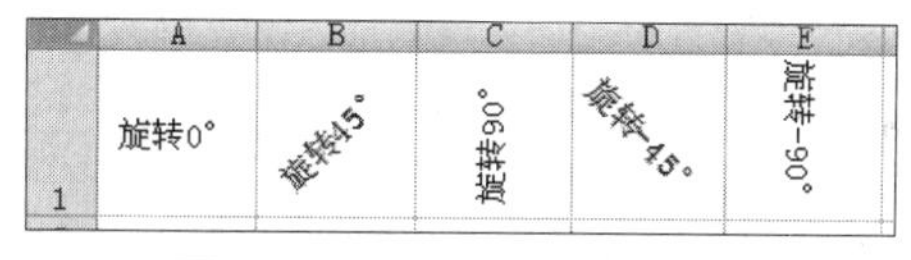

图 4-5　不同的数据方向效果

（4）自动换行。当数据长度超过单元格宽度时自动换一行。

（5）缩小字体填充。当数据长度超过单元格宽度时自动缩小字体，而不超过单元格的边界。

（6）合并单元格。合并选定的单元格。

2. 设置边框

在Excel工作表中，行和列是用灰色网格线分隔的。这些网格线是打印不出来的。要想打印边框，就需要设置边框线。要设置边框，首先选中单元格或单元格区域，然后单击“开始”选项卡“字体”组中的“下框线”下拉按钮，从展开的下拉列表中选择所需的边框样式即可。

也可利用“设置单元格格式”对话框的“边框”选项卡设置边框格式。

还可以在“预置”和“边框”中设置边框样式；在“线条”选项组的“样式”列表框中设置线条样式，在“颜色”下拉列表框中设置线条的颜色。设置完成后，单击“确定”按钮即可。

3．设置填充色

设置单元格的底纹，单击“开始”选项卡“字体”组中的“填充颜色”下拉按钮，从中选择一种填充色即可。也可使用“设置单元格格式”对话框中的“填充”选项卡进行设置。

（二）行高与列宽的设置

系统默认行高和列宽有时并不能满足需要，这时用户可以调整行高和列宽。通常可用鼠标拖动方法和“格式”列表中的命令来调整行高和列宽。

1．鼠标拖动方法

对精确度要求不高时，可使用鼠标拖动方法调整行高和列宽。

将鼠标移动到调整行高的行号的下边框，鼠标指针变成形状时，向下（或向上）拖动鼠标，即可调整该行的行高。

鼠标移动到调整列宽的列号的右边框，鼠标指针变成形状时，向右（或向左）拖动鼠标，即可调整该列的列宽。

2．使用“格式”列表中的命令方法

要想精确地调整行高和列宽，可选中要调整行高的行或列宽的列，然后在“开始”选项卡的“单元格”组中单击“格式”下拉按钮，在展开的下拉列表中选择“行高”或“列宽”对话框，输入行高或列宽值，最后单击“确定”按钮即可。

在“开始”选项卡的“单元格”组中单击“格式”下拉按钮，选择“自动调整行高”或“自动调整列宽”选项，可以将行高或列宽自动调整为最适合的高度或宽度。

（三）条件格式的设置

在Excel中应用条件格式，可以让满足特定条件的单元格以醒目方式突出显示，便于对工作表数据进行更好的比较和分析。

首先选择数据处理对象，在“开始”选项卡“样式”组中单击“条件格式”下拉按钮，选择“突出显示单元格规则”命令。

Excel提供了5种条件规则，各规则的含义如下：

（1）“突出显示单元格规则”：突出显示所选择的单元格区域中符合特定条件的单元格。

（2）“项目选取规则”：其作用与突出显示单元格规则相同，只是设置条件的方式不同。

（3）“数据条”、“色阶”和“图标集”：利用数据条、色阶和图标来标识各单元格中数据的大小，从而方便查看和比较数据。

（四）应用单元格格式和应用表样式

1．应用单元格格式

Excel 2016的应用表格格式功能可以根据预设的格式，将制作的报表格式化，产生美观的报表，从而节省设置报表格式的时间，同时使表格符合数据库表单的要求。

选择要格式化的单元格区域，在“开始”选项卡的“样式”组中单击“套用表格格

式”下拉按钮，在打开的下拉列表中选择所需要的格式，然后确定应用范围，单击“确定”按钮即可完成套用表格格式。

2. 应用表样式

Excel提供了一些预先设计好的常用表格，将其作为模板，方便用户使用。要使用模板，可单击“文件”选项卡中的“新建”按钮，在窗口右边选择相应的模板。

五、导入和引用外部数据

在Excel中，还可以导入一些外部数据，如表格、文本、文档等。

单击“数据”选项卡，找到“获取外部数据”组，单击“自其他来源”下拉按钮，选择相应选项，如图4-6所示。

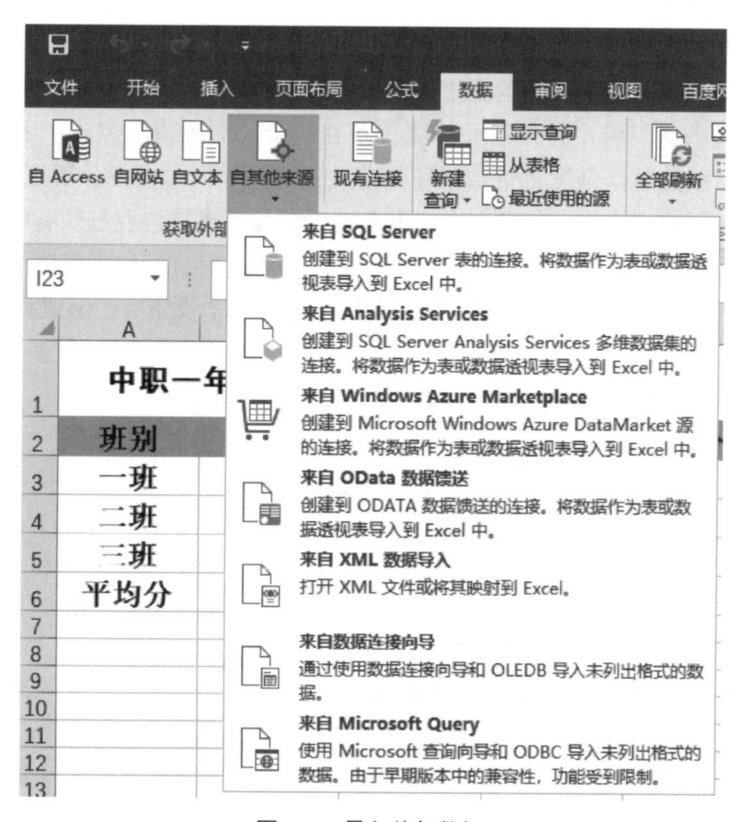

图 4-6 导入外部数据

六、利用工具软件收集、生成数据

目前常用大数据采集器有火车头、八爪鱼、爬山虎采集器等，这些工具需要注册，然后登录使用。它们操作简单，可以轻松从网页上抓取结构化的文本、图片、文件等资源信息。

如果在校园、日常生活中需要采集和生成一些数据，可以使用在线协作文档工具，比如腾讯文档、金山文档、钉钉等。

实践练习

建立各班三周以来“评优活动”得分统计表

内容描述

最近，中职一年级开展了“流动红旗班集体评优活动”。这次活动作为班级管理的重要内容，每周评比一次，每三周公布一次评比结果，以促进各班形成“你追我赶、争创红旗班集体”的良好风气。评比的项目主要有三项：纪律、卫生和礼仪，各项均以100分为满分。年级组对各班在创优活动中的表现进行分析和跟踪，所记录的成绩将作为年度先进班级考核的重要依据。

王红和其他一些同学协助老师参加了这次活动的资料收集和数据统计分析。他们很快就发现了问题，即采集到的评比数据处理，需要逐个数据比较才能知道哪个班的评比成绩排在年级的前面、哪个排在后面；哪个班在进步，哪个班在退步；哪个班的总体成绩最好；整个年级的总体情况是进步了还是落后了……如何才能在分析报告中图文并茂、直观准确地反映评比的结果，并挖掘提取出有利于激发各班你追我赶的有效信息？

在日常学习和工作中，我们经常要处理各种各样的表格，如考勤表、学籍档案表、绩效考核表等，并对这些表格数据挖掘、提炼后进行统计和分析，形成科学准确的分析报告，以便人们能快速地接收和提取所需的信息，做出有效的判断和决策。

表格信息的加工和可视化表达过程如图4–7所示。

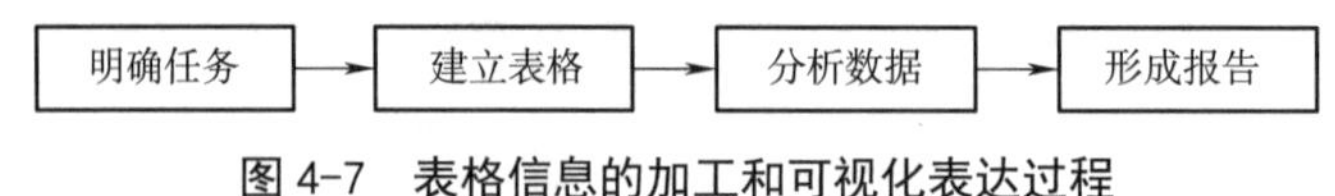

图 4-7　表格信息的加工和可视化表达过程

操作过程

1．需求分析

王红他们需要处理的是班级评优活动所产生的数据，并由此形成一份带有结论性的分析报告。具体而言，他们所要完成的任务主要有以下两项：

（1）根据各班的“纪律分”“卫生分”“礼仪分”，得到各班各项评优指标得分的比较情况。

（2）通过比较各班每三周评比总得分的情况，了解各班之间、各班自身的发展趋势。

根据以上任务，我们发现，需要处理的数据对象是各班每天的“纪律分”“卫生分”“礼仪分”等。我们可以此采用二维表格的形式进行管理和统计，然后利用图表的形式将数据之间的对比情况直观地展示出来。最后配上文字说明，以简短的分析报告，提出一些建设性意见或结论。

2．选择合适的数据处理软件

对于以上任务，我们可以利用图表处理工具软件如Excel、WPS等来完成。这里我们选用大家熟悉的Excel来进行。

3．建立表格，输入数据

（1）新建空白文档。启动Excel 2016，新建一个空白工作簿，命名为“一年级评优统计表.xlsx”。

（2）修改工作表名称。在工作表标签Sheet1上右击，在弹出的快捷菜单中选择“重命名”命令，输入文字“第一周”。同样，把Sheet2改为“第二周”，Sheet3改为“第三周”。

（3）输入数据。打开“第一周”表，选中A1单元格，输入“中职一年级流动红旗班集体评比得分统计表”，然后按图4-8所示依次输入其他数据。

中职一年级流动红旗班集体评比得分统计表				
班别	纪律	卫生	礼仪	总分
一班	77	85	73	
二班	86	76	86	
三班	75	72	71	
平均分				

图 4-8　第一周评优活动成绩

（4）合并居中表格。选中A1:E1，单击“开始”选项卡“对齐方式”组中的“合并后居中”按钮，表格第一行中的标题居中显示。选中剩下的全部文字，居中。

（5）字体设置。可自己设定，要显示出全部数据。

（6）调整列宽和行高。可自己设定。

（7）边框和背景色。可自己设定。建好的表如图4-8所示。

（8）建立表格。

单击“第一周”表的“全选按钮”，右击，在弹出的快捷菜单中选择“复制”命令；单击“第二周”工作表标签，打开“第二周”表，单击“第二周”表的全选按钮，右击，在弹出的快捷菜单中选择“粘贴”命令；那么“第一周”表的所有数据连带设置好的格式，都复制到了“第二周”表，选中B3:D5，按【Delete】键，删除第一周统计的数据，输入第二周统计的数据。同样，输入“第三周”表数据。效果如图4-9和图4-10所示。

中职一年级流动红旗班集体评比得分统计表				
班别	纪律	卫生	礼仪	总分
一班	77	80	85	
二班	82	82	75	
三班	75	74	75	
平均分				

图 4-9　第二周评优活动成绩

中职一年级流动红旗班集体评比得分统计表				
班别	纪律	卫生	礼仪	总分
一班	74	80	82	
二班	81	85	83	
三班	78	85	84	
平均分				

图 4-10　第三周评优活动成绩

结束操作后，保存文档。

建立表格的过程，就意味着要将各种信息建立起一定的联系。以图4-8中的表格为例，横向看，可以直观地看到各个班级纪律、卫生、礼仪三个项目的成绩；纵向看，可以看到每一项目各班的成绩。

导入外部数据到 Excel 中

内容描述

微课

导入外部数据到 Excel 中

很多时候，我们需要的数据很可能是从某个系统里面导出来的，如图4-11所示，但导入到文本中的数据没有任何格式，内容比较杂乱。如果把这个数据复制到Excel表格中，很多人直接会复制数据并粘贴到Excel中，但这样粘贴的内容都在一个单元格里面，更乱，后续编辑也会很麻烦。要解决这个问题可以使用Excel中的“获取外部数据”来导入数据。

图 4-11　数据导入表

操作过程

（1）新建一个工作簿，单击A1单元格，表示在此处导入外部数据。

（2）单击“数据”选项卡“获取外部数据”组中的“自文本”按钮，找到“数据导入.txt”所在位置，选中“数据导入.txt”→“打开”，弹出图4-12所示对话框。

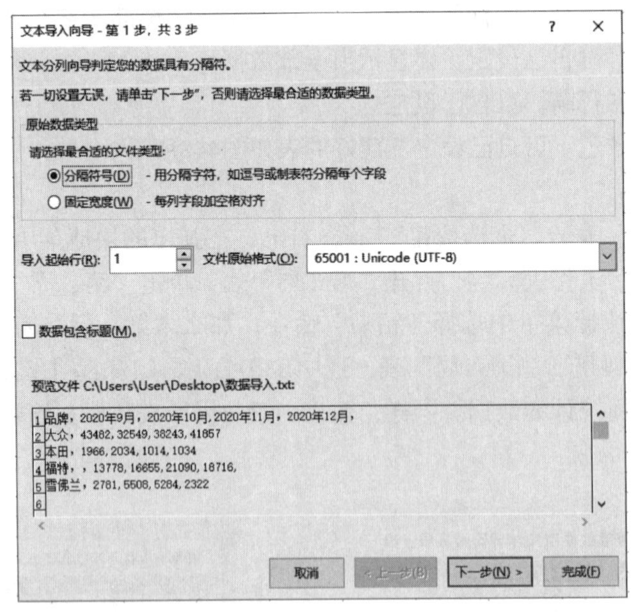

图 4-12　文本导入向导 - 第 1 步

（3）设置“分隔符号”“导入起始行：1”“文件原始格式：默认”，可在下面的预览区域看到结果。如果预览区域中看到的是乱码，可修改“文件原始格式”，然后单击“下一步”按钮，弹出图4-13所示对话框。

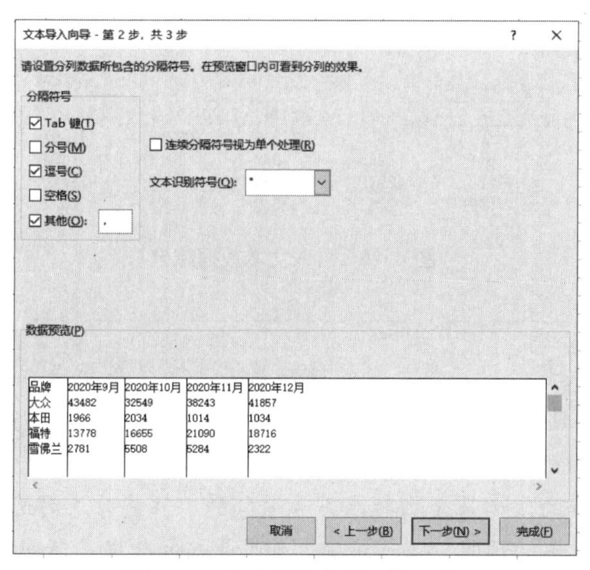

图 4-13　文本导入向导 - 第 2 步

（4）单击“下一步”按钮，设置“分隔符号”为“逗号”，“其他”输入“,”，看到预览图正确，单击“下一步”按钮，弹出图4-14所示对话框。

（5）在此可以单击预览图中每列，设置每列的数据格式，单击“完成”按钮，弹出图4-15所示对话框。

（6）单击“确定”按钮，完成文本数据的导入，结果如图4-16所示。结束操作后，保存文档。

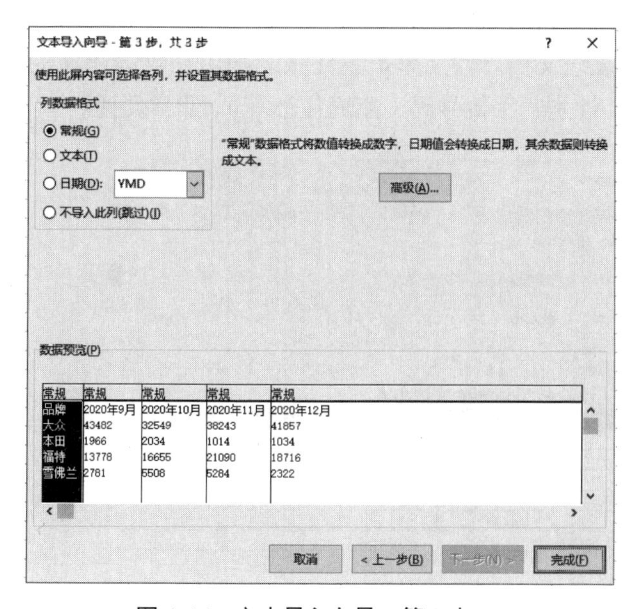

图 4-14　文本导入向导 - 第 3 步

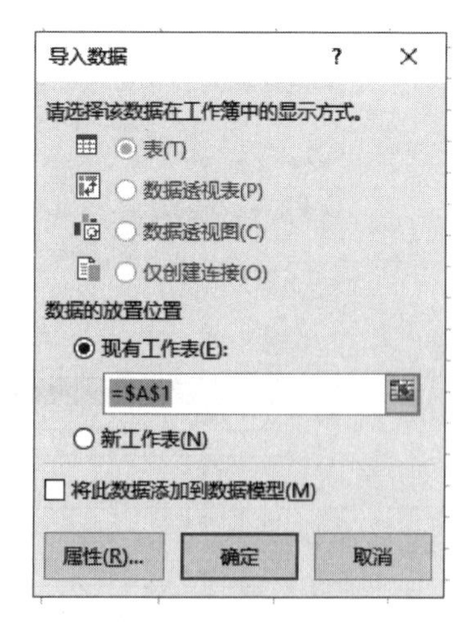

图 4-15　导入数据

对照原来的文本文件“数据导入.txt”的内容，和刚才导入Excel表中的数据，确认无误后，保存文档。

	A	B	C	D	E
1	品牌	2020年9月	2020年10月	2020年11月	2020年12月
2	大众	43482	32549	38243	41857
3	本田	1966	2034	1014	1034
4	福特	13778	16655	21090	18716
5	雪佛兰	2781	5508	5284	2322

图 4-16　导入文本数据结果

提示

如果工作中有大量数据，最正规的操作是将其保存在数据库中。Office组件中的Access就是很实用的数据库软件。

从文本导入数据时，还要看文本中的数据之间是用什么符号分隔的，有空格分隔的，有标点符号分隔的，如果是由标点符号分隔的，注意导入时选择相应的标点符号，或者其他，还要及时看“预览”是否正确。如果导入的数据是不同格式的，还可以给每列数据设置不同的“格式”。

收集信息表——文档协作

内容描述

随着网络的发展，协同作业的情形越来越多，经常需要多人共同完成一个项目，如一份项目书、一个统计表格等。传统方法是每个人单独完成自己负责部分，再由专人负责统一汇总整理到一个文档上，不仅耗时耗力，还不便修改并且容易出错。在线协作文档工具可以让多人在线共同编辑同一份文档，事半功倍。

如图4-17所示，这是一份腾讯在线文档。假期里班主任张老师用它收集计算机2060班30位学生的个人信息（包括姓名、性别、手机号码、家庭住址等），非常便捷。

计算机2060班学生信息表

序号	姓名	性别	手机号码	家庭住址	QQ号	微信号	备注
1	张军						
2	王红						
3	徐晓梅						
4	刘敏						
5	乔亚军						
6	贾一子						
7	闫俊吉						
8	李斯						

图 4-17　班级学生信息表

在线文档具备支持多人实时协同编辑、评论等丰富的互动功能，让团队协作更便捷、沟通更充分。目前有许多支持在线编辑文档的网络平台，如PageOffice、金山文档、飞书、腾讯文档、钉钉等。腾讯文档是一款可多人协作的在线文档，打开网页就能查看和编辑，云端实时保存，可针对QQ、微信好友设置文档访问、编辑权限，支持多种版本Word、Excel和PPT文档。

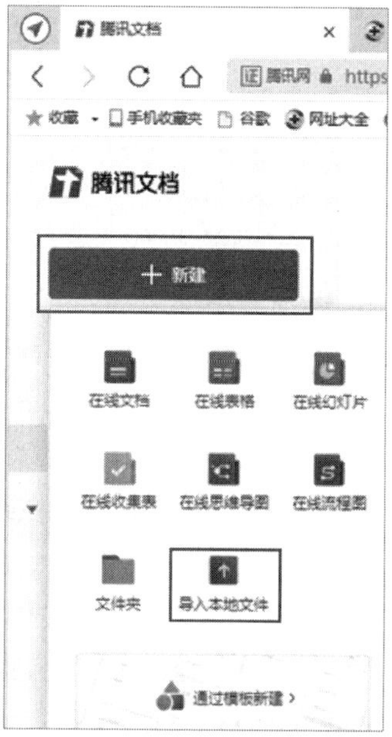

操作过程

1. 准备编辑文档

新建一个Excel文档，按图4-17中的“计算机2060班学生信息表”的内容和格式，建立表格，并保存为“班级学生信息表.xlsx”。

2. 登录腾讯文档官方网站

打开腾讯文档官方网站，注册并登录。也可以使用现有的QQ账号快速登录。

图4-18　导入编辑文档

3. 导入编辑文档

单击“+新建”→“导入本地文件”选项，如图4-18所示，选择“班级学生信息表.xlsx”。导入成功后，单击“立即打开”按钮，即可打开文档，如图4-19所示。

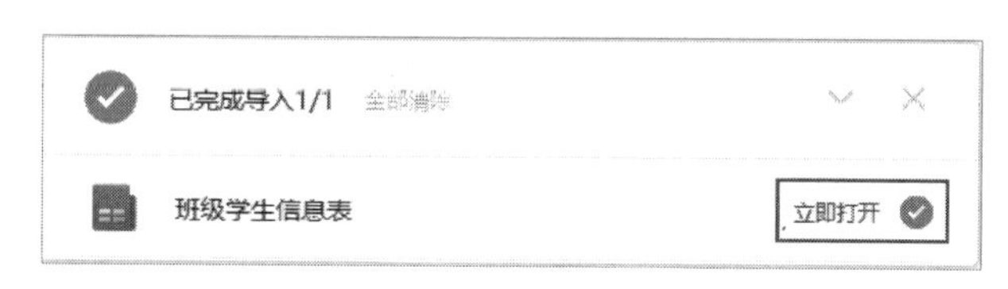

图4-19　打开导入的文档

4. 分享在线文档

打开导入的文档，单击页面右上角位置的“分享”按钮，便可打开“文档分享”对话框分享在线文档，如图4-20所示.。

图4-20　分享在线文档

5. 多人协作完成编辑文档

30位同学收到分享的链接信息后，可通过PC端或移动端打开该文件，进行个人信息的录入。完成后退出即可，平台会自动即时保存，无须用户进行保存操作。

6. 保存为本地文档

单击“文档操作”按钮，选择“导出为”→“本地Excel表格（.xlsx）”选项，保存为本地文档，如图4-21所示。

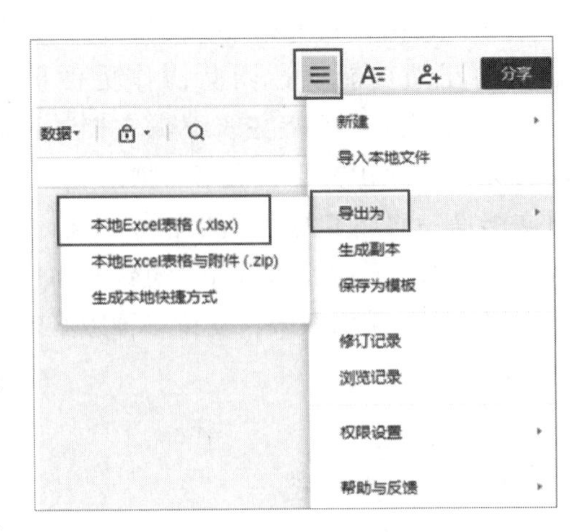

图 4-21　保存为本地文档

当然，也可以删除腾讯在线文档。首先回到腾讯文档首页并刷新页面，这时在“我的文档”可以看到刚刚新建的文档。右击该文档，在弹出的快捷菜单中选择“删除”命令，便会弹出确认对话框，单击“确定”按钮即可完成删除。

提示

腾讯在线文档也可以在微信中打开，即打开微信网页版，找到小程序，搜索“腾讯文档”，找到后打开使用即可。

腾讯文档网页版还可以设置权限，单击文件编辑页面右上角图标便可打开“文档权限”设置菜单。具体权限说明如下：

（1）仅我可查看：私密文档，仅自己可以查看/编辑，默认选项。

（2）指定人：仅指定的人可以查看/编辑文档。

（3）所有人可查看：获得链接的人可以查看文档，不能编辑。

（4）所有人可编辑：获得链接的人可以查看同时也能修改文档。

实践练习评价

评价项目	自我评价		教师评价	
	小结	评分（5分）	点评	评分（5分）
输入数据				
格式化处理				
导入外部数据				
收集、生成数据				
数据类型转换				

任务二　加工数据

学习目标

- 了解数据处理的基础知识。
- 会使用函数、运算表达式等进行数据运算。
- 会对数据进行排序、筛选和分类汇总。

理论知识

一、数据处理的基础知识

数据处理是对数据进行分析和加工的过程，包括对各种原始数据的分析、整理、计算、编辑等。它的主要目的是从大量的、可能是杂乱无章的、难以理解的数据中抽取或推导出对于某些特定的人来说有价值的、有意义的数据（信息）。它的主要内容有数据的筛选、数据的排序、数据的分类汇总、数据的分析和研究等。

筛选是指按照一定的条件，找出符合条件的数据或记录。筛选属于初步的数据处理，它从大量的数据中找出符合条件的数据，这些数据能反映某种有用的信息，或为后续处理做好准备。Excel提供的筛选功能可以把暂时不需要的数据隐藏起来，而只是显示符合条件的数据记录。

排序是对工作表中的数据进行重新组织安排的一种方式。在Excel中，用户可以根据数据需要对区域中的数据进行排序。排序的方式有升序、降序。简单的排序可以使用“数据”选项卡“排序和筛选”组中的“升序”按钮和“降序”按钮。多关键字的排序要使用“排序和筛选”组中的“排序”按钮。

分类汇总也是数据处理的方法之一，对大量的数据按其数值进行分类，对每一种数值的数量进行统计，从而了解每种数值所反映事实的“量”，从杂乱数据中发现潜在的“事实”，作为决策的依据。Excel的“分类汇总”要求先将数据通过排序，将相同的数值的数据放在一起，再进行汇总统计，形成新的数据即汇总结果，它们可能会反映出某种信息。要进行分类汇总的数据表的第一列必须有列标签，分类汇总的方式有求和、求平均值、求最大值、求最小值、计数等多种。

二、运算表达式与函数

Excel具备强大的数据分析与处理功能，其中表达式与函数起了非常重要的作用，利用表达式和函数可以对表格中的数据进行各种计算和处理。

（一）表达式

1. 表达式的组成

表达式由数据、单元格地址、运算符和函数等组成。

表达式必须以等号“=”开头，等号后面可由如下5种元素组成。

（1）运算符：例如，“+”或者“*”。

（2）单元格引用：例如，“A1:C3”。

（3）数值或文本：例如，“99”或“计算机”。

（4）工作表函数：可以是Excel内置的函数，例如SUM或MAX，也可以是自定义的函数。

（5）括号：即“（”和“）”。它们用来控制表达式中各表达式被处理的优先级。

2．单元格地址引用

单元格地址的引用分为相对地址引用、绝对地址引用和混合地址引用三种。

（1）相对地址引用（相对引用）（默认使用的引用类型）。是单元格地址中仅含有单元格的列号与行号，例如A1、C3。当把一个含有单元格地址的表达式复制到一个新的位置时，表达式中的单元格地址会随之改变。例如，在E3单元格中输入公式“=B3+C3+D3”，将E3中的公式复制到E4单元格时，E4中的公式就自动变为“=B4+C4+D4”。

（2）绝对地址引用（相对引用）。是在单元格的列号与行号前各加一个“$”，例如$A$1、$C$3。当把表达式复制到新位置时，表达式中的绝对地址保持不变。例如，在E3单元格中输入表达式“=$B$3+$C$3+$D$3”，将E3中的表达式复制到E4中时，E4中的表达式仍然是“=$B$3+$C$3+$D$3”。

（3）混合地址引用（混合引用）。是在单元格的列号与行号中的一个前加一个“$”，例如$A1、C$3。当把表达式复制到新位置时，表达式中的相对部分（不加“$”）改变，绝对部分（加“$”）不变。例如，在E3单元格中输入表达式“=$B3+C$3”，将E3中的表达式复制到F4中时，F4中的表达式变为“=$B4+D$3”。

（4）单元格区域引用。

① 使用逗号。逗号可将两个单元格引用联合起来，常用于引用不相邻的单元格。例如“A1, B3, E7”表示引用A1、B3和E7单元格。

② 使用冒号。冒号表示一个单元格的区域。例如，A2:A5表示A2到A5的所有单元格（A2, A3, A4, A5）。

③ 引用同一工作簿中的不同工作表中的单元格。格式如下：

<[工作表]>!<单元格地址>

例如：Sheet1!A1。

④ 引用不同工作簿工作表中的单元格的格式。格式如下：

<[工作簿文件名]><工作表>!<单元格地址>

例如：[成绩表]Sheet1!A1。

3．运算符

在表达式中使用的运算符包括算术运算符、比较运算符、文本运算符和引用运算符等。

（1）算术运算符。算术运算符有6个，用来进行算术运算，其运算结果仍然是数值，如表4–1所示。

表 4–1　算术运算符及其含义

算术运算符	含　义	示　例	运算结果
+	加法	1+1	2
–	减法、负号	2–1、–1	1、–1
*	乘法	1*2	2
/	除法	1/2	0.5
%	百分比	10%	0.1
^	乘方	2^3	8

算术运算符的优先级由高到低的顺序为：%、^、*和/、+和–。如果优先级相同，则按照从左向右的顺序进行计算。

（2）比较运算符。比较运算符有6个，是用来进行比较数值大小，其运算结果是一个逻辑值TRUE（真）或FALSE（假），如表4–2所示。

表 4–2　比较运算符及其含义

比较运算符	含　义	示　例	运算结果
=	等于	1=2	FALSE
>	大于	1>2	FALSE
<	小于	1<2	TRUE
>=	大于或等于	1>=2	FALSE
<=	小于或等于	1<=2	TRUE
<>	不等于	1<>2	TRUE

（3）文本运算符只有“&”，用来连接字符串，其运算结果仍然是文本类型，如表4–3所示。

表 4–3　文本运算符及其含义

文本运算符	含　义	示　例	运算结果
&	字符串连接	" 中国 "&" 人民 "	中国人民

（4）引用运算符。引用运算符有3个，作用是将单元格区域进行合并计算，如表4–4所示。

表 4-4　引用运算符及其含义

引用运算符	含　义	示　例
:（冒号）	区域运算符，用于引用单元格区域	A2:D5
,（逗号）	联合运算符，用于引用多个单元格区域	A2:D5,E6:F10
（空格）	交叉运算符，用于引用两个单元格区域的交叉部分	A2:D5 B1:B6

（5）运算符的优先级。4种运算符的优先级由高到低为：引用运算符、算术运算符、文本运算符、比较运算符，如表4–5所示。

表 4-5　运算符的优先顺序

优先顺序	符　号	说　明
1	:（空格）,	引用运算符：冒号，空格，逗号
2	–	算术运算符：负号
3	%	算术运算符：百分比
4	^	算术运算符：乘方
5	* 和 /	算术运算符：乘和除
6	+ 和 –	算术运算符：加和减
7	&	文本运算符：连接文本
8	=、<、>、<=、>=、<>	比较运算符：比较两个值

4．输入表达式

（1）选定要输入表达式的单元格。

（2）先在单元格中输入“=”，然后输入计算式（或在编辑框中输入表达式）。

（3）按【Enter】键确定（或单击编辑栏中的“输入”按钮✔）。

（二）函数

1．认识函数

函数是预先定义好的表达式，它必须包含在表达式中，可执行计算、分析等处理数据任务的特殊表达式。

2．函数的组成

Excel中函数由函数名和用括号括起来的一系列参数构成：

<函数名>(参数1, 参数2, ...)

函数名：代表了函数的功能和用途。

参数：可以是数字、文本、逻辑值（如TRUE或FALSE）、数组、错误值（如#N/A）或单元格引用。指定的参数都必须为有效参数值。

3. 输入函数

输入函数的方法有两种：一种是像输入表达式一样直接输入函数；另一种是使用“插入函数”对话框的方法输入函数。前者可参照输入表达式的方法进行操作，下面介绍后者的具体操作步骤。

（1）选定要输入函数的单元格。

（2）单击编辑栏中的“插入函数”按钮，打开“插入函数”对话框。

（3）选取所需要的函数，然后单击“确定”按钮，打开“函数参数”对话框。

（4）在“函数参数”对话框中设置参数。可直接输入数值或单元格区域。也可单击文本框右侧的按钮，用鼠标选定所需要的单元格区域。

（5）设置好参数后，单击“确定”按钮。

实践练习

统计“评优活动”各班各周总分、各个项目年级平均分和各班三周总分和各周年级平均分

内容描述

王红已经把各班三周的成绩采集回来，接下来需要查看各周纪律得分哪个班最高，哪个班最低；卫生得分哪个班最高，哪个班最低……为了反映每周各班的总成绩和各个项目年级的总体情况，可在表格中增加一些项目，如总分、平均分等。

操作过程

（1）打开Excel。找到“一年级评优统计表.xlsx”，双击该文件打开Excel。

（2）用表达式求总分。单击“第一周”标签，单击E3单元格，输入“=B3+C3+D3”，然后按【Enter】键，得出一班总分，如图4-22所示。注意在编辑栏中显示的是表达式。

（3）使用填充柄复制公式，得到二班和三班的总分，如图4-23所示。

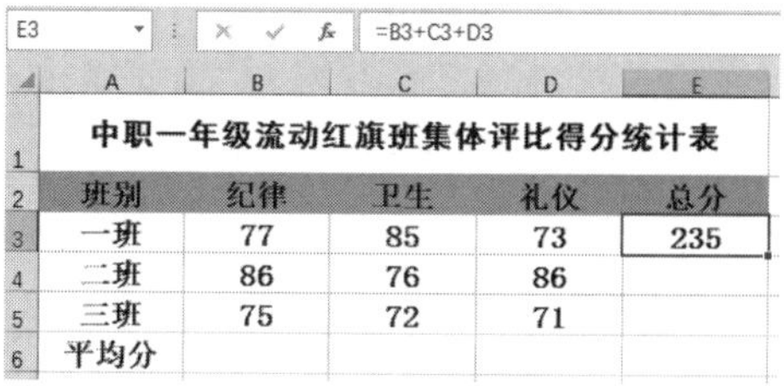

E3　=B3+C3+D3

	A	B	C	D	E
1	中职一年级流动红旗班集体评比得分统计表				
2	班别	纪律	卫生	礼仪	总分
3	一班	77	85	73	235
4	二班	86	76	86	
5	三班	75	72	71	
6	平均分				

图 4-22　输入表达式计算总分

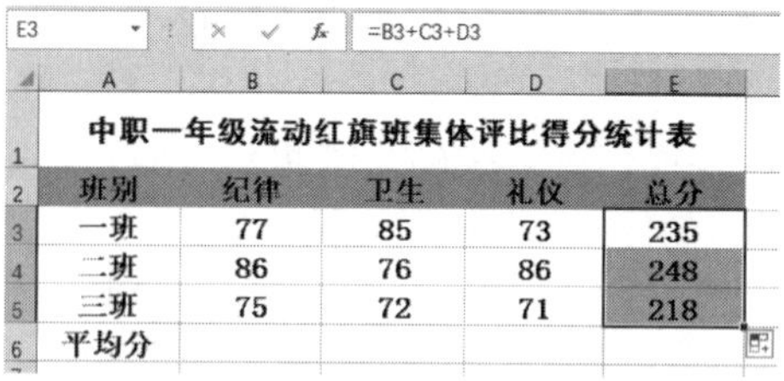

E3　=B3+C3+D3

	A	B	C	D	E
1	中职一年级流动红旗班集体评比得分统计表				
2	班别	纪律	卫生	礼仪	总分
3	一班	77	85	73	235
4	二班	86	76	86	248
5	三班	75	72	71	218
6	平均分				

图 4-23　使用填充柄复制公式

（4）用函数求平均分。选定B3:B5区域，在“开始”选项卡中找到“编辑”组中的 Σ自动求和 按钮，单击后面的下拉按钮，在其下拉列表中选择“平均值”选项，完成平均分统计，如图4-24所示。

选中B6，右击，在弹出的快捷菜单中选择“设置单元格格式”命令，在打开的对话框中“数字”选项中选择“分类”为“数值”，设置“小数位数”为1，保留1位小数。

（5）使用填充柄复制公式，得到卫生和礼仪的平均分，如图4–25所示。

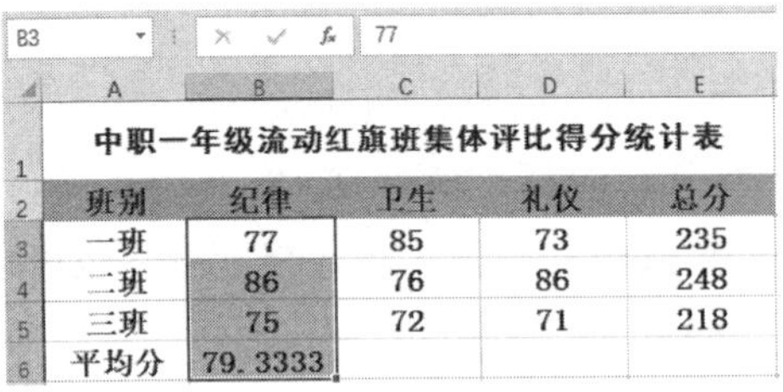

B3 | 77

	A	B	C	D	E
1	中职一年级流动红旗班集体评比得分统计表				
2	班别	纪律	卫生	礼仪	总分
3	一班	77	85	73	235
4	二班	86	76	86	248
5	三班	75	72	71	218
6	平均分	79.3333			

图 4–24　使用函数计算平均分

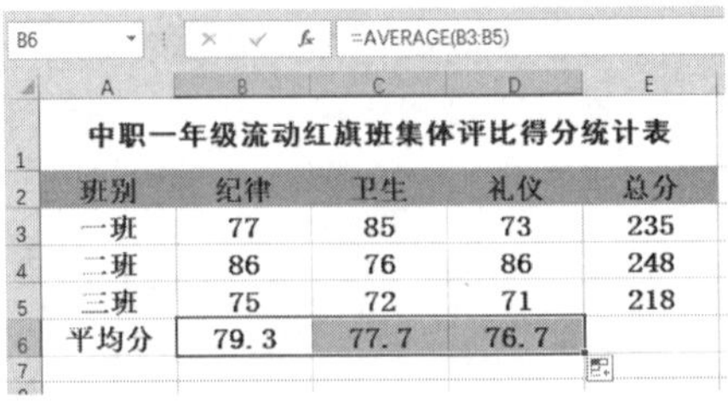

B6 | =AVERAGE(B3:B5)

	A	B	C	D	E
1	中职一年级流动红旗班集体评比得分统计表				
2	班别	纪律	卫生	礼仪	总分
3	一班	77	85	73	235
4	二班	86	76	86	248
5	三班	75	72	71	218
6	平均分	79.3	77.7	76.7	
7					

图 4–25　使用填充柄复制函数表达式

用同样的方法完成第二周、第三周的各班的总分和平均分 。

（6）统计“评优活动”各班三周总分和各周年级总分。

① 单击左下角的⊕按钮，增加一个新工作表，重命名为“三周总分表”。

② 如图4–26所示，创建“中职一年级流动红旗班集体评比总得分统计表”。

③ 将各班三周的得分，通过“复制”“粘贴链接”方法完成数据输入，结果如图4–27所示。

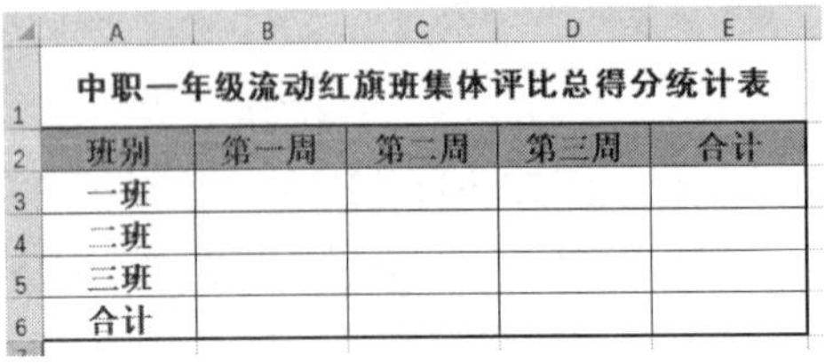

	A	B	C	D	E
1	中职一年级流动红旗班集体评比总得分统计表				
2	班别	第一周	第二周	第三周	合计
3	一班				
4	二班				
5	三班				
6	合计				

图 4–26　评优活动总分空表

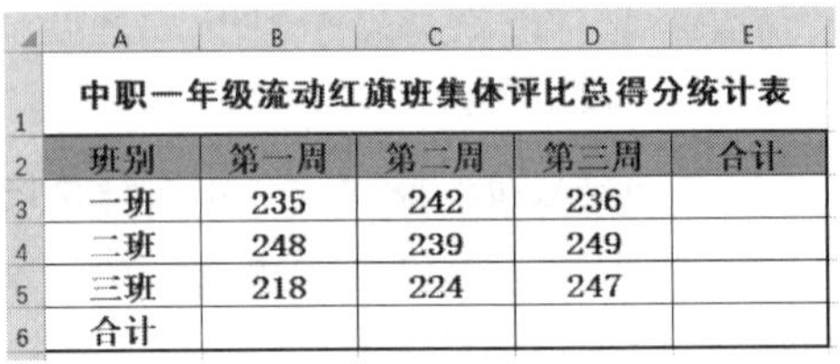

	A	B	C	D	E
1	中职一年级流动红旗班集体评比总得分统计表				
2	班别	第一周	第二周	第三周	合计
3	一班	235	242	236	
4	二班	248	239	249	
5	三班	218	224	247	
6	合计				

图 4–27　评优活动总分表（未统计总分）

④ 用函数算出三周总分和各周年级总分，得到图4–28所示的两个“合计”项的统计。

结束操作后，保存工作簿。

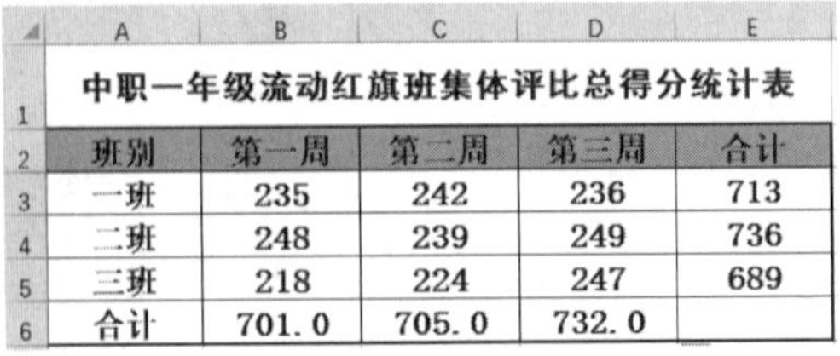

	A	B	C	D	E
1	中职一年级流动红旗班集体评比总得分统计表				
2	班别	第一周	第二周	第三周	合计
3	一班	235	242	236	713
4	二班	248	239	249	736
5	三班	218	224	247	689
6	合计	701.0	705.0	732.0	

图 4–28　评优活动总分表（最后结果）

管理销售表数据

内容描述

图4–29所示是某电器公司一个月的空调销售额表，现在要统计本月各品牌空调的销售情况，包括筛选出销售额大于20 000元的空调型号，以及评选出月销售冠军。

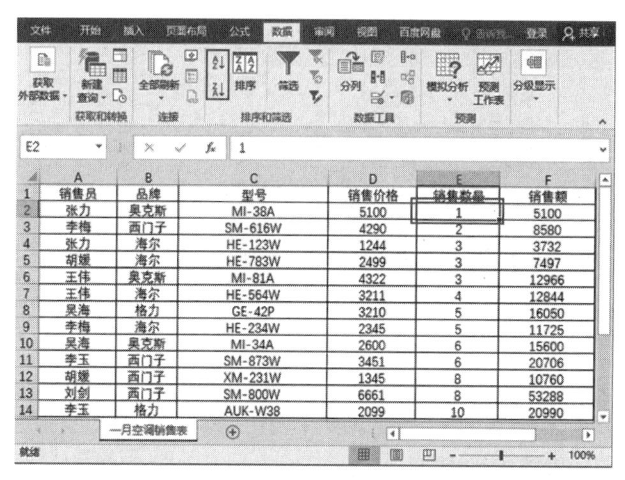

	A	B	C	D	E	F
1	销售员	品牌	型号	销售价格	销售数量	销售额
2	张力	奥克斯	MI-38A	5100	1	5100
3	李梅	西门子	SM-616W	4290	2	8580
4	张力	海尔	HE-123W	1244	3	3732
5	胡媛	海尔	HE-783W	2499	3	7497
6	王伟	奥克斯	MI-81A	4322	3	12966
7	王伟	海尔	HE-564W	3211	4	12844
8	吴海	格力	GE-42P	3210	5	16050
9	李梅	海尔	HE-234W	2345	5	11725
10	吴海	奥克斯	MI-34A	2600	6	15600
11	李玉	西门子	SM-873W	3451	6	20706
12	胡媛	西门子	XM-231W	1345	8	10760
13	刘剑	西门子	SM-800W	6661	8	53288
14	李玉	格力	AUK-W38	2099	10	20990

图 4–29　对“销售数量”列进行升序排序

操作过程

1. 制作一月空调销售表

新建一个Excel工作簿，打开“空调销售表”，复制全部数据，到新工作表上，重命名Sheet1为“一月空调销售表”，关闭原来的“空调销售表”。

2. 数据排序——查看哪个品牌的空调卖得最多

（1）在Excel中，如果只是对一列数据进行排序，可单击该列中的任意非空单元格，然后单击“数据”选项卡“排序和筛选”组中的“升序”按钮A↓或“降序”按钮Z↓，如图4–29所示。此时，同一行其他单元格的位置也将随之变化。

（2）对多列数据进行排序。

① 单击“数据”选项卡“排序和筛选”组中的“排序”按钮，打开“排序”对话框，在该对话框中选择主要关键字，如“品牌”，并选择排序依据“数值”和排序次序“升序”，本例设置如图4–30所示。

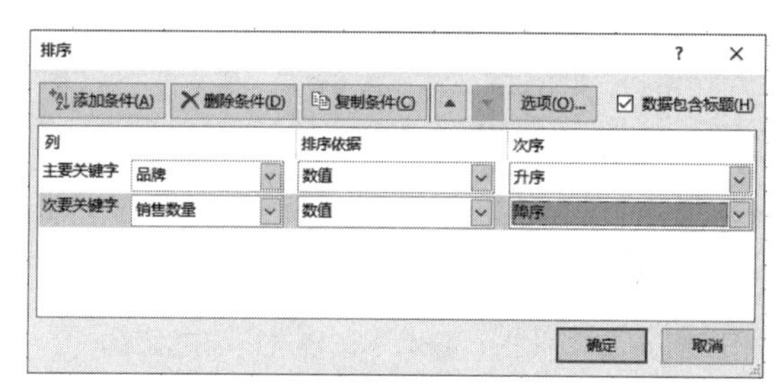

图 4–30　设置主要关键字条件和次要关键字条件

② 单击对话框中的“添加条件”按钮，添加一个次要条件，并参照图4-30所示设置次要关键字的条件。

如果需要，可参照步骤②所述操作，为排序添加多个次要关键字，然后单击“确定”按钮进行排序。此时，系统先按照主关键字条件对工作表中各行进行排序；若数据相同，则将数据相同的行按照次要关键字排序，排序结果如图4-31所示。

	A	B	C	D	E	F
1	销售员	品牌	型号	销售价格	销售数量	销售额
2	吴海	奥克斯	MI-34A	2600	6	15600
3	王伟	奥克斯	MI-81A	4322	3	12966
4	张力	奥克斯	MI-38A	5100	1	5100
5	李玉	格力	AUK-W38	2099	10	20990
6	吴海	格力	GE-42P	3210	5	16050
7	李梅	海尔	HE-234W	2345	5	11725
8	王伟	海尔	HE-564W	3211	4	12844
9	张力	海尔	HE-123W	1244	3	3732
10	胡媛	海尔	HE-783W	2499	3	7497
11	胡媛	西门子	XM-231W	1345	8	10760
12	刘剑	西门子	SM-800W	6661	8	53288
13	李玉	西门子	SM-873W	3451	6	20706
14	李梅	西门子	SM-616W	4290	2	8580

图 4-31 多关键字排序结果

结束操作后，重命名标签“一月空调销售表”为“一月空调销售表（数据排序）”，保存工作簿为“一月空调销售情况汇总.xlsx”。

3. 数据筛选——查看销售额大于 20 000 元的是哪个品牌型号的空调

（1）添加一个新工作表，重命名为“一月空调销售表（自动筛选）”。全选“一月空调销售表（数据排序）”表的所有数据，粘贴到“一月空调销售表（自动筛选）”表中。

（2）单击有数据的任意单元格或选中要参与数据筛选的单元格区域A1:F14，然后单击“数据”选项卡“排序和筛选”组中的“筛选”按钮，此时标题行单元格的右侧将出现下拉按钮，如图4-32所示。

C5 AUK-W38

	A	B	C	D	E	F
1	销售员	品牌	型号	销售价格	销售数量	销售额
2	吴海	奥克斯	MI-34A	2600	6	15600
3	王伟	奥克斯	MI-81A	4322	3	12966
4	张力	奥克斯	MI-38A	5100	1	5100
5	李玉	格力	AUK-W38	2099	10	20990
6	吴海	格力	GE-42P	3210	5	16050
7	李梅	海尔	HE-234W	2345	5	11725
8	王伟	海尔	HE-564W	3211	4	12844
9	张力	海尔	HE-123W	1244	3	3732
10	胡媛	海尔	HE-783W	2499	3	7497
11	胡媛	西门子	XM-231W	1345	8	10760
12	刘剑	西门子	SM-800W	6661	8	53288
13	李玉	西门子	SM-873W	3451	6	20706
14	李梅	西门子	SM-616W	4290	2	8580

图 4-32 单击“筛选”按钮进行自动筛选

（3）单击“销售额”列标题右侧的下拉按钮，在展开的列表中选择“数字筛选”选项，在展开的子列表中选择一种筛选条件，如“大于或等于”选项，在打开的“自定义自动筛选方式”对话框中输入20 000，然后单击“确定”按钮，如图4-33所示。此时，销售额小于20 000的数据将被隐藏，如图4-34所示。

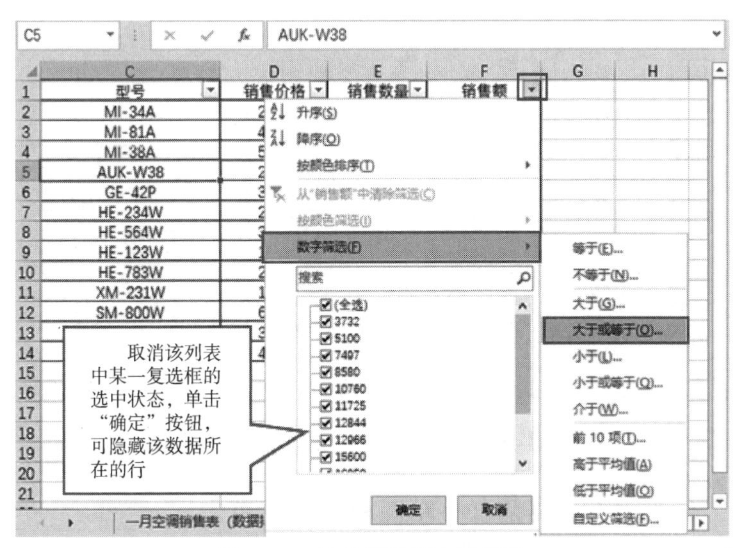

图 4-33　按条件进行自动筛选

	A	B	C	D	E	F
1	销售员	品牌	型号	销售价格	销售数量	销售额
5	李玉	格力	AUK-W38	2099	10	20990
12	刘剑	西门子	SM-800W	6661	8	53288
13	李玉	西门子	SM-873W	3451	6	20706

一月空调销售表（数据排序）　一月空调销售...

就绪　在 13 条记录中找到 3 个　100%

图 4-34　自动筛序结果

结束操作后，保存工作簿。

提示

在“自定义自动筛选方式”对话框中同时设置两个条件时，如选择“与”单选按钮，则要求筛选出同时满足两个条件的记录；如选择“或”单选按钮，则要求筛选出的记录只要满足两个条件中的一个即可。对一个字段筛选完成后，还可以对其他字段再次筛选。

单击“筛选”按钮旁的“清除”按钮，即可显示出全部数据。

4．分类汇总——查看本月的销售冠军是谁

（1）添加一个新工作表，重命名为“一月空调销售表（分类汇总）”。全选“一

月空调销售表（数据排序）”表的所有数据，粘贴到“一月空调销售表（分类汇总）”表中。

（2）对“销售员”进行排序，把同一个人的销售数据排在一起，效果如图4-35所示。

	A	B	C	D	E	F
1	销售员	品牌	型号	销售价格	销售数量	销售额
2	张力	奥克斯	MI-38A	5100	1	5100
3	张力	海尔	HE-123W	1244	3	3732
4	吴海	奥克斯	MI-34A	2600	6	15600
5	吴海	格力	GE-42P	3210	5	16050
6	王伟	奥克斯	MI-81A	4322	3	12966
7	王伟	海尔	HE-564W	3211	4	12844
8	刘剑	西门子	SM-800W	6661	8	53288
9	李玉	格力	AUK-W38	2099	10	20990
10	李玉	西门子	SM-873W	3451	6	20706
11	李梅	海尔	HE-234W	2345	5	11725
12	李梅	西门子	SM-616W	4290	2	8580
13	胡媛	海尔	HE-783W	2499	3	7497
14	胡媛	西门子	XM-231W	1345	8	10760

一月空调销售表（分类汇总）

图 4-35　按销售员对数据降序排序

（3）单击工作表中有数据的任一单元格，然后单击“数据”选项卡“分级显示”组中的“分类汇总”按钮，打开“分类汇总”对话框，在“分类字段”下拉列表中选择要分类的字段“销售员”，在“汇总方式”下拉列表框中选择汇总方式“求和”，在“选定汇总项”列表中选择要汇总的项目“销售额”（可以选择多个汇总项），其他选项默认，如图4-36所示。

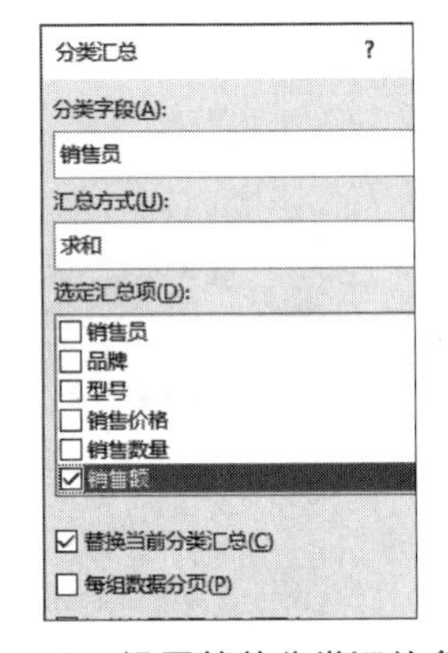

图 4-36　设置简单分类汇总参数

（4）单击“确定”按钮，即可将工作表中的数据按销售员对销售额进行汇总，如图4-37所示。在图4-37的左侧，有1、2、3个级别，可分别单击，展开不同级别的显示结果，图4-37显示的结果为2级别结果。

用同样的方法，可以在“一月空调销售表（数据排序）”工作表中，利用分类汇总的方法得出哪个品牌的空调销售最好。

	A	B	C	D	E	F
1	销售员	品牌	型号	销售价格	销售数量	销售额
4	张力 汇总					8832
7	吴海 汇总					31650
10	王伟 汇总					25810
12	刘剑 汇总					53288
15	李玉 汇总					41696
18	李梅 汇总					20305
21	胡媛 汇总					18257
22	总计					199838

一月空调销售表（分类汇总）

图 4-37　简单分类汇总结果

提示

（1）分级显示数据。对工作表中的数据执行分类汇总后，Excel会自动按汇总时的分类分级显示数据。

① 分级显示明细数据：在分级显示符号 1 2 3 中单击所需级别的数字，较低级别的明细数据会隐藏起来。

② 隐藏与显示明细数据：单击工作表左侧的折叠按钮 − 可以隐藏对应汇总项的原始数据，此时该按钮变为 + ，单击该按钮将显示原始数据。

③ 清除分级显示：不需要分级显示时，可以根据需要将其部分或全部分级删除。要取消部分分级显示，可先选择要取消分级显示的行，然后单击“数据”选项卡“分级显示”组中的“取消组合”→“清除分级显示”选项。要取消全部分级显示，可单击分类汇总工作表中的任意单元格，然后选择“清除分级显示”选项。

（2）取消分类汇总。要取消分类汇总，先选中全部数据，再打开“分类汇总”对话框，单击“全部删除”按钮即可。删除分类汇总的同时，Excel会删除与分类汇总一起插入到列表中的分级显示，恢复到排序后的表的样子。

实践练习评价

评价项目	自我评价		教师评价	
	小结	评分（5分）	点评	评分（5分）
表达式运算				
函数运算				
数据排序				
数据筛选				
分类汇总				

任务三　分析数据

学习目标

- 能根据需求对数据进行简单分析。
- 会应用可视化工具分析数据并制作简单数据图表。

理论知识

一、数据分析的基本知识

数据分析是指用适当的统计方法对收集的大量第一手资料和第二手资料进行分析，

以求最大化地开发数据资料的功能，发挥数据的作用。它是为了提取有用信息和形成结论而对数据加以详细研究和概括总结的过程。

数据分析的目的是把隐藏在一大批看似杂乱无章的数据背后的信息集中和提炼出来，总结出所研究对象的内在规律。在实际工作中，数据分析能够帮助管理者进行判断和决策，以便采取适当策略与行动。例如，企业的高层希望通过市场分析和研究，把握当前产品的市场动向，从而制订合理的产品研发和销售计划，这就必须依赖数据分析才能完成。

以图形、图像和动画等方式更加直观生动地呈现数据及数据分析结果，揭示数据之间的关系、趋势和规律等的表达方式称为数据可视化表达。

图表是最常见的数据可视化表达方式之一。基本图表类型，如柱状图、饼图和折线图等，利用一般的表格加工软件即可绘制，如Excel、WPS等。

数据分析报告是项目研究结果的展示，也是数据分析结论的有效承载形式。通过报告不仅把数据分析的起因、过程、结果及建议完整地展现出来，还可以为决策者提供科学、严谨的决策依据。

在数据分析报告中，首先要明确数据分析的目的和背景，阐述当前存在的问题及通过分析希望解决的问题；其次需要描述数据来源和数据分析的思路、方法和模型；最后要重点呈现数据分析的过程、结论和建议。

二、认识图表

利用Excel图表可以直观地反映工作表中的数据，方便用户进行数据的比较和预测。针对不同的信息需求，应该使用不同类型的图表，如表4-6所示。Excel 2016支持创建多种类型的图表，如柱形图、折线图、饼图、条形图、面积图、散点图直方图、排列图、瀑布图、箱形图、旭日图、树状图等。

表 4-6　常用图表的用途及特点分析

类　型	具体用途	使用特点
柱形图	擅长比较数据间的多少与大小关系	使用柱形图时，柱体之间应留一定的距离
折线图	也称线形图，按时间轴表现数据的变化趋势	在某个时间段内，通过把若干坐标点连接成一条折线，从中可以找到数据状态的改变

续表

类　型	具体用途	使用特点
饼图	也称扇形图，适用于描述数据之间的比例分配关系	在饼图中，同时使用数值与数据标识，可以使数据之间的比例关系更为清晰

三、认识数据透视表

“数据透视”是高级的分类汇总，是灵活、有效的数据处理方法，它将排序、筛选和分类汇总等操作一次完成，并生成汇总表或图表，是Excel 2016强大数据处理能力的具体表现。数据透视可以快速汇总大量的原始数据，根据设定的筛选条件、指定的行标签和列标签以及汇总统计的字段和数值汇总方式，获得灵活、直观的分析结果，通常可以得到一些基于数据的结论性信息，反映客观事实，作为决策依据。

数据透视表是一种可以对大量数据快速建立交叉列表的交互式表格，它属于分类汇总，但分类方式可以灵活设置。用户可旋转其行和列以查看源数据的不同汇总结果，还可以通过显示不同的标签来筛选数据，或者显示所关注区域的明细数据。

同创建普通图表一样，要创建数据透视表，首先要有数据源，这种数据可以是现有的工作表数据或外部数据，然后在工作簿中指定放置数据透视表的位置，最后设置字段布局。

在Excel 2016中，要创建数据透视表，可在“插入”选项卡的“表格”组中单击“数据透视表”按钮。

实践练习

利用图表呈现分析结果

内容描述

图表是很有效的表现手法，它能非常直观地将数据分析的结果表示出来。它的特点是“简单、直观、清晰、明了”。本任务将图4-25中的数据转换成一个反映各班之间的各项评优指标情况的图表。

微课

利用图表呈现分析结果（上）

操作过程

（1）建立柱形图。

① 双击“一年级评优统计表.xlsx”文件，打开工作簿，找到“第一周”表，打开。

② 选中A2:D5区域，如图4-38所示。

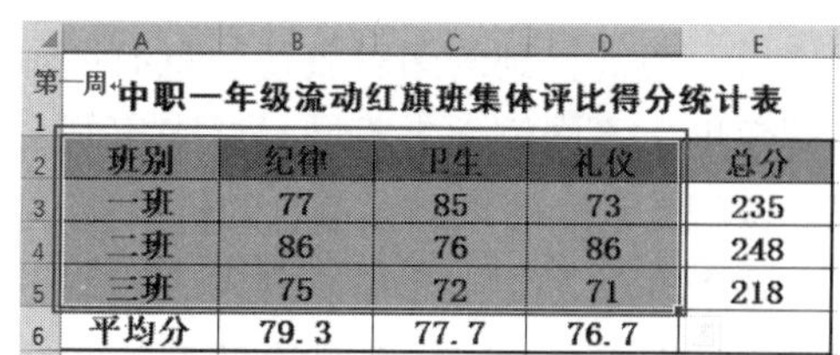

第一周　中职一年级流动红旗班集体评比得分统计表

班别	纪律	卫生	礼仪	总分
一班	77	85	73	235
二班	86	76	86	248
三班	75	72	71	218
平均分	79.3	77.7	76.7	

图 4-38　选中 A2：D5 区域

③ 单击“插入”选项卡“图表”组中的“插入柱形图或条形图”下拉按钮，选择“簇状柱形图”选项。

④ 完成，得到一个统计图，如图4-39所示。

中职一年级流动红旗班集体评比得分统计表

班别	纪律	卫生	礼仪	总分
一班	77	85	73	235
二班	86	76	86	248
三班	75	72	71	218
平均分	79.3	77.7	76.7	

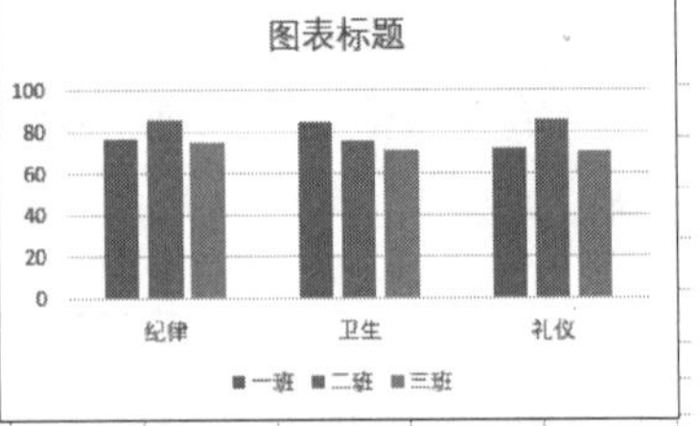

图 4-39　各项评优指标各班成绩比较图表

从图4-39中可以清楚地知道第一周“纪律”“礼仪”分二班最高，“卫生”分一班最高。

图表的作用是将数据以直观的形态展现在人们面前，增强信息的可读性、可比较性，为人们解决问题、决策或预测发展提供帮助，因而它是数据分析过程中的有效手段。

现在我们得到了各班之间各项评优指标的比较情况，但是，对于同一组数据来说，它蕴含的信息是否就只有这些？是否还可以挖掘出更多的含义呢？

（2）在图4-39所示图表的基础上，我们可以通过对图表数据的转置操作来完成。

① 选中图4-39（右）图表框，图表框周围将显示彩色框线。

② 单击“图表工具”的“设计”选项卡“数据”组中的“切换行列”按钮，则可将表头列的信息置于X轴形成轴标签，如图4-40所示。

中职一年级流动红旗班集体评比得分统计表

班别	纪律	卫生	礼仪	总分
一班	77	85	73	235
二班	86	76	86	248
三班	75	72	71	218
平均分	79.3	77.7	76.7	

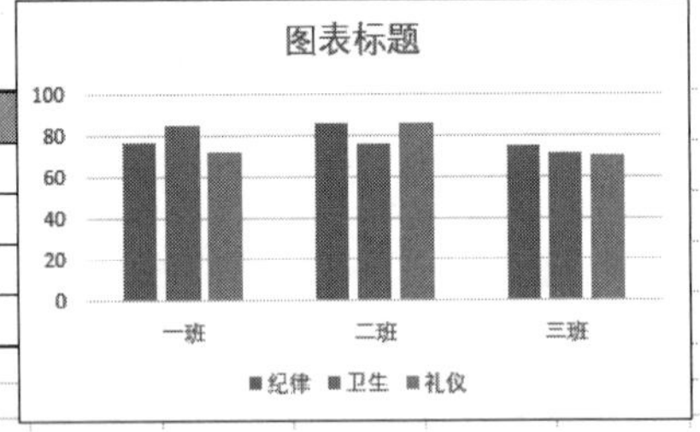

图 4-40　各班各项评优指标成绩比较图表

从图4-39和图4-40中两个图表可以看出，针对同一组数据，通过改变不同的统计任务之后，最终得到的图表表达信息有明显的不同。由此可见，对于同一组数据，如果从不同角度、不同侧面、不同目标来审视和挖掘数据之间的关系，就会得到不同方面的结果。这就是利用图表加工信息的价值所在。

（3）在学习和工作中，各种表格、图表被大量运用到报告或文档中。不同的任务需求设计的图表会不同，不同的图表表达的信息也不同。

接下来我们把最终的评优成绩也用图表来呈现出来。我们把图4–28中的表格数据，用折线图进行表达，分析图表，从中提取有价值的信息。

① 打开“三周总分表”表，选定A2:D5区域。

② 单击“插入”选项卡“图表”组中的“插入折线图或面积图”下拉按钮，选择“带数据标记的折线图”选项。

③ 完成，得到一个统计图，如图4–41所示。

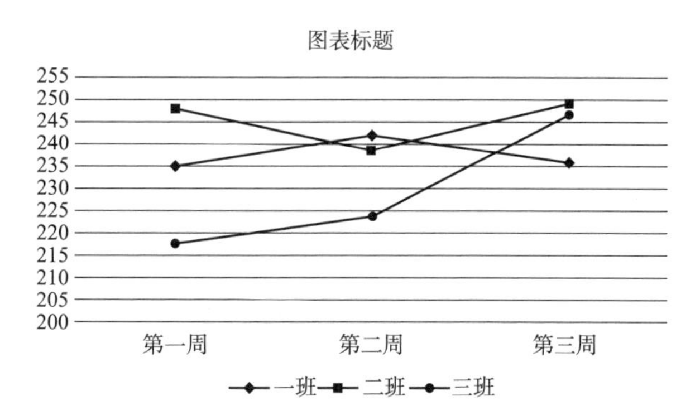

图 4–41　各班各周总成绩比较图表

（4）编辑图表。

① 修改图表标题。单击“图表标题”，把文字修改为“各班三周总分比较图”。

② 修改图表样式。选择“图表工具”的“设计”选项卡“图表样式”组中的“样式X”，还可以单击“更改颜色”按钮，进行更改颜色。

③ 添加数据标签，如图4–42所示。

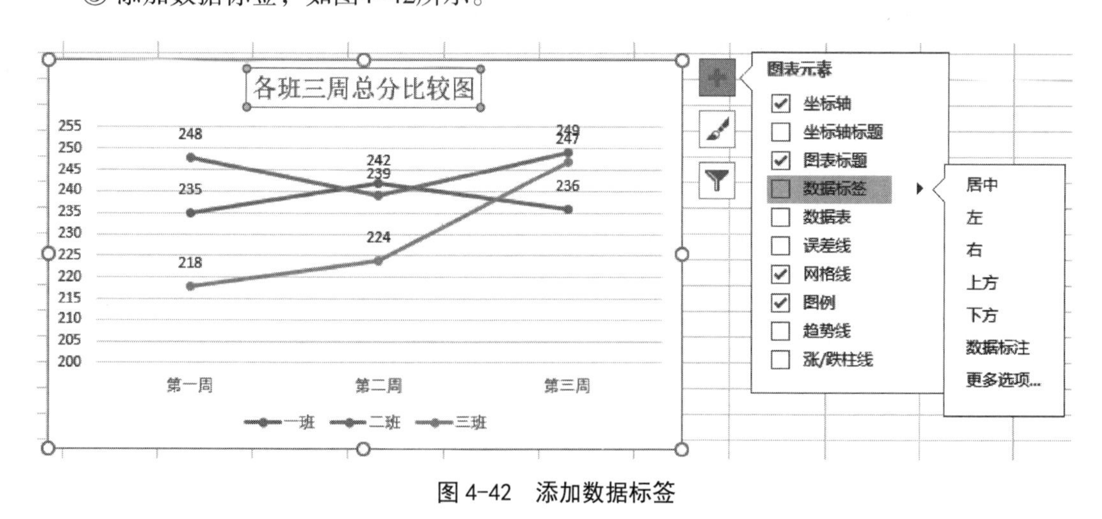

图 4–42　添加数据标签

④ 修改图表区域格式。选择“格式”选项卡中的形状填充和形状轮廓，即可完成。完成效果如图4–43所示。

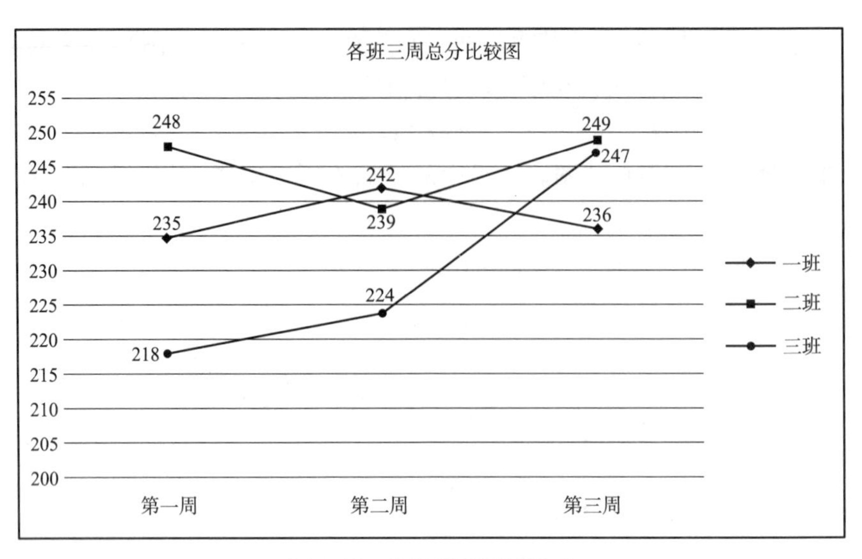

图 4-43　修改图表区域格式

另外，在“设计”选项卡中有个“快速布局”按钮，大家也可以试。

从图4-42中可以看出，二班总成绩最好，一班次之，三班进步迅速，发展势头很好。

接下来，大家参照以上方法，分别对纪律、卫生和礼仪三方面的数据进行分析统计，看看各个单项各班成绩的发展状况。比较各种统计表的特点和用途，可参看前面理论知识。

我们已经利用图表的形式来加工数据并展示结果，这种方式确实有很大优势。但要完成一份报告，我们不能只是单纯地使用图表，还应根据实际情况附上一些相关文字说明，并进行修饰，从而丰富报告形式，以突出重点、方便阅读。

（5）根据数据图表处理的结果，配上相关的文档，参照图4-44所示的形式，也可自己设计，做成简短的分析报告。可以选用Word文档来做，也可以直接在Excel中形成文档。

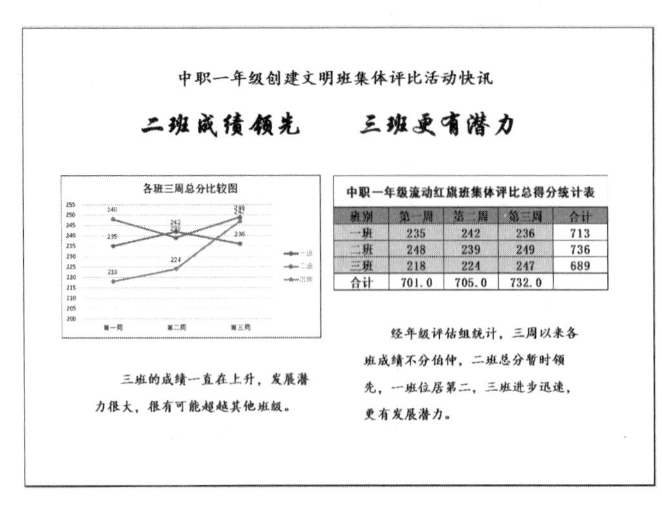

中职一年级创建文明班集体评比活动快讯

二班成绩领先　　三班更有潜力

中职一年级流动红旗班集体评比总得分统计表

班别	第一周	第二周	第三周	合计
一班	235	242	236	713
二班	248	239	249	736
三班	218	224	247	689
合计	701.0	705.0	732.0	

三班的成绩一直在上升，发展潜力很大，很有可能超越其他班级。

经年级评估组统计，三周以来各班成绩不分伯仲，二班总分暂时领先，一班位居第二，三班进步迅速，更有发展潜力。

图 4-44　评优活动分析报告参考图

在Excel中打印输出报告，为了确保打印输出的效果，首先要进行页面设置，然后进行打印预览，确认符合效果要求后，再进行编辑打印输出。

① 进行“页面文档”设置。

a. 在“一年级评优统计表.xlsx”中，添加新表，重命名为“分析报告”。

b. 单击“页面布局”选项卡“页面设置”组右下角的对话框启动器按钮，打开“页面设置”对话框，在“页面”选项卡设置“打印方向”为横行，其他选项保持默认。

② 编辑“分析报告”。

a. 这时工作区会有横向和纵向的虚线，虚线框起来的区域为打印安全区域，超出部分，就会打印到第二张纸上。我们要放在一页纸上打印，所以不能超出虚线区域。

b. 选中A1，输入“中职一年级创建文明班集体评比活动快讯”，设置为楷体，23号，加粗，选中A1:N1，合并后居中；选中A3，输入“二班成绩领先三班更有潜力”，设置为行楷，36号，加粗，“先”和“三”中间空8个空格，选中A3:N3，合并后居中，可参考图4–44；复制“三周总分表”中的“图”，粘贴到A5单元格；复制“三周总分表”中的“表”，粘贴链接到H5单元格，注意：可自行放置，要放在页面正中间，可适当调整图和表的大小。把2行和4行的高度，可以适当拉宽一些。

c. 插入文本框，编辑文字。单击“插入”选项卡“插图”组中的“文本框”下拉按钮，选择“横排文本框”选项，在折线图下面绘制出一个大小合适的矩形文本框，并输入文字，设置为楷体，18号，加粗，在“绘图工具”的“格式”选项卡中单击“形状样式”组中的“形状填充”下拉按钮，选择“无填充颜色”选项，单击“形状轮廓”下拉按钮，选择“无轮廓”选项；复制此文本框，粘贴，把第二个文本框放置在表下面，修改文字，大小。具体样式可参考图4–44。

d. 单击“页面布局”选项卡“页面设置”组右下角的对话框启动器按钮，打开“页面设置”对话框，单击“打印预览”按钮，预览打印效果。调整到满意之后，单击“打印”按钮，输出文档。

操作结束，保存工作簿。

利用透视表呈现分析结果

内容描述

微课

分析报告（下）

前面我们用了三个表完成了某电器公司一个月的空调销售额表的数据统计结果，不够快捷方便，为能够快速汇总空调销售情况，查看每个业务员销售各类型空调的明细数据，对“空调销售表”建立数据透视表。

数据透视表是一种可以对大量数据快速建立交叉列表的交互式表格，它属于分类汇总，但分类方式可以灵活设置。用户可旋转其行和列以查看源数据的不同汇总结果，还可以通过显示不同的标签来筛选数据，或者显示所关注区域的明细数据。

操作过程

（1）打开“一月空调销售情况汇总.xlsx”文件，添加一个新工作表，重命名为“一月空调销售表（数据透视表）”。全选“一月空调销售表（数据排序）”表的所有数据，粘贴到“一月空调销售表（数据透视表）”表中。

（2）单击工作表的任意非空单元格，然后在“插入”选项卡的“表格”组中单击“数据透视表”按钮，弹出“创建数据透视表”对话框。

（3）在“表/区域”文本框中自动显示引用的工作表名称和单元格区域；在“选择放置数据透视表的位置”区域选择“现有工作表”单选按钮，以和原来表进行对比，单击“位置”后的“压缩对话框”按钮，选中一个准备插入透视表的空单元格，如H3，再次单击按钮，回到原对话框中，如图4-45所示，单击“确定”按钮，一个空的数据透视表就会添加到现在的工作表中，并显示“数据透视表字段”任务窗格，如图4-46所示。

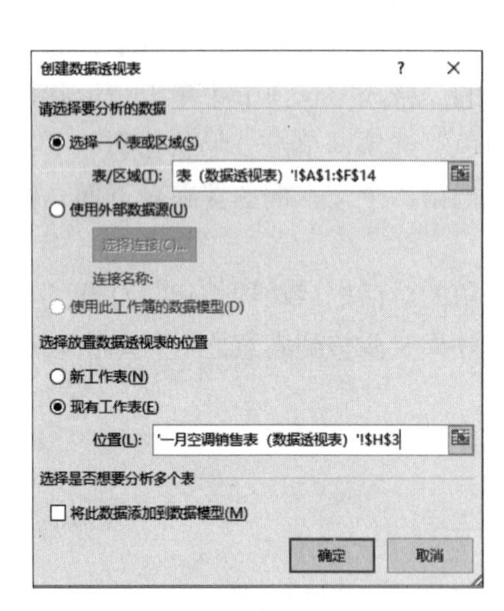

图 4-45 “创建数据透视表”对话框

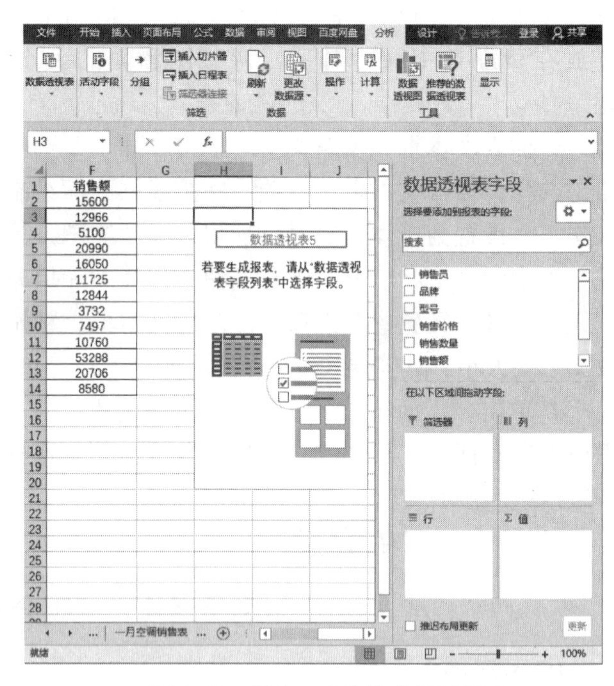

图 4-46 插入一个空的数据透视表

（4）单击“数据透视表字段”选项表内的字段，数据透视表就建立起来了，如图4-47所示，我们把“品牌”字段拖到“行”内，如图4-48所示。

从图4-48可以看出每位销售人员销售的空调品牌、数量，每个人的销售总量，每个品牌的销售总量，以及总销售量。

行标签	求和项:销售数量
⊟胡媛	11
海尔	3
西门子	8
⊟李梅	7
海尔	5
西门子	2
⊟李玉	16
格力	10
西门子	6
⊟刘剑	8
西门子	8
⊟王伟	7
奥克斯	3
海尔	4
⊟吴海	11
奥克斯	6
格力	5
⊟张力	4
奥克斯	1
海尔	3
总计	64

图 4-47　销售员、品牌、数量组合表

求和项:销售数量	列标签				
行标签	奥克斯	格力	海尔	西门子	总计
胡媛			3	8	11
李梅			5	2	7
李玉		10		6	16
刘剑				8	8
王伟	3		4		7
吴海	6	5			11
张力	1		3		4
总计	10	15	15	24	64

图 4-48　销售员、品牌、数量新组合表

观察图4-49 ~ 图4-51中可以看出什么信息？

求和项:销售额	列标签				
行标签	奥克斯	格力	海尔	西门子	总计
胡媛			7497	10760	18257
李梅			11725	8580	20305
李玉		20990		20706	41696
刘剑				53288	53288
王伟	12966		12844		25810
吴海	15600	16050			31650
张力	5100		3732		8832
总计	33666	37040	35798	93334	199838

图 4-49　销售员、品牌、销售额组合表

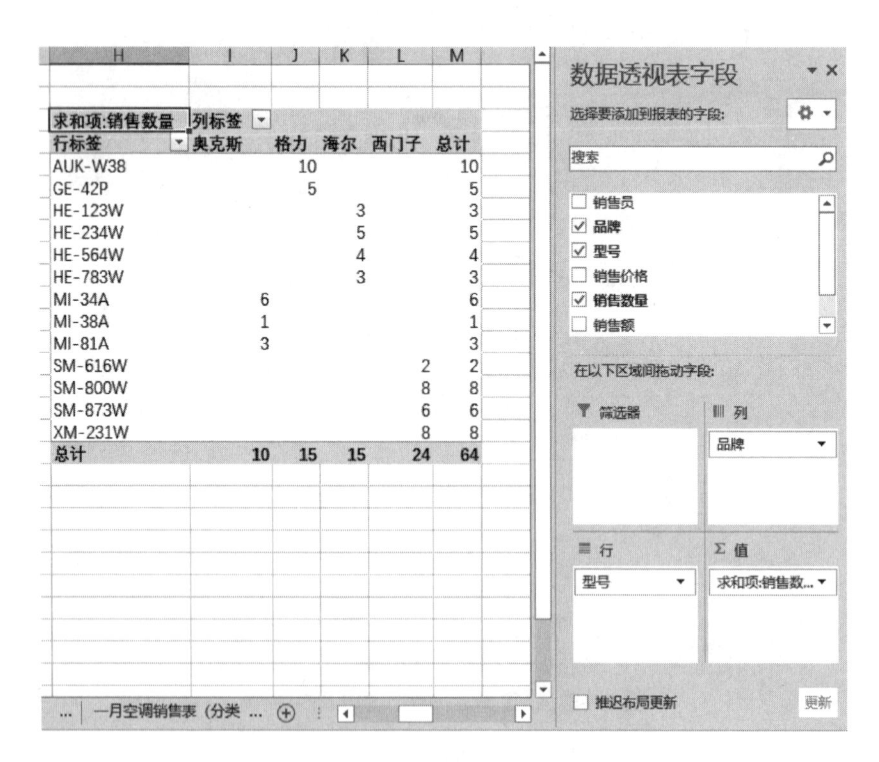

求和项:销售数量	列标签				
行标签	奥克斯	格力	海尔	西门子	总计
AUK-W38		10			10
GE-42P		5			5
HE-123W			3		3
HE-234W			5		5
HE-564W			4		4
HE-783W			3		3
MI-34A	6				6
MI-38A	1				1
MI-81A	3				3
SM-616W				2	2
SM-800W				8	8
SM-873W				6	6
XM-231W				8	8
总计	10	15	15	24	64

图 4-50　品牌、型号、销售数量组合表

图 4-51　品牌、销售数量、销售额组合表

你还能利用数据透视表字段的不同组合，得出什么分析呢？

提示

（1）为确保数据可用于数据透视表，在创建数据源时需要做到如下几个方面：

① 删除所有空行或空列。

② 删除所有自动小计。

③ 确保第一行包含列标签。

④ 确保各列只包含一种类型的数据，而不能是文本与数字的混合。

（2）利用数据透视表获取所需的数据汇总结果，难点在于正确设计报表筛选条件、合理选择“行标签”和“列标签”构造行列表结构、恰当选择汇总统计字段及汇总方式，从而得到所需的统计结果。“行标签”和“列标签”均把标签（字段）的取值作为分类依据，“列标签”通常仅适用于不同取值种类较少的情况，否则表格太宽，不易查看，也不美观。

（3）数据透视表与分类汇总相比，没有破坏原数据的顺序和位置；一旦原数据发生了改变，可以同步更新数据透视表。

接下来，大家自己试着用不同字段组合一下，看还能得出什么信息。试着做一份“一月份某电器公司空调销售情况”分析报告。

实践练习评价

评价项目	自我评价		教师评价	
	小结	评分（5分）	点评	评分（5分）
制作图表				
简单分析图表				
形成报告				
制作透视表				
分析透视表				

任务四　初识大数据

学习目标

- 了解大数据基础知识。
- 了解大数据采集与分析方法。

理论知识

在日常工作、生活和学习等活动中，人们的一举一动基本上都可以数字化。例如，从家中到达工作地点选择的交通工具、路线和所用时间；每刷一次微信、拨打一次电话、发送一条短信、进行一次网上银行转账、浏览一次网站，甚至所在的地理位置信息等都产生了大量数据。

一、大数据基础知识

（一）大数据的概念

大数据是指无法在可承受的时间范围内用常规软件工具进行高效捕捉、管理和处理的数据集合，是需要新处理模式才能具有更强的决策力、洞察发现力和流程优化能力的海量、高增长率和多样化的信息资产。

大数据的产生是与人类日益普及的网络行为所伴生的：物联网、云计算、移动互联网、车联网、手机、计算机以及遍布地球各个角落的各种各样的传感器，无一不是数据的来源或是承载方式。互联网生成的数据量，不仅远超此前一切人类所生成的数据量的总和，而且在以大爆发性的速度不断增长。

在天气预报、大气监测、地球物理探矿和天体运动观测等科学实验和科学观察等活动中，各种各样的传感器每时每刻都在产生大量的数据。

大数据已成为人们提取信息、做出决策的重要依据，是推动信息社会发展的重要资源。

（二）大数据的特征

仔细阅读以下案例，分析大数据具有哪些特征。

案例1：某市交通智能化分析平台的数据来源于道路交通、电信、地理信息系统等各行各业。例如，交通卡刷卡每天产生1 900万条记录，手机定位数据每天产生1 800万条，出租车运营数据每天产生100万条，电子停车收费系统数据每天产生50万条。这些数据在体量和速度上都达到了大数据的规模。

案例2：搜索引擎公司通过跟踪网民对“感冒症状”以及“治疗”等关键词的搜索，发现某个时段在某个区域内搜索数量急剧增长，从而成功预测了甲型H1N1流感暴发时间、地域。

案例3：目前，某基于大数据的网约车平台已覆盖全国400多个城市，涵盖出租车、快车、顺风车、代驾、专车、试驾以及租车等多项业务，为人们的出行带来极大的便利。我们只需在网约车APP上输入或者说出目的地，强大的智能系统就立刻分配订单，即时通知附近司机；借助定时定位系统，我们可以看到司机的大致位置以及预计到达时间。

数据量大并不一定就是大数据，用传统算法和数据库系统可以处理的海量数据不能算“大数据”。符合大数据概念的数据一般具有数据规模大、处理速度快、数据类型多、价值密度低4个特征，可以用4个V来概括，即数量（Volume）、速度（Velocity）、多样（Variety）和价值（Value）。

第一，数据体量巨大。大数据收集和分析的数据量非常大。现在，传感器、互联网、智能终端等每天都在源源不断地产生海量数据，人类社会的数据量在不断刷新一个个新的量级单位，已经从太字节（TB）、拍字节（PB）级别跃升至艾字节（EB）、泽字节（ZB）级别。可以通过下面这个例子简单感受 1 EB（1 EB=2^{60} B）的数据量：一本《红楼梦》约有87万个字（含标点），每个汉字占2字节，即1个汉字=2 B，由此得出1 EB约等于6 626亿部《红楼梦》。这个数据量必将随着大数据处理能力的发展而不断扩大。

第二，速度快。速度快有两种含义。一是数据产生的速度快。有的数据是爆发式产生的，例如欧洲核子研究组织的大型强子对撞机在工作状态下每秒产生拍字节级的数据；有的数据是累积产生的，比如微博、微信中的数据，每个用户产生的数据量可能不大，但是由于用户众多，短时间内产生的数据量依然非常庞大。二是数据处理的速度快。在信息社会中，数据往往实时变化，数据的价值也会随着时间的推移而变化，只有高效率的数据与信息数据处理技术才能充分发挥数据的价值。例如，通过气象卫星等设备采集到的数据，只有及时处理才能满足天气预报的需求。

第三，数据类型多。大数据的数据来源多，既有人工产生的，如人们日常使用智能手机、短信、微信、视频、语音、电子邮件等会产生各种数据；也有机器自动产生的，如各种传感器在生产监测、环境监测、交通监测、安防监测等过程中也会产生大量数据。正因为大数据来自多种数据源，所以其数据种类和格式不可能保持一致，各种结构化、半结构化和非结构化数据共存是大数据的普遍现象。

第四，价值密度低。大数据蕴含着巨大的价值，但因其数据量庞大，可能发挥价值的仅是其中非常小的部分，价值密度相对较低。以当前广泛应用的监控视频为例，在连续不间断的监控过程中，大量的视频数据被存储下来，其中有许多冗余数据。例如，某起交通事故的视频画面，有效的部分可能仅仅只需要几秒，大量不相关的视频信息会增加获取有效数据的难度。价值密度的高低与数据总量的大小成反比，“提纯”大数据，让其发挥更大的价值，是人们一直在努力的目标。

（三）大数据思维

大数据是一场变革，改变的不仅是数据，还有人们的思维。

首先，大数据要分析的是全体数据，而不是抽样数据。以往对于某项研究中的数据，限于技术等因素，人们无法进行全样本分析，往往会随机抽取部分样本进行研究，依此推论全体情况。抽样数据分析的方式效率较高，经常被人们采用，但这种方式取决于抽取样本的随机性，在某些情况下，不同的样本可能会得出截然不同的结论。在大数据时代，人们不仅可以获得研究所需的直接数据，而且还能对与之有关联的所有数据进行分析。分析数据已经不再依赖于采样，从而带来更全面的认识，也能更清楚地发现抽样数据无法揭示的详尽信息。

其次，对于数据不再追求精确性，而是能够接受数据的混杂性。对于传统的数据库，数据有严谨的结构，人们追求数据的准确性，通过各种技术或人工手段，来保证每个数据准确无误。而在大数据处理过程中，数据的来源多种多样，这些数据可以是结构化的、半结构化的，也可以是非结构化的。当数据量大到一定程度时，个别数据的不准确就显得不再那么重要。

再次，不一定强调对事物因果关系的探求，而是更加注重它们的相关性。在传统的思维方式中，人们往往执着于现象背后的因果关系，试图通过有限样本数据来剖析其中的内在机理。这种思维方式有一定的局限性，此外，有限的样本数据也无法反映出事物之间的相关关系。在大数据时代，比如电商的个性化推荐，不必知道人们购买某些商品的原因，只要找到商品之间的关联性，就能为客户提供精确的推荐。

（四）大数据对日常生活的影响

1. 大数据使人们日常生活更为便捷

（1）方便支付。中国的移动支付发展得特别快。在中国，每三个手机用户就有两个在使用移动支付。中国是全球最大的移动支付市场。医院、餐厅、菜市场、加油站，甚至路边摊，都在使用移动支付。中国人今天的生活，已经越来越有科技含量。

（2）方便出行。应用交通系统的大数据，可以实现网络约车出行、智能导航行车避免堵车、无人驾驶、智能地图等。

（3）方便购物与产品推介。网络购物不但可以节省人们出行购物的时间，而且可以帮助企业有效判断用户的信息需求和消费需求，对客户进行产品推介，方便人们选购产品。

（4）方便看病与诊病。应用网络预约挂号，可以减轻与节省患者排队挂号看病的辛劳与时间；同时，又方便医生提前分析患者的病史数据，以便科学诊病。

2. 大数据对人们日常生活产生的负面影响

（1）个人信息泄露。在大数据时代，我们使用的手机、计算机、网络、信用卡等信息科技，都会产生数据。这些数据时刻存在泄露的风险。

（2）信息伤害与诈骗。在大数据时代，我们的网络信息随时都可能被不法分子窃取，并对我们及身边的亲人造成伤害。

二、大数据的采集

大数据的来源广泛（主要是互联网和物联网）、类型丰富、规模巨大。采集数据首先要明确数据应用项目的需求，围绕选定的项目主题，制订数据采集的需求清单和内容大纲，再采用适当的方法和工具进行采集。

（一）数据采集的方法

数据采集的方法包括系统日志采集法、网络数据采集法和其他数据采集法。

1. 系统日志采集法

在信息系统中，系统日志是记录系统中硬件、软件和系统问题的信息文件。系统日志包括操作系统日志、应用程序日志和安全日志。系统日志采集数据的方法通常是在目标主机上安装一个小程序，将目标主机的文本、应用程序、数据库等日志信息有选择地定向推送到日志服务器进行存储、监控和管理。

通过日志服务器可以监视系统中发生的事件，可以检查错误发生的原因，或者寻找受到攻击时攻击者留下的痕迹。例如，安全管理信息系统就是以系统日志服务器采集原始日志数据，以日志记录文本文件实现日志数据的监控和保存，以数据库操作进行日志有效信息的管理工作。

2. 网络数据采集法

网络数据采集是指通过网络爬虫或网站公开API（Application Programming Interface，应用程序接口）等方式从网站上获取数据信息。网络爬虫从一个或若干初始网页的URL（Uniform Resource Locator，统一资源定位符）开始，获得初始网页上的URL，在抓取网页的过程中，不断从当前页面上抽取新的URL放入队列，直到满足停止条件。该方法可以将非结构化数据从网页中抽取出来，将其存储为统一的本地数据文件，并以结构化的方式存储。它支持图片、音频、视频等文件或附件的采集，附件与正文可以自动关联。

3. 其他数据采集法

对于企业生产经营或科学研究等保密性要求较高的数据，可通过与企业或研究机构合作，使用特定系统接口等相关方式收集数据。例如，科学研究的数据是通过科学实验的各种传感器采集，并传输到数据库管理系统中的。

（二）数据采集工具 Python

在众多的数据采集工具中，Python以其简洁、开源和包容的特性在数据采集和分析领域独树一帜。由于Python可以安装第三方扩展库模块来扩展功能，因此使用Python进行网络数据采集和分析显得简单易用。以下是使用 Python进行网络数据采集和分析所需的第三方扩展库。

1. NumPy

NumPy（Numerical Python）是构建科学计算最基础的软件库，为Python中的*n*维数组和矩阵的操作提供了大量有用的功能。该库还提供了NumPy数组类型的数学运算向量化，可以提升性能，加快执行速度。

2. SciPy

SciPy是一个工程和科学软件库，包含线性代数、优化、集成和统计的模块。SciPy库的主要功能建立在NumPy的基础之上，因此它的数组大量使用了 NumPy。它通过其特定的子模块提供高效的数值例程操作，如数值积分等。SciPy的所有子模块中的函数都有详细的介绍文档。

3. Pandas

Pandas是一个 Python包，旨在通过标记（Labeled）和关系（Relational）数据进行工作，简单直观。Pandas主要用于快速简单的数据操作、聚合和可视化呈现。库中有两个主要的数据结构：一维数组（Series）和二维数组（DataFrame）结构。

4. Matplotlib

Matplotlib是 Python的一个2D绘图库，以各种硬拷贝格式和跨平台的交互式环境生成出版质量级别的图形。在 NumPy、SciPy和 Pandas的帮助下，通过 Matplotlib，开发者仅需输入几行代码，便可以生成绘图、直方图、功率谱、条形图、散点图等。

在Python模块库中有大量模块可供使用，要想使用这些文件，就需要用 import语句把指定模块导入当前程序中。使用 import语句导入模块的语法如下：

Import	module
关键字	模块名

from import语句也是导入模块的一种方法，是导入指定模块内的指定函数方法。使用from Import语句导入模块内指定方法的语法如下：

from	module	import	name
关键字	模块名	关键字	方法名

三、数据的存储和保护

1. 数据的存储

存储数据主要有两种方式：一种是把数据存在本地内部；另一种是把数据放在第三方公共或私有的“云端”存储。云存储已经成为存储发展的一种趋势，其技术也日益成熟。云存储是把各类数据存储在虚拟的逻辑模型里，其物理空间存储在跨越多个地域放置的众多服务器中，为用户提供统一、灵活、安全的“云存储服务”。云存储供应商拥有并管理这些服务器，负责管理数据的使用和访问权限，以及云存储环境的日常运营和维护。对于用户而言，无须关注云存储系统的具体运行，仅需获取存储空间，把自己的数据存储进去。

数据的存储采用分布式文件存储或 NoSQL数据库存储。分布式文件存储的特点之一是为了解决复杂问题而将大任务分解为多项小任务，通过让多个处理器或多个计算机节点并行计算来提高解决问题的效率。分布式文件存储系统能够支持多台主机通过网络同时访问共享文件和存储目录，大部分采用了关系数据模型并且支持SQL语句查询。

2．数据的保护

如今，无论是政府部门、企业还是个人，对数据的依赖性已越来越强。然而，数据安全的隐患无处不在，一旦数据泄密或丢失，造成的损失和影响将是巨大的。因此，对数据安全的保护非常重要。研究表明，如果在发生数据灾难后的两个星期内无法恢复公司的业务系统，75%的公司业务将会完全停顿，43%的公司将再也无法开业。在信息化社会，对数据的保护刻不容缓。

（1）数据安全保护技术。数据安全保护指数据不被破坏、更改、泄露或丢失。安装杀毒软件和防火墙只能防备数据安全隐患，而采用复制、备份、复制、镜像、持续备份等技术进行数据保护才是更为彻底、有效的方法。一般的数据安全保护技术的使用特点如表4–7所示。

表 4-7 数据安全保护技术的使用特点

数据安全保护技术	适用场合	备份介质	备份距离	管理
复制 /FTP	简单小数据量备份，个人不定期的文件保护等	磁盘	近	手动执行，占用人力资源
备份	有归档需求的用户等	磁带机、磁带库、磁盘	近，以本地备份为主	备份软件对使用者要求较高，需要掌握数据库、文件系统等综合知识
复制技术	企业等	磁盘	远近皆可	设定策略后无须人工干预，复制与恢复的过程都很简单
镜像技术	企业等	磁盘	近，带宽和距离影响延迟时间和性能，因此多以本地为主	简单
持续备份	企业等	磁盘	远近皆可	连续备份，可以实现过去任意一个时间点的数据恢复

为了防止他人对机密的数据、数据库进行非法访问、删除、修改、复制等操作，可以采用对数据进行加密等方法，保护数据在存储和传递过程中不被修改或泄露。选择何种加密算法、需要多高的安全级别、各算法之间如何协作等，都是进行数据加密要考虑的因素。加密技术通常分为对称式加密和非对称式加密两大类。对称式加密指加密和解密用的是同一个密钥。非对称式加密指加密和解密用的是两个不同的密钥，必须配对使用，否则不能打开加密数据。

（2）数据的隐私保护。任何事物都有两面性。我们上网浏览、出行、购物等数据，统统都被记录了，人人都成了数据的产生者和贡献者。数据带来的整体性变革，也使得数据的隐私保护的形势显得越发严峻。

隐私泄露的问题不是大数据时代特有的，在没有大数据的时候，就已经有很多隐私泄露的问题。可是到了大数据时代，数据发布多了，信息范围扩大了，信息传播和共享速度加快了，若不加以控制，其所含的商业信息或私密信息就可能泄露。解决办法有三个。一是技术手段，常用的隐私保护有：①数据收集时进行数据精度处理；②数据共享时进行访问控制；③数据发布时进行人工加扰；④数据分析时进行数据匿名处理等。二是提高自身的保护意识。三是要对数据使用者进行道德和法律上的约束。

知识加油站

《中华人民共和国网络安全法》（节录）

（2016年11月7日第十二届全国人民代表大会常务委员会第二十四次会议通过）

第十八条 国家鼓励开发网络数据安全保护和利用技术，促进公共数据资源开放，推动技术创新和经济社会发展。国家支持创新网络安全管理方式，运用网络新技术，提升网络安全保护水平。

第二十七条 任何个人和组织不得从事非法侵入他人网络、干扰他人网络正常功能、窃取网络数据等危害网络安全的活动；不得提供专门用于从事侵入网络、干扰网络正常功能及防护措施、窃取网络数据等危害网络安全活动的程序、工具；明知他人从事危害网络安全的活动的，不得为其提供技术支持、广告推广、支付结算等帮助。

第三十一条 国家对公共通信和信息服务、能源、交通、水利、金融、公共服务、电子政务等重要行业和领域，以及其他一旦遭到破坏、丧失功能或者数据泄露，可能严重危害国家安全、国计民生、公共利益的关键信息基础设施，在网络安全等级保护制度的基础上，实行重点保护。关键信息基础设施的具体范围和安全保护办法由国务院制定。国家鼓励关键信息基础设施以外的网络运营者自愿参与关键信息基础设施保护体系。

数据作为一种资产，用在什么地方、掌握在谁手里都是次要的，关键是看怎样利用这个工具。在安全的前提下，实现数据共享，才能真正创造数据价值，发挥数据真正的作用。

四、大数据的分析方法

数据分析就是在一大批杂乱无章的数据中，运用数字化工具和技术，探索数据内在的结构和规律，构建数学模型，并进行可视化表达，通过验证将模型转化为知识，为诊断过去、预测未来发挥作用。数据分析一般包括特征探索、关联分析、聚类分析等。

（一）特征探索

数据特征探索的主要任务是对数据进行预处理，发现和处理缺失值、异常数据，绘制直方图，观察分析数据的分布特征，求最大值、最小值、极差等描述性统计量。

（二）关联分析

关联分析就是分析并发现存在于大量数据之间的关联性或相关性，从而描述一个事物中某些属性同时出现的规律和模式。关联分析的基本算法如下：

（1）扫描历史数据，并对每项数据进行频率次数统计。

（2）构建候选项集C1，并计算其支持度，即数据出现频率次数与总数的比。

（3）对候选项集的支持度进行筛选，筛选的数据项支持度应当不小于最小支持度，从而形成频繁项集L1。

（4）对频繁项集L2进行连接生成候选项集C2，重复上述步骤，最终形成频繁K项集或者最大频繁项集。

（三）聚类分析

聚类分析是一种探索性的分析，在分类的过程中，人们不必事先给出一个分类的标准，聚类分析能够从样本数据出发，自动进行分类。聚类分析的算法有很多，其中K平均（K-Means）算法是一种经典的自下而上的聚类分析方法。K-平均算法的基本思想就是在空间N个点中，初始选择K个点作为中心聚类点，然后将N个点分别与K个点计算距离，选择自己最近的点作为自己的中心点，再不断更新中心聚集点，以达到“物以类聚”的效果。

聚类分析的基本算法如下：

（1）从数据点集合中随机选择K个点作为初始的聚集中心，每个中心点代表着每个聚集中心的平均值。

（2）对其余的每个数据点，依次判断其与K个中心点的距离，距离最近的表明它属于这项聚类。

（3）重新计算新的聚簇集合的平均值即中心点。整个过程不断迭代计算，直到达到预先设定的迭代次数或中心点不再频繁波动。

实践练习

观看视频做出分析

内容描述

观看素材包里的视频资料——“新经济和大数据.mp4”“‘AI+大数据’打造地方数字化服务体系.mp4”“2021国际数博会.mp4”“佛山大数据检验过往车辆核酸检验证明.mp4”等，思考问题，从而认识大数据。

操作过程

（1）观看视频。

（2）讨论并回答以下问题：

① 什么是大数据？

② 大数据的特征？

③ 谈谈你身边的大数据有哪些？

④ 大数据对我们生活产生哪些影响？

⑤ 展望智慧校园、智慧交通、智慧城市等为我们带来的便利。

⑥ 大数据为社会带来哪些机遇与挑战？

⑦ 展望大数据的发展趋势。

⑧ 分析大数据的利与弊。

⑨ 你会如何利用好大数据？你会如何增强防范化解大数据风险的能力？

⑩ 大数据与人的道德和法治的关系。

引导学生分组，调查身边的采集大数据的工具有哪些，采集了什么样的数据，是图片、视频、声音、轨迹还是其他；你拿到这些数据能分析出什么结果。各小组用Excel 2016做出一份调查报告。

实践练习评价

评价项目	自我评价		教师评价	
	小结	评分（5分）	点评	评分（5分）
大数据基本知识				
身边大数据的采集方法和工具				
大数据分析模型和思维方式				
大数据的利与弊				
可行性调查报告				

项目小结

根据以下的“数据处理”知识结构图，扼要回顾、总结、归纳本项目学过的内容，建立自己的知识结构体系。

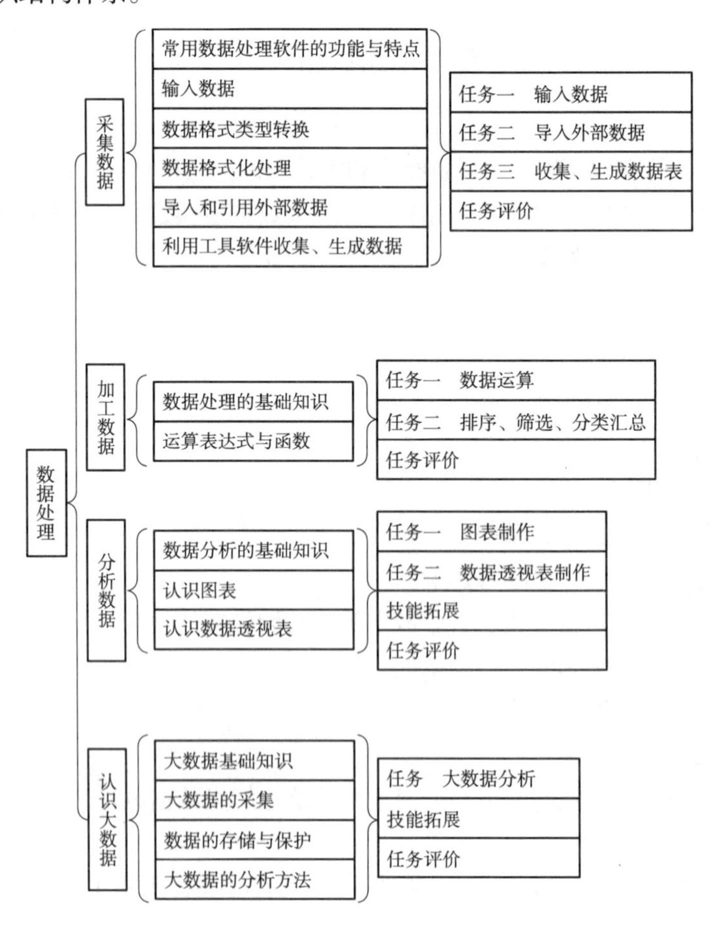

练习与思考题

1. 某国能源消费构成统计表如表4–8所示，根据下列要求，利用图表的形式对数据进行分析，并形成结论。

表 4-8　某国能源消费构成统计表

年　份	各类能源消费总量比重 (%)			
	煤　炭	石　油	天 然 气	水　电
1970	80.9	14.7	0.9	3,5
1975	71.9	21.1	2.5	4.5
1980	72.2	20.7	3.1	4.0
1985	75.8	17.1	2.2	4.9
1990	76.2	16.6	2.1	5.1
1995	74.6	17.5	1.8	6.1
2000	67.0	23.6	2.5	6.9

（1）分析各类能源消费量各年份的对比情况。

（2）分析各类能源消费量各年份的变化趋势情况。

（3）统计各年份各类能源消费量的比例关系情况。

2. 选择和调查生活中的一些实例（例如校运会团体总分统计、零用钱的使用情况、同学上网情况调查、课堂学习评价统计、作业情况调查、图书馆藏书统计等），利用图表分析有关数据，并以简短的分析报告的形式展示结果，帮助学校解决问题，向老师提出可行性建议，并与同学分享。

项目五 程序设计入门

项目综述

通过本项目的学习，引导学生了解程序设计的基本理念，初步掌握程序设计的方法，培养基于程序设计解决问题的能力。

任务一　认知程序设计理念

学习目标

- 了解程序设计基础知识，理解运用程序设计解决问题的逻辑思维理念。
- 了解常见的程序设计语言的种类和特点。

理论知识

一、程序

计算机的每一个操作都是根据人们事先编写的指令进行的，每一条指令执行一个或者多个特定的操作。程序由一组计算机能够识别和执行的指令构成，用来完成一定的功能。计算机执行程序的过程就是执行各条指令的过程。为了使计算机系统实现各种功能，需要成千上万个程序。这些程序大多由计算机软件设计人员根据需要设计，作为计算机软件系统的一部分提供给用户。

计算机软件系统包括系统软件和应用软件两部分。系统软件一般由计算机生产厂家提供，是为便于用户使用、管理和维修计算机而编制的程序的总称。应用软件一般是指用户在各自的应用领域中，为解决各种实际问题而编制的程序。

二、程序设计

计算机作为一个工具，主要用来解决各种问题。只有最终在计算机上能够运行良好的程序才能为人们解决特定的实际问题，因此程序设计的过程就是利用计算机求解问题的过程。

程序设计是设计、编制和调试程序的过程。程序设计往往以某种程序设计语言为工具，编写这种语言下的程序。程序设计过程应当包括分析、设计、编码、测试、排错等不同阶段。由于软件的质量主要是通过程序的质量来体现的，程序设计在软件研究中的地位就显得非常重要，内容涉及有关的基本概念、规范、工具、方法以及方法学。

三、程序设计的一般过程

程序设计是指给出解决特定问题程序的过程。程序设计过程不能简单地理解为编写一段代码，在程序设计过程中，要涉及算法和数据结构的选择与构造、方法和设计工具的运用等诸多方面，可以将程序设计描述成如下公式：

程序设计=算法+数据结构+方法+工具

程序设计的过程包括以下步骤：

（1）分析问题，对于接受的任务要认真分析，研究给定的条件，分析要达到的目标，找出解决方法和步骤。

（2）设计算法，设计解决问题的方法和步骤。

（3）编写程序：根据算法，用计算机语言编写程序。

（4）对源程序进行编辑、编译和连接，得到可执行的程序。

（5）运行程序、分析结果，能得到结果并不意味着程序正确，要对结果进行分析，检验结果是否合理。

（6）编写程序文档，许多程序是提供给用户使用的，需要向用户提供程序说明书，对程序进行说明。内容主要包括程序名称、程序功能、运行环境、程序的安装和启动、注意事项等。

四、程序设计语言的发展

计算机不能理解和执行人类的自然语言，人与计算机交流必须使用计算机能够识别的语言。因此，需要一种能够准确表述问题求解步骤且能够被计算机接受的表达方法，即程序设计语言。自从有了计算机，也就有了程序设计语言，程序设计语言的发展经历了以下阶段。

（一）第一代程序设计语言——机器语言

计算机的工作基于二进制，从根本上说，计算机只能识别和接收由0和1组成的指令。在计算机发展初期，一般计算机指令长度为16，即以16个二进制数（0和1）组成一条指令，16个0和1可以组成各种排列组合。例如，用1011011000000000能够让计算机进行一次加法运算。这种计算机能直接识别和接受的二进制代码称为机器指令。

由于机器语言与人们习惯的自然语言差别太大，程序编写烦琐、易出错、难修改、难推广，因此初期只有极少数的计算机专业人员会编写计算机程序。

（二）第二代程序设计语言——汇编语言

为了克服机器语言的缺点，人们创造出符号语言，用一些英文字母和数字表示一个指令，例如，用ADD代表“加”，用“ADD 1,2;”表示1和2相加。但是，计算机不能直接识别和执行符号语言的指令，需要用一种称为汇编程序的软件把符号语言的指令转换为机器指令。转换的过程称为汇编，因此，符号语言又称符号汇编语言或汇编语言。

虽然汇编语言比机器语言简单好记一些，但是仍然难以普及，主要在专业人员中使用。不同型号计算机的机器语言和汇编语言是不通用的，用A机器的机器语言编写的程序在B机器上不能使用。机器语言和汇编语言是完全依赖于具体机器特性的，是面向机器的语言，所以统称计算机低级语言。

（三）第三代程序设计语言——高级语言

随着计算机技术的发展以及计算机应用领域的不断扩大，20世纪50年代开始逐步发展面向问题的程序设计语言——高级语言。这种语言功能性很强，不依赖于具体的机器，用它写出的程序对任何型号的计算机都适用，或只需做很少的修改即可适用。它与具体的机器较“远”，故称之为高级语言。

当然，计算机也不能直接识别高级语言，也需要进行编译，编译程序把用高级语言写的程序（源程序）转换为机器指令程序（目标程序），计算机执行机器指令程序，得到结果。

高级语言的发展经历了以下几个阶段。

1. 非结构化语言

初期的程序设计语言属于非结构化语言，编程风格比较随意，只要符合语法规则即可，没有严格的规范要求，程序中的流程可以随意跳转。编程人员为追求效率走了很多捷径，使程序变得难以阅读和维护。早期的BASIC、FORTRAN和ALGOL等都属于非结构化语言。

2. 结构化语言

结构化语言规定程序必须具有良好特性的基本结构：顺序结构、选择结构、循环结构。程序中的流程不允许随意跳转，程序总是按照由上而下的顺序执行各个基本结构。这种程序结构清晰，易于编写、阅读和维护，很好地规避了非结构化语言的缺点。QBASIC、FORTRAN77和C语言等都属于结构化语言，这些语言的特点是支持结构化程序设计方法。

3. 面向对象的语言

非结构化语言和结构化语言都是基于过程的语言，在编写程序时需要指定每一个过程的细节。在编写规模小的程序还能得心应手，但在处理规模较大的程序时，就显得力不从心了。在实践发展中，又提出了面向对象的程序设计方法，程序面对的不是过程的细节，而是一个个对象，对象是由数据以及对数据进行的操作组成的。C++、C#、Java、Python等是支持面向对象程序设计方法的语言。

五、常见的程序设计语言

（一）C 语言

C语言是目前世界上最流行、使用最广泛的高级程序设计语言之一。C语言具有如下特点：简洁、紧凑、方便、灵活、运算符丰富；数据类型丰富；具有结构化的控制语句；语法限制不太严格，程序设计自由度大；程序可移植性好；兼有低级语言和高级语言的特点。

（二）C++ 语言

美国贝尔实验室的Bjarne Stroustrup于1980年在C语言的基础上，开发出一种过程性与对象性相结合的程序设计语言。这种语言弥补了C语言存在的一些缺陷，并增加了面向对象的特征，1983年该语言正式被定名为C++。自从C++被发明以来，它经历了三次主要的修订，每一次修订都为C++增加了新的特征并作了一些修改。

C++语言现在得到了越来越广泛的应用，它除了继承C语言简洁、高效和接近汇编语言等优点之外，还拥有自己独到的特点，最主要的有：

（1）兼容C语言，许多C语言代码不经修改就可以在C++中使用。

（2）用C++编写的程序可读性更好，代码结构更为合理。

（3）生成代码质量高，运行效率仅比汇编语言慢10% ～20%。

（4）从开发时间、费用到形成软件的可重用性、可扩充性、可维护性和可靠性等方面有很大提高，使得大中型软件开发变得容易很多。

（5）支持面向对象程序设计，可方便地构造出模拟现实问题的实体和操作。

C++语言作为一种面向对象的程序设计语言，程序设计方法支持如下特点。

1. 支持数据封装

封装是一种数据隐藏技术，在面向对象程序设计中可以把数据和与数据有关的操作集中在一起形成类，将类的一部分属性和操作隐藏起来，不让用户访问，另一部分作为类的外部接口，用户可以访问。

C++语言支持数据封装，类是支持数据封装的工具，对象是数据封装的实现。在封装中，还提供一种对数据访问的控制机制，使得一些数据被隐藏在封装体内，因此具有隐藏性。封装体与外界进行信息交换是通过操作接口进行的。这种访问控制机制体现在类的成员中可以有公有成员、私有成员和保护成员。

2. 支持继承性

在面向对象程序设计中，继承是指新建的类从已有的类那里获得已有的属性和操作。已有的类称为基类或父类，继承基类而产生的新建类称为子类或派生类。

C++语言允许单继承和多继承。继承是面向对象语言的重要特性。一个类可以根据需要生成它的派生类，派生类还可以再生成派生类。派生类继承基类的成员。另外，它还可以定义自己的成员。继承是实现抽象和共享的一种机制。

3. 支持多态性

多态性是指相同的函数名可以有多个不同的函数体，即一个函数名可以对应多个不同的实现部分。在调用同一函数时，由于环境的不同，可能引发不同的行为，导致不同的动作，这种功能称为多态。它使得类中具有相似功能的不同函数可以使用同一个函数名。

C++支持多态性表现在允许函数重载和运算符重载；通过定义虚函数来支持动态联编（动态联编是多态性的一个重要特征）。

（三）Java 语言

Java语言是面向对象编程语言，吸收了C++语言的各种优点，摒弃了C++语言里难以理解的概念，因此Java语言具有功能强大和简单易用的特征。Java语言作为静态面向对象编程语言的代表，极好地实现了面向对象理论，允许程序员以优雅的思维方式进行复杂的编程。

Java语言具有以下特点。

1. 简单性

Java语言的风格类似于C++语言，但为了使语言小和容易熟悉，Java语言摒弃了C++语言中容易引发程序错误的地方，如指针。此外，Java提供了丰富的类库。

2. 面向对象

面向对象是Java语言的基础，也是Java语言的重要特性。Java是一个面向对象的语言。Java语言语法中不能在类外面定义单独的数据和函数，也就是说，Java语言最外部的数据类型是对象，所有的元素都要通过类和对象来访问。

3. 分布性

Java语言的分布性包括操作分布和数据分布，操作分布是指在多个不同的主机上布置相关操作，而数据分布是将数据分别存放在多个不同的主机上，这些主机是网络中的不同成员。Java可以凭借URL对象访问网络对象，访问方式与访问本地系统相同。

4. 编译和解释性

Java语言编译程序生成字节码（byte-code），而不是通常的机器码。Java字节码提供对体系结构中性的目标文件格式，代码设计成可有效地传送程序到多个平台。因此，Java语言开发程序比用其他语言开发程序快很多。

5. 稳健性

Java语言被设计出来就是为了写高可靠和稳健的软件的。所以用Java语言写可靠的软件很容易。目前许多第三方交易系统、银行平台的前台和后台电子交易系统等都会用Java语言开发。

6. 安全性

Java语言删除了类似C语言中的指针和内存释放等语法，从而有效地避免了非法操作内存。Java程序代码要经过代码校验、指针校验等很多的测试步骤才能够运行，所以未经允许的Java程序不可能出现损害系统平台的行为，而且可以使用Java编写防病毒和防修改的系统。

7．可移植性

与平台无关的特性使Java程序可以方便地被移植到网络上的不同机器，Java语言的类库中也实现了与不同平台的接口，类库可以移植。

8．高性能

Java语言是一种先编译后解释的语言，所以它不如全编译性语言快。但是有些情况下性能是很要紧的，为了支持这些情况，Java程序设计者制作了“及时”编译程序，它能在运行时把Java字节码翻译成特定CPU的机器代码，也就是实现全编译了。

9．多线程性

多线程机制能够使Java程序在同一时间并行执行多项任务，而且相应的同步机制可以保证不同线程能够正确地共享数据。使用多线程，可以带来更好的交互能力和实时行为。

10．动态性

Java语言在很多方面比C和C++更能够适应发展的环境，可以动态调整库中方法和变量的增加，而客户端却不需要任何更改。在Java程序中动态调整是非常简单和直接的。

（四）Python 语言

Python语言是一种面向对象、解释型计算机程序设计语言，由荷兰人Guido van Rossum于1991年发布。Python语言提供了高效的高级数据结构，还能简单有效地面向对象编程。随着版本的不断更新和语言新功能的添加，逐渐被用于独立的、大型项目的开发。

Python语言语法简洁而清晰，具有丰富和强大的类库，它常被昵称为“胶水语言”，能够把用其他语言编写的各种模块（尤其是C/C++）很轻松地联结在一起。正因为Python语言的简洁、开发效率高，它常被用于网站开发、网络编程、图形处理等。

Python语言具有如下特点。

（1）简单：Python语言是一种代表简单主义思想的语言。阅读一个良好的 Python 程序就感觉像是在读英语一样。

（2）易学：Python语言语法简单，非常容易上手。

（3）免费、开源：Python 是 FLOSS（自由/开源软件）之一。允许自由地发布软件的备份、阅读和修改其源代码，将其一部分自由地用于新的自由软件中。

（4）可移植性：Python程序可以被移植在许多的平台上，如在Linux、Windows系统中，Python程序都可以很好地运行。

（5）解释型语言：Python语言是解释型语言，边编译边执行。

（6）面向对象：Python 既支持面向过程的编程，也支持面向对象的编程。在面向过程的语言中，程序是由过程或仅仅是可重用代码的函数构建起来的。在面向对象的语言中，程序是由数据和功能组合而成的对象构建起来的。与其他语言（如 C++ 和 Java）相比，Python 以一种非常强大又简单的方式实现面向对象编程。

（7）可扩展性：如果希望把一段关键代码运行得更快或希望某些算法不公开，可以使用 C 或 C++ 语言编写这部分程序，然后在 Python 程序中调用它们。

（8）可嵌入性：Python可以嵌入C、C++中，为其提供脚本功能。

（9）丰富的扩展库：Python 扩展库很庞大，可以帮助处理包括正则表达式、文档生成、网页浏览器、电子邮件、密码系统、GUI（图形用户界面）以及其他与系统有关的操作。

实践练习

微课

在屏幕上显示字符串“This is a C program

分别用自然语言、伪代码和传统流程描述“判断输入的正整数 x 的奇偶性”算法

内容描述

所谓“算法”是指为了解决一个问题而采取的方法和步骤，是指令的有限序列。对于同一个问题，可能有不同的解题方法和步骤，例如计算1+2+3+…+100之和，有多种不同的算法。对计算机而言，解决同一问题的不同算法导致执行效率有所不同。一般而言，应选择运算简单、步骤少、计算快、内存开销小的算法。此外，算法还应该满足以下5个特征：

（1）输入：一个算法可以有零个或多个输入。

（2）输出：一个算法有一个或多个输出。

（3）有穷性：一个算法必须在执行有穷步之后结束，且每一步都在有穷时间内完成。

（4）确定性：算法中每一条指令必须有确切的含义，不存在二义性；在任何条件下，对于相同的输入只能得到相同的输出。

（5）可行性：算法描述的操作可以通过已经实现的基本操作执行有限次来实现。

操作过程

算法常用的表示方法有三种：自然语言、流程图和伪代码描述。通过“判断输入任意正整数x的奇偶性”这一问题，介绍这三种表述方法的不同。

1. 自然语言描述

（1）输入x的值。

（2）假设m为 x除以2得到的余数。

（3）如果m等于0，则x为偶数。

（4）如果m不等于0，则x为奇数。

通过上面的描述可以发现，自然语言描述算法比较容易理解，但如果算法比较复杂，自然语言描述起来比较冗长、烦琐，而且容易出现歧义。比如“王强的故事讲不完”可以理解为王强是故事的主角，他的事迹太多了，我们一下子说不完；也可以理解为，王强是讲故事的人，由于时间等原因，他的故事讲不完。于是人们在程序设计实践过程中，总结出用图形来描述问题的处理过程，使流程更直观、更容易被接受。用图形描述处理流程的工具简称流程图，目前用得比较多的是传统流程图和结构化流程图（N-S流程图），我们主要介绍传统流程图。

2. 流程图描述

传统流程图是使用一些约定的几何图形来描述算法的组合图，如用框图表示某种操作，用箭头表示算法流程等。传统流程图的主要优点是对控制流程的描述很直观，便于初学者掌握。美国标准化协会ANSI规定的一些常用的流程图符号如表5-1所示。“判断输入任意的正整数x的奇偶性”算法的流程图如图5-1所示。

表 5-1　流程图符号

符号名称	符　号	功　能
起止框	（圆角矩形）	表示算法的开始和结束，每个算法流程图必须有且仅有一个开始框和一个结束框
输入、输出框	（平行四边形）	表示算法的输入 / 输出操作，框内填写输入或输出的各项
处理框	（矩形）	表示算法中需要处理的内容，框内填写处理说明或算式
判断框	（菱形）	表示算法中的条件判断操作，框内填写判断条件
注释框	（注释括号）	表示算法中某种操作的说明信息，框内填写文字说明
流程线	（箭头）	表示算法的执行方向
连接点	（圆）	表示流程图的延续

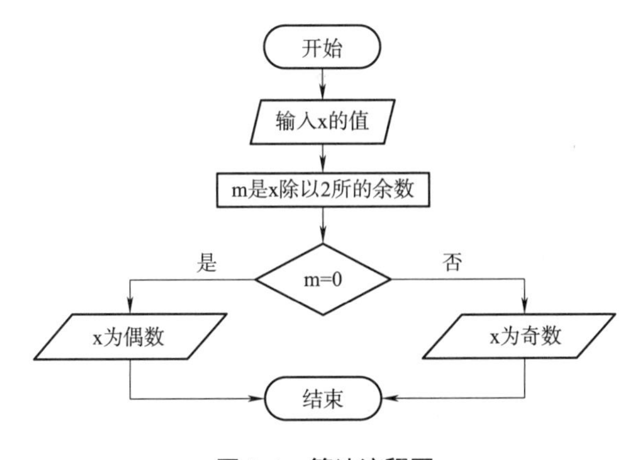

图 5-1　算法流程图

流程图的缺点是在使用标准中没有规定流程线的用法，因为流程线能够转移、指出流程控制方向，即算法中操作步骤的执行次序，在早期的程序设计中，由于滥用流程线的转移而导致了“软件危机”，震动了整个软件业，由此开展了关于“转移”用法的大讨论，从而产生了计算机科学的一个新的分支学科——程序设计方法。无论是使用自然语言还是流程图描述算法，仅仅是表述了解决问题的一种思路，都无法被计算机直接接受并进行操作，由此有了一种介于自然语言和程序设计语言之间的描述方法——伪代码描述，它是一种用来书写程序或描述算法时使用的非正式、透明的表述方法。

3. 伪代码描述

```
1. 输入 x 的值
2. m 是 x 除以 2 的余数
3. if  m=0
       x 为偶数
   else
       x 为奇数
```

伪代码通常采用自然语言、数学公式和符号来描述算法的操作步骤，同时采用计算机高级语言的控制结构来描述算法步骤的执行。

实践练习评价

评价项目	自我评价		教师评价	
	小结	评分（5分）	点评	评分（5分）
自然语言描述算法				
流程图描述算法				
伪代码描述算法				

任务二　认知 C 语言

学习目标

- 了解C程序设计语言的基础知识。
- 会使用程序设计工具编辑、运行及调试简单的程序。

理论知识

一、C 语言的发展

C语言是一种用途广泛、功能强大、使用灵活的过程性编程语言。它深受广大程序设计人员的欢迎。大多数理工科专业都开设“C语言程序设计”课程，掌握C语言成为计算机开发人员的一项基本功。

1972年，美国贝尔实验室的Dennis M. Ritchie在B语言的基础上设计出了C语言。最初的C语言只是为描述和实现UNIX操作系统提供一种工作语言而设计的。1973年，Ken Thompson 和Dennis M. Ritchie 两个人合作把UNIX系统90%以上用C语言改写，也就是被大家所熟知的UNIX第五版，随着UNIX的日益广泛使用，C语言也迅速得到推广。1978年以后，C语言先后移植到大、中、小和微型计算机上。C语言很快风靡全世界，成为世界上应用最广泛的程序设计高级语言之一。

随着C语言被广泛应用，不断推出新的C语言版本，其性能也越来越强大。为了克服C语言没有统一标准的局面，1983年，美国国家标准协会制定了第一个C语言标准草案，在1989年公布了第一个完整的C语言标准ANSI C，也称C89。1990年，国际标准化组织ISO接受C89 作为国际标准，所以C89标准又称C90标准。

1995年，出现了C的修订版，增加了一些库函数，出现了最初的C++，随着C语言的不断发展，1990年又推出C99，针对应用的需要，增加了一些功能。

二、C 语言的特点

（一）语言简洁紧凑，使用方便灵活

C语言一共有32个关键字，9种控制语句，程序书写形式自由，区分大小写，代码以小写为主，压缩了一切不必要的成分。C语言使用一些简单的方法就可以构造出复杂的数据类型和程序结构，相对于其他高级语言来说源程序短。

（二）运算符丰富

C语言运算符包含的范围很广泛，共有34种运算符。C语言把括号、赋值、强制类型转换等都作为运算符处理，使C语言的运算类型极其丰富，表达式类型多样化，灵活使用各种运算符可以实现在其他高级语言中难以实现的运算。

（三）数据类型丰富

C语言的数据类型主要有整型、实型、字符型、数组类型、指针类型、结构体类型、共用体类型等。用它们可以实现各种复杂的数据结构，如链表、树、图、栈等。因此，C语言具有较强的数据处理能力。

（四）具有结构化的控制语句

C语言的逻辑结构可以划分为顺序、选择（分支）和循环（重复）三种基本结构。C语言采用函数结构便于把整体程序分割成若干相对独立的功能模块，并且为程序模块间的相互调用以及数据传递提供了便利。

（五）语法限制不太严格，程序设计自由度大

一般的高级语言语法检查比较严，能够检查出几乎所有的语法错误。而C语言允许程序编写有较大的自由度，放宽了语法的检查。例如，C语言对数组下标越界不检查。自由度和严格往往是此消彼长的关系，这也就需要程序编写人员在程序编写时仔细检查，保证其正确性。

（六）程序可移植性好

由于C语言的编译系统简单，很容易移植到新的系统。C编译系统在新的系统中运行时，可以直接编译“标准链接库”中的大部分功能，不需要修改源代码。

（七）兼有低级语言和高级语言的特点

C语言允许直接访问物理地址，能实现汇编语言的大部分功能。C语言的这种双重性，使它既是系统描述语言，又是程序设计语言。

（八）生成目标代码质量高，程序执行效率高

一般只比汇编程序生成的目标代码效率低10% ～20%。

三、简单的 C 语言程序举例

【例5.1】在屏幕上显示字符串“This is a C program”。

程序代码：

```
#include  <stdio.h>                              //编译预处理指令
void main()                                      //主函数
{                                                //函数开始的标志
    printf("This is a C program\n");             //输出字符
}                                                //函数结束的标志
```

运行结果如图5-2所示，第1行是程序输出结果，横线下方是系统在输出运行结果后自动输出的一行信息，告诉用户“请按任意键继续”。当用户按任意键后，屏幕上不再显示任何结果，而是返回程序窗口，以便进行下一步工作。

```
This is a C program

--------------------------------
Process exited after 0.02998 seconds with return value 0
请按任意键继续. . .
```

图 5-2　显示字符串运行结果

程序分析：这个程序有且仅有一个函数main( )，main前面的void表示此函数返回值类型，每个程序都有一个主函数，即main( )函数，花括号{ }里面的内容是main( )函数的函数体，该函数体中有一条输出语句，printf( )函数中双引号内的字符串“This is a C program”原样输出，\n是换行符，C语言程序中每条语句都以英文状态下的分号结束。//表示从此处到本行结束的内容是注释，对程序进行说明，注释对程序运行不起作用。

【例5.2】计算两个整数之和。

程序代码：

```
#include <stdio.h>                       //编译预处理指令
int main()                               //主函数
{                                        //函数开始的标志
```

```
    int a,b,sum;                    //程序声明部分，定义a,b,sum为整型变量
    a=2;                            //对a进行赋值
    b=25;                           //对b进行赋值
    sum=a+b;                        //进行a+b的运算，并将运算结果存放到变量sum中
    printf("a+b=%d\n",sum);         //输出结果
    return 0;                       //函数返回值为0
}                                   //函数结束的标志
```

运行结果如图5-3所示。

```
a+b=27

--------------------------------
Process exited after 0.03272 seconds with return value 0
请按任意键继续. . .
```

图 5-3　计算两个整数之和运行结果

程序分析：该程序的作用是对两个整数a和b进行求和，程序第4行定义了a、b及sum的数据类型为整型，第5行和第6行是赋值语句，a和b的值分别为2和25，第7行将a与b的和赋值给sum。第8行输出结果，“a+b=”原样输出，%d表示用“十进制整数”的形式输出，输出的内容是逗号后面参数sum的值。return 0表示函数的返回值为0。

四、C 语言程序的结构

（1）C语言程序是由函数构成的，一个C语言程序必须包含一个主函数（main()函数），0个或若干其他函数。

（2）C语言程序总是从主函数开始执行的。

（3）C语言程序中除主函数外，其他函数由编程人员自行命名，函数由函数首部和函数体构成。

（4）在各函数之外，可以出现预处理命令和全局数据描述。

（5）C语言程序书写自由，一条语句可以写在一行或者多行，多条语句也可以写在一行。

（6）每条语句和数据定义结束时必须有分号。但是，预处理命令和复合语句的括号{ }后面不能有分号。

实践练习

使用程序设计工具编辑、运行及调试简单的程序

内容描述

利用Dev-C++程序设计工具运行“This is a C program”程序。

操作过程

1. 认识 Dev-C++ 界面

Dev-C++界面如图5-4所示。

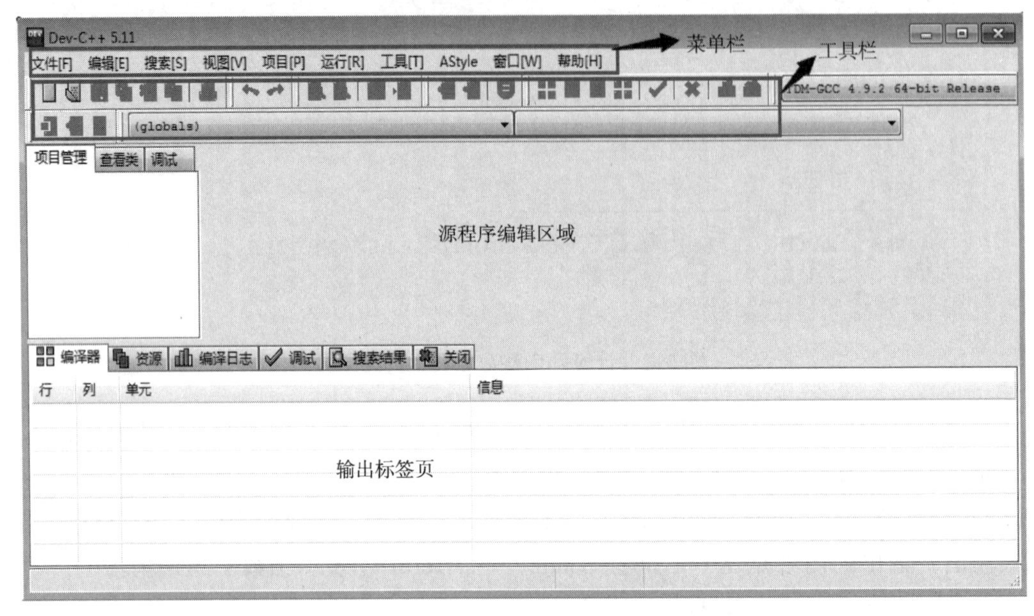

图 5-4　Dev-C++ 界面

微课

计算两个整数之和

2. 启动 Dev-C++

启动Dev-C++的方法有以下两种：

（1）单击任务栏中“开始”按钮，选择“所有程序”→Bloodshed dev-C++ →Dev-C++命令，如图5-5所示，即可启动程序。

（2）双击桌面上的Dev-C++图标启动程序，如图5-6所示。

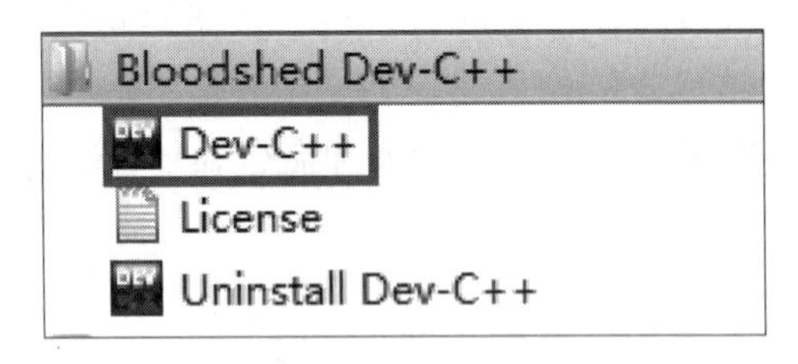

图 5-5　Dev-C++ 程序菜单启动界面

图 5-6　Dev-C++ 桌面图标

3. 新建源程序

（1）通过菜单栏中“文件”→“新建”→“源代码”命令创建源程序文件。

（2）保存源程序时，从主菜单中选择“文件”→“另存为”命令，文件类选择C

source files(*.c)，如图5-7所示。

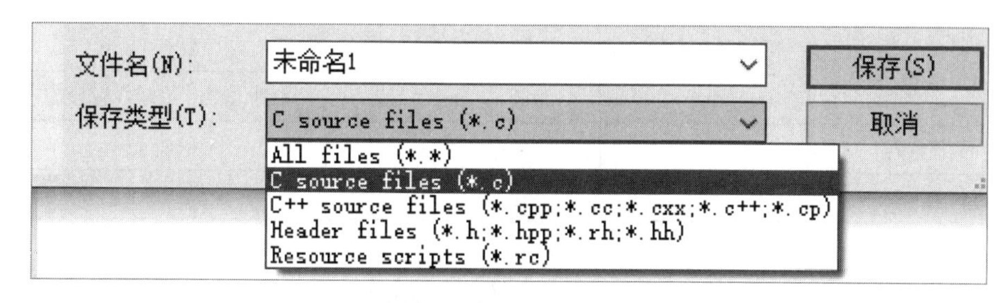

图 5-7　源程序文件类型

（3）编写程序代码，如图5-8所示。

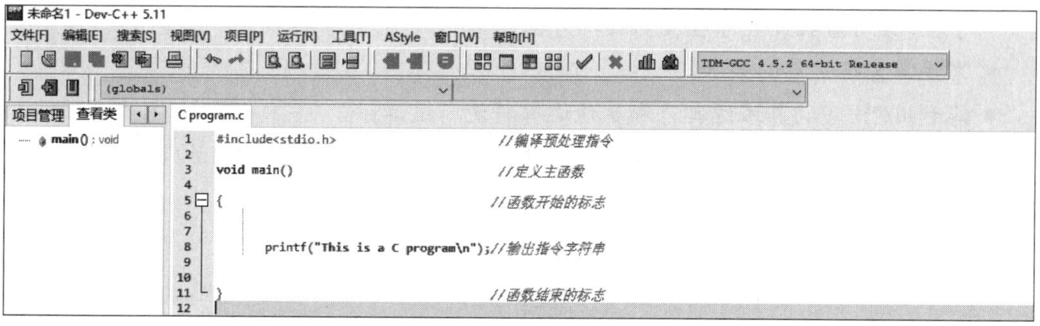

```
#include<stdio.h>                    //编译预处理指令

void main()                          //定义主函数

{                                    //函数开始的标志


    printf("This is a C program\n");//输出指令字符串


}                                    //函数结束的标志
```

图 5-8　程序代码

（4）C语言程序编写完成后，选择菜单栏中“运行”→“编译”命令，显示编译结果，如图5-9所示。如果程序存在语法等错误，编译失败，编译器会在左下角的“编译日志”选项卡中提示错误信息，在源程序相应的错误行标成红色。

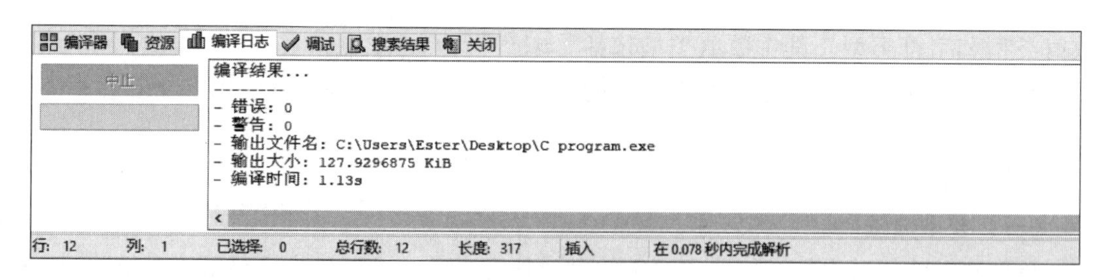

图 5-9　编译

4. 运行程序

编译完成后，选择菜单栏中“运行”→“运行”命令或按【Ctrl+F10】组合键运行程序。

实践练习评价

评价项目	自我评价		教师评价	
	小结	评分（5分）	点评	评分（5分）
编写程序代码				
调试程序				

任务三　设计顺序结构程序

学习目标

- 掌握C语言数据结构中整型数据和浮点型数据的概念。
- 掌握常量与变量的概念。
- 能利用C语言的算术运算符和赋值运算符进行运算。
- 知道C语句的基本类型，会使用赋值语句、printf( )函数、scanf( )函数。

理论知识

一、数据类型

在程序中使用数据时要区分数据类型，目的是便于按照不同的方式和要求处理数据。在C语言程序中，每个数据都必须定义数据类型。

C语言提供图5-10所示的数据类型。

C语言的数据类型中，基本数据类型有数值类型和字符类型。其中数值类型包括整型和浮点型两类：整型是指不带小数的数值类型；浮点型也称实型，是指带小数位的数值类型。

- 数据类型
  - 基本类型
    - 字符型 char
    - 整型
      - 短整型 short int
      - 整型 int
      - 长整型 long int
    - 浮点型
      - 单精度浮点型 float
      - 双精度浮点型 double，long double
  - 构造类型
    - 数组[ ]
    - 结构 struct
    - 联合 union
    - 枚举 enum
  - 指针类型 *
  - 空类型 void

图 5-10　数据类型划分

（一）整型数据

整型数据的值域由其在机器内存中的存储长度决定，可以分为短整型（short）、基本整型（int）和长整型（long）三类。同样存储长度的数据又分为无符号数（unsigned）和有符号数（signed）。对无符号数而言，没有符号位，所在最高位为数据位，有符号数最高位为符号位。

例如，一个十进制整数10，二进制形式表示是1010，如果用一个字节（8个二进制位）来存储，存储单元中的情况如下：

0	0	0	0	1	0	1	0

一个存放整数的存储单元，左面第1位（即最高位）用来表示符号，当最高位为0时表示正数，其他7位都用来存放数值，可以表示的最大值是011111111，即2^7-1，相当于十进制的127，如果一个数值大于127，一个字节就放不下了。在Turbo C 2.0编译系统中，以两个字节表示一个整数，它可以表示的最大值是0111111111111111，即$2^{15}-1$，它相当于十进制的32 767。在Visual C++编译系统中以4个字节表示一个整数，这时，可以表示的最大值是，除最高位外的31个二进制位都是1，即$2^{31}-1$。ANSI C标准并未规定各种整型数据类型的字节数，只规定短整型、基本整型和长整型在内存中占的字节数应满足不减的次序。对于无符号数来说，所有的二进制位都用来存放数值。在Visual C++中，整型数据在内存中占据的空间如表5-2所示。

表5-2　Visual C++中的整型数据类型

数据类型[括号内关键字可省略]		字节个数	取值范围
short	[signed] short [int]	2	-32 768~+32 767
	unsigned short [int]	2	0~65 535
int	[signed] int	4	-2 147 483 648~2 147 483 647
	unsigned int	4	0~4 294 967 295
long	[signed] long [int]	4	-2 147 483 648~2 147 483 647
	unsigned long [int]	4	0~4 294 967 295

（二）浮点型数据

在C语言中，实数是以指数的形式存放在存储单元中，如3.1415926可以表示为3.1415926×10^0、0.31415926×10^1、31.415926×10^{-1}等，可以看到，小数点的位置是可以在31415926之前、之间或之后浮动，所以称为浮点型。

浮点型数据分为单精度浮点型（float）、双精度浮点型（double）和长双精度浮点型（long double）。

表5-3列出了实型数据的有关情况，取值范围因机器的不同也有微弱的差异。long double型用得较少，知道有此类型即可。

表5-3　实型数据类型

类　型	字节数	有效数字	取值范围
float	4	7	-3.4×10^{-38}~3.4×10^{38}
double	8	15	-1.7×10^{-308}~1.7×10^{308}

二、常量与变量

在计算机语言中，数据有两种基本表现形式：常量与变量。

常量是指在程序运行过程中值不能改变的量。常用的常量类型有整型常量、实型常量、字符常量、字符串常量和符号常量。

变量是指在程序运行过程中可以改变的量。变量必须先定义后使用。在定义变量时需要指定变量名和数据类型。如 int a=3，其中a为变量名，3是变量a的值，也就是说3是存放在变量名为a的内存单元中的数据。变量名实际上是以名字代表的存储地址，在对程序编译连接时由编译系统给每一个变量名分配对应的内存地址。从变量中取值，实际上是通过变量名找到相应的内存地址，从该存储单元中读取数据。

在计算机语言中，用来对变量、数组、函数等命名的有效字符序列称为标识符。C语言规定变量名的第一个字符必须是字母或下画线，其后的字符必须是字母、数字或下画线、如sum，_name，Class是合法的变量名，#123，3name是不合法的变量名。编译系统认为大写字母和小写字母是不同的字符，因此SUM和sum是两个不同的变量名。一般而言，变量名用小写字母表示，与人们日常习惯一致，以提高可读性。

三、算术运算符和表达式

为了解决各种复杂问题，不但需要使用常量和变量来存储数据，还需要对这些数据进行运算。C语言提供了丰富的运算符和表达式。按运算功能可将运算符分为算术运算符、赋值运算符、关系运算符、逻辑运算符等。

（一）算术运算符

C语言中基本的算术运算符包括+、–、*、/、%。

+是加法运算符，或正值运算符，如3+5、+3。

–是减法运算符，或负值运算符，如5–2，–3。

*是乘法运算符，如3*5。

/是除法运算符，如6/3。

%是模运算符，或称求余运算符，求两个整数整除后的余数，%两侧均应为整型数据，例9%4的值为1。

C语言还有两个特殊的运算符，自增运算符（++）和自减运算符（––），它们的作用是使变量的值增1或减1。这两个运算符既可以出现在变量的后面，也可以出现在变量的前面。

++i表示在使用i之前，i的值加1。

i++表示在使用i之后，i的值加1。

––i表示在使用i之前，i的值减1。

i––表示在使用i之后，i的值减1。

++i和i++的作用都相当于i=i+1，但++i是先执行i=i+1，再使用i的值，i++是先使用i的值，再执行i=i+1。如i=3，则printf("%d", ++i)语句输出结果为4，而printf("%d", i++)语句输出结果为3。––i和i––同理。

（二）算术表达式

算术表达式指用算术运算符将运算对象（也称操作数）连接起来的，符合C语法规则的表达式。算术表达式中可以包含算术运算符、常量、变量、函数和表达式等元素，如5%2、a/2、a+b+c、3*(a+b)和++i等都是算术表达式。

四、赋值运算符和表达式

C语言的赋值运算符是用“=”表示。“=”表示C语言编译程序要进行一个变量赋值操作，赋值操作的结果是修改了变量存储单元的值，将赋值号右边表达式的结果赋值给左边的变量，赋值运算符的结合方向是自右向左。赋值表达式形式如下：

```
变量=表达式
```

赋值号左边可以是任何合法的变量名，右边可以是任何合法的C语言表达式；先计算右边表达式的值，然后将其赋值给左边的变量。例如，a=3+1的作用是执行一次赋值操作，把3+1的计算结果4赋值给变量a。

五、C 语句

C语言程序的语句是用来向计算机发出操作指令，指挥、控制计算机执行相应的操作。C语句可以分为5类：控制语句、函数调用语句、表达式语句、空语句和复合语句。

（一）控制语句

控制语句用于完成一定的控制功能。C语言有9种控制语句，它们的形式是：

（1）if...else...：条件语句。

（2）for...：循环语句。

（3）while...：循环语句。

（4）do...while：循环语句。

（5）continue：结束本次循环。

（6）break：中止执行switch或循环语句。

（7）switch：多分支选择语句。

（8）return：从函数返回语句。

（9）goto：转向语句，在结构化程序中基本不用goto语句。

（二）函数调用语句

函数调用语句是由一个函数调用加一个分号构成，如：

```
printf("This is a C program\n");
```

其中printf("This is a C program\n")就是一个函数调用，加一个分号成为一个语句。

（三）表达式语句

表达式语句由一个表达式加一个分号构成，最典型的是由赋值表达式构成的赋值语句。例如：

```
a=3;
```

其中a=3是赋值表达式，加分号就成了赋值语句。

（四）空语句

空语句只有一个分号，程序在执行这条语句时，不进行任何操作。例如：

```
;
```

此语句只有一个分号，是一个空语句，空语句有时用来作为流程的转向点，流程从程序其他地方转到此语句处，也可以用来作为循环语句中的循环体，即循环体是空语句，表示循环体什么也不做。

（五）复合语句

复合语句是指用{ }把一些语句和声明括起来，也称语句块，如

```
{
    int a=2;
    int b=3;
    int c;
    c=a+b;
}
```

微课

printf( ) 函数的应用

六、格式输入 / 输出

（一）printf( ) 函数（格式输出函数）

printf( )函数称为格式输出函数，关键字最末一个字母f即为格式format的缩写。其功能是按用户指定的格式，把指定的数据显示出来。printf( )函数是一个标准库函数，它的函数原型在头文件stdio.h中。

printf( )函数调用的一般形式为：

```
printf("格式控制",输出表列);
```

其中，格式控制分为格式声明和普通字符两类。

格式声明是由“%”和格式字符组成的，常用的格式声明有：

%d表示按十进制整型输出。

%f表示按十进制浮点型输出。

%c表示按字符型输出。

普通字符原样输出。

【例5.3】 printf( )函数的应用。

程序代码：

```
#include <stdio.h>                        // 编译预处理指令
int main()                                // 主函数
{
    int a=2;                              // 声明 a 为整型变量，并对 a 进行赋值
    int b=3;                              // 声明 b 为整型变量，并对 b 进行赋值
    printf("%d,%d\n",a,b);                // 对 a、b 的值用不同方式进行输出
    printf("a=%d,b=%d\n",a,b);
    printf("a 是偶数，b 是奇数 \n");
    return 0;                             // 函数返回值为 0
}
```

运行结果如图5-11所示。

```
2,3
a=2,b=3
a是偶数，b是奇数

--------------------------------
Process exited after 0.03613 seconds with return value 0
请按任意键继续. . .
```

图 5-11　printf( ) 函数的应用运行结果

（二）scanf( ) 函数（格式输入函数）

scanf( )函数称为格式输入函数，是指把用户从键盘输入的数据按照一定的格式指定到变量中。scanf( )函数调用的一般形式为

```
scanf("格式控制",地址表列);
```

微课

scanf( ) 函数的应用

格式控制的作用和printf( )函数相同，但不能显示非格式字符。地址表列是若干地址组成的表列，可以是变量地址，或字符串的首地址，地址是由地址运算符“&”加变量名组成的，如&a、&b分别表示变量a和变量b的地址。程序运行过程中，从键盘输入两个及以上的数据时，数据之间需要用空格隔开。

【例5.4】 scanf( )函数的应用。

程序代码：

```
#include <stdio.h>                      //编译预处理指令
int main()                              //主函数
{
    int a,b;                            //声明 a、b 为整型变量
    printf("请输入 a 和 b:");            //输出语句
    scanf("%d  %d",&a,&b);              //格式输入语句
    printf("a=%d,b=%d\n",a,b);          //对 a、b 的值进行输出
    return 0;                           //函数返回值为 0
}
```

运行结果如图5-12所示。

```
请输入a和b:2 3
a=2,b=3

--------------------------------
Process exited after 3.106 seconds with return value 0
请按任意键继续. . .
```

图 5-12　scanf( ) 函数的应用运行结果

七、结构化程序设计

通常计算机程序总是由若干条语句组成，从执行方式看，若在程序执行过程中，从第一条语句到最后一条语句完全按照由上至下的顺序执行，是顺序结构；若在程序执行过程中，需要根据用户的输入或中间结果去执行若干不同的任务是选择结构；若在程序执行过程中，需要根据某项条件重复的执行某项任务若干次或直到满足或不满足某条件为止，是循环结构。大多数情况下，程序都不会是简单的顺序结构，而是顺序、选择、循环三种结构的复杂组合。

顺序结构是简单的线性结构，按语句顺序执行，其流程图的基本形态如图5-13所示。

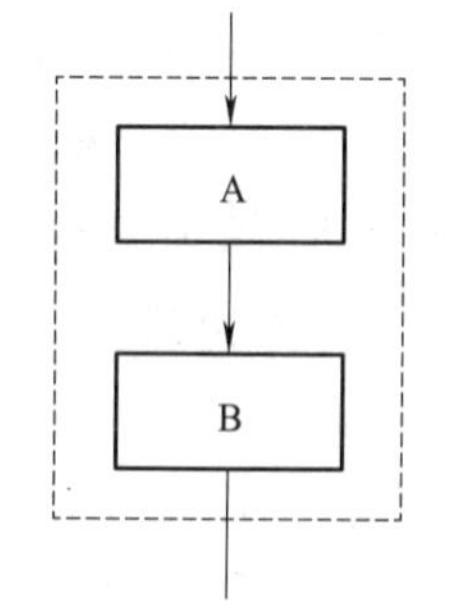

图 5-13　顺序结构流程图

实践练习

编写顺序结构程序实现“输入正方形的边长，计算其周长，结果保留两位小数”

内容描述

计算正方形的周长算法：

（1）用户输入边长（scanf()函数）。

（2）用公式计算周长。

（3）输出结果。

操作过程

程序代码：

```
#include <stdio.h>                        // 编译预处理指令
int main()                                // 主函数
{
    float a;                              // 程序声明部分，定义边长 a 为浮点型变量
    float c;                              // 程序声明部分，定义周长 c 为浮点型变量
    printf("请输入正方形的边长：");        // 提示用户输入边长
    scanf("%f",&a);                       // 格式输入语句
    c=4*a;                                // 计算正方形周长
    printf( "正方形的周长是 %.2f",c);      // 输出周长，%.2f 代表保留两位小数
}
```

运行结果如图5-14所示。

```
请输入正方形的边长:23.54
正方形的周长是94.16
--------------------------------
Process exited after 4.075 seconds with return value 19
请按任意键继续. . .
```

图 5-14　计算正方形周长运行结果

编写顺序结构程序实现“求两个整数的乘积”

内容描述

求两个整数乘积算法：

（1）用户输入两个整数。

（2）计算乘积。

（3）输出结果。

操作过程

程序代码：

```
#include <stdio.h>                        // 编译预处理指令
int main()                                // 主函数
{
```

```
    int a,b;                              //程序声明部分，定义整数a、b为整型变量
    int s;                                //程序声明部分，定义乘积c为整型变量
    printf("请输入两个整数:");              //提示用户输入两个整数
    scanf("%d  %d",&a,&b);                //格式输入语句
    s=a*b;                                //执行乘法运算
    printf(“这两个数的乘积是%d",s);         //显示结果
}
```

运行结果如图5-15所示。

```
请输入两个整数:3 4
这两个数的乘积是12
--------------------------------
Process exited after 3.183 seconds with return value 18
请按任意键继续. . .
```

图5-15　整数乘积运行结果

实践练习评价

评价项目	自我评价		教师评价	
	小结	评分（5分）	点评	评分（5分）
运行“计算正方形周长”程序				
运行“求两个整数乘积”程序				

任务四　设计选择结构程序

学习目标

- 会用选择结构的程序设计思维解决问题。
- 会使用if...else和switch语句实现分支结构。

理论知识

生活中很多问题用顺序结构是不能解决的，比如某款游戏，规定未成年人一天只能玩半小时，成年人不受时间限制。进入游戏时，需要根据用户年龄做出判断，并给出提示。这就用到了选择结构，也称分支结构。这种结构是对某个给定的条件进行判断，条件为真或假时分别执行不同语句块的内容。

C语言选择结构可以用if语句或switch语句实现。

一、if 语句

if语句根据给定的条件进行判断，来决定执行哪个分支，C语言的if语句有三种基本形式。

1. 单分支 if 语句

微课

判断一个数是否为偶数

单分支if语句的一般形式为：

```
if(表达式)
    语句;
```

如果表达式的值为真，执行语句，否则不执行语句。其过程可以表示为如图5-16所示。

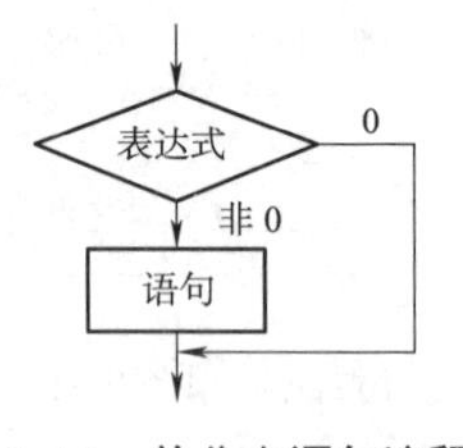

图 5-16　单分支语句流程图

【例5.5】从键盘输入一个整数，判断该数是否为偶数。

程序代码：

```
#include <stdio.h>                    // 编译预处理指令
int main()                            // 主函数
{
    int a;                            // 程序声明部分
    printf("请输入一个整数:");        // 提示用户输入整数
    scanf("%d",&a);                   // 格式输入函数
    if(a%2==0)                        // == 是关系运算符，用来判断等号左右两边是否相等，
                                      // 判断用户输入的数字是否为偶数
    {
      printf("%d是偶数",a);
    }
     return 0;                                 // 函数返回值为 0
}
```

运行结果如图5-17所示。

```
请输入一个整数:8
8是偶数
--------------------------------
Process exited after 3.603 seconds with return value 0
请按任意键继续. . .
```

图 5-17　判断偶数运行结果

2. 双分支 if 语句

双分支if语句的一般形式为：

微课

判断一个数是否为 5 的倍数

```
if(表达式)
    语句1;
else
    语句2;
```

如果表达式的值为真，执行语句1，否则执行语句2。其过程可以表示为如图5-18所示。

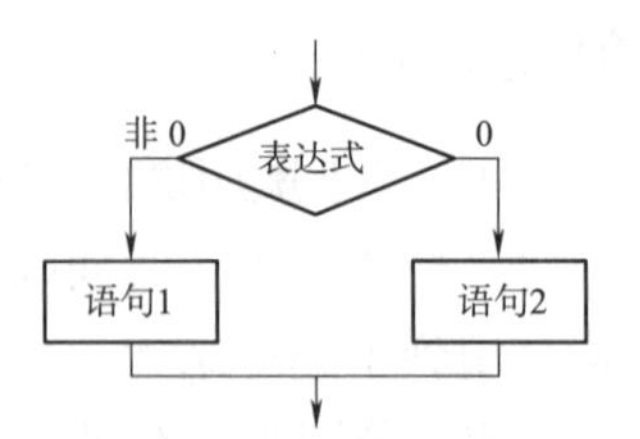

图 5-18　双分支语句流程图

【例5.6】从键盘输入一个整数，判断该整数是否为5的倍数，如果是，显示该数是5的倍数，如果不是，显示该数不是5的倍数。

程序代码：

```
#include <stdio.h>                            // 编译预处理指令
int main()                                    // 主函数
{
```

```
    int a;                          //程序声明部分，定义 a 为整型变量
    printf("请输入一个整数:");       //提示用户输入整数
    scanf("%d",&a);                 //格式输入函数
    if(a%5==0)                      //== 是关系运算符，用来判断等号左右两边
                                    //是否相等，判断 a 能否被 5 整除
        printf("%d 是 5 的倍数",a);
    else
        printf("%d 不是 5 的倍数",a);
    return 0;                       //函数返回值为 0
}
```

运行结果如图5–19所示。

```
请输入一个整数:7
7不是5的倍数
--------------------------------
Process exited after 2.289 seconds with return value 0
请按任意键继续. . .
```

图 5–19　判断是否为 5 的倍数运行结果

3. 多分支选择结构

多分支if语句的一般形式为：

```
if(表达式1)
    语句1;
else    if(表达式2)
    语句2;
…
else    if(表达式n)
     语句n;
else
    语句n+1;
```

依次判断各表达式的值，当某个表达式的值为真时，执行对应的语句，然后跳转到整个if语句之外继续执行程序，如果所有的表达式均为假时，则执行语句n+1，然后继续执行后续程序。通常情况下，最后一个if（表达式）可以省略。其过程可以表示为如图5–20所示。

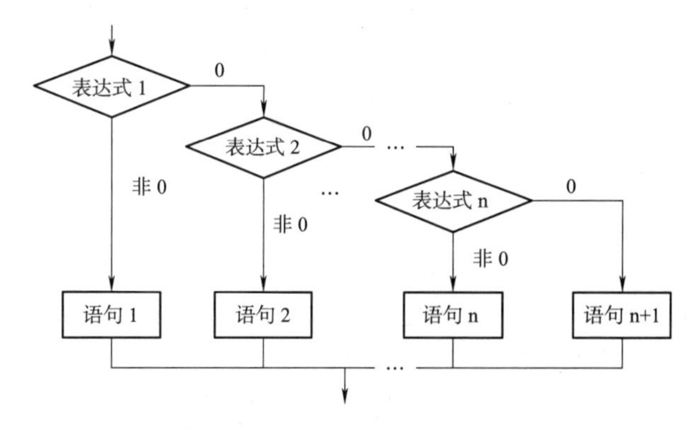

图 5–20　多分支语句流程图

微课

猜商品价格

【例5.7】原商品价格为80元，请客户猜商品价格，并和原商品价格进行比较，输出“你猜的价格偏低”、“你猜的价格正确”和“你猜的价格偏高”三种情况之一。

程序代码：

```
#include <stdio.h>                        //编译预处理指令
int main()                                //主函数
{
    int price=80,guess;                   //程序声明部分，定义price和guess为
                                          //整型变量，并对price进行赋值
    printf("请输入你猜的商品价格：");       //提示用户输入商品价格
    scanf("%d",&guess);                   //格式输入函数
    if(guess<price)                       //判断输入的商品价格
    {
        printf("你猜的价格偏低\n");
    }
    else  if(guess==price)
    {
        printf("你猜的价格正确\n");
    }
    if(guess>price)
    {
        printf("你猜的价格偏高\n");
    }
    return 0;                             //函数返回值为0
}
```

运行结果如图5-21所示。

```
请输入你猜的商品价格:60
你猜的价格偏低

--------------------------------
Process exited after 2.517 seconds with return value 0
请按任意键继续. . .
```

图 5-21　猜商品价格运行结果

4. if 语句的嵌套

在if语句中包含一个或多个if语句称为if语句的嵌套，其一般形式为：

```
if(表达式1)
    if(表达式2) 语句1;
    else   语句2;
else
    if(表达式3)   语句3;
    else   语句4;
```

微课

判断闰年

在嵌套内的if语句可能是if...else型，这时会出现多个if和多个else重叠的情况，为了避免这种二义性，C语言规定，else总是与它上面最近的未配对的if配对。

【例5.8】输入一个年份，判断是否为闰年。

判断闰年条件：四年一闰，百年不闰，四百年再闰。也就是说，普通年能被4整除，不能被100整除的是闰年，世纪年能被400整除的是闰年。如2000能被400整除是闰年，

2100能被4整除，也能被100整除，所以不是闰年。

程序代码：

```
#include <stdio.h>                          // 编译预处理指令
int main()                                  // 主函数
{
    int year;                               // 程序声明部分，定义 year 为整型变量
    printf("请输入年份:");                  // 提示用户输入年份
    scanf("%d",&year);                      // 格式输入函数
    if(year%4==0)                           // 判断闰年
    {
       if(year%100!=0)
          printf("%d是闰年\n",year);
       else
          if(year%400==0)
             printf("%d是闰年\n",year);
          else
             printf("%d不是闰年\n",year);
    }
    else
        printf("%d不是闰年\n",year);
    return 0;                               // 函数返回值为 0
  }
```

运行结果如图5-22所示。

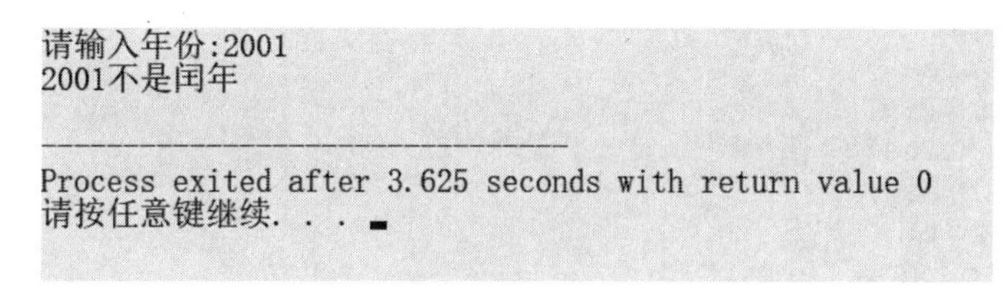

图 5-22　判断闰年运行结果

二、switch 语句

switch语句用于实现多分支的选择结构。其一般形式如下：

```
switch(表达式)
{
    case 常量表达式1: 语句1;
    case 常量表达式2: 语句2;
    …
    case 常量表达式n: 语句n;
    default:    默认情况语句块;
}
```

计算表达式的值，并逐个与常量表达式的值比较，当表达式的值与某个常量表达式的值相等时，执行该常量表达式后的语句，然后不再进行判断，继续执行后面所有case后的语句；如表达式的值与所有case后的常量表达式均不同时，则执行的default后的语句。C语言提供了break语句，用于跳出switch语句。

●微课

输入一个1~7之间的整数转换成星期输出

【例5.9】输入一个1~7之间的整数，转换成星期输出。

程序代码：

```
#include <stdio.h>                                    // 编译预处理指令
int main()                                            // 主函数
{
    int a;                                            // 程序声明部分，定义 a 为整型变量
    printf("请输入1~7之间的任一整数：");              // 提示用户输入1 ~ 7之间的任一整数
    scanf("%d",&a);                                   // 格式输入函数
    switch(a)                                         // 将数字转换成星期
    {
       case 1:
           printf("星期一\n");
           break;
       case 2:
           printf("星期二\n");
           break;
       case 3:
           printf("星期三\n");
           break;
       case 4:
           printf("星期四\n");
           break;
       case 5:
           printf("星期五\n");
           break;
       case 6:
           printf("星期六\n");
           break;
       case 7:
           printf("星期日\n");
           break;
       default:
           printf("error");
  }
    return 0;                                         // 函数返回值为 0
}
```

运行结果如图5-23所示。

```
请输入1~7之间的任一整数：4
星期四

--------------------------------
Process exited after 2.304 seconds with return value 0
请按任意键继续. . .
```

图 5-23　转换星期的运行结果

根据年龄显示不同信息

内容描述

某款游戏规定，未成年人一天只能玩半小时，成年人不受时间限制。根据用户输入

的年龄进行判断，如果年龄大于等于18岁，显示“欢迎进入游戏”，如果小于18岁，显示“由于您未成年，游戏时长30分钟，欢迎进入游戏”。

判断用户年龄的算法：

（1）用户输入年龄（scanf()函数）。

（2）用户年龄作为判断条件，分大于等于18岁和小于18岁两种情况（if...else语句）。

（3）输出结果。

操作过程

程序代码：

```
#include <stdio.h>                   // 编译预处理指令
int main()                           // 主函数
{
  int age;                           // 程序声明部分，定义年龄 age 为整型变量
  printf(" 请输入您的年龄 :");        // 提示用户输入年龄
  scanf("%d",&age);                  // 格式输入函数
  if(age>=18)                        // 对用户年龄做出判断
       printf(" 欢迎进入游戏 ");
  else
  printf(" 由于您未成年，游戏时长 30 分钟，欢迎进入游戏 ");
}
```

运行结果如图5-24所示。

```
请输入您的年龄:18
欢迎进入游戏
--------------------------------
Process exited after 2.779 seconds with return value 12
请按任意键继续. . .
```

图 5-24　判断年龄运行结果

比较两个整数的大小

内容描述

请用户任意输入两个整数，如果两个数值不等，比较两个数的大小，如果两个数值相等，输出“两个数值相等”。

比较两个整数大小的算法：

（1）用户输入的两个整数。

（2）将两个整数存储在变量a和b中，对a和b的值进行比较。

（3）有a>b、a=b和a<b三种情况（if...else...if语句）。

（4）输出结果。

操作过程

程序代码：

```
#include <stdio.h>                              // 编译预处理指令
int main()                                      // 主函数
```

```
{
    int a,b;                              //程序声明部分，定义a,b为整型变量
    printf("请任意输入两个整数:");        //提示用户输入两个整数
    scanf("%d  %d",&a,&b);                //格式输入函数
    if(a>b)                               //对a和b进行比较
        printf("%d>%d\n",a,b);
    else
        if (a==b)
            printf("两个数相等\n");
        else
            printf("%d<%d\n",a,b);
}
```

运行结果如图5-25所示。

```
请任意输入两个整数:3 4
3<4

--------------------------------
Process exited after 2.049 seconds with return value 4
请按任意键继续. . .
```

图5-25　判断整数大小运行结果

实践练习评价

评价项目	自我评价		教师评价	
	小结	评分（5分）	点评	评分（5分）
运行“判断年龄”程序				
运行“判断整数大小”程序				

任务五　设计循环结构程序

学习目标

- 会用循环结构的程序设计思维解决问题。
- 会使用while、do...while和for语句编写循环结构程序。

理论知识

循环结构是程序设计中重要的结构。循环是指某一过程的重复执行。给定条件成立时，反复执行某程序段，直到条件不成立为止。给定的条件称为循环条件，反复执行的程序段称为循环体。C语言中提供4种循环，即goto循环、while循环、do...while循环和for循环。一般情况下它们可以互相代替，但一般不提倡用goto循环，它会强制改变程序的顺序，经常会给程序的运行带来不可预料的错误，我们主要学习while、do...while、for三种循环。

循环结构有两种形式：

当型循环：先判断条件是否成立，若成立，则执行循环体；如此反复，直到某一次条件不成立，跳出循环。即“先判断，后执行”，常用while语句和for语句实现“当型循环”。

直到型循环：先执行循环体，再判断条件是否成立，若条件的值为真，继续执行循环体，如此反复，直到条件的值为假，跳出循环体，循环结束。即“先执行，后判断”，常用do...while语句实现“直到型循环”。

一、while 和 do...while 语句

while语句的一般形式

```
while（表达式）
    语句；
```

其过程可以表示如图5-26所示，其中语句为循环体，表达式为判断条件。

do...while 语句的一般形式为：

```
do
    语句；
while（表达式）；
```

其过程可以表示如图5-27所示，其中语句为循环体，表达式为判断条件。

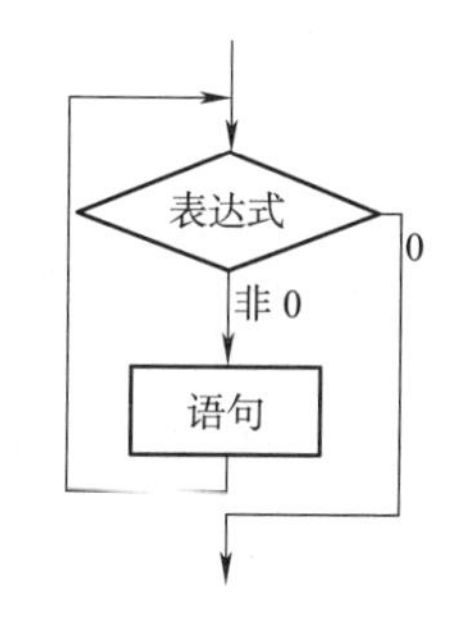

图 5-26　while 语句流程图

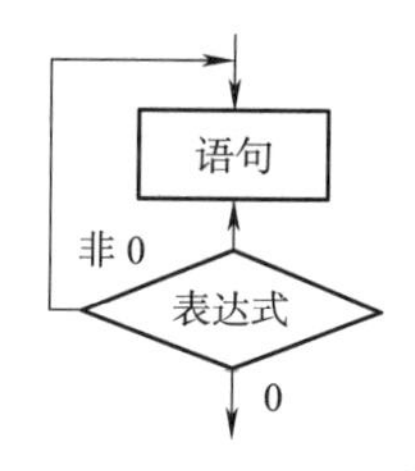

图 5-27　do...while 语句流程图

【例5.10】用while语句计算1+2+3+4+⋯+100的值。

思路分析：在1～100的求和问题中，可以用前两个数的和与第三数相加，得到的结果与第四个相加,一直循环，直到加至100。假设每两个数相加的变量为s，在没执行相加操作之前，可以假设s等于0，用s的值与1相加得到1，求和的结果1与第二个数2相加得到3，得到结果3与第三个数3相加得到6，6与第四个数4相加得到10⋯⋯每次循环，都用第i个数和s中存储的数值相加，直到i=100。

while语句实现流程图如图5-28所示。

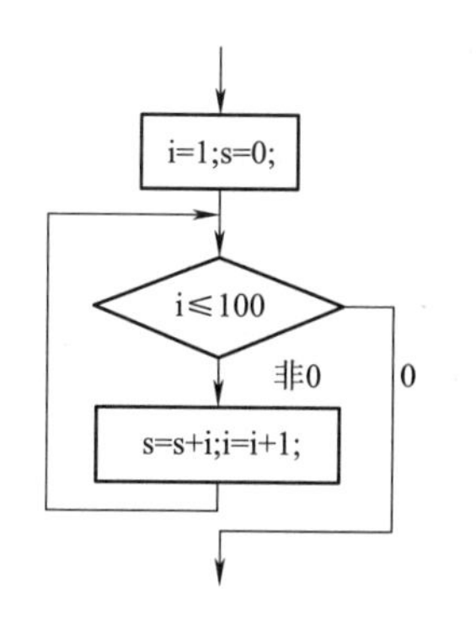

图 5-28　while 语句实现流程图

微课

用 while 语句计算 1+ 2+⋯+100 的值

程序代码：

```
#include <stdio.h>       //编译预处理指令
int main()               //主函数
{
    int i=1;             //程序声明部分，定义 i 为整型变量，初始值为 1
    int s=0;             //程序声明部分，定义 s 为整型变量，初始值为 0
    while(i<=100)        //执行 1 到 100 的求和
    {
       s=s+i;
       i=i+1;
    }
    printf("1+2+3+4+……+100=%d",s);          //输出结果
}
```

运行结果如图5-29所示。

```
1+2+3+4+……+100=5050
--------------------------------
Process exited after 0.03483 seconds with return value 21
请按任意键继续. . .
```

图 5-29　while 语句实现运行结果

【例5.11】用do...while语句计算1+2+3+4+⋯+100的值。

用 do...while 语句计算 1+2+⋯+100 的值

do...while语句实现流程如图5-30所示。

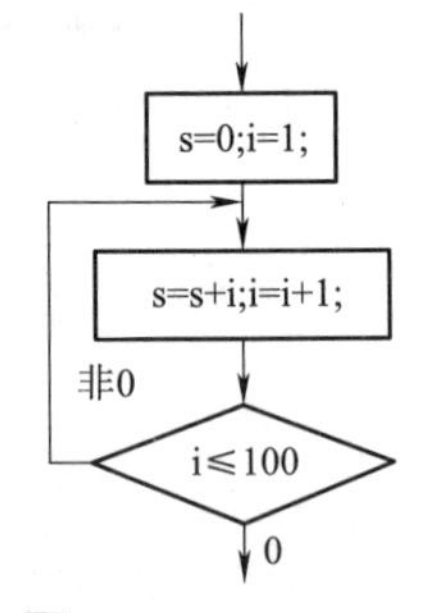

图 5-30　do...while 语句实现流程图

程序代码：

```
#include <stdio.h>       //编译预处理指令
int main()       //主函数
{
    int i=1;     //程序声明部分，定义 i 为整型变量，初始值为 1
    int s=0;     //程序声明部分，定义 s 为整型变量，初始值为 0
    do           //执行 1 到 100 的求和
    {
        s=s+i;
        i=i+1;
    }
    while(i<=100);
    printf("1+2+3+4+……+100=%d",s); //输出结果
}
```

运行结果如图5-31所示。

```
1+2+3+4+……+100=5050
--------------------------------
Process exited after 0.03553 seconds with return value 21
请按任意键继续. . .
```

图 5-31　do...while 语句实现运行结果

二、for 语句

C语言中，for语句的使用最为灵活，应用最为广泛，for语句完全可以取代while等其他

循环语句。

for语句的一般形式：

```
for(表达式 1;表达式 2;表达式 3)
   {循环体}
```

表达式1是循环变量的初始化，表达式2是循环条件，表达式3是循环变量增量。

for语句改成while循环的形式为：

```
表达式 1;
while (表达式 2)
{
   语句
      表达式 3
}
```

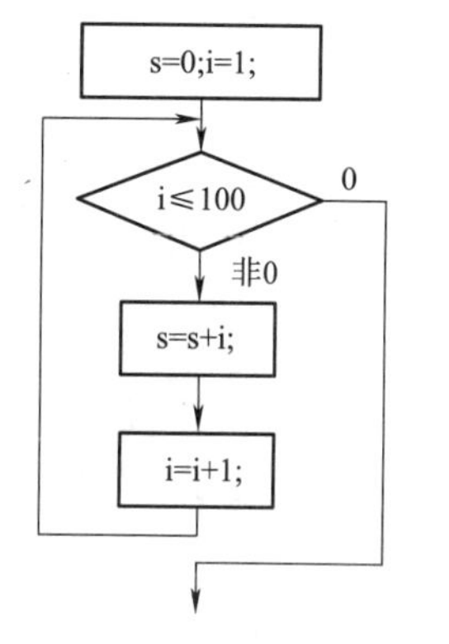

图 5-32　for 语句实现流程图

【例5.12】用for语句计算1+2+3+4+…+100的值。

for语句实现流程图如图5-32所示。

程序代码：

微课

用 for 语 句 计算 1+ 2+…+100 的值

```
#include <stdio.h>            //编译预处理指令
int main()                    //主函数
{
    int i;                    //程序声明部分，定义 i 为整型变量
    int s=0;                  //程序声明部分，定义 s 为整型变量，初始值为 0
    for(i=1;i<=100;i++)       //执行 1 到 100 的求和，i++ 相当于 i=i+1
    {
      s=s+i;
    }
    printf("1+2+3+4+……+100=%d",s);        //输出结果
}
```

运行结果如图5-33所示。

```
1+2+3+4+……+100=5050
--------------------------------
Process exited after 0.03826 seconds with return value 21
请按任意键继续. . .
```

图 5-33　for 语句实现运行结果

【例5.13】用for语句输出1～100，共100个正数

微课

用 for 语 句 输出 1 至 100

思路分析：表达式1，设置初始变量，假设定义变量为i，表达式1为i=1。表达式2为循环条件，来判断循环是否继续进行，循环条件是小于等于100，所以表达式2为i<=100。表达式3对循环变量进行操作，i从1增至100，每执行一次循环体，i加1，所以表达式3为i=i+1，简写为i++。

程序代码：

```
#include<stdio.h>                  //编译预处理指令
```

```
int main()                              // 主函数
{
    int i;                              // 程序声明部分，定义 i 为整型变量
    for(i=1;i<=100;i++)                 // 执行 1 到 100 的循环
    {
      printf("%5d",i);                  // 每执行一次循环体，输出一个数值，5d 表示输出结果，
                                        //i 占 5 个字符长度

    }
}
```

运行结果如图5-34所示。

```
    1    2    3    4    5    6    7    8    9   10   11   12   13   14   15   16   17   18   19   20   21   22   23   24
   25   26   27   28   29   30   31   32   33   34   35   36   37   38   39   40   41   42   43   44   45   46   47   48
   49   50   51   52   53   54   55   56   57   58   59   60   61   62   63   64   65   66   67   68   69   70   71   72
   73   74   75   76   77   78   79   80   81   82   83   84   85   86   87   88   89   90   91   92   93   94   95   96
   97   98   99  100
--------------------------------
Process exited after 0.03339 seconds with return value 5
请按任意键继续. . .
```

图 5-34　输出 1 ～ 100 的运行结果

实践练习

打印图 5-35 所示图形

内容描述

程序需要输出5行“*”，每行输出“*”的个数分别为1、3、5、7、9，每行“*”前空格的个数分别为4、3、2、1、0。假设行的编号为i（i=1、2、3、4、5），则“*”的个数为2*i–1，空格的个数为5–i。利用for循环可以完成程序。

```
    *
   ***
  *****
 *******
*********
```

图 5-35　图形

操作过程

程序代码：

```
#include <stdio.h>                      // 编译预处理指令
void main()                             // 主函数
{
    int i,j;                            // 程序声明部分，定义 i,j 为整型变量
    for(i=1;i<=5;i++)                   //i 循环 5 次，代表 5 行
    {
       for(j=1;j<=5-i;j++)              //j 循环 5-i 次，每次输出一个空格
       printf(" ");
       for(j=1;j<=2*i-1;j++)            //j 循环 2*i-1 次，每次输出一个 "*"
       printf("*");
       printf("\n");                    // 换行
    }
    return 0;
}
```

运行结果如图5-36所示。

```
    *
   ***
  *****
 *******
*********

--------------------------------
Process exited after 0.03855 seconds with return value 10
请按任意键继续. . .
```

图 5-36　输出图形运行结果

用 for 语句打印九九乘法表

内容描述

根据图5-37可知，i*j=m；因数i和因数j都是从1到9的变化，所以需要两次for循环。第一个for循环可以看成乘法口诀表的行数，同时也表示乘法运算的第一个因数。第二个for循环范围的确定建立在第一个for循环的基础上，即第二个for循环最大的取值是第一个for循环变量的值。

运行结果如图5-37所示。

```
1*1= 1
2*1= 2 2*2= 4
3*1= 3 3*2= 6 3*3= 9
4*1= 4 4*2= 8 4*3=12 4*4=16
5*1= 5 5*2=10 5*3=15 5*4=20 5*5=25
6*1= 6 6*2=12 6*3=18 6*4=24 6*5=30 6*6=36
7*1= 7 7*2=14 7*3=21 7*4=28 7*5=35 7*6=42 7*7=49
8*1= 8 8*2=16 8*3=24 8*4=32 8*5=40 8*6=48 8*7=56 8*8=64
9*1= 9 9*2=18 9*3=27 9*4=36 9*5=45 9*6=54 9*7=63 9*8=72 9*9=81

--------------------------------
Process exited after 0.03589 seconds with return value 10
请按任意键继续. . .
```

图 5-37　九九乘法表运行结果

操作过程

程序代码：

```
#include <stdio.h>                                    //编译预处理指令
void main()                                           //主函数
{
    int i,j;                       //程序声明部分，定义两个因数 i、j 为整型变量
    int m;                         //程序声明部分，定义两个因数的乘积 m 为整型变量
    for(i=1;i<=9;i++)                                 //执行第一个因数从 1 到 9 的循环
    {
       for(j=1;j<=i;j++)                              //第二个因数从 1 到 i 的循环
        {
          m=i*j;                                      //两个因数进行乘法运算
          printf("%2d*%d=%2d",i,j,m);                 //2d 表示输出结果占 2 个字符长度
        }
    printf("\n");                                     //换行
    }
}
```

实践练习评价

评价项目	自我评价		教师评价	
	小结	评分（5分）	点评	评分（5分）
运行“打印图形”程序				
运行“乘法表”程序				

项目小结

本项目介绍了程序、程序设计的基本概念，介绍了程序设计的一般过程、程序设计语言的发展及几种常见程序设计语言。

主要学习了C程序设计语言。了解了C语言的发展及其特点，掌握了C语言程序的结构。介绍了C程序设计语言的数据类型、算术运算符、赋值运算符及其表达式，介绍了控制语句、函数调用语句、表达式语句、空语句和复合语句。

一个具有良好结构的程序由三种基本结构组成：顺序结构、选择结构和循环结构。由这三种结构组成的程序结构合理、思路清晰、易于理解、便于维护，这样的程序称为结构化程序。选择结构可以分为单分支和多分支两种情况。一般地，用if语句实现单分支结构，用switch语句实现多分支结构。循环结构中，学习了while语句、do...while语句和for语句。一般而言，用某种循环语句写的程序段，也能用另外两种语句实现。while语句和for语句属于“当型”循环，即“先判断，后循环”，而do...while语句属于“直到型”循环，即“先循环，后判断”。

练习与思考题

一、选择题

1. 对于C语言程序，下列说法正确的是（　　）。

   A. 不区分大小写　　B. 一行只能写一条语句

   C. 一条语句可以分成几行书写　　D. 每行必须有分号

2. （　　）是构成C语言程序的基本单位。

   A. 函数　　B. 过程　　C. 子程序　　D. 子例程

3. C语言程序是从（　　）开始执行。

   A. 从程序中第一条可执行语句　　B. 程序中第一个函数

   C. 程序中的main()函数　　D. 包含文件中的第一个函数

4. 下列C语言标识符中合法的是（　　）。

   A. *y　　B. sum　　C. #int　　D. %f5

5. 在C语言程序中，表达式5%2的结果是（　　）。

   A. 2.5　　B. 2　　C. 1　　D. 3

6. 在C语言程序中，（　　）表示逻辑“真”。

A. true　B. 整数1　C. false　D. 非0的整数

7. C语言基本数据类型包括（　　）。

A. 整型、实型、逻辑型　B. 整型、实型、逻辑型、字符型

C. 整型、字符型、逻辑型　D. 整型、实型、字符型

8. C语言中运算对象必须是整型的运算符是（　　）。

A. %　B. /　C. =　D. <=

9. 设x为int型变量，执行x=10;x=x+10;语句后，x的值为（　　）。

A. 10　B. 20　C. 40　D. 30

10. 设x为int型变量，执行x=1;++x;语句后，x的值为（　　）。

A. 1　B. 2　C. 0　D. 3

二、编程题

1. 根据用户输入的长方形的长和宽，计算长方形的周长和面积。

要求：用scanf( )函数接收用户输入的数据，输出时计算结果。输出时要求有文字说明，并且取小数点后两位数字。

2. 根据用户输入的月份，判断该月是哪个季节。

假设3~5月是春季，6~8月是夏季，9~11月是秋季，12~2月是冬季。

3. 根据用户输入的三个整数，判断大小，按从大到小的顺序输出。

程序说明：

（1）if(a<b)将a和b对换（a是a和b中较大的数）

（2）if(a<c)将a和c对换（a是a和c中较大的数，即a是 a、b、c中最大的数）

（3）if(b<c) 将b和c对换（b是b和c中较大的数）

4. 根据用户输入的整数，计算该整数的阶乘。

如5!=5 × 4 × 3 × 2 × 1=120，可以简写成5!= 120。

项目六　数字媒体技术应用

项目综述

数字媒体是以现代互联网作为主要传播载体，并且利用数字媒体编辑系统对所采集信息进行加工处理，呈现出的是一种数字化的商业产品，可以认为是一种现代化、无纸化的快速传播方式，并以大众传播为理论依据，在文艺、教育、商业等领域广泛应用。

本项目主要介绍视频处理、音频处理、图形图像处理、动画制作、虚拟现实等相关知识和技能。

任务一　初识数字媒体技术

学习目标

- 了解数字媒体技术及其应用现状；掌握常见数字媒体素材的获取途径。
- 了解数字媒体作品设计规范。

理论知识

一、数字媒体技术及其发展现状

（一）数字媒体技术

数字媒体是指以二进制数的形式记录、处理、传播、获取过程的信息载体，这些载体包括数字化的文字、图形、图像、声音、视频影像和动画等感觉媒体，表示这些感觉媒体的表示媒体（编码）等（通称为逻辑媒体），以及存储、传输、显示逻辑媒体的实物媒体。

数字媒体技术融合了数字信息处理技术、计算机技术、数字通信和网络技术等交叉学科和技术领域，通过现代计算和通信手段，综合处理文字、声音、图形、图像等信息，使抽象的信息变成可感知、可管理和可交互的。

（二）数字媒体技术的应用领域现状

从目前情况来看，数字媒体技术的应用领域相当广泛，如媒体领域（各类广告、网络电视等）、影视动画领域（数字音频、数字视频、数字电影、计算机动画、虚拟现实等）、办公领域（事务的传达与交流、文件的传输、网站的推广、公众号的运营、游戏程序的开发与构建等）、大众日常领域（微博、微信等软件）、教学领域、电商领域（网购）等。

（三）数字媒体技术的未来发展

数字媒体技术经过近年来的不断发展，从最开始的应用于电视和广播领域，到科学科研、教育教学、广告营销等领域中，再到目前互联网、电信运营、广电传播等众多领域，具有十分可观的应用前景和发展趋势。

在未来的发展中，数字媒体技术会在虚拟现实技术（Virtual Reality，VR）、增强现实技术（Augment Reality，AR）、混合现实技术（Mixed Reality，MR）等领域有长足的发展、潜在市场巨大。

虚拟现实就是把虚拟的世界呈现到人们眼前，让人们以为虚拟世界是真实的。游戏世界就是典型的虚拟现实，只不过现在大家约定俗成，都把那种戴着头盔的、沉浸感更强的、眼界里只有虚拟场景的应用称为虚拟现实。

增强现实就是把虚拟世界叠加到现实世界。比如，用户面前是一片真实的海滩，但透过手机屏幕，能看见一只小精灵在海滩上；把手机移开，还是只有海滩。

相对于增强现实把虚拟的东西叠加到真实世界，混合现实则是把真实的东西叠加到虚拟世界里。

二、数字媒体技术素材常见的获取途径

在数字媒体应用中，视频、音频、动画、文本、图形图像等都是常见的素材格式，我们只能通过合法有效的途径去获取这些素材。下面分享关于素材获取的途径和防范。

（一）获取文本素材

（1）人工手动输入：将需要的文本内容，通过输入法输入到计算机当中，通过文本编辑软件对文字进行进一步的处理。也可以使用现在流行的语音输入或者手写输入。

（2）从网上下载或者截取：网络上很多共享的文本资源，用户可以自行下载；也可以复制网页当中的文字，粘贴到文本处理软件中进行编辑，但现在大多数网页因为有版权限制，禁止用户随意复制。

（3）通过外围设备获得：最常见的方式是利用扫描仪将文本扫描到计算机当中，再利用转换工具将其转换为可编辑的文本。还可以通过智能手机拍照的方法，将文本输入到计算机当中，通过软件识别，转换为可编辑的文本。

知识加油站

使用扫描仪扫描文本，保存到计算机当中其实是图片格式或者PDF格式，这种格式无法编辑和修改，我们只有通过专业的OCR识别软件将图片或者PDF转换为编辑的文本和图片素材，但是OCR识别软件的识别能力有限，并不能完全还原文本的全部格式。

（二）获取图形图像素材

获取图形图像素材的方法主要有以下几种。

（1）下载网络资源：利用搜索引擎搜索出需要的图片，然后将其另存到计算机中。也可以从网上的图片素材库网站购买、下载图片素材，或通过购物网站购买图片素材。

（2）利用手机或相机拍摄：用手机或相机拍摄需要的照片，将其传输到计算机中。

（3）捕捉屏幕图像：利用屏幕捕捉软件捕捉计算机显示器屏幕上的图像，将其保存在计算机中或直接复制到Word文档中。

（4）利用扫描仪扫描：利用扫描仪将图书、期刊等纸质媒介上的图像扫描到计算机中。

（5）利用专业软件获得：例如，可以将视频或者动画内容转换为序列图片。

（三）获取音频素材

获取音频素材的方法主要有以下几种。

（1）从网上下载：利用搜索引擎搜索出需要的音频素材，将其下载到计算机中。

（2）录制声音：利用计算机（需要配麦克风）、录音笔或手机等录制声音。

（3）从影片中提取：使用音频编辑软件或其他软件将影片中的音频单独提取出来，如Adobe Audition便具备此功能。

（四）获取视频素材

获取视频素材的方法主要有以下几种。

（1）从网络下载：从网上搜索并下载视频文件。

（2）人工录制视频：使用数码摄像机、数码相机或手机等进行摄像，然后将录制的视频文件传输到计算机中。

（3）录制屏幕：利用屏幕录制软件将对计算机进行的操作录制成视频，或将计算机中正在播放的视频录制下来。常用的屏幕录制软件有Camtasia Studio、Snagit、FlashBack Pro、屏幕录像专家等。现在一些浏览器也具有录屏的功能，我们可以直接打开视频网站，通过浏览器录制播放的视频资源。

（4）截取视频片段：利用视频编辑软件在现有视频中截取一个片段。

三、数字媒体作品设计规范

（1）作品题材应遵守国家有关规定，不出现违反法律、危害社会道德的内容，抵制低俗、庸俗、媚俗之风。

（2）作品中的元素包括但不限于图像、声音、代码等，应全部由用户自己创作；如有作品元素（如音乐、部分代码）非本人创作的，应取得与该元素对应的合法授权并合理标识；作品应具备与知识产权有关的全部信息，包括但不限于作者名称、作品名称和关键字等。

（3）作品画面应清晰完整、连贯流畅，不应出现与内容无关的扭曲、偏色、模糊、变形、穿帮等问题，水印等嵌入性保护措施不应影响画面效果。

（4）作品中的声音应流畅连贯，除必要的情节需要外应减少尖锐刺耳音效的使用频率；在图像与声音内容关联的情形中，声音应保持与图像同步。

（5）作品中出现的文字应规范，遵循我国《通用规范汉字表》，不应出现乱码、实心字、错字、别字、多字、漏字、倒字，文字差错率不超过万分之一；文字颜色不应与背景颜色相同或相近，应能保证清晰阅读。

（6）作品应熟练运用技术手段，无明显的技术瑕疵，不出现与内容无关的声音、画面及运动的不匹配问题。作品完成度高，风格统一，形式符合行业规范。

实践练习

使用 Internet 下载各类素材

内容描述

网络资源拥有庞大的用户使用量，网络上的共享资源丰富，形式多样，我们可以从网上下载需要的各类素材。本任务要求大家学会从网络中获取素材资源。

操作过程

1．下载文本素材

（1）打开搜索引擎，输入需要的文本素材的关键字，在搜索结果中找到可以下载的站点，点击打开链接，如图6–1所示。

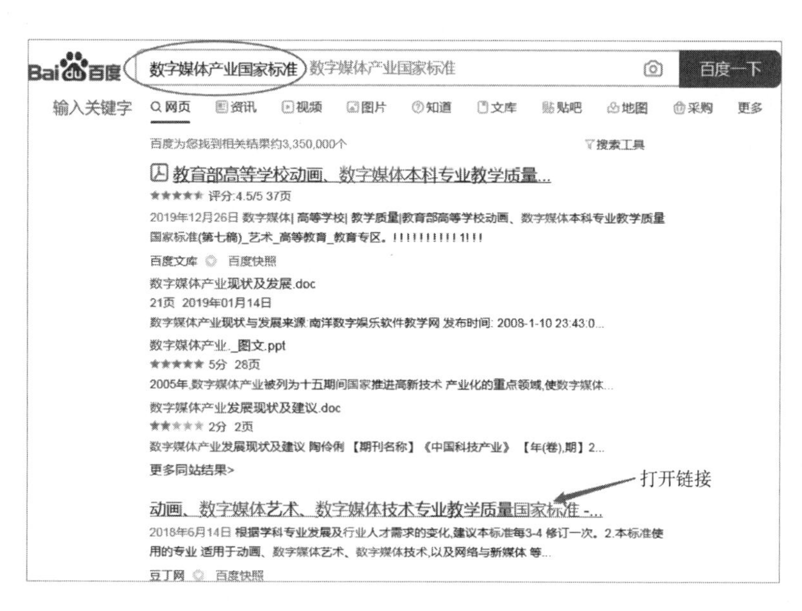

图 6–1　输入搜索关键字

（2）从网页上复制文本内容，如图6–2所示。

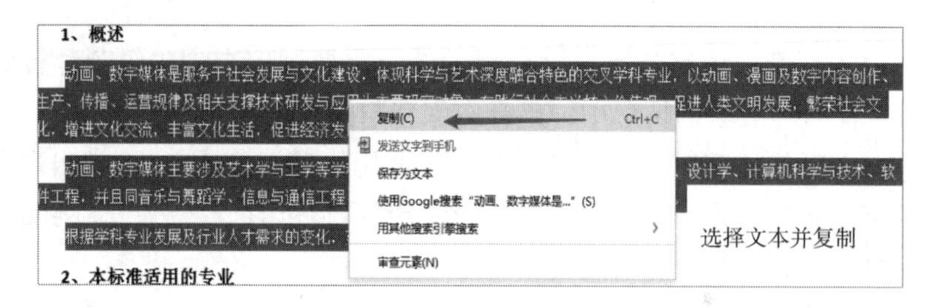

图 6-2　复制网页中的文本

（3）打开记事本或者Word，将文本粘贴并进行编辑，如图6-3所示。

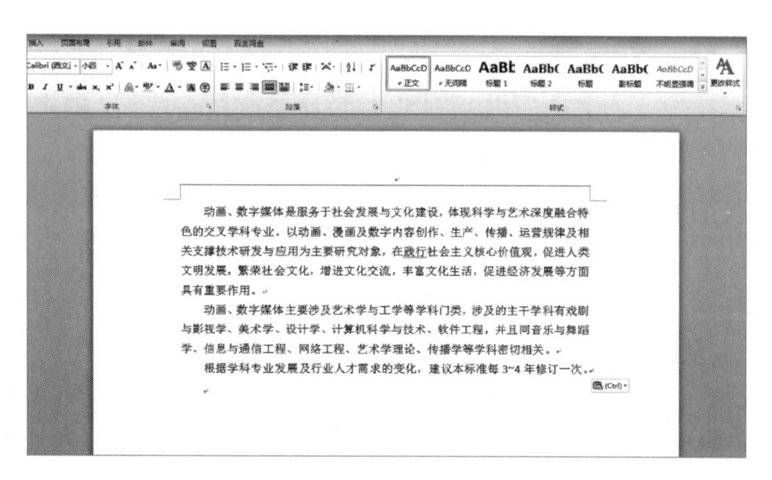

图 6-3　复制文本到 Word

2. 下载图片素材

（1）打开搜索引擎，输入关键“风景图片”，如图6-4所示。

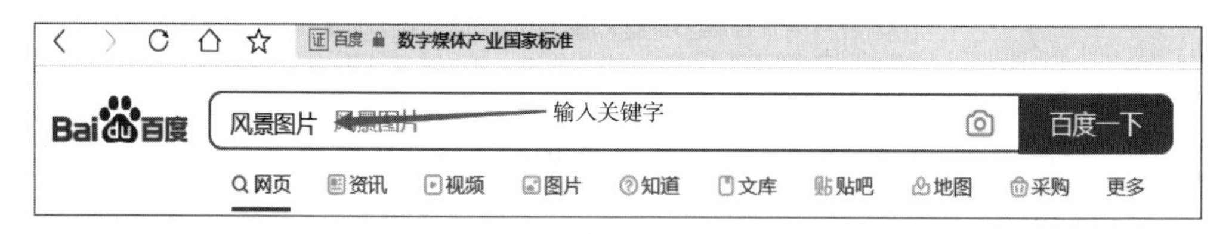

图 6-4　输入关键字

（2）单击“图片”选项，进入图片链接网页，如图6-5所示。

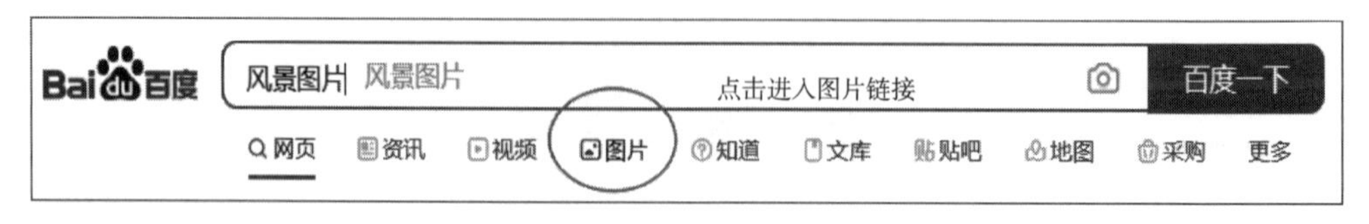

图 6-5　单击“图片”选项

（3）选择需要的图片素材，单击打开，如图6–6（a）所示。

（4）在图片上右击，在弹出的快捷菜单中选择“图片另存为”命令，如图6–6（b）所示，在打开的对话框中选择保存位置，单击“确定”按钮。

（a）单击打开图片素材

（b）将图片“另存为”到计算机

图 6–6　打开并保存素材

3. 下载视频素材

（1）使用360浏览器打开哔哩哔哩主页（哔哩哔哩是一个视频门户网站），如图6–7所示。

图 6–7　地址栏输入主页网址

（2）搜索需要的内容关键字，如图6–8所示。

（3）单击进入数字媒体学习教程，如图6–9所示。

图 6–8　输入搜索关键字

图 6–9　选择资源

（4）单击“录制小视频”，选择保存位置，如图6–10和图6–11所示。

图 6-10　使用 360 浏览器录制

图 6-11　单击开始录制

实践练习评价

评价项目	自我评价		教师评价	
	小结	评分（5 分）	点评	评分（5 分）
下载文本资源				
下载图片素材				
下载视频素材				

任务二　处理数字图形图像

学习目标

- 熟悉图像文件、音频文件和视频文件的常用格式。
- 掌握图像文件、音频文件和视频文件的格式转换方法。
- 掌握用图像处理软件编辑图像的基本操作。

理论知识

一、常见的图形图像格式

位图文件格式位图是一组点（像素）组成的图像。它们由图像程序生成或在扫描图像时创建。

（一）Adobe Photoshop（.psd）

Adobe Photoshop的位图文件格式，为Macintosh和 MS Windows平台所支持，最大的图像像素是30 000 × 30 000，支持RLE压缩，广泛用于商业艺术。

（二）Windows 位图（.bmp）

Microsoft Windows位图，由Microsoft公司开发，它为基于Intel机器的Microsoft Windows和Windows NT平台及许多应用程序支持。支持1位、4位、8位、16位、24位、32位颜色。图像大小无限制，支持RLE压缩，广泛用于交换和保存位图信息。

（三）图形交换格式（.gif）

CompuServe公司所创建的位图文件格式。为MS DOS/Windows、Macintosh、UNIX、Amiga和其他平台所支持。支持256色，最大图像像素是64 000×64 000，支持LZW压缩，主要用作交换格式，许多应用程序都支持这种格式，可在一个单独的文件中保存多个位图图像。

（四）Tar GA（.tga）

Taiga图像文件，是TrueVision公司开发的位图文件格式。为MS DOS/Windows、UNIX、Atari、Amiga和其他平台及许多应用程序支持。支持32位颜色，图像大小不受限制，支持RLE压缩，广泛用于绘画、图形、图像应用程序和静态视频编辑。

（五）Adobe Illustrator（.al）

Adobe 公司开发的矢量文件格式，为Windows平台和大量基于Windows的插图应用程序支持 。

（六）JPEG 格式（.jpg）

联合照片专家组（Joint Photographic Expert Group, JPEG），文件扩展名为.jpg或.jpeg，是最常用的图像文件格式，由一个软件开发联合会组织制定，是一种有损压缩格式，能够将图像压缩在很小的存储空间，图像中重复或不重要的资料会丢失，因此容易造成图像数据的损伤。尤其是使用过高的压缩比例，将使最终解压缩后恢复的图像质量明显降低，如果追求高品质图像，不宜采用过高压缩比例。

二、图形图像格式转换

以某一种格式存储的图像文件，在某一操作系统或其他应用软件下或许不能打开，因此了解如何使用不同的格式十分重要。现在有许多软件可用于不同图形图像格式之间的转换，来增加相互之间的通用性。例如，Photoshop、ACDSee、Quick Convert、Advanced Batch Converter等软件。

ACDSee是非常著名的图片浏览器，它的主要特点是显示图片速度快，支持BMP、GIF、JPEG、PSD、TGA等多种图片文件格式的浏览及图片格式转换。

另外，Windows 10自带的画图程序也能进行简单的格式转换。

知识加油站

图像文件格式决定了应该在文件中存放何种类型信息，文件如何与各种应用软件兼容，文件如何与其他文件交换数据。由于图像的格式有很多，应该根据图像的用途决定图像应存为何种格式。

三、关于图形图像的技术指标

数字媒体图像有分辨率、大小和颜色三个基本参数，具体如下：

（一）图像分辨率

图像分辨率是指图像沿宽度和高度方向单位长度内所包含的像素数（以“像素/英寸”

或“像素/厘米”为单位）。对于同一幅图像，分辨率越高，对图像的描述就越精细，需要的数据量就越大；分辨率越低，图像越粗糙，数据量越小。多媒体图像素的图像分辨率通常采用72 ppi。

（二）图像大小

图像大小指整幅图像所包含的总像素数，用宽度方向像素与高度方向像素的乘积表示。多媒体图像素材的大小，通常不超过作品演示窗口的大小。多媒体作品演示窗口大小最常采用1 024 × 768（标屏）或者1 366 × 768（宽屏）。如果追求视频效果，还可以采用更大的分辨率。

（三）图像颜色

图像颜色是指图像中所包含的颜色的多少，与描述颜色所使用的位数（bits）有关。前者称为色深度，后者称为位深度。它们之间的关系是色深度=2位深度。图像的位深度越低，数据量越小，显示质量越低；位深度越高，数据量越大，显示质量越高。

图像放大后边缘会出现锯齿，如图6-12所示。

图 6-12　放大后边缘出现锯齿

实践练习

使用 ACDSee 处理图像

内容描述

ACDSee是一款比较强大的图像处理软件，可以调整图像色彩、添加文本、添加图像特效、将保留预存特效一键应用等。下面演示的是ACDSee官方免费版。ACDSee浏览速度快，无须将图片导入单独的库，就可以立即浏览所有相集。并且，用户还可以创建类别、添加分层关键词、编辑元数据以及对图片评级来整理图片，帮助用户在数千张图片中快速找出所需的那一张。

操作过程

1. 软件安装

（1）打开安装程序，按照提示进行安装。

（2）安装完成后，启动软件，注册新用户（一般使用电子邮箱来注册）。

2. 处理图像

（1）双击桌面上的ACDSee图标，打开软件，如图6–13所示。

（2）关闭导航窗口，选择“文件”→“导入”→“从磁盘”导入，选择“图像练习素材”文件，如图6–14所示。

图 6–13　双击桌面图标

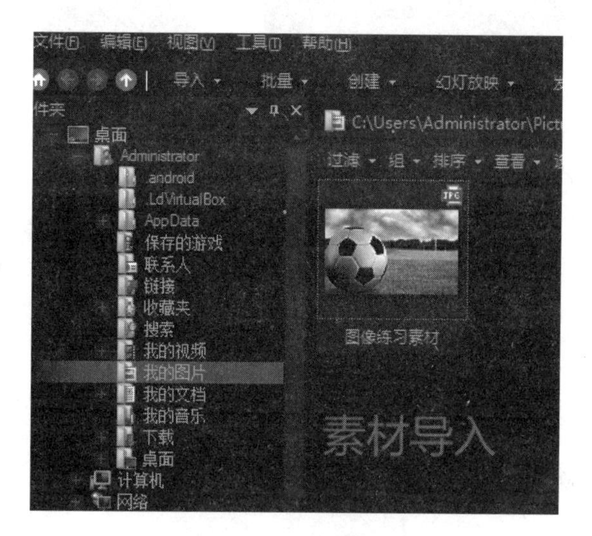

图 6–14　导入练习素材

（3）双击导入的图片，进入编辑模式，如图6–15所示。

（4）在“编辑”选项中，选择文本工具，输入文字“运动心情”，设置字体大小和位置，设置字体颜色，如图6–16所示。

图 6–15　进入“编辑”选项

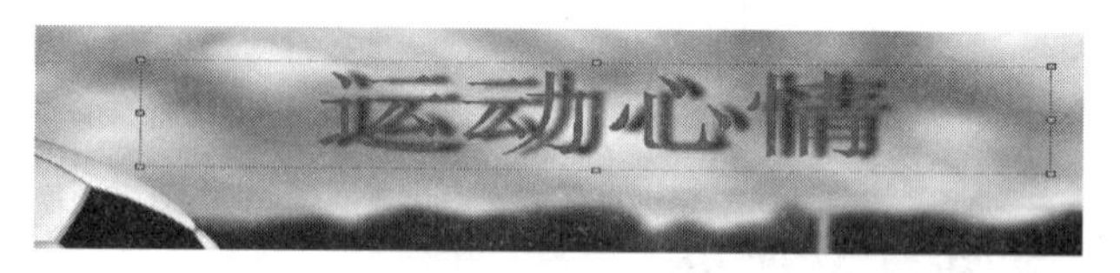

图 6–16　输入文本

（5）设置文字特效。勾选“效果”和“阴影”，设置“效果”，在效果设置中选择“波纹”。设置波纹的幅度为5，波长为54，单击“应用”按钮，完成。

（6）在“编辑模式菜单”中，选择“特殊效果”，如图6–17所示。

（7）在“特殊效果”右侧视窗中，选择“刮风”效果，单击完成，如图6–18所示。

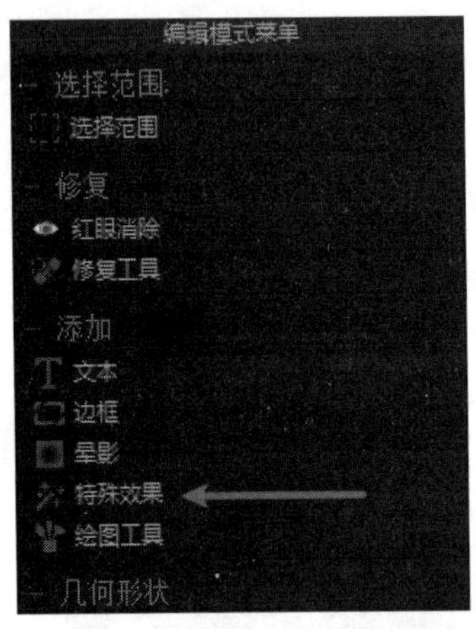

图 6-17　选择“特殊效果”

图 6-18　预览效果

（8）选择“文件”→“另存为”命令，在弹出的对话框中，输入新的文件名，选择文件保存格式为JPG-JPEG，如图6-19所示。

图 6-19　保存文件

实践练习评价

评价项目	自我评价		教师评价	
	小结	评分（5分）	点评	评分（5分）
软件安装				
图像文字处理				
图像特殊效果				

任务三　处理数字音频

学习目标

- 掌握用音频处理软件录制和编辑音频的基本操作。
- 了解声音的参数指标。
- 了解获取声音素材的方法和技巧。
- 学会使用录音设备。

理论知识

一、数字音频文件常见格式

（一）Wave（*.wav）

Wave是微软公司开发的一种声音文件格式，也称波形声音文件，是最早的数字音频格式，被Windows平台及其应用程序广泛支持。WAV格式支持许多压缩算法，支持多种音频位数、采样频率和声道，采用44.1 kHz的采样频率，16位量化位数，跟CD一样，对存储空间需求太大，不便于交流和传播。

（二）Module（*.mod）

该格式的文件里存放乐谱和乐曲使用的各种音色样本，具有回放效果明确、音色种类无限等优点。

（三）MPEG（*.mp3）

MP3全称是MPEG-1 Audio Layer 3，它在1992年合并至MPEG规范中。MP3能够以高音质、低采样率对数字音频文件进行压缩。换句话说，音频文件（主要是大型文件，比如WAV文件）能够在音质丢失很小的情况下把文件压缩到更小的程度。

（四）RealAudio（*.ra）

由Real Networks公司推出的一种文件格式，最大的特点就是可以实时传输音频信息，尤其是在网速较慢的情况下，仍然可以较为流畅地传送数据，因此 RealAudio主要适用于网络上的在线播放。

（五）MIDI（*.mid/*.rmi）

MIDI是Musical Instrument Digital Interface的缩写，又称乐器数字接口，是数字音乐/电子合成乐器的统一国际标准。它定义了计算机音乐程序、数字合成器及其他电子设备交换音乐信号的方式，规定了不同厂家的电子乐器与计算机连接的电缆和硬件及设备间数据传输的协议，可以模拟多种乐器的声音。

（六）WMA（*.wma）

WMA（Windows Media Audio）是微软在互联网音频、视频领域的力作。WMA格式采用减少数据流量但保持音质的方法来达到更高的压缩率目的，其压缩率一般可以达到1：18。此外，WMA还可以通过DRM（Digital Rights Management）方案加入防止复制，或者加入限制播放时间和播放次数，甚至是播放机器的限制，可有力地防止盗版。

二、音频文件的格式转换

使用音频转换软件或者转换工具，可以将音频转换为其他音频格式的文件，还可以将音频文件转换为文本。下面给大家推荐几款音频格式转换软件。

1. 闪电音频格式转换器

闪电音频格式转换器是一款多功能的音乐音频转换软件，集合了音频格式转换、音频合并、视频音频提取等多种功能，支持的常见音频音乐格式有MP3、MP4、WAV、WMA、M4R、ACC、OGG等。

2. 风云音频处理大师

风云音频处理大师是一款高效易用、功能实用的音频处理工具，支持FLAC转MP3、M4A转MP3、WAV转MP3、OGG转MP3、WMA转MP3、音频剪切、音频合并、音频提取等音频处理的功能。

3. 迅捷音频转换器

迅捷音频转换器是一款功能齐全的音频编辑软件，支持音频剪切、音频提取、音频转换等多种功能。

4. 闪电文字语音转换软件

闪电文字语音转换软件是一款AI智能产品，支持导入文本或输入文字转换成音频、也可以将音频文件转换识别成文字。应用场景：商场店铺广告、影视后期制作、公共场所播报、有声朗读、音频制作、办公文件语音转换、博主短视频配音。可以给用户带来便捷，提升工作生活效率。

三、数字音频文件的技术指标

1. 声道数

声道数是音频传输的重要指标，现在主要有单声道和双声道之分。双声道又称立体声，在硬件中要占两条线路，音质、音色好，但立体声数字化后所占空间比单声道多一倍。

2. 量化位数

量化位是对模拟音频信号的幅度轴进行数字化，它决定了模拟信号数字化以后的动态范围。由于计算机按字节运算，因此一般的量化位数为8位和16位。量化位越高，信号的动态范围越大，数字化后的音频信号就越可能接近原始信号，但所需要的存储空间也越大。

3. 采样频率

采样频率这个专业术语是指一秒内采样的次数。采样频率的选择应该遵循奈奎斯特采样理论。根据该采样理论，CD激光唱盘采样频率为44 kHz，可记录的最高音频为22 kHz，这样的音质与原始声音相差无几，也就是常说的超级高保真音质。

4．编码算法

在流媒体应用中，音频编码算法是非常重要的。编码的作用其一是采用一定的格式来记录数字数据；其二是采用一定的算法来压缩数字数据以减少存储空间和提高传输效率。压缩算法包括有损压缩和无损压缩。有损压缩指解压后数据不能完全复原，要丢失一部分信息。压缩编码的基本指标之一就是压缩比，它通常小于1。压缩越多，信息丢失越多，信号还原后失真越大。根据不同的应用，应该选用不同的压缩编码算法。

5．数据率及数据文件格式

数据率为每秒位数，它与信息实时传输有直接关系，而其总数据量又与存储空间有直接关系。

四、常用的处理音频软件

1．Audacity

Audacity是一款免费开源的录音和音频编辑软件，可导入WAV、AIFF、AU、IRCAM、MP3及OGG Vorbis，并支持大部分常用的工具，如剪裁、贴上、混音、升/降音以及变音特效、插件和无限次反复操作，内置载波编辑器。Audacity支持Linux、MacOS、Windows等多平台。

2．Adobe Audition

Adobe Audition音频处理软件中具有灵活、强大的工具，具备改进的多声带编辑, 新的效果，增强的噪声减少和相位纠正工具，以及VSTI虚拟仪器支持。

3．Cool Edit Pro

Cool Edit Pro是一款非常出色的数字音乐编辑器和MP3制作软件。

实践练习

使用 AU 音频处理软件处理音频

内容描述

Adobe Audition（AU）是专业的音频编辑工具，提供音频混合、编辑、控制和效果处理功能。它支持128条音轨、多种音频特效和多种音频格式，可以很方便地对音频文件进行修改和合并。使用它，可轻松创建音乐、制作广播短片。本实践练习将从软件安装、音频导入、音频剪辑、音频特效、音频输出格式等几方面进行讲解。

操作过程

1．录制声音文件（选做）

为计算机配置耳机或者麦克风后，就可以使用AU软件举行声音的采集录制。我们还可以通过软件对录制的声音文件进行处理，比如删除多余的杂音、处理声音波形等操作。

下面介绍录制声音的过程。

（1）连接录音设备。

（2）打开AU软件，新建声音工程文件，并设置文件名称，其他设置采用默认设置，如图6–20所示。

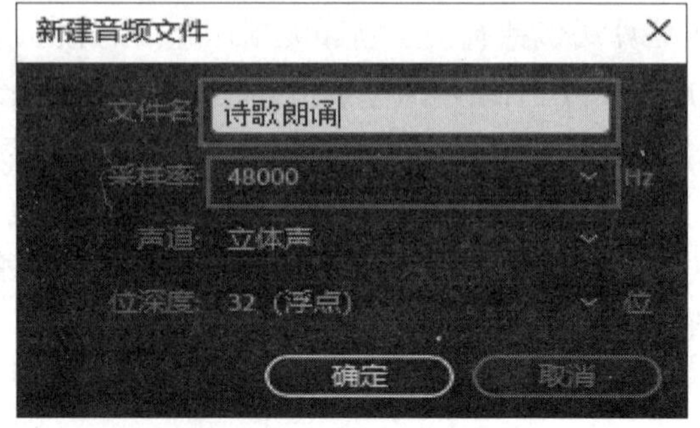

图 6–20　创建音频文件

（3）单击工作区下方的“录制”按钮，开始声音录制，如图6–21所示。

图 6–21　单击“录制”按钮开始录制

（4）将录制的声音文件进行存储。选择“文件”→“另存为”命令。

（5）设置“另存为”对话框属性。设置文件的存储位置，设置文件的保存格式为MP3。

录制声音案例至此结束。

2．制作手机铃声

（1）从网上下载自己喜欢的歌曲或者音乐，保存在计算机中，作为制作手机铃声的素材。也可以使用本书配套素材提供的歌曲作为素材。

（2）打开AU软件，单击“多轨”按钮，新建一个多个轨道组成的声音文件，如图6–22所示。

（3）导入素材。双击“文件”面板，在弹出的窗口中选择制作手机铃声的素材文件，比如“马克西姆–出埃及记.MP3”。

（4）认真听取声音素材，找到手机铃声的高潮部分作为自己的手机铃声，其他部分“剪切”处理，如图6–23所示。

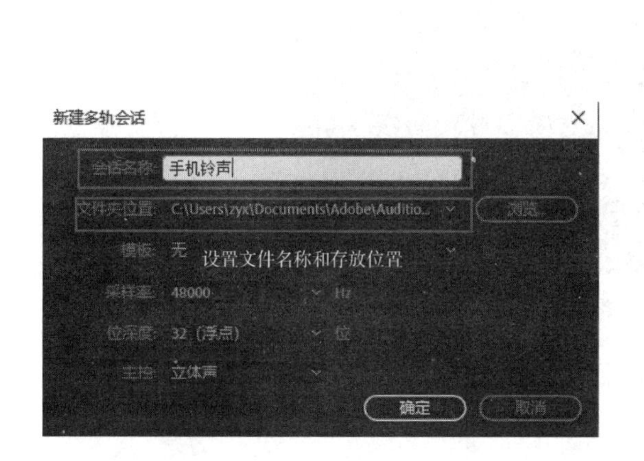

图 6-22　“新建多轨会话”对话框

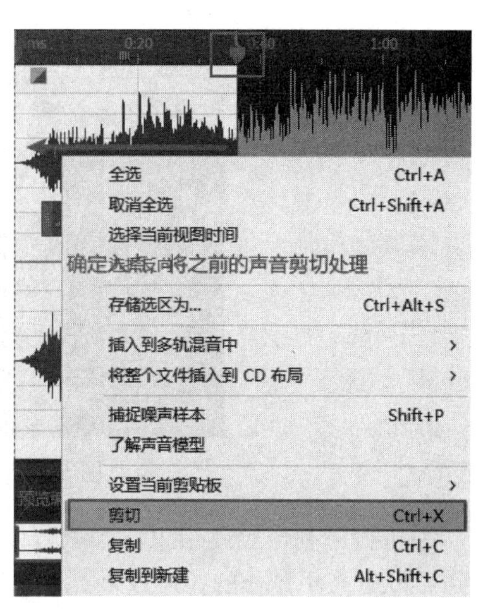

图 6-23　将高潮前段删除

（5）找到声音的出点，参考上一步的处理方法，将不需要的声音后半部分“剪切”处理，如图6-24所示。

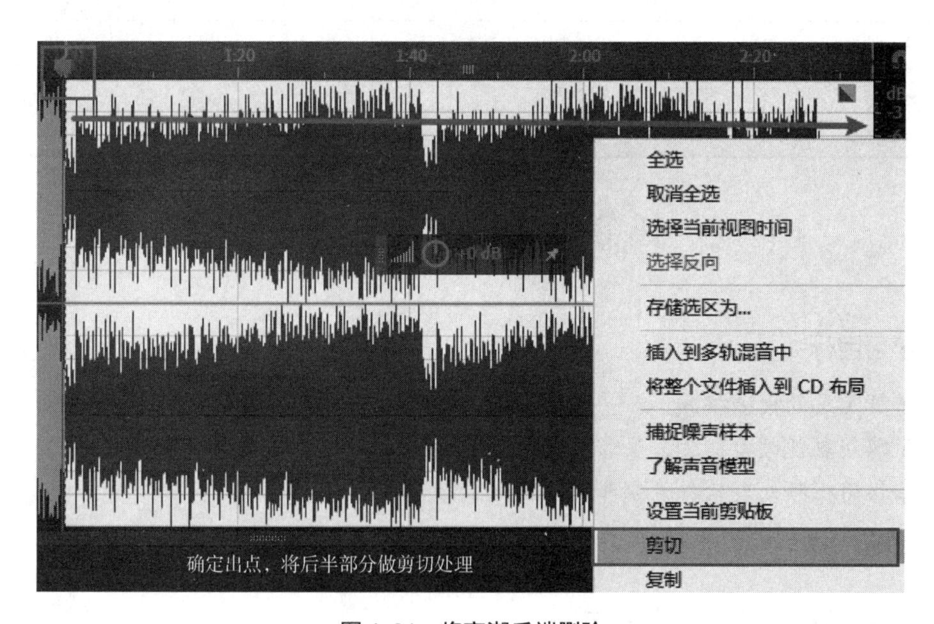

图 6-24　将高潮后端删除

（6）将制作好的铃声保存。选择“文件”→“另存为”命令，选择存储位置和保存格式，进行存储，如图6-25所示。

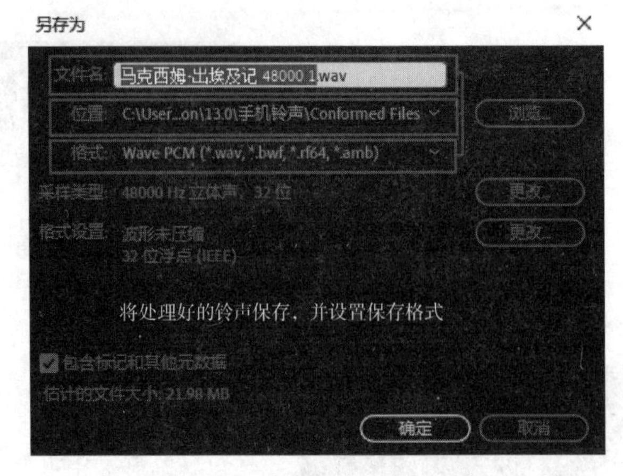

图 6-25　设置存储位置和格式

手机铃声制作至此结束。大家可以从文件的存放位置，使用音乐播放器打开制作的铃声，欣赏亲手制作的铃声效果。

实践练习评价

评价项目	自我评价		教师评价	
	小结	评分（5分）	点评	评分（5分）
音频文件格式				
音频文件编辑				
音频输出				

任务四　处理数字视频

学习目标

- 了解常见的视频格式。
- 了解获取视频素材的方法和技巧。
- 掌握用视频处理软件录制和编辑视频的基本操作。

理论知识

一、数字视频文件常见格式

视频编码格式来源于有关国际组织、民间组织和企业制定的视频编码标准。研究视频编码的主要目的是在保证一定视频清晰度的前提下缩小视频文件的存储空间。数字视频是对模拟视频信号数字化的结果。

1. MPEG 格式

MPEG的英文全称为Moving Picture Experts Group，即运动图像专家组格式，常见的VCD、SVCD、DVD就是这种格式。MPEG文件格式是运动图像压缩算法的国际标准，它采用了有损压缩方法，从而减少运动图像中的冗余信息。MPEG的压缩方法就是保留相邻两幅画面绝大多数相同的部分，而把后续图像中和前面图像有冗余的部分去除，从而达到压缩的目的。目前MPEG主要压缩标准有MPEG-1、MPEG-2、MPEG-4、MPEG-7与MPEG-21。

2. AVI 格式

AVI（Audio Video Interleaved，音频视频交错）将视频和音频封装在一个文件里，且允许音频同步于视频播放。这种视频格式的优点是图像质量好，可以跨多个平台使用；其缺点是体积过大，而且压缩标准不统一，最普遍的现象就是高版本Windows媒体播放器播放不了采用早期编码编辑的AVI格式视频。

3. MOV 格式

MOV即QuickTime影片格式，它是Apple公司开发的一种音频、视频文件格式，用于存储常用数字媒体类型。当选择QuickTime（.mov）作为保存类型时，动画将保存为.mov文件。Quick Time原本是Apple公司用于Mac计算机上的一种图像视频处理软件。

4. WMV 格式

WMV（Windows Media Video）是微软推出的一种流媒体格式，它是在ASF格式升级延伸来得。在同等视频质量下，WMV格式的体积非常小，因此很适合在网上播放和传输。

WMV是一种独立于编码方式的在Internet 上实时传播多媒体的技术标准，Microsoft公司希望用其取代QuickTime之类的技术标准以及WAV、AVI之类的文件扩展名。WMV的主要优点在于：可扩充的媒体类型、本地或网络回放、可伸缩的媒体类型、流的优先级化、多语言支持、扩展性等。

5. RM 格式与 RMVB 格式

RM格式是Real Networks公司所制定的音频视频压缩规范，全称为Real Media。RM作为目前主流网络视频格式，它还可以通过其Real Server服务器将其他格式的视频转换成RM视频并由Real Server服务器负责对外发布和播放。RMVB格式是由RM视频格式升级而来的视频格式。

二、数字视频格式转换

由于各个国家或者行业的视频执行标准不一致，甚至有的视频格式标准是由大型公司和企业发布的，面对不同的视频格式，我们在使用时，可能会无法播放、无法观看、无法编辑。使用视频格式转换工具可以解决这一问题。这里给大家分享一些常见的视频转换工具和软件。

1. 格式工厂

格式工厂是官方发布的绿色免费的中文版视频格式转换器。格式工厂中文版支持的格式化类型包括视频、音频和图片等主流媒体格式。格式工厂支持所有类型视频转到MP4/3GP/MPG/AVI/WMV/FLV/SWF。

2. 视频转换王

视频转换王是一款多功能视频格式转换器，除了基本的多种格式转换，还可以进行视频编辑。

3. 金舟视频格式转换器

金舟视频格式转换器是一款多功能的万能视频格式转换器，软件包含了视频格式转换、视频合并、视频转音频提取、视频与GIF互转等多种功能。

三、数字视频文件技术指标

1. 分辨率（Resolution）

视频分辨率是指视频成像产品所成图像的大小或尺寸，它的表达式为“水平像素数×垂直像素数”。常见的图像分辨率有QCIF（176×144）、CIF（352×288）、D1（704×576）、720P（1 280×720）、1 080P（1 920×1 080）。摄像机成像的最大分辨率是由CCD或CMOS感光器件决定的。现在有些摄像机支持修改分辨率，是通过摄像机自带软件裁剪原始图像生成的。

2. 帧率（Frame Rate）

一帧就是一副静止的画面，连续的帧快速播放就会形成动画，如电影等。我们通常所说的帧数就是在1 s时间里传输的图片的帧数，通常用fps（Frames Per Second）表示。高帧率可以得到更流畅、更逼真的动画。每秒钟帧数越多，所显示的动作就会越流畅。一般来说，图像帧率设置为25 fps或30 fps已经足够。

3. 码率（Data Rate）

码率是指视频图像经过编码压缩后在单位时间内的数据流量，也叫码流，是视频编码中画面质量控制中最重要的部分。同样分辨率下，压缩比越小，视频图像的码率就越大，画面质量就越高。

四、常见的视频编辑软件

1. 爱剪辑

爱剪辑是国内首款全能免费视频剪辑软件，也是迄今最易用的视频剪辑软件。它支持给视频加字幕、调色、加相框等齐全的剪辑功能，且其诸多创新功能和影院级特效，可以瞬间制作乐趣无穷的卡拉OK视频并拥有全球多达16种超酷的文字跟唱特效。

2. Adobe Premiere

Adobe Premiere是一款很常用的视频编辑软件，它编辑的画面质量比较好，而且有较好的兼容性，以与Adobe公司推出的其他软件相互协作。目前这款软件广泛应用于广告制作和电视节目制作当中，提供了采集、剪辑、调色、美化音频、字幕添加、输出、DVD刻录等一整套流程，非常全面。

3. Lightworks

Lightworks是一款专业的电影剪辑软件，在很多好莱坞大片中都参与过制作。Lightworks对普通用户免费，里面有多镜头同步、智能剪辑、实时滤镜等功能，可以实现多种电影级的处理效果，让视频展现出电影的风采。

微课

剪辑视频

使用爱剪辑处理数字视频

内容描述

爱剪辑是一款简单实用、易上手的视频剪辑软件。使用该软件可以进行视频裁剪、视频合并、添加视频特效、添加字幕、输出视频格式等操作。本次任务通过爱剪辑软件对素材进行加工，最终导出为一部视频短片。

操作过程

1. 使用“爱剪辑”软件处理视频

（1）爱剪辑界面功能介绍。双击“爱剪辑”软件图标，按照要求注册用户。登录用户以后，我们会看到弹出“新建”对话框，在对话框中设置视频的格式为1280×720（720P）的高清格式，设置文件导出的保存位置，单击“确定”按钮进入“爱剪辑”软件主界面，如图6-26所示。

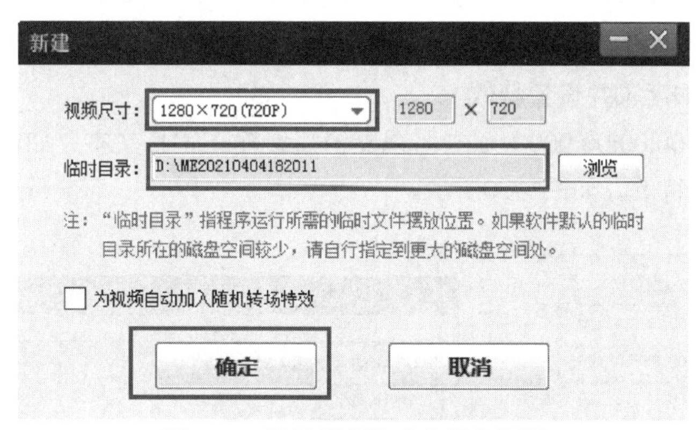

图 6-26 设置视频格式和保存位置

（2）认识“爱剪辑”软件的界面和简要功能，如图6-27所示。

（3）单击“添加视频”按钮，打开“赛车精彩实况”素材存放位置，选取文件并打开。

（4）剪辑视频素材。在右侧的监视器窗口中将播放速度调至2倍或者3倍，将视频完整观看一遍。然后找到视频合适的入点和出点，并记录下来，方便下一步进行剪辑处理。

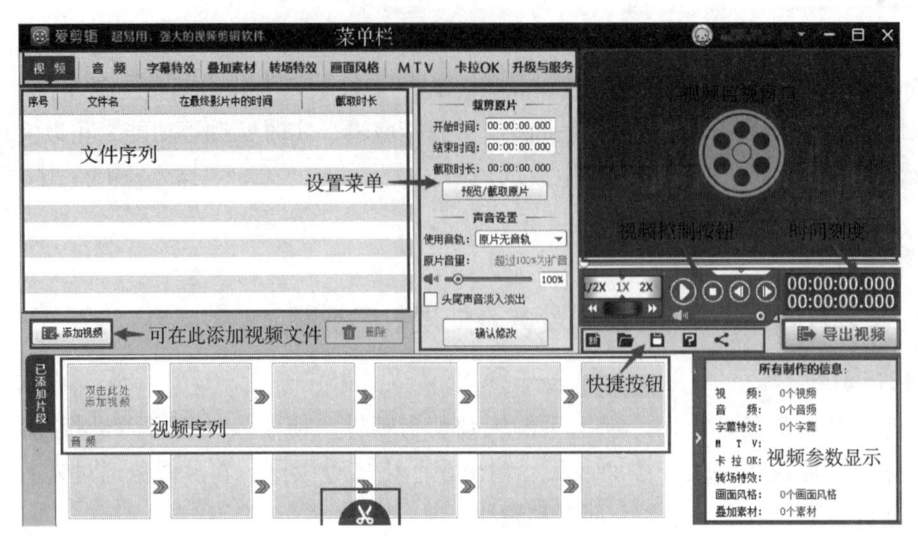

图 6-27　软件主界面

（5）截取视频。我们在“裁剪原片”区域中设置入点（00:00:37.400）和出点（00:05:50.720），单击“确认修改”按钮，如图6-28所示。

提示

入点和出点就是开始时间和结束时间，剪辑师一般需要重复观看多次视频素材并记录下需要剪辑的时间段，然后从视频从截取需要的部分，在这里，可以根据自己的喜好来剪辑视频，时间总体不少于2 min。

2. 为视频添加字幕并设置特效

在视频开头（00:00:00.000）双击监视器窗口，输入字幕文本，如图6-29所示，并设置文本属性和文本特效，如图6-30所示。

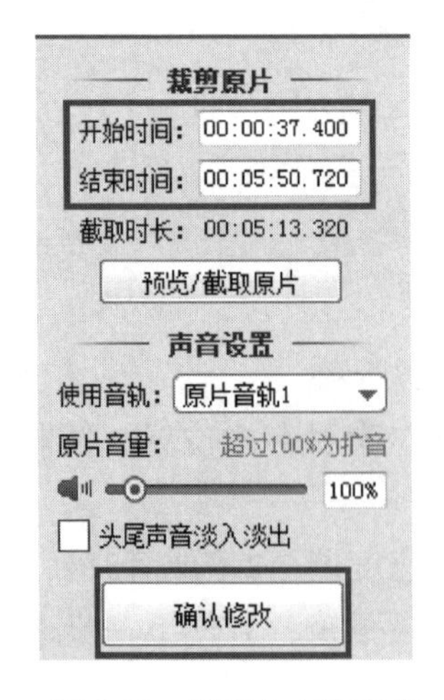

图 6-28　设置入点和出点

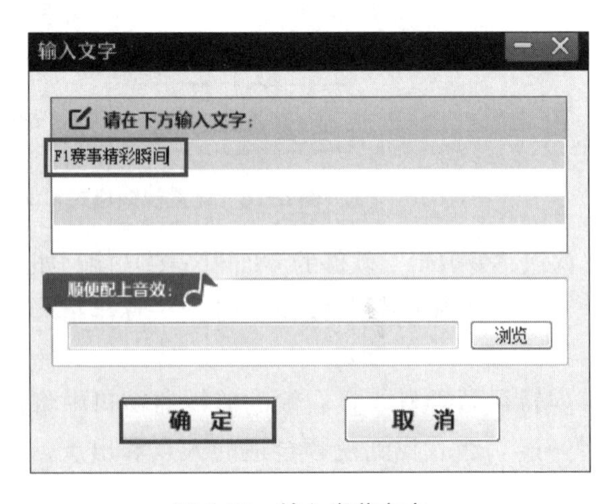

图 6-29　输入字幕文本

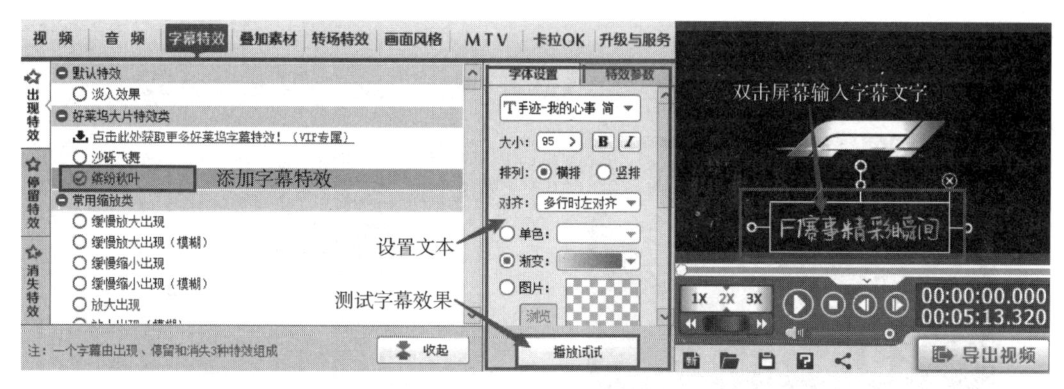

图 6-30　设置字幕参数

3. 添加转场特效

（1）将时间定位在（00:02:02.000）附近，单击“小剪刀”裁剪工具，将视频从时间点处一分为二，这样就可以在两个视频之间添加转场特效，如图6-31所示。

图 6-31　裁剪视频

（2）从菜单栏中找到“转场特效”选项单击打开，单击选择“涟漪特效”。这时，我们从监视器观察两个视频衔接处的转场特效（过渡），如图6-32所示。

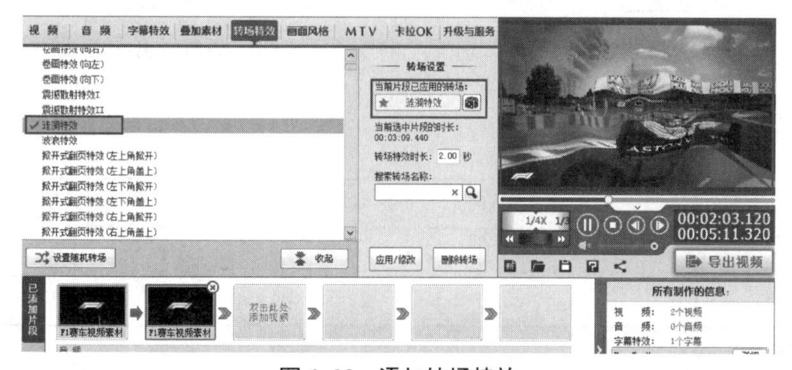

图 6-32　添加转场特效

（3）单击监视器右下角“导出视频”按钮，将我们添加了字幕特效和转场特效的视频合成并导出，如图6-33所示。根据图6-34～图6-36所示，逐步进行设置导出视频格式和存储位置。

图 6-33　导出视频

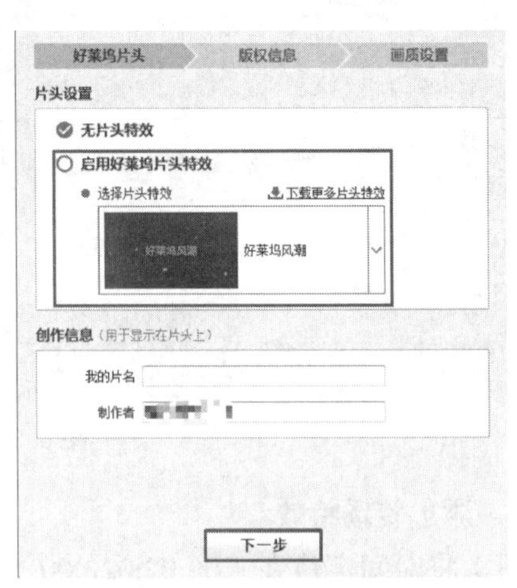

图 6-34　导出设置

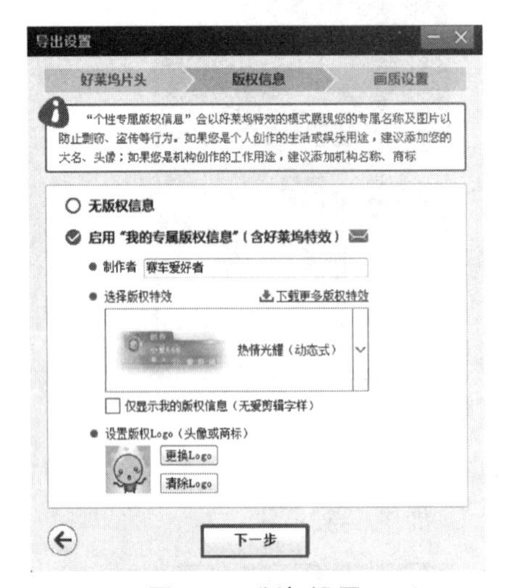

图 6-35　版权设置

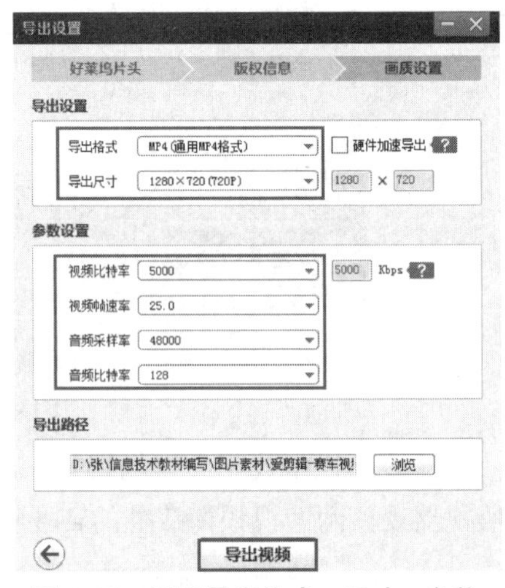

图 6-36　设置导出格式、尺寸、参数

实践练习评价

评价项目	自我评价		教师评价	
	小结	评分（5 分）	点评	评分（5 分）
视频格式转换				
编辑视频				
导出其他格式				

任务五　制作数字动画

学习目标

- 了解动画制作的流程。
- 掌握利用动画制作软件制作动画方法。
- 熟悉动画制作软件的基本操作。

理论知识

一、动画文件格式以及动画原理

（一）常见的动画文件格式

1. GIF 动画格式

GIF图像采用无损数据压缩方法中压缩率较高的LZW算法，文件尺寸较小，因此被广泛采用。GIF动画格式可以同时存储若干幅静止图像并进而形成连续的动画，目前Internet上大量采用的彩色动画文件多为GIF文件。

2. SWF 格式

SWF是Adobe公司的产品Flash的矢量动画格式，它采用曲线方程描述其内容，不是由点阵组成内容，因此这种格式的动画在缩放时不会失真，非常适合描述由几何图形组成的动画，如教学演示等。由于这种格式的动画可以与HTML文件充分结合，并能添加MP3音乐，因此被广泛地应用于网页上，成为一种“准”流式媒体文件。

3. FLV 格式

FLV 是Flash Video的简称，FLV流媒体格式是随着Flash的推出发展而来的视频格式。具有存储文件极小、加载速度极快，适合在网络观看视频文件。

4. MOV、QT 格式

MOV、QT都是QuickTime的文件格式。该格式支持256位色彩，支持RLE、JPEG等领先的集成压缩技术，提供了多种视频效果和声音效果，能够通过Internet提供实时的数字化信息流、工作流与文件回放，国际标准化组织（ISO）选择QuickTime文件格式作为开发MPEG4规范的统一数字媒体存储格式。

（二）动画原理

动画的原理是基于人眼的视觉暂留特性。动画是采用逐帧拍摄对象并连续播放而形成运动的影像技术。动画是通过把人物的表情、动作、变化等分解后化成许多动作瞬间的画幅，再用摄影机连续拍摄成一系列画面，给视觉造成连续变化的图画。它的基本原理与电影、电视一样，都是视觉暂留原理。

知识加油站

医学证明人类具有“视觉暂留”的特性，人的眼睛看到一幅画或一个物体后，在0.34 s内不会消失。利用这一原理，在一幅画还没有消失前播放下一幅画，就会给人造成一种流畅的视觉变化效果。

二、动画文件格式转换

动画是一种综合艺术门类，是工业社会人类寻求精神解脱的产物，它集合了绘画、漫画、电影、数字媒体、摄影、音乐、文学等众多艺术门类于一身的艺术表现形式。动画的应用广泛存在于现代人的生活之中。

动画其实也是“视频”的一种，但主要的区别在于动画文件占用存储空间小，播放画面流畅且特别适合在网络上传播和观看。下面介绍几种关于动画格式之间转换的软件。

（一）格式工厂

格式工厂是比较流行的视频、动画格式转换器。格式工厂中主要支持的格式化类型包括视频、音频和动画等主流媒体格式。格式工厂支持所有类型视频转到MP4/3GP/MPG/AVI/WMV/FLV/SWF。其中FLV和SWF是常见的动画视频格式。

（二）Aleo SWF GIF Converter

Aleo SWF GIF Converter是一款将SWF格式和GIF格式相互转换的工具，可以将SWF格式的Flash文件和GIF动画图片来回转换的工具，支持批量转换。

（三）金舟视频格式转换器

金舟视频格式转换器是一款多功能的万能视频格式转换器，软件包含了视频格式转换、视频合并、视频转音频提取、视频与GIF互转等多种功能。

三、数字动画文件技术指标

（一）帧速率

一帧就是一幅静态图像。帧速率是指1 s播放的画面数量，即帧的数量。一般帧速率为每秒30帧或每秒25帧。

（二）动画画面尺寸

动画的画面尺寸一般为320×240像素、1 280×1 024像素、1 920×1 080像素大小范围之间。画面的大小与图像质量和数据量有直接的关系，一般情况下，画面越大、图像质量越好，数据量越大。

（三）图像质量

图像质量和压缩比有关，一般来说，压缩比较小时对图像质量不会有太大的影响，但当压缩比超过一定的数值后，将会看到图像质量明显下降。所以，对于图像质量和数据量要适当折中选择。

（四）数据率

在不计压缩的情况下，帧动画的数据率是指帧速率与每帧图像数据量的乘积。

比如，一幅图像为1MB，则每秒的数据容量将达到25 MB或30 MB，即数据率为

25 MB/s或30 MB/s，经过压缩后数据率将减少至几十分之一。尽管如此，由于数据量太大致使计算机、显示器跟不上速度，因此，只能减少数据率和提高计算机的运算速度，可通过降低帧速率或缩小画面尺寸的方法减少数据率。

四、常见的视频编辑软件

（一）Flash

Flash是一款二维动画制作软件，是一种可视化的网页设计和网站管理工具，支持最新的Web技术，比较适合制作传播在网页当中的动画视频格式。网页设计者使用Flash创作出既漂亮又可改变尺寸的导航界面以及其他奇特效果。Adobe Flash现在正式更名为Animate。

（二）After Effects

After Effects简称AE，是由世界著名的图形设计、出版和成像软件设计公司Adobe Systems Inc.开发的专业非线性特效合成软件。这是一款基于图层控制的2D和3D后期合成软件，包含了上百种特效及预置动画效果。

（三）3D Studio Max

这款软件常简称3ds Max，是Discreet公司开发的（后被Autodesk公司合并）基于PC系统的三维动画渲染和制作软件。主要应用于建筑模型制作、三维动漫制作、室内装饰等领域，在3D渲染方面也很出色。

使用 Flash 制作序列动画

内容描述

Flash是最常见的二维动画制作软件，该软件动画制作方面能力突出，界面操作简单，可用于制作各类网页广告、多媒体课件、宣传动画、公益广告、各类交互式界面、影像制品等。下面通过下面的实例让大家了解帧序列动画的制作过程，深入理解动画的制作原理。

微课

逐帧动画

操作过程

1．前期素材准备

（1）网络资源下载：利用搜索引擎搜索下载免费资源。

（2）Flash自绘图形：利用Flash或其他绘图软件进行矢量图形绘制。

（3）数码设备拍摄：利用数码相机或者摄像机拍摄实物。

（4）购买素材资源包。

下面我们利用提供的素材包制作“小狗奔跑”序列动画。

2．制作逐帧动画

（1）从“开始”菜单或者桌面图标打开Flash软件，如图6-37所示。

（2）在启动界面选择ActionScript 3.0，进入Flash工作界面，如图6-38所示。

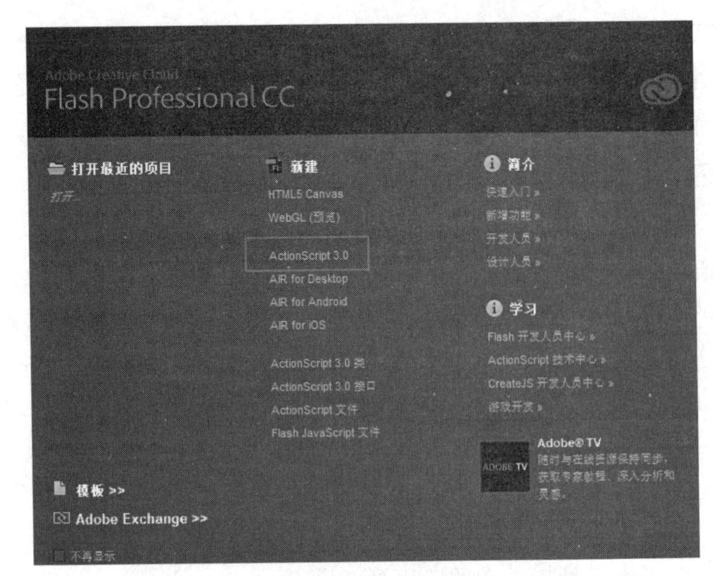

图 6-37　双击图标打开　　　　图 6-38　选择脚本语音

（3）我们先了解一下Flash软件的工作界面和功能区域，如图6-39所示。

图 6-39　软件界面及功能区

（4）按【Ctrl+J】组合键，打开“文档设置”对话框，设置文档属性，如图6-40所示。

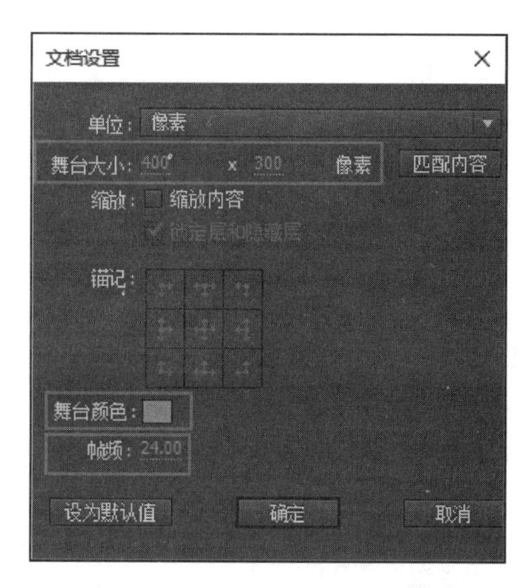

图 6-40　设置舞台大小、背景颜色和帧频

3．导入文件

选择“文件”→“导入”→“导入到舞台”命令，如图6-41所示。

4．选择帧序列动画素材存放位置

① 单击选择第一张图片“小狗奔跑0001”，单击“打开”按钮，如图6-42所示。

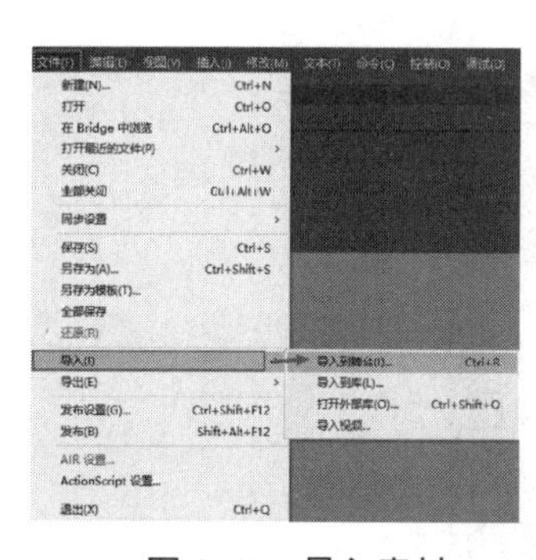

图 6-41　导入素材

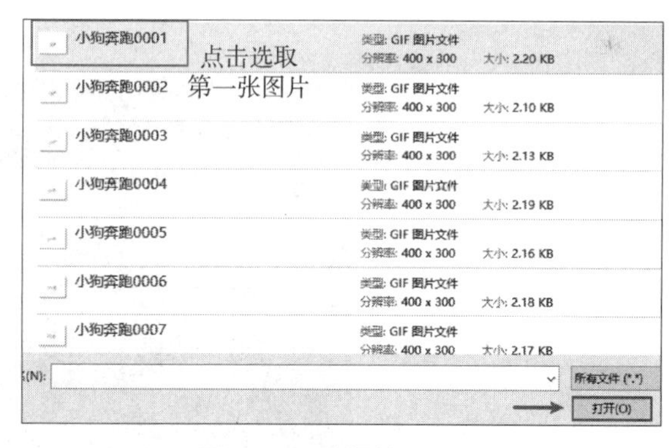

图 6-42　选择第一张序列图片

② 在弹出的快捷对话框中单击“是”按钮，如图6-43所示。

③ 按【Ctrl+Enter】组合键，观看动画效果。

图 6-43　单击“是”按钮确认

5. 导出文件

① 选择“文件”→“导出”→“导出影片”命令，如图6-44所示。选择存储位置，创建“小狗奔跑”文件夹，将文件夹双击打开，选择保存类型为“GIF动画”，如图6-45所示。

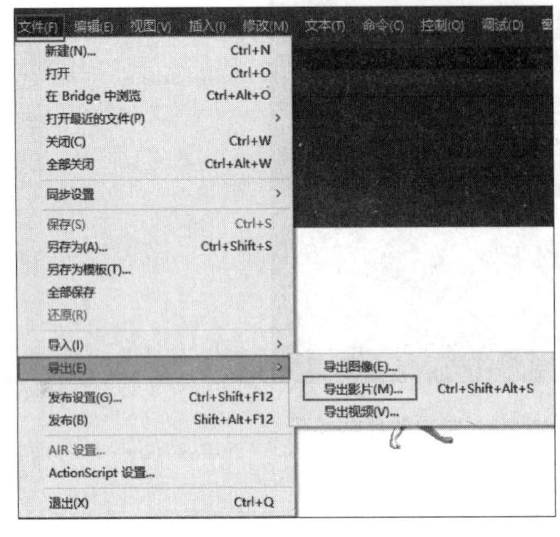

图 6-44　导出影片

图 6-45　选择导出文件格式

② 在“导出GIF”对话框中，单击“确定”按钮，如图6-46所示。这时，我们就可以关闭Flash软件，使用图片浏览软件打开GIF图像，查看动画效果。

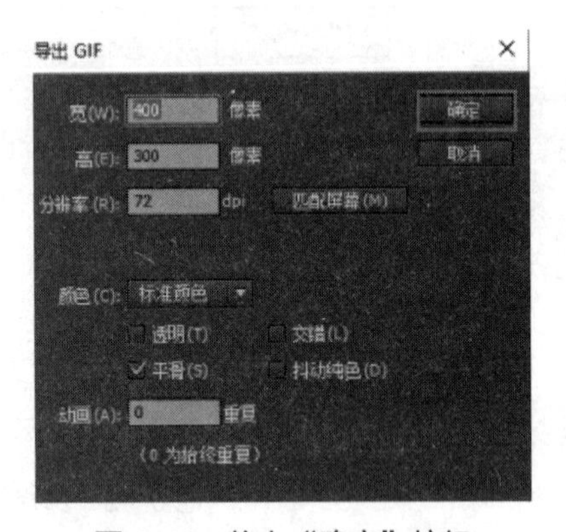

图 6-46　单击“确定”按钮

实践练习评价

评价项目	自我评价		教师评价	
	小结	评分（5分）	点评	评分（5分）
素材的准备				
制作序列动画				

任务六　初识虚拟现实与增强技术

学习目标

- 了解虚拟现实技术和增强现实技术的原理。
- 了解虚拟现实与增强现实的相关应用以及产品。
- 体验虚拟现实于增强现实产品服务。

理论知识

一、虚拟现实技术、增强现实技术

所谓虚拟现实（VR），就是虚拟和现实相互结合。从理论上来讲，虚拟现实技术是一种可以创建和体验虚拟世界的计算机仿真系统，它利用计算机生成一种模拟环境，使用户沉浸到该环境中。虚拟现实技术就是利用现实生活中的数据，通过计算机技术产生的电子信号，将其与各种输出设备结合使其转化为能够让人们感受到的现象，这些现象可以是现实中真真切切的物体，也可以是我们肉眼所看不到的物质，通过三维模型表现出来。因为这些现象不是我们直接所能看到的，而是通过计算机技术模拟出来的现实中的世界，故称虚拟现实，如图6-47所示。

增强现实（AR）也被称为扩增现实。增强现实技术是促使真实世界信息和虚拟世界信息内容之间综合在一起的较新的技术内容，其将原本在现实世界的空间范围中比较难以进行体验的实体信息在计算机等科学技术的基础上，实施模拟仿真处理，叠加将虚拟信息内容在真实世界中加以有效应用，并且在这一过程中能够被人类感官所感知，从而实现超越现实的感官体验。真实环境和虚拟物体之间重叠之后，能够在同一个画面以及空间中同时存在，如图6-48所示。

图6-47　虚拟现实

图6-48　增强现实

二、虚拟现实技术的特征

1. 沉浸性

体验VR产品时，用户沉浸在虚拟世界。沉浸性是虚拟现实技术最主要的特征，就是让用户成为并感受到自己是计算机系统所创造环境中的一部分，虚拟现实技术的沉浸性取决于用户的感知系统，当使用者感知到虚拟世界的刺激时，包括触觉、味觉、嗅觉、运动感知等，便会产生思维共鸣，造成心理沉浸，感觉如同进入真实世界。

2. 交互性

交互性是指用户对模拟环境内物体的可操作程度和从环境得到反馈的自然程度，使用者进入虚拟空间，相应的技术让使用者跟环境产生相互作用，当使用者进行某种操作时，周围的环境也会做出某种反应。如使用者接触到虚拟空间中的物体，那么使用者手上应该能够感受到，若使用者对物体有所动作，物体的位置和状态也应改变。

3. 多感知性

多感知性表示计算机技术应该拥有很多感知方式，比如听觉、触觉、嗅觉等。理想的虚拟现实技术应该具有一切人所具有的感知功能。由于相关技术，特别是传感技术的限制，目前大多数虚拟现实技术所具有的感知功能仅限于视觉、听觉、触觉、运动等几种。

4. 构想性

构想性也称想象性，使用者在虚拟空间中，可以与周围物体进行互动，可以拓宽认知范围，创造客观世界不存在的场景或不可能发生的环境。构想可以理解为使用者进入虚拟空间，根据自己的感觉与认知能力吸收知识，发散拓宽思维，创立新的概念和环境。

5. 自主性

自主性是指虚拟环境中物体依据物理定律动作的程度。如当受到力的推动时，物体会向用力的方向移动，或翻倒，或从桌面落到地面等。

三、虚拟现实技术应用

1. 在影视娱乐中的应用

由于虚拟现实技术在影视业的广泛应用，以虚拟现实技术为主而建立的第一现场9DVR体验馆得以实现。此体验馆可以让观影者体会到置身于真实场景之中的感觉，让体验者沉浸在影片所创造的虚拟环境之中。同时，随着虚拟现实技术的不断创新，此技术在游戏领域也得到了快速发展。虚拟现实技术是利用计算机产生的三维虚拟空间，而三维游戏刚好是建立在此技术之上的，三维游戏几乎包含了虚拟现实的全部技术，使得游戏在保持实时性和交互性的同时，也大幅提升了游戏的真实感，如图6-49所示。

图 6-49　虚拟现实技术在游戏中的应用

2．在教育中的应用

如虚拟现实技术已经成为促进教育发展的一种新型教育手段。利用虚拟现实技术可以帮助学生打造生动、逼真的学习环境，使学生通过真实感受来增强记忆。相比于被动性灌输，利用虚拟现实技术来进行自主学习更容易让学生接受，更容易激发学生的学习兴趣。此外，各大院校利用虚拟现实技术还建立了与学科相关的虚拟实验室来帮助学生更好地学习，如图6-50所示。

3．在设计领域的应用

虚拟现实技术在设计领域小有成就，例如室内设计，人们可以利用虚拟现实技术把室内结构、房屋外形通过虚拟技术表现出来，使之变成可以看得见的物体和环境。同时，在设计初期，设计师可以将自己的想法通过虚拟现实技术模拟出来，可以在虚拟环境中预先看到室内的实际效果，这样既节省了时间，又降低了成本。

4．在医学方面的应用

医学专家们利用计算机，在虚拟空间中模拟出人体组织和器官，让学生在其中进行模拟操作，并且能让学生感受到手术刀切入人体肌肉组织、触碰到骨头的感觉，使学生能够更快地掌握手术要领。而且，主刀医生们在手术前，也可以建立一个病人身体的虚拟模型，在虚拟空间中先进行一次手术预演，这样能够大大提高手术的成功率，让更多的病人得以痊愈，如图6-51所示。

图 6-50　虚拟现实技术应用于乒乓球教学中

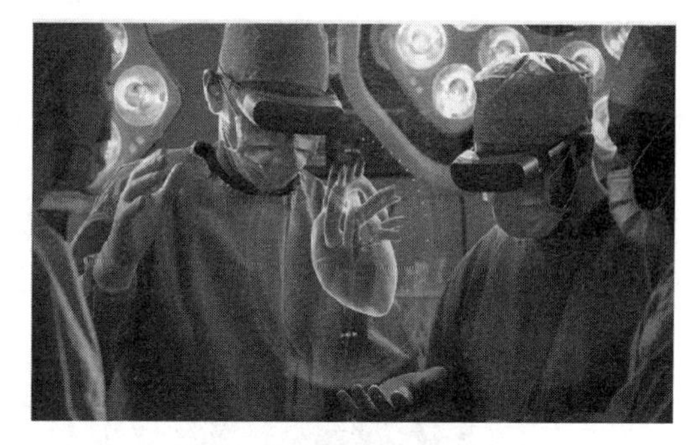

图 6-51　虚拟现实技术应用于医学

5．在军事方面的应用

由于虚拟现实的立体感和真实感，在军事方面，人们将地图上的山川地貌、海洋湖泊等数据通过计算机进行编写，利用虚拟现实技术，能将原本平面的地图变成一幅三维立体的地形图，再通过全息技术将其投影出来，这更有助于进行军事演习等训练，提高我国的综合国力。

除此之外，现在的战争是信息化战争，战争机器都朝着自动化方向发展，无人机便是信息化战争的最典型产物。

6. 在航空航天方面的应用

由于航空航天是一项耗资巨大、非常烦琐的工程，所以，人们利用虚拟现实技术和计算机的统计模拟，在虚拟空间中重现了现实中的航天飞机与飞行环境，使飞行员在虚拟空间中进行飞行训练和实验操作，极大地降低了实验经费和实验的危险系数，如图6–52所示。

图 6–52　虚拟现实技术应用于航天领域

四、常见的 VR 产品

（1）VR眼镜，如图6–53所示。

（2）VR游戏体验，如图6–54所示。

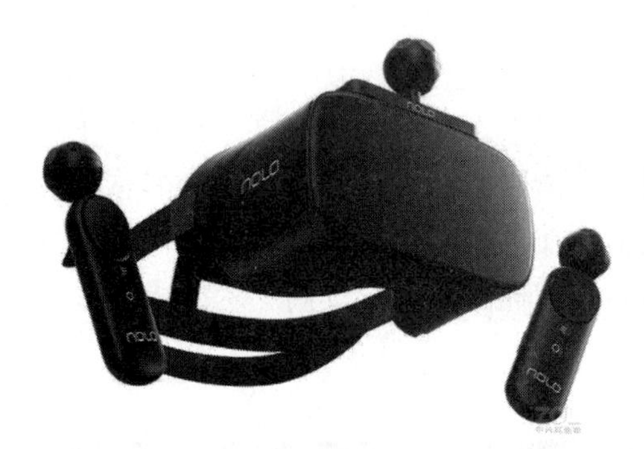

图 6–53　VR 眼镜

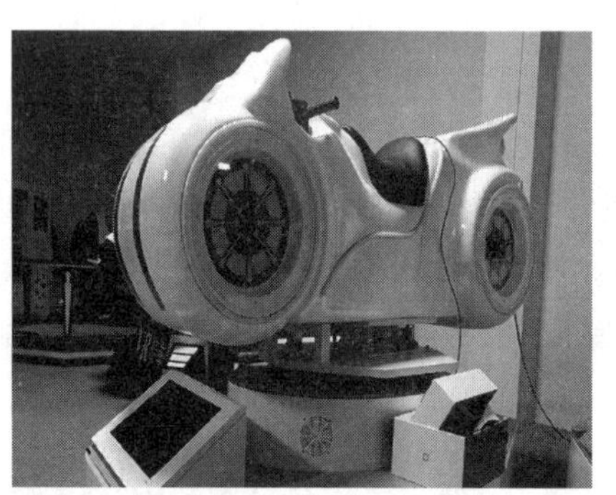

图 6–54　虚拟游戏

（3）VR直播，如图6–55所示。

图 6–55　VR 直播

实践练习

在手机上体验 VR 应用（安卓应用）

内容描述

在手机应用市场中搜索VR，就会出现很多体验VR的应用程序，本实践练习的主要目的是使同学们了解VR的梦幻体验。由于需要佩戴VR眼镜才能更好地体验，大家可以自行安排。钔龙MEL VR即梅尔化学虚拟现实是一门虚拟现实的化学课程，适合学校的课程设置。虚拟现实把学习变成了一种有趣的过程，使用科学游戏和沉浸式的方法学习化学的基础知识。

操作过程

手机端安装VR应用：

（1）打开手机应用市场，在搜索栏中输入VR。

（2）找到名为“钔龙MEL VR”的手机应用，安装并下载。

（3）授予手机访问权限后，就可以体验VR技术在教学当中的应用，如图6-56和图6-57所示。

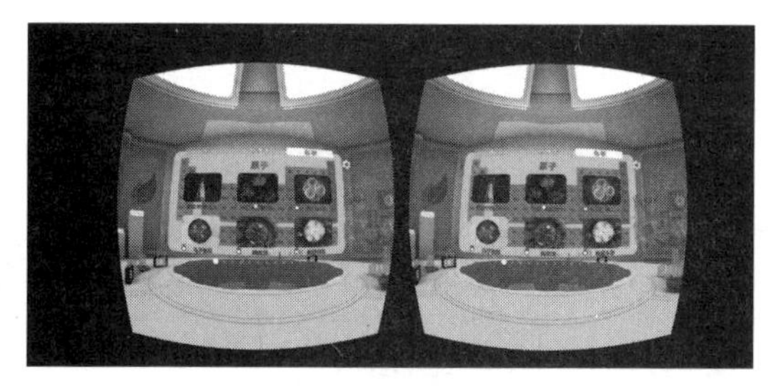

图 6-56　手机端 VR 体验

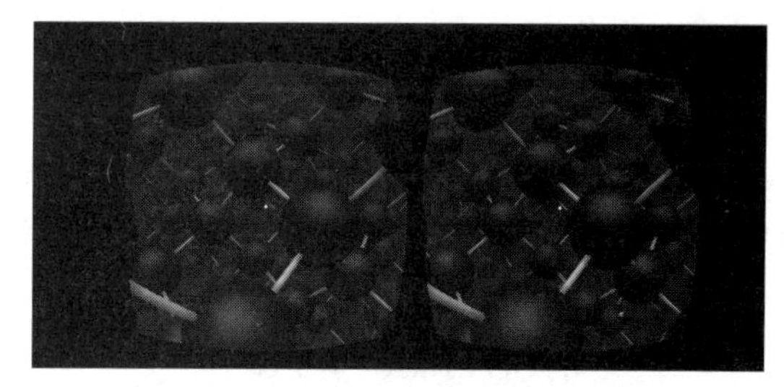

图 6-57　VR 观察钻石内部结构

实践练习评价

评价项目	自我评价		教师评价	
	小结	评分（5分）	点评	评分（5分）
VR 体验感受				
了解 VR 设备				

项目小结

数字媒体作为信息时代的代表，传播于各大多媒体平台上，本项目主要介绍了音频、图形图像、视频、动画等多种数字媒体表现形式，介绍了处理各类数字媒体数据的软件，并通过各个实践练习让大家掌握初步的数字媒体处理技术和能力。

数字媒体作为强大的信息传输主流媒体，形式多样，内容丰富，具有强大而直观的视觉体验。打开一个网页，就可以在网上看到有文字、图片、视频、动画、声音等多种数据形式，这是一种发展趋势，我们以后会有更加丰富的体验，这取决于计算机技术的发展、网络技术的发展和数字媒体技术的发展。

在未来的就业中，大多数岗位会对就业者提出新的工作能力要求，其中数字媒体的处理能力会越来越处于重要地位，我们只有掌握常见的音频、视频、动画等不同类型的文件的处理能力，以及各个不同格式之间的转换，才能更加轻松地战胜以后工作中的各类挑战。

VR、AR、MR技术会引领一个时代，随着技术的不断完善，虚拟现实技术会深入到我们生活、工作、学习的任何角落，所以让大家了解虚拟现实技术是本项目的目的之一。

练习与思考题

一、单项选择题

1. 下列文件格式属于音频格式的是（　　）。

A. ASF　　B. WAV

C. MOV　　D. RMVB

2. 下列采集的波形声音质量最好的是（　　）。

A. 单声道、16位量化、22.05 kHz采样频率

B. 双声道、16位量化、44.1 kHz采样频率

C. 单声道、8位量化、22.05 kHz采样频率

D. 双声道、8位量化、44.1kHz采样频率

3. 下列图像格式中全是位图格式的是（　　）。

A. PSD　BMP　JPEG　　B. JPEG　GIF　CDR

C. GIF　CDR　DWG　　D. DWG　EPS　DXF

4. 数字视频主要的获取途径包括（　　）。

（1）从现成的数字视频中截取　　（2）利用计算机软件作视频

（3）用数字摄像机直接摄录　　（4）视频数字化

A.（4）　　B.（1）（2）

C.（2）（3）　　D.（1）（2）（3）（4）

二、简答题

1. 虚拟现实技术包含什么？

2. 获取视频素材有哪几种常见的方式？

项目七　信息安全基础

项目综述

随着计算机应用范围越来越广泛，尤其是Internet应用的普及，许多计算机中存储着个人、公司甚至国家机密的重要信息，各行各业对计算机网络的依赖程度也越来越高，而计算机很容易受到内部窃贼、计算机病毒和网络黑客的攻击，具有极大的风险性和危险性，这种高度依赖将使社会变得十分“脆弱”。重要数据、文件的滥用、泄露、丢失和被盗，不仅会给国家、企业和个人造成巨大的经济损失，严重的甚至将危及国家安全和社会稳定。

本项目介绍计算机信息系统安全的基本知识，讲解提高计算机系统安全性的方法，学习相关安全维护软件的使用。

任务一　认知信息安全

学习目标

- 了解信息安全。
- 掌握信息安全的属性。
- 掌握信息安全的主要类型和威胁因素。
- 了解信息安全保障机制。

理论知识

所谓计算机信息系统，是指由计算机及其相关的和配套的设备、设施（含网络）构成的，按照一定的应用目标和规则对信息进行采集、加工、存储、传送、检索等处理的人机系统。

计算机信息系统安全包括实体安全、信息安全、运行安全和人员安全等几个部分。人员安全主要是指计算机使用人员的安全意识、法律意识、安全技能等。

一、信息安全的定义

信息（Information）是通过在数据上施加某些约定而赋予这些数据的特殊含义。

计算机信息安全是指计算机信息系统的硬件、软件、网络及系统中的数据受到保护，不受偶然的或者恶意的原因而遭到破坏、更改、泄露，系统能连续、可靠、正常地运行，信息服务不中断。

二、信息安全的主要特性

在美国国家信息基础设施（NII）的文献中，明确给出信息安全的5个属性：保密性、完整性、可用性、可控性和不可抵赖性。这5个属性适用于国家信息基础设施的教育、娱乐、医疗、运输、国家安全、电力供给及通信等广泛领域。

（1）保密性（Confidentiality）是网络信息不被泄露给非授权的用户、实体或过程，或供其利用的特性。即防止信息泄露给非授权个人或实体，信息只为授权用户使用的特性。保密性是在可靠性和可用性基础之上，保障网络信息安全的重要手段。

（2）完整性（Integrity）是网络信息未经授权不能进行改变的特性。即网络信息在存储或传输过程中保持不被偶然或蓄意地删除、修改、伪造、乱序、重放、插入等破坏和丢失的特性。完整性是一种面向信息的安全性，它要求保持信息的原样，即信息的正确生成和正确存储和传输。

（3）可用性（Availability）是网络信息可被授权实体访问并按需求使用的特性。即网络信息服务在需要时，允许授权用户或实体使用的特性，或者是网络部分受损或需要降级使用时，仍能为授权用户提供有效服务的特性。简单地说，就是保证信息在需要时能为授权者所用，防止由于主客观因素造成的系统拒绝服务。可用性是网络信息系统面向用户的安全性能。

（4）可控性（Manageablility）是对信息的传播路径、范围及其内容所具有的控制能力，即不允许不良内容通过公共网络进行传输，使信息在合法用户的有效掌控之中。

（5）不可抵赖性（Non-Repudiation）也称不可否认性，在网络信息系统的信息交互过程中，确信参与者的真实同一性，即所有参与者都不可能否认或抵赖曾经完成的操作和承诺。利用信息源证据可以防止发信方不真实地否认已发送信息，利用递交接收证据可以防止收信方事后否认已经接收的信息。数据签名技术是解决不可否认性的重要手段之一。

三、信息安全的主要类型

网络信息安全由于不同的环境和应用而产生了不同的类型。主要有以下几种。

1. 运行系统安全

运行系统安全是保证信息处理和传输系统的安全。它侧重于保证系统正常运行。避免因为系统的崩溃和损坏而对系统存储、处理和传输的消息造成破坏和损失。避免由于电磁泄漏，产生信息泄露干扰他人或受他人干扰。

2. 系统信息安全

系统信息安全包括用户口令鉴别、用户存取权限控制、数据存取权限、方式控制、安全审计、安全问题跟踪、计算机病毒防治以及数据加密等。

3. 信息传播安全

信息传播安全即信息传播后果的安全，包括信息过滤等。它侧重于防止和控制由非法、有害的信息进行传播所产生的后果，避免公用网络上自由传播的信息失控。

4. 信息内容安全

信息内容安全侧重于保护信息的保密性、真实性和完整性。避免攻击者利用系统的安全漏洞进行窃听、冒充、诈骗等有损于合法用户的行为。其本质是保护用户的利益和隐私。

四、威胁信息安全的可能因素

信息安全面临的威胁来自多方面，主要表现在以下几个方面。

（1）软件漏洞：每一个操作系统或网络软件的出现都不可能是无缺陷和无漏洞的。这就使我们的计算机处于危险的境地，一旦连接入网，将可能会成为众矢之的。

（2）配置不当：安全配置不当容易造成安全漏洞。例如，防火墙软件的配置不正确，那么它根本不起作用。对特定的网络应用程序，当它启动时，就打开了一系列的安全缺口，许多与该软件捆绑在一起的应用软件也会被启用。除非用户禁止该程序或对其进行正确配置，否则，安全隐患始终存在。

（3）计算机病毒：目前数据安全的头号大敌是计算机病毒，它是编制者在计算机程序中插入的破坏计算机功能或数据，影响计算机软件、硬件的正常运行并且能够自我复制的一组计算机指令或程序代码。计算机病毒具有传染性、寄生性、隐蔽性、触发性、破坏性等特点。因此，提高对病毒的防范刻不容缓。

（4）内部泄密：系统工作人员有意或无意将机密信息外泄也是需要防范的问题。信息网络必须具有先进的监测、管理手段，并建立完善的法规和管理制度，对工作人员必须加强教育，以防止或减少这类事件的发生。

（5）黑客：对于计算机数据安全构成威胁的另一个方面是来自计算机黑客（Hacker）。黑客利用系统中的安全漏洞非法进入他人计算机系统。黑客攻击手段可分为非破坏性攻击和破坏性攻击两类。非破坏性攻击一般是为了扰乱系统的运行，并不盗窃系统资料，通常采用拒绝服务攻击或信息炸弹；破坏性攻击是以侵入他人计算机系统、盗窃系统保密信息、破坏目标系统的数据为目的。

五、信息安全保障机制

信息安全机制是保护网络信息安全所采用的措施，所有的安全机制都是针对某些潜在的安全威胁而设计的，可以根据实际情况单独或组合使用。

（1）加密机制：加密是提供数据保密的最常用方法。用加密的方法与其他技术相结合，可以提供数据的保密性和完整性。

（2）数字签名机制：数字签名是解决网络通信中特有的安全问题的有效方法。特别是针对通信双方发生争执时可能产生的，例如否认、伪造、冒充、篡改等安全问题。

（3）访问控制机制：访问控制是按事先确定的规则决定主体对客体的访问是否合法。当一个主体试图非法使用一个未经授权使用的客体时，该机制将拒绝这一企图，并附带向审计跟踪系统报告这一事件。

（4）数据完整性机制：验证收到的数据是否与原来数据之间保持完全一致的证明手段。数据的完整性验证是用来抗击主动攻击的篡改等行为。

（5）交换鉴别机制：交换鉴别是以交换信息的方式来确认实体身份的机制。用于交换鉴别的技术有口令、密码技术、特征实物。

（6）业务流量填充机制：主要是对抗非法者在线路上监听数据并对其进行流量和流向分析。采用的方法一般由保密装置在无信息传输时，连续发出伪随机序列，使得非法者不知哪些是有用信息、哪些是无用信息。

（7）路由控制机制：可使信息发送者选择特殊的路由，以保证数据安全。

（8）公正机制：如同国家设立的公证机构一样，提供公正服务，仲裁出现的问题。引入公正机制可使通信的双方进行数据通信时必须通过这个机构来转换，以确保公证机构能得到必要的信息，供以后仲裁。

实践练习

设置“防火墙”

内容描述

微课

设置防火墙

“防火墙”是一种计算机硬件和软件的组合，是隔离在本地网络与外界网络之间的一道防御系统，它使互联网与内部网之间建立起一个安全网关（Security Gateway），从而保护内部网免受非法用户的侵入。入侵者必须首先穿越防火墙的安全防线，才能接触目标计算机。防火墙可配置成许多不同保护级别。高级别的保护可能会禁止一些服务，如视频流等。

在没有安装安全软件的情况下，如关闭Windows 10系统防火墙后，将无法对计算机的基础安全进行保护，这会极大地增加计算机受到病毒感染的风险。

操作过程

可以通过以下两种方法设置防火墙。

1. 方法一

（1）通过“开始”菜单栏，选择“设置”，打开Windows设置面板，如图7–1所示。

图 7–1　打开 Windows 设置面板

（2）在Windows设置面板中单击“更新和安全”，进入系统更新界面，如图7–2所示。

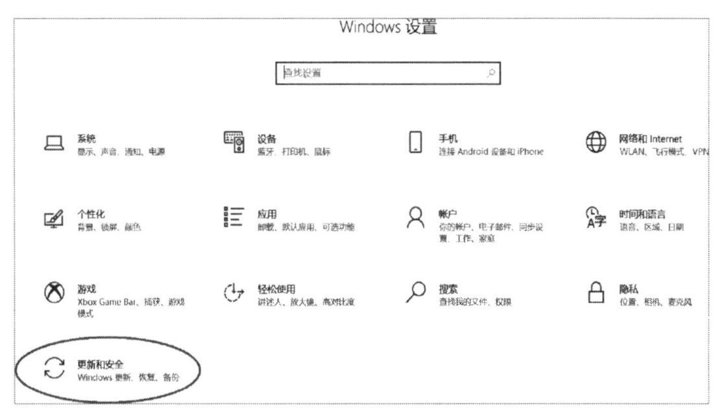

图 7-2　选择“更新和安全”

（3）在“Windows更新”界面依次单击“Windows安全中心”→“防火墙和网络保护”，如图7–3所示。

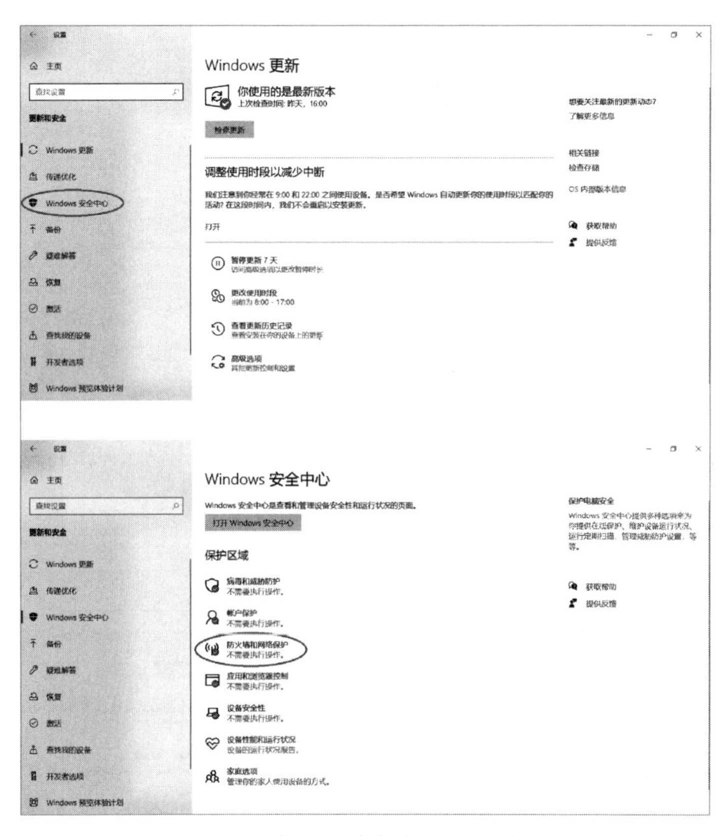

图 7-3　打开“防火墙和网络保护”

（4）在“防火墙和网络保护”页面单击“域网络”。在打开的页面中可通过红色标识提示的开关进行当前网络类型“防火墙”的开启和关闭控制，如图7–4所示。

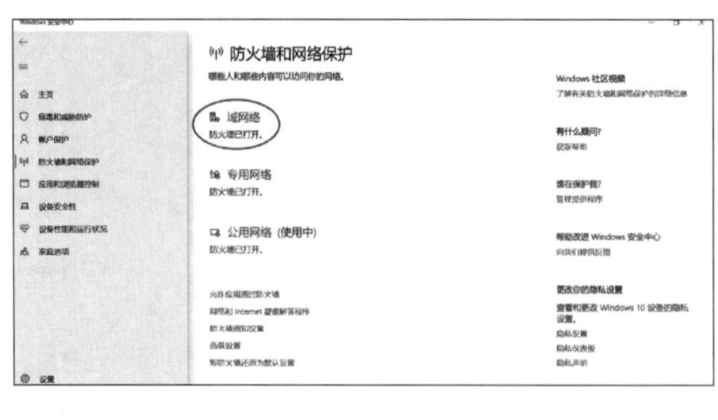

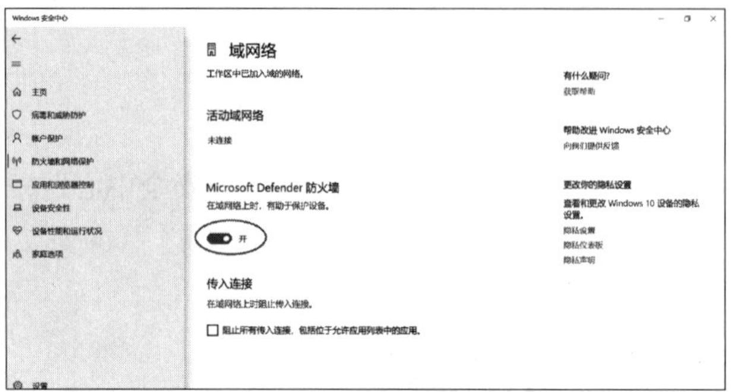

图 7-4　启动防火墙

（5）通过此方法，可开启或关闭不同网络类型的“防火墙”，如图7-5所示。

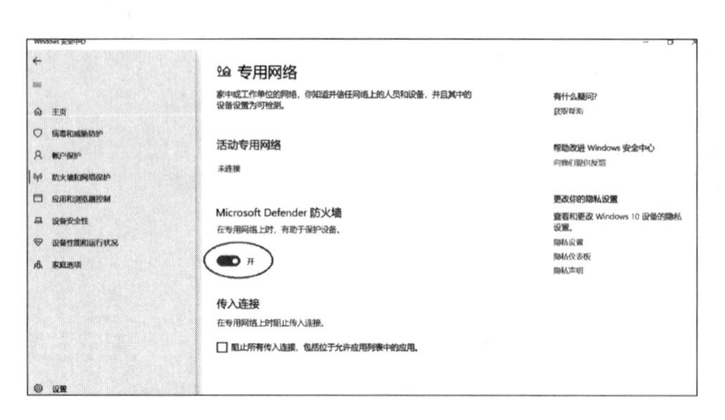

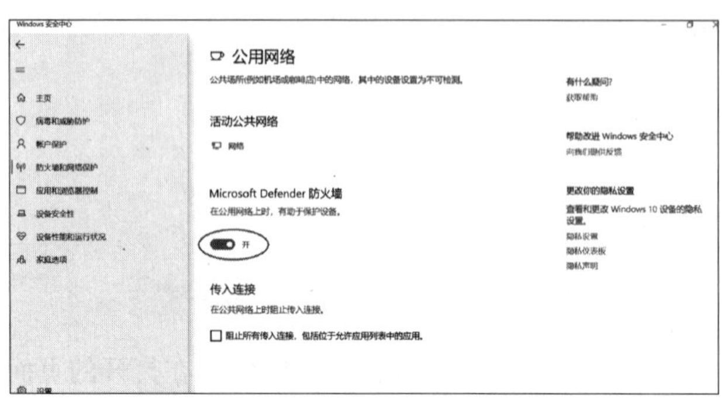

图 7-5　启动不同网络类型的防火墙

2. 方法二

（1）双击桌面图标“控制面板”，单击“Windows Defender防火墙”，如图7-6所示。

图 7-6　通过控制面板打开防火墙项目界面

（2）单击“启用或关闭Windows Defender 防火墙”，在“自定义各类网络的设置”界面中可进行不同网络类型“防火墙”的开启或关闭控制，最后单击“确定”按钮即可，如图7-7所示。

图 7-7　启用防火墙

实践练习评价

评价项目	自我评价		教师评价	
	小结	评分（5分）	点评	评分（5分）
设置系统防火墙				

任务二　认知计算机病毒及防治

学习目标

- 了解计算机病毒的基础知识。
- 了解计算机病毒的危害。
- 掌握计算机病毒的特点。
- 掌握病毒防治方法。

理论知识

计算机病毒（Computer Viruses）是一种人为编制的小程序，它具有自我复制能力，能在计算机系统中生存、繁殖和传播。它不是独立存在的，而是通过非授权入侵而隐藏在可执行程序和数据文件中，影响并破坏正常程序的执行和数据安全，通常具有相当大的破坏性。

一、计算机病毒的分类

计算机病毒的分类方法有多种，按照病毒的传染方式，即病毒在计算机中的传播方式有引导型病毒、文件型病毒及深入型病毒三种。

① 引导型病毒：开机启动时，在DOS的引导过程中被写入内存的病毒称为引导型病毒。它不以文件的形式存在磁盘上，没有文件名，不能用dir命令显示，也不能用del命令删除，十分隐蔽。

② 文件型病毒：文件型病毒也称外壳型病毒。这种病毒的载体是可执行文件，即文件扩展名为.com、.exe等的程序，它们存放在可执行文件的头部或尾部，将病毒的代码加载到主要传染可执行文件。当运行感染该病毒的文件时，病毒即可得到控制权并进行传播或破坏活动。

③ 深入型病毒：深入型病毒也称混合型病毒，具有引导型病毒和文件型病毒两种特征，以两种方式进行传染。这种病毒既可以传染引导扇区，又可以传染可执行文件，从而传播范围更广。这种病毒也更难于被消除干净。

二、计算机病毒的特点

1. 隐蔽性

病毒程序一般很短小，在发作之前人们很难发现它的存在。

2. 触发性

计算机病毒一般都有一个触发条件，具备了触发条件后病毒便发作。

3. 潜伏性

病毒可以长期隐藏在文件中，而不表现出任何症状。只有在特定的触发条件下，病毒才开始发作。

4．寄生性

通常情况下，计算机病毒都是在其他正常程序或数据中寄生，在此基础上利用一定媒介实现传播，在宿主计算机实际运行过程中，一旦达到某种设置条件，计算机病毒就会被激活，随着程序的启动，计算机病毒会对宿主计算机文件进行不断修改，使其破坏作用得以发挥。

5．传染性

计算机病毒随着正常程序的执行而繁殖，随着数据或程序代码的传送而传播。因此，它能够通过U盘、网络等途径迅速地在程序之间、计算机之间、计算机网络之间传播。入侵之后，往往可以实现病毒扩散，进而造成系统大面积瘫痪等事故。

6．破坏性

病毒发作时会对计算机系统工作状态或系统资源产生不同程度的破坏。

7．可执行性

计算机病毒与其他合法程序一样，是一段可执行程序，但它不是一个完整的程序，而是寄生在其他可执行程序上，因此它享有一切程序所能得到的权力。

8．病毒的针对性

不同的计算机病毒是针对特定的计算机和特定的操作系统进行攻击的。

三、计算机病毒的危害

1．病毒发作对计算机数据信息的直接破坏作用

大部分病毒在发作的时候直接破坏计算机的重要信息数据，所利用的手段有格式化磁盘、改写文件分配表和目录区、删除重要文件或者用无意义的“垃圾”数据改写文件、破坏CMOS设置等。

2．占用磁盘空间和对信息的破坏

寄生在磁盘上的病毒总要非法占用一部分磁盘空间。引导型病毒的一般侵占方式是由病毒本身占据磁盘引导扇区，而把原来的引导区转移到其他扇区，也就是说引导型病毒要覆盖一个磁盘扇区。被覆盖的扇区数据将永久性丢失，无法恢复。

文件型病毒利用一些DOS功能进行传染，这些DOS功能能够检测出磁盘的未使用空间，把病毒的传染部分写到磁盘的未使用部位。所以在传染过程中一般不破坏磁盘上的原有数据，但非法侵占了磁盘空间，造成磁盘空间的严重浪费。

3．抢占系统资源

大多数病毒在动态下常驻内存，必然抢占一部分系统资源。病毒所占用的基本内存长度大致与病毒本身长度相当。除占用内存外，病毒还抢占终端，干扰系统运行。

4．影响计算机运行速度

病毒为了判断传染激发条件，会对计算机的工作状态进行监视，影响计算机运

行速度；病毒在进行传染时同样要插入非法的额外操作，使计算机运行速度明显变慢；有些病毒进行了加密，CPU每次运行病毒时都要解密后再执行，必然影响计算机运行速度。

5. 计算机病毒给用户造成严重的心理压力

计算机病毒像"幽灵"一样笼罩在广大计算机用户心头，给人们造成巨大的心理压力，极大地影响了现代计算机的使用效率，由此带来的无形损失是难以估量的。

四、计算机病毒的防治

病毒在计算机之间传播的途径主要有两种：一种是在不同计算机之间使用U盘交换信息时，隐蔽的病毒伴随着有用的信息传播出去；另一种是在网络通信过程中，随着不同计算机之间的信息交换，造成病毒传播。由此可见，计算机之间信息交换的途径便是病毒传染的途径。

为保证计算机运行的安全有效，在使用计算机的过程中要特别注意对病毒传染的预防，如发现计算机工作异常，要及时进行病毒检测和杀毒处理。建议采取以下措施：

（1）要重点保护好系统盘，不要写入用户的文件。

（2）尽量不使用外来U盘，必须使用时先进行病毒检测和查杀。

（3）计算机上安装对病毒进行实时监测的软件，发现病毒及时报告，以便用户做出正确的处理。

（4）在正规的官方网站下载软件，提高防止病毒侵入的有效性。

（5）对重要的软件和数据定时备份，以便在发生病毒感染而遭破坏时，可以恢复系统，并减少重要文件的损失。

（6）定期对计算机进行检测，及时发现、清除隐蔽的病毒。

（7）经常更新杀毒软件，保证杀毒软件的病毒库为最新，为计算机提供保护。

实践练习

使用安全防护软件进行系统维护

内容描述

使用"360安全卫士"进行计算机系统维护，使用"360杀毒"进行计算机病毒的查杀，提高计算机安全防御能力。

操作过程

1. 使用"360 安全卫士"进行计算机系统维护

（1）通过"360官方网站"下载并安装最新版"360安全卫士"，如图7-8所示。

（2）运行"360安全卫士"，单击"立即体检"，开始系统维护，如图7-9所示。

图 7-8　下载和安装 360 安全卫士

图 7-9　系统体检

微课

使用安全防护软件进行系统维护

（3）在“检测结果”界面单击“一键修复”按钮，如图7-10所示。

图 7-10　系统修复

（4）计算机基础修复完成，如图7-11所示。

图 7-11　系统修复完成

（5）按照此方法，分别单击“木马查杀”“电脑清理”“系统修复”“优化加速”按钮，对计算机进行全面维护，如图7-12所示。

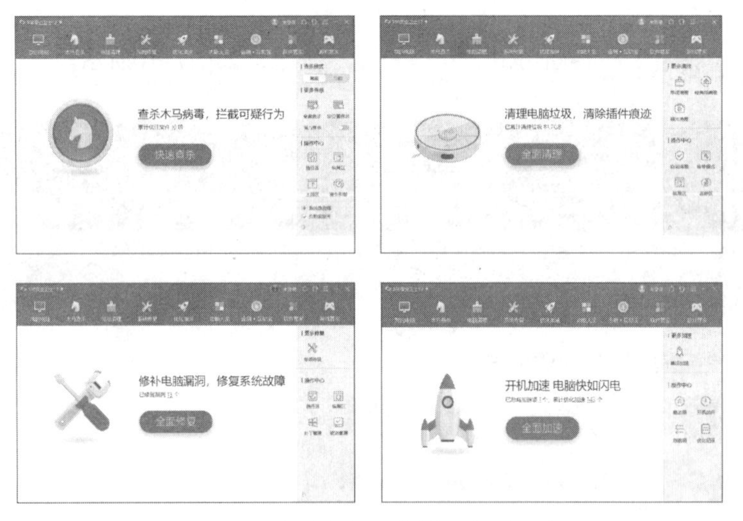

图 7-12　使用软件进行系统全面维护

2. 使用“360 杀毒”软件进行计算机病毒的查杀

（1）通过“360官方网站”下载并安装“360杀毒”软件最新版本，如图7-13所示。

图 7-13　下载 360 杀毒软件

（2）运行“360杀毒”软件，单击“全盘扫描”或“快速扫描”，开始对计算机病毒的扫描检测，如图7-14所示。

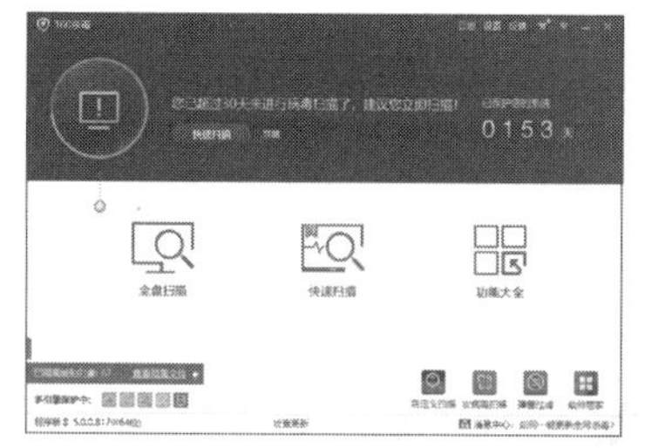
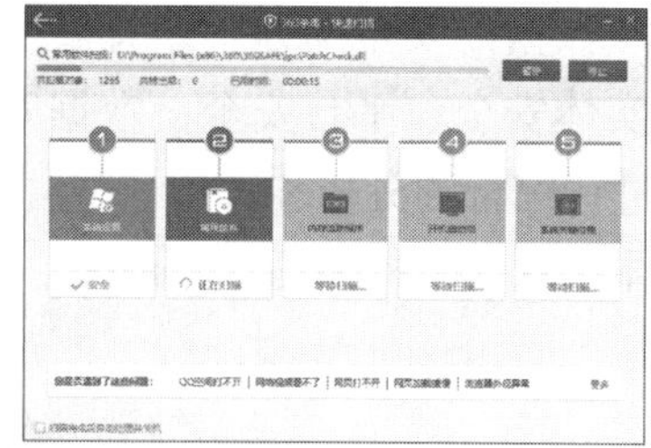

图 7-14　对系统进行病毒扫描

（3）在“检测结果”界面单击“返回”按钮或“立即查杀”按钮，完成计算机病毒的检测及查杀，如图7-15所示。

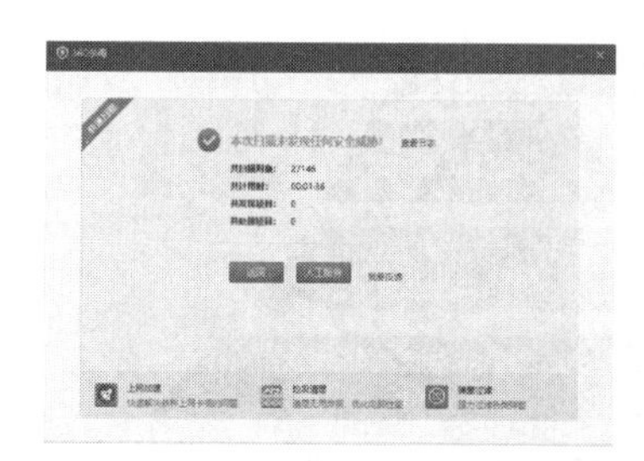

图 7-15　完成计算机病毒的检测或查杀

实践练习评价

评价项目	自我评价		教师评价	
	小结	评分（5分）	点评	评分（5分）
计算机病毒查杀				
系统清理				
指定位置扫描及查杀				

任务三　认知信息安全技术

学习目标

- 了解安全技术构架。
- 掌握网络信息安全措施的内容。
- 了解信息安全技术的类型及内容。

理论知识

一、安全技术构架

网络信息安全涉及立法、技术、管理等许多方面，包括网络信息系统本身的安全问题，以及信息、数据的安全问题。信息安全也有物理的和逻辑的技术措施，网络信息安全体系就是从实体安全、平台安全、数据安全、通信安全、应用安全、运行安全、管理安全等层面上进行综合的分析和管理。

安全保障体系总体架构如图7-16所示。

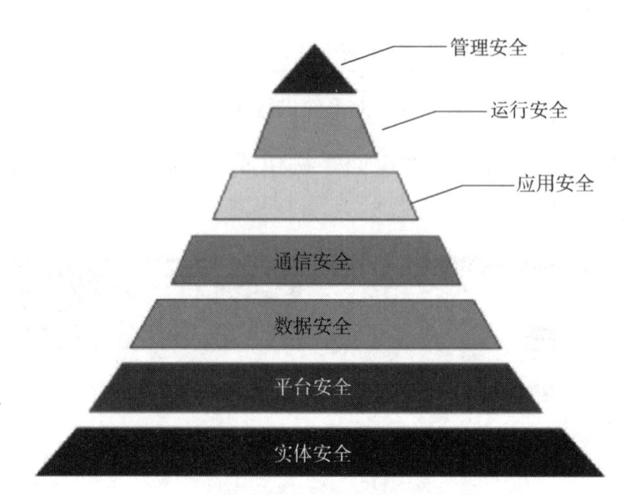

图 7-16　安全保障体系总体架构示意图

1. 实体安全

实体安全包含机房安全、设施安全、动力安全等方面。其中，机房安全涉及场地安全、机房环境（温度、湿度、电磁、噪声、防尘、静电、振动）、建筑（防火、防雷、围墙、门禁）；设施安全涉及设备可靠性、通信线路安全性、辐射控制与防泄漏等；动力安全涉及电源、空调等。这几方面的检测优化实施过程按照国家相关标准和公安部颁发实体安全标准实施。

2. 平台安全

平台安全包括操作系统漏洞检测与修复（UNIX系统、Windows系统、网络协议）、网络基础设施漏洞检测与修复（路由器、交换机、防火墙）、通用基础应用程序漏洞检测与修复（数据库、Web、FTP、mail、DNS、其他各种系统守护进程）、网络安全产品部署（防火墙、入侵检测、脆弱性扫描和防病毒产品）、整体网络系统平台安全综合测试、模拟入侵与安全优化。

3. 数据安全

数据安全包括介质与载体安全保护、数据访问控制（系统数据访问控制检查、标识与鉴别）、数据完整性、数据可用性、数据监控和审计、数据存储与备份安全。

4. 通信安全

通信安全即通信及线路安全，采取的措施有通信线路和网络基础设施安全性测试与优化、安装网络加密设施、设置通信加密软件、设置身份鉴别机制、设置并测试安全通道、测试各项网络协议运行漏洞等。

5. 应用安全

应用安全包括业务软件的程序安全性测试（Bug分析），业务交往的防抵赖，业务资源的访问控制验证，业务实体的身份鉴别检测，业务现场的备份与恢复机制检查，业务数据的唯一性、一致性、防冲突检测，业务数据的保密性，业务系统的可靠性，业务系统的可用性。

6. 运行安全

以网络安全系统工程方法论为依据，为运行安全提供的实施措施有应急处置机制和配套服务、网络系统安全性监测、网络安全产品运行监测、定期检查和评估、系统升级和补丁提供、跟踪最新安全漏洞及通报、灾难恢复机制与预防、系统改造管理、网络安全专业技术咨询服务。

7. 管理安全

管理是信息安全的重要手段，为管理安全设置的机制有人员管理、培训管理、应用系统管理、软件管理、设备管理、文档管理、数据管理、操作管理、运行管理、机房管理。通过管理安全实施，为以上各个方面建立安全策略，形成安全制度，并通过培训和促进措施，保障各项管理制度落到实处。

二、网络信息安全措施

（1）物理措施。例如，保护网络关键设备（如交换机、大型计算机等），制定严格的网络安全规章制度，采取防辐射、防火以及安装不间断电源（UPS）等措施。

（2）控制。对用户访问网络资源的权限进行严格的认证和控制。例如，进行用户身份认证，对口令加密、更新和鉴别，设置用户访问目录和文件的权限，控制网络设备配置的权限等。

（3）数据加密。加密是保护数据安全的重要手段。加密的作用是保障信息被人截获后不能读懂其含义。

（4）网络隔离。网络隔离有两种方式：一是采用隔离卡实现；二是采用网络安全隔离网闸实现。

隔离卡是以物理方式将一台PC虚拟为两台计算机，实现工作站的双重状态，既可在安全状态，又可在公共状态，两个状态是完全隔离的，从而使一部工作站可在完全安全状态下连接内、外网。主要用于对单台机器的隔离。

安全隔离网闸，又名“网闸”“物理隔离网闸”，用以实现不同安全级别网络之间的安全隔离，并提供适度可控的数据交换的软硬件系统。网闸主要用于对整个网络的隔离。

（5）其他措施。包括信息过滤、容错、数据镜像、数据备份和审计等。

三、信息安全技术

1. 入侵检测技术

入侵检测技术是从各种各样的系统和网络资源中采集信息（系统运行状态、网络流经的信息等），并对这些信息进行分析和判断。通过检测网络系统中发生的攻击行为或异常行为，入侵检测系统可以及时发现攻击或异常行为并进行阻断、记录、报警等响应，从而将攻击行为带来的破坏和影响降至最低。同时，入侵检测系统也可用于监控分析用户和系统的行为、审计系统配置和漏洞、识别异常行为和攻击行为（通过异常检测和模式匹配等技术）、对攻击行为或异常行为进行响应、审计和跟踪等。

典型的IDS系统模型包括4个功能部件：

（1）事件产生器。提供事件记录流的信息源。

（2）事件分析器。发现入侵迹象的分析引擎。

（3）响应单元。基于分析引擎的分析结果产生反应的响应部件。

（4）事件数据库。存放各种中间和最终数据的地方的统称，它可以是复杂的数据库，也可以是简单的文本文件。

2．文件加密技术

文件加密技术是下面三种技术的结合：

（1）密码技术。包括对称密码和非对称密码，可能是分组密码，也可能是采用序列密码文件加密的底层技术。

（2）操作系统。文件系统是操作系统的重要组成部分。对文件的输入/输出操作或文件的组织和存储形式进行加密也是文件加密的常用手段。对动态文件进行加密尤其需要熟悉文件系统的细节。文件系统与操作系统其他部分的关联，如设备管理、进程管理和内存管理等，都可被用于文件加密。

（3）文件分析技术。不同的文件类型的语义操作体现在对该文件类型进行操作的应用程序中，通过分析文件的语法结构和关联的应用程序代码而进行一些置换和替换，在实际应用中经常可以达到一定的文件加密效果。

利用以上技术文件加密主要包括以下内容。

（1）文件的内容加密通常采用二进制加密的方法。

（2）文件的属性加密。

（3）文件的输入/输出和操作过程的加密，即动态文件加密。

通常一个完整的文件加密系统包括操作系统的核心驱动、设备接口、密码服务组件和应用层几个部分。

3．数字签名技术

数字签名，又称公钥数字签名，是只有信息的发送者才能产生且别人无法伪造的一段数字串，这段数字串同时也是对信息的发送者发送信息真实性的一个有效证明。它是一种类似写在纸上的普通的物理签名，但是使用了公钥加密领域的技术来实现，用于鉴别数字信息。一套数字签名通常定义两种互补的运算：一种用于签名；另一种用于验证。数字签名是非对称密钥加密技术与数字摘要技术的应用。

数字签名技术的原理：数字签名的文件的完整性是很容易验证的（不需要骑缝章，骑缝签名，也不需要笔迹专家），而且数字签名具有不可抵赖性（不可否认性）。简单地说，所谓数字签名就是附加在数据单元上的一些数据，或是对数据单元所作的密码变换。这种数据或变换允许数据单元的接收者用以确认数据单元的来源和数据单元的完整性并保护数据，防止被人（如接收者）进行伪造。

数字签名技术的特点：每个人都有一对“钥匙”（数字身份），其中一个只有其本人知道（密钥），另一个是公开的（公钥）。签名的时候用密钥，验证签名的时候用公钥。数字签名是个加密的过程，数字签名验证是个解密的过程。

4．网络安全审计技术

国际互联网络安全审计（网络备案）是为了加强和规范互联网安全技术防范工作，保障互联网网络安全和信息安全，促进互联网健康、有序发展，维护国家安全、社会秩序和公共利益。

计算机网络安全审计（Audit）是指按照一定的安全策略，利用记录、系统活动和用户活动等信息，检查、审查和检验操作事件的环境及活动，从而发现系统漏洞、入侵行为或改善系统性能的过程，也是审查评估系统安全风险并采取相应措施的一个过程。

系统活动包括操作系统活动和应用程序进程的活动。用户活动包括用户在操作系统和应用程序中的活动，如用户所使用的资源、使用时间、执行的操作等。安全审计对系统记录和行为进行独立的审查和估计，其主要作用和目的包括5个方面：

（1）对可能存在的潜在攻击者起到威慑和警示作用，核心是风险评估。

（2）测试系统的控制情况，及时进行调整，保证与安全策略和操作规程协调一致。

（3）对已出现的破坏事件，做出评估并提供有效的灾难恢复和追究责任的依据。

（4）对系统控制、安全策略与规程中的变更进行评价和反馈，以便修订决策和部署。

（5）协助系统管理员及时发现网络系统入侵或潜在的系统漏洞及隐患。

网络安全审计从审计级别上可分为3种类型：系统级审计、应用级审计和用户级审计。

（1）系统级审计。系统级审计主要针对系统的登入情况、用户识别号、登入尝试的日期和具体时间、退出的日期和时间、所使用的设备、登入后运行程序等事件信息进行审查。典型的系统级审计日志还包括部分与安全无关的信息，如系统操作、费用记账和网络性能。这类审计却无法跟踪和记录应用事件，也无法提供足够的细节信息。

（2）应用级审计。应用级审计主要针对的是应用程序的活动信息，如打开和关闭数据文件，读取、编辑、删除记录或字段等特定操作，以及打印报告等。

（3）用户级审计。用户级审计主要是审计用户的操作活动信息，如用户直接启动的所有命令，用户所有的鉴别和认证操作，用户所访问的文件和资源等信息。

实践练习

内容描述

结合生活中可设置密码的事例，并制作PPT讲述其设置过程。

实践练习评价

评价项目	自我评价		教师评价	
	小结	评分（5分）	点评	评分（5分）
密码设置过程				

知识加油站

信息安全法律法规

随着全球信息化和信息技术的不断发展，信息化应用的不断推进，信息安全显得越来越重要，信息安全形势日趋严峻：一方面信息安全事件发生的频率大规模增加；另一方面信息安全事件造成的损失越来越大。另外，信息安全问题日趋多样化，客户需要解决的信息安全问题不断增多，解决这些问题所需要的信息安全手段不断增加。确保计算机信息系统和网络的安全，特别是国家重要基础设施信息系统的安全，已成为信息化建设过程中必须解决的重大问题。正是在这样的背景下，信息安全被提到了空前的高度。国家也从战略层次对信息安全的建设提出了指导要求。

尽快制定适应和保障我国信息化发展的计算机信息系统安全总体策略，全面提高安全水平，规范安全管理，国务院、公安部等有关单位从1994年起制定发布了一系列信息系统安全方面的法规，这些法规是指导我们进行信息安全工作的依据。

1991年6月，国务院颁布《中华人民共和国计算机软件保护条例》，加强了软件著作权的保护。

1994年2月，国务院颁布《中华人民共和国计算机信息系统安全保护条例》，主要内容包括计算机信息系统的概念、安全保护的内容、信息系统安全主管部门及安全保护制度等。

1996年2月，国务院颁布《中华人民共和国计算机信息网络管理暂行规定》，体现了国家对国际联网实行统筹规划、统一标准、分级管理、促进发展的原则。

1997年3月，中华人民共和国第八届全国人民代表大会第五次会议对《中华人民共和国刑法》进行了修订。明确规定了非法侵入计算机信息系统罪和破坏计算机信息系统罪的具体体现。

1997年12月，国务院颁布《中华人民共和国计算机信息网络国际联网安全保护管理办法》，加强了国际联网的安全保护。

2017年6月，国务院颁布《中华人民共和国网络安全法》，它是我国第一部全面规范网络空间安全管理方面问题的基础性法律。

2019年11月20日，国家互联网信息办公室就《网络安全威胁信息发布管理办法（征求意见稿）》公开征求社会意见，对发布网络安全威胁信息的行为做出规范。

2020年6月1日，由国家互联网信息办公室、国家发展改革委员会、工业和信息化部、公安部等12个部门联合发布的《网络安全审查办法》，从6月1日起实施。

项目小结

每个人在日常生活中都经常会用到各种用户登录信息，如网银账号、微博、微信及支付宝等，这些信息的使用不可避免，但与此同时这些信息也成了不法分子的窃取目标，企图窃取用户的信息，登录用户的使用终端，盗取用户账号内的数据信息或者资金。因此，用户必须时刻保持警惕，提高自身安全意识，拒绝下载不明软件，禁止点击不明网址、提高账号密码安全等级、禁止多个账号使用同一密码等，加强自身安全防护能力。

练习与思考题

一、填空题

1. 病毒在计算机中的传播方式有引导型病毒、________及________三种。

2. 信息安全的5个属性分别是________、完整性、可用性、________和不可抵赖性。

3. 网络安全审计从审计级别上可分为三种类型，分别是________、________和用户级审计。

4. “防火墙”是一种________和________的组合，是隔离在本地网络与外界网络之间的一道防御系统。

5. 计算机病毒的特点是：隐蔽性、________、________、________、传染性、______、______及病毒的针对性。

6. 信息安全技术包括________、________、________以及________。

7. 计算机信息系统安全包括实体安全、信息安全、________和人员安全等。

8. 网络信息安全体系就是从____________、__________、__________、通信安全、应用安全、__________、__________等层面上进行综合的________和________。

二、简答题

1. 信息安全的主要特征有哪些？
2. 计算机病毒的危害有哪些？
3. 信息安全的保障机制分别有哪几类？
4. 网络信息安全措施分别有哪些？
5. 信息安全面临的威胁主要表现在哪几个方面？
6. 计算机病毒的防治措施有哪些？

项目八 人工智能初步

项目综述

人工智能是计算机科学的一个分支，它企图了解智能的实质，并生产出一种新的能以人类智能相似的方式做出反应的智能机器，该领域的研究包括机器人、语言识别、图像识别、自然语言处理和专家系统等。人工智能从诞生以来，理论和技术日益成熟，应用领域也不断扩大，可以设想，未来人工智能带来的科技产品，将会是人类智慧的“容器”。

在电气自动化领域当中，人工智能与传统人工控制相比，其最大的特点在于能够以计算机技术为辅助，完全实现机械设备自动化、精确化控制，能够大幅度节约人力资源。在工业化生产过程中，通过人工智能技术能够对各项信息数据进行实时传输、动态分析、处理，并能够将生产过程中存在的问题及时向控制管理人员反馈，最大限度地保证自动化生产的稳定性与安全性，有利于提升工业生产效率及质量，在节约生产成本的同时，可获得更大的经济效益。

任务一 认知人工智能

学习目标

- 了解人工智能的定义。
- 了解人工智能的发展历程。
- 了解人工智能的技术分支和应用领域。

理论知识

人工智能在20世纪70年代以来被称为世界三大尖端技术之一（空间技术、能源技术、人工智能）。也被认为是21世纪三大尖端技术（基因工程、纳米科学、人工智能）之一。这是因为近30年来它获得了迅速的发展，在很多学科领域都获得了广泛应用，并取得了丰硕的成果，人工智能已逐步成为一个独立的分支，无论在理论和实践上都已自成一个系统。

一、人工智能的定义

人工智能的定义主要有以下两种。

（1）人工智能（Artificial Intelligence，AI）是研究、开发用于模拟、延伸和扩展人的智能的理论、方法、技术及应用系统的一门新的技术科学。

（2）人工智能是类人思考、类人行为，理性的思考、理性的行动。人工智能的基础是哲学、数学、经济学、神经科学、心理学、计算机工程、控制论、语言学。

二、人工智能的产生与发展历史

人工智能是在1956年作为一门新兴学科的名称正式提出的，自此之后，它已经取得了惊人的成就，获得了迅速的发展，它的发展历史可归结为孕育、形成、发展这三个阶段。

1. 孕育阶段

这个阶段主要是指1956年以前。自古以来，人们就一直试图用各种机器来代替人的部分脑力劳动，以提高人们征服自然的能力，其中对人工智能的产生、发展有重大影响的主要有以下研究成果。

（1）古希腊哲学家和思想家亚里士多德创立了演绎法。

（2）英国哲学家和自然科学家培根创立了归纳法。

（3）德国数学家和哲学家莱布尼茨提出了万能符号和推理计算的思想。这一思想不仅为数理逻辑的产生和发展奠定了基础，而且是现代机器思维设计思想的萌芽。

（4）法国物理学家和数学家帕斯卡成功制造了世界上第一台加法器。

（5）英国数学家图灵创立了自动机理论，并为人工智能做了大量的开拓性工作。

（6）美国数学家、电子数字计算机的先驱莫克利与他的研究生埃克特共同成功研制了世界上第一台通用电子计算机ENIAC。

（7）美国神经生理学家麦克洛奇与匹兹建成了第一个神经网络模型，开创了微观人工智能的研究领域，为后来人工神经网络的研究奠定了基础。

由此发展历程可以看出，人工智能的产生和发展绝不是偶然的，它是科学技术发展的必然产物。

2. 形成阶段

这个阶段主要是指1956—1969年。十位杰出的年轻科学家在美国达特莫斯大学举行了一次为期两个月的夏季学术研讨会，共同学习和探讨了用机器模拟人类智能的有关问题，由数学博士麦卡锡提议并正式采用了“人工智能”这一术语。由此，一个以研究如何用机器来模拟人类智能的新兴科学——人工智能诞生了。

3. 发展阶段

这个阶段主要是指1970年以后。这一阶段的初期，人工智能的发展遇到了很多的困难和问题，直到“专家系统（Expert System）”的兴起，实现了人工智能从理论研究走向实际应用，从一般思维规律探讨走向专门知识运用的重大突破，成为人工智能发展史上一次重要的转折。这个时期中，专家系统的研究在多个领域中取得了重大突破，各种不同功能、不同类型的专家系统如雨后春笋般建立起来，其应用范围也扩大到了人类社会的各个领域，产生了巨大的经济效益及社会效益。

专家系统的成功，说明了知识在智能系统中的重要性，使人们更清楚地认识到人工智能系统应该是一个知识处理系统，而知识表示、知识获取、知识利用正是人工智能系统的三个核心问题。现如今，对人工智能相关技术更大的需求促使新的进步不断出现，人工智能已经并且将继续地改变人们的生活。

三、人工智能的四大技术分支

1. 模式识别

模式识别是指对表征事物或者现象的各种形式（数值的文字、逻辑的关系等）信息进行处理分析，以及对事物或现象进行描述分析分类解释的过程，例如汽车车牌号的辨识，涉及图像处理分析等技术。

2. 机器学习

机器学习研究计算机怎样模拟或实现人类的学习行为，以获取新的知识或技能，重新组织已有的知识结构是指不断完善自身的性能，或者达到操作者的特定要求。

3. 数据挖掘

知识库的知识发现，通过算法搜索挖掘出有用的信息，应用于市场分析、科学探索、疾病预测等。

4. 智能算法

智能算法解决某类问题的一些特定模式算法，例如最短路径问题，以及工程预算问题等。

四、人工智能的研究领域

1. 机器人领域

人工智能机器人，如PET聊天机器人，它能理解人的语言，用人类语言进行对话，并能够用特定传感器采集分析出现的情况、调整自己的动作来达到特定的目的。

2. 语音识别领域

该领域与机器人领域有交叉，设计的应用是把语言和声音转换成可进行处理的信息，如语音开锁（特定语音识别）、语音邮件以及未来的计算机输入等方面。

3. 图像识别领域

利用计算机进行图像处理、分析和理解，以识别各种不同模式的目标和对象的技术，例如人脸识别、汽车牌号识别等。

4. 专家系统

具有专门知识和经验的计算机智能程序系统，后台采用的数据库，相当于人脑具有丰富的知识储备，采用数据库中的知识数据和知识推理技术来模拟专家解决复杂问题。

实践练习

内容描述

结合生活中容易接触到的人工智能设备，并简述其功能及作用。

实践练习评价

评价项目	自我评价		教师评价	
	小结	评分（5分）	点评	评分（5分）
人工智能设备的功能及作用				

知识加油站

人工智能在社会中的体现

农业：农业中已经用到很多的AI技术，如无人机喷洒农药、除草、农作物状态实时监控、物料采购、数据收集、灌溉、收获、销售等。通过应用人工智能设备终端等，大大提高了农牧业的产量，大大减少了许多人工成本和时间成本。

通信：智能外呼系统，客户数据处理（订单管理系统），通信故障排除，病毒拦截，骚扰信息拦截等。

医疗：利用最先进的物联网技术，实现患者与医务人员、医疗机构、医疗设备之间的互动，逐步达到信息化。例如，健康监测（智能穿戴设备）、自动提示用药时间、服用禁忌、剩余药量等的智能服药系统。

社会治安：安防监控（数据实时联网，公安系统可以实时进行数据调查分析）、电信诈骗数据锁定、犯罪分子抓捕、消防抢险领域（灭火、人员救助、特殊区域作业）等。

交通领域：航线规划，无人驾驶汽车，超速、行车不规范等行为整治。

服务业：餐饮行业（点餐、传菜、回收餐具、清洗）、订票系统（酒店、车票、机票等的查询、预订、修改、提醒）等。

金融行业：股票证券的大数据分析、行业走势分析、投资风险预估等。

大数据处理：天气查询、地图导航、资料查询、信息推广（推荐引擎是基于用户的行为、属性，用户浏览行为产生的数据）、通过算法分析和处理（主动发现用户当前或潜在需求，并主动推送信息给用户的浏览页面）、个人助理等。

任务二　认识机器人

学习目标

- 了解机器人的发展及定义。

- 了解机器人的类型。
- 了解机器人的应用领域及其作用。

理论知识

机器人技术作为20世纪人类最伟大的发明之一，自60年代初问世以来，经历60年的发展已取得长足的进步。工业机器人在经历了诞生、成长、成熟期后，已成为制造业中不可缺少的核心装备。特种机器人作为机器人家族的后起之秀，由于其用途广泛而大有后来居上之势，仿人形机器人、农业机器人、服务机器人、水下机器人、医疗机器人、军用机器人、娱乐机器人等各种用途的特种机器人纷纷面世，并且正以飞快的速度向实用化迈进。

一、定义

在科技界，科学家会给每一个科技术语一个明确的定义，但机器人问世已有几十年，机器人的定义仍然仁者见仁，智者见智，没有一个统一的意见。原因之一是机器人还在发展，新的机型、新的功能不断涌现。根本原因主要是因为机器人涉及人的概念，成为一个难以回答的哲学问题。随着机器人技术的飞速发展和信息时代的到来，机器人所涵盖的内容越来越丰富，机器人的定义也不断充实和创新。目前存在如下几种理论。

（1）1987年国际标准化组织对工业机器人的定义：工业机器人是一种具有自动控制的操作和移动功能，能完成各种作业的可编程操作机。

（2）1988年法国的埃斯皮奥将机器人定义为：机器人学是指设计能根据传感器信息实现预先规划好的作业系统，并以此系统的使用方法作为研究对象。

（3）1967年日本召开的第一届机器人学术会议上的两个定义。一是森政弘与合田周平提出的：机器人是一种具有移动性、个体性、智能性、通用性、半机械半人性、自动性、奴隶性等7个特征的柔性机器。另一个是加藤一郎提出的，机器人要满足三个条件：具有脑、手、脚等三要素的个体；具有非接触传感器（用眼、耳接收远方信息）和接触传感器；具有平衡觉和固有觉的传感器。

（4）美国机器人工业协会定义为：机器人是一种用于移动各种材料、零件、工具或专用装置，通过可编程动作来执行各种任务，并具有编程能力的多功能操作机。

（5）日本工业机器人协会定义为：机器人是一种带有记忆装置和末端执行器的、能够通过自动化的动作而代替人类劳动的通用机器。

（6）国际标准化组织对机器人的定义：机器人是一种能够通过编程和自动控制来执行诸如作业或移动等任务的机器。

（7）我国科学家对机器人的定义是：机器人是一种自动化的机器，所不同的是这种机器具备一些与人或生物相似的智能能力，如感知能力、规划能力、动作能力和协同能力，是一种具有高度灵活性的自动化机器。

在研究和开发未知及不确定环境下作业的机器人的过程中，人们逐步认识到机器人技术的本质是感知、决策、行动和交互技术的结合。随着人们对机器人技术智能化本质认识的加深，机器人技术开始源源不断地向人类活动的各个领域渗透。结合这些领域的应用特点，人们发展了各式各样的具有感知、决策、行动和交互能力的特种机器人和各种智能机器，如移动机器人、微机器人、水下机器人、医疗机器人、军用机器人、空中空间机器人、娱乐机器人等，如图8-1所示。

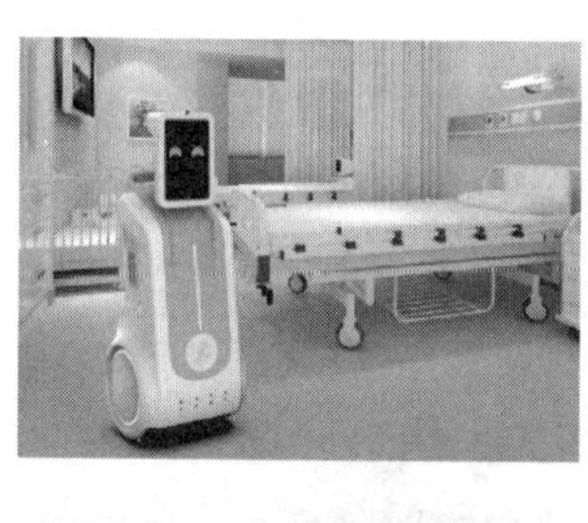

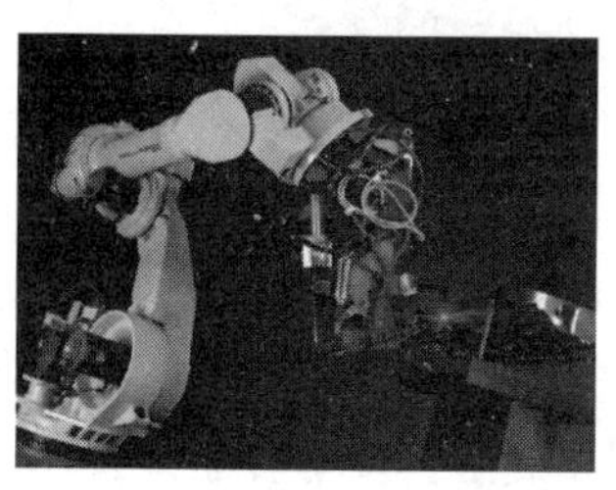

图 8-1　机器人技术向人类生活领域拓展

二、分类

关于机器人如何分类，国际上没有制定统一的标准，有的按负载重量分，有的按控制方式分，有的按自由度分，有的按结构分，有的按应用领域分。

1. 按照机器人的发展阶段

（1）第一代机器人：示教再现型机器人。

（2）第二代机器人：感觉型机器人。

（3）第三代机器人：智能型机器人。

2. 按照机器人的控制方式

（1）操作型机器人：能自动控制，可重复编程，多功能，有几个自由度，可固定或运动，用于相关自动化系统中。

（2）程控型机器人：按预先要求的顺序及条件，依次控制机器人的机械动作。

（3）示教再现型机器人：通过引导或其他方式，先教会机器人动作，输入工作程序，机器人则自动重复进行作业。

（4）数控型机器人：不必使机器人动作，通过数值、语言等对机器人进行示教，机器人根据示教后的信息进行作业。

（5）感觉控制型机器人：利用传感器获取的信息控制机器人的动作。

（6）适应控制型机器人：机器人能适应环境的变化，控制其自身的行动。

（7）学习控制型机器人：机器人能“体会”工作的经验，具有一定的学习功能，并将所“学”的经验用于工作中。

（8）智能机器人：以人工智能决定其行动的机器人。

3．按照机器人的应用环境

我国的机器人专家从应用环境出发，将机器人分为两大类，即工业机器人和特种机器人。所谓工业机器人就是面向工业领域的多关节机械手或多自由度机器人。而特种机器人则是除工业机器人之外的、用于非制造业并服务于人类的各种先进机器人，包括服务机器人、水下机器人、娱乐机器人、军用机器人、农业机器人、机器人化机器等。在特种机器人中，有些分支发展很快，有独立成体系的趋势，如服务机器人、水下机器人、军用机器人、微操作机器人等。

国际上的机器人学者从应用环境出发将机器人也分为两类：制造环境下的工业机器人和非制造环境下的服务与仿人型机器人，这和我国的分类是一致的。

4．按照机器人的运动形式

按照运动形式，机器人可分为半移动式机器人（机器人整体固定在某个位置，只有部分可以运动，例如机械手）和移动机器人。

随着机器人的不断发展，人们发现固定于某一位置操作的机器人并不能完全满足各方面的需要。因此，20世纪80年代后期，许多国家有计划地开展了移动机器人技术的研究。所谓的移动机器人，就是一种具有高度自主规划、自行组织、自适应能力，适合于在复杂的非结构化环境中工作的机器人，它融合了计算机技术、信息技术、通信技术、微电子技术和机器人技术等。移动机器人具有移动功能，在代替人从事危险、恶劣（如辐射、有毒等）环境下作业和人所不及的（如宇宙空间、水下等）环境作业方面，比一般机器人有更大的机动性、灵活性。机器人技术与人类社会生活已紧密联系，如图8-2所示。

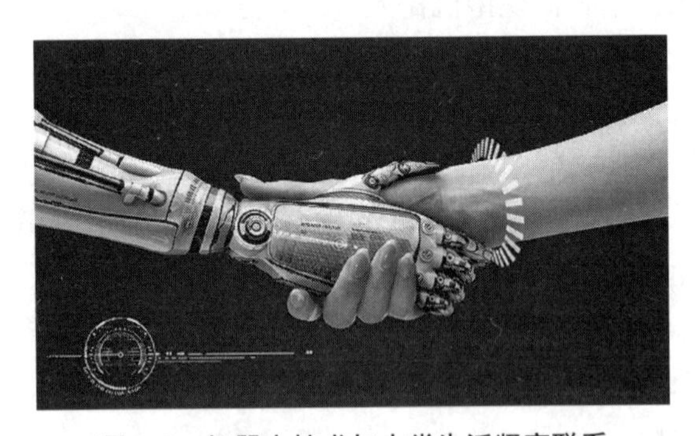

图 8-2　机器人技术与人类生活紧密联系

三、应用领域

机器人可代替或协助人类完成各种工作，凡是枯燥的、危险的、有毒的、有害的工作，都可由机器人大显身手。机器人除了广泛应用于制造业领域外，还应用于资源勘探开发、救灾排险、医疗服务、家庭娱乐、军事和航天等其他领域。

1. 医疗行业

在医疗行业中，许多疾病都不能只靠口服外敷药物治疗，只有将药物直接作用于病灶上或是切除病灶才能达到治疗的效果，现代医疗手段最常使用的方法就是手术，然而人体生理组织有许多极为复杂精细而又特别脆弱的地方，人的手动操作精度不足以安全的处理这些部位的病变，但是这些部位的疾病都是非常危险的，如果不加以干预，后果是非常致命的。

随着科技的进展，这些问题逐渐得到解决，微型机器人的问世为这一问题提供了解决的方法，微型机器人由高密度纳米集成电路芯片为主体，拥有不亚于大型机器人的运算能力和工作能力且可以远程操控，其微小的体积可以进入人的血管，并在不对人体造成损伤的情况下进行治疗和清理病灶。还可以实时地向外界反馈人体内部的情况，方便医生及时做出判断和制订医疗计划。有些疾病的检查和治疗手段会给患者造成大量的痛苦，比如胃镜，利用微型机器人就可以在避免增加患者痛苦的前提下完成身体内部的健康检查。

2. 军事行业

将机器人最早应用于军事行业始于第二次世界大战时期的美国，为了减少人员的伤亡，作战任务执行前都会先派出侦查无人机到前方打探敌情。在两军作战的时候，能够先一步了解敌人的动向要比单纯增加兵力有用得多。随着科技的进步，战争机器人在军事领域的应用越来越广泛，从最初的侦查探测逐渐拓展到战斗和拆除行动。利用无人机制敌于千里之外成为军事战略的首选，拆弹机器人可以精确地拆弹排弹，避免了拆弹兵在战斗中的伤亡。拥有完备的军事机器人系统逐渐成为一个现代强国必不可少的发展部分。

3. 教育行业

教育机器人是一个新兴的概念，多年来，机器人领域的技术发展研究方向都是如何应用于生活中代替人们完成体力或是危险工作，而教育机器人则是以机器人为媒介，对人进行教育或是对机器人进行编程完成学习目标。教育机器人作为一个新兴产业，发展非常迅速，其主要形式为一些机器人启蒙教育工作室，对儿童到青年不同的人群进行机器人组装调试编程控制等方面的教学。大型的教育机器人公司也会承办一些从小学到大学组的机器人竞赛，通常包含窄足、交叉足场地竞步，体操表演比赛。对于机器人的推广有着极为重要的作用。

4. 生产生活

工厂制造业的发展历程十分久远，最初的工厂都是以手工业为主，后来逐渐发展成手工与机床结合的生产方式。现代社会的供给需求对生产力的要求越来越高，工厂对于人力成本方面的问题也一直难以攻克，尤其对于工作人员的管理和安全保障是最为难办的问题。对于一些会产生有毒有害气体粉尘或是有些爆炸和触电风险的工作场合，机械臂凭借着良好的仿生学结构可以代替人手完成几乎全部的动作。为了适应大规模的批量生产，零散的机械臂逐渐发展组合成完整的生产流水线，工人只需要进行简单的操作和分拣包装，其余的工作全部都由生产流水线自动完成。

随着技术的成熟，机器人和人们的生活的关系越来越密切，智能家居成为当下非常热门的话题，扫地机器人算是智能家居推广的先行者，将机器人技术引入住宅可以使生活更加安全舒心，尤其是对于老人和儿童，智能的家居和家政机器人可以起到自动操作调整模式并保障安全的作用。

实践练习

内容描述

结合生活中的智能机器人，并制作PPT讲述其设置过程。

实践练习评价

评价项目	自我评价		教师评价	
	小结	评分（5分）	点评	评分（5分）
智能机器人设置过程				

知识加油站

机器人三原则

1920年，捷克作家卡雷尔·凯佩克在其发表的科幻剧本《罗萨姆的万能机器人》中展现出了有关机器人的安全、感知和自我繁殖问题，人们意识到，科学技术的进步很可能引发人类不希望出现的问题。虽然科幻世界只是一种想象，但人类社会将可能面临这种现实。

为了防止机器人伤害人类，1950年科幻作家阿西莫夫在《我是机器人》一书中提出了“机器人三原则”：

（1）机器人必须不伤害人类，也不允许它见人类将受到伤害而袖手旁观。

（2）机器人必须服从人类的命令，除非人类的命令与第一条相违背。

（3）机器人必须保护自身不受伤害，除非这与上述两条相违背。

这三条原则，给机器人社会赋以新的伦理性。至今，它仍会为机器人研究人员、设计制造厂家和用户提供十分有意义的指导方针。

项目小结

人工智能解决问题的方式就是根据给定的输入做出判断及预测。人工智能是人类智能的算法实现，其核心就是学习。人工智能的应用是通过机器学习来实现。机器学习与人类思考的过程是类似的，就是把人类思考、归纳经验的过程转化为计算机处理数据、建立模型的过程。因此，人工智能就是通过人工定义或者从数据和行动中学习的方式获得预测和决策的能力。

练习与思考题

一、填空题

1. 人工智能的发展历史可归结为______、________、________这三个阶段。

2. ________对机器人的定义为：机器人是一种能够通过编程和自动控制来执行诸如作业或移动等任务的机器。

3. 关于机器人的分类，有的按_______分，有的按________分，有的按_________分，有的按________分，有的按________分。

4. 人工智能的基础是________、__________、_________、_______、_________、计算机工程、__________、_________。

5. 机器人除了广泛应用于制造业领域外，还应用于__________、___________、医疗服务、________、军事和________等其他领域。

6. 人工智能的研究领域包括________、________、_________以及________。

二、简答题

1. 机器人按照控制方式如何进行分类？

2. 人工智能的技术分支分别有哪些？

3. 简要说明机器人的应用领域及其发挥的作用。

4. 简述人工智能的产生及历史发展的三个阶段。

5. 列举生活中你所接触过的机器人，说明其特点和作用，并将其归类。

参 考 文 献

[1] 广东基础教育课程资源研究开发中心信息技术教材编写组. 信息技术（必修）信息技术基础[M]. 广州：广东教育出版社，2015.
[2] 徐福荫. 信息技术必修1数据与计算[M]. 广州：广东教育出版社，2019.
[3] 闫寒冰. 信息技术必修1数据与计算[M]. 杭州：浙江教育出版社，2020.
[4] 武马群. 计算机应用基础：创新版[M]. 北京：高等教育出版社，2015.
[5] 吕宇飞，姚建红. 信息技术：综合版[M]. 北京：高等教育出版社，2020.
[6] 徐维祥. 信息技术基础模块[M]. 北京：高等教育出版社，2021.
[7] 赵守香，唐胡鑫，熊海涛. 大数据分析与应用[M]. 北京：航天工业出版社，2015.
[8] 谢希仁. 计算机网络[M]. 北京：电子工业出版社，2017.
[9] 谭浩强. C语言程序设计[M]. 北京：清华大学出版社，2008.
[10] 王忠. 程序设计基础教程[M]. 西安：西安电子科技大学出版社，2015.
[11] 刘正华. 信息技术基础教程[M]. 上海：上海交通大学出版社，2020.